# 全国大学生电子设计竞赛
# 备赛指南与案例分析
## ——基于立创EDA

◎ 李胜铭　王贞炎　刘　涛　编著

电子工业出版社

**Publishing House of Electronics Industry**

北京·BEIJING

## 内 容 简 介

本书根据编著者多年参与全国大学生电子设计竞赛赛前培训与指导经验，从实用性和先进性出发，遵循由浅入深、循序渐进的原则，较系统地讲解了参加电子设计竞赛所需的相关基础与专题实例。全书主要内容包括：全国大学生电子设计竞赛概述，基本电源电路设计，最小系统与常见接口电路设计，运算放大器与传感器、驱动器电路设计，FPGA 设计及实例解析，滤波器设计及实例解析，射频放大器设计及实例解析，混频器设计及实例解析，直接数字频率合成器设计及实例解析，锁相环设计及实例解析，立创 EDA 应用设计，简易电路特性测试仪系统——2019 年全国大学生电子设计竞赛最高奖（TI 杯）。

本书在讲解电子设计竞赛常用电路的原理与设计的同时，结合了各种应用及经典的设计案例，并均经过实际电路验证测试。相关电路图的绘制通过立创 EDA 实现并开源，供读者查阅与参考设计。本书提供配套的课件、视频教程、硬件平台。

本书针对希冀参加全国大学生电子设计竞赛的学生，以培养学生的电子综合设计能力为目标，理论联系实际，可操作性强。本书可作为高等学校自动化类、电气类、电子信息类、仪器仪表类、机电一体化及计算机相关专业的电子综合设计课程的基础教材，也可供相关领域的工程技术人员学习、参考。

**图书在版编目（CIP）数据**

全国大学生电子设计竞赛备赛指南与案例分析：基于立创 EDA / 李胜铭，王贞炎，刘涛编著. —北京：电子工业出版社，2021.5

ISBN 978-7-121-40985-1

Ⅰ. ①全⋯　Ⅱ. ①李⋯ ②王⋯ ③刘⋯　Ⅲ. ①电子电路－电路设计－竞赛－高等学校－自学参考资料　Ⅳ.①TN702

中国版本图书馆 CIP 数据核字（2021）第 067800 号

责任编辑：张小乐

印　　　刷：涿州市京南印刷厂
装　　　订：涿州市京南印刷厂
出版发行：电子工业出版社
　　　　　北京市海淀区万寿路 173 信箱　　邮编：100036
开　　本：787×1092　1/16　印张：25　字数：672 千字
版　　次：2021 年 5 月第 1 版
印　　次：2023 年 6 月第 7 次印刷
定　　价：79.00 元

凡所购买电子工业出版社图书有缺损问题，请向购买书店调换。若书店售缺，请与本社发行部联系，联系及邮购电话：（010）88254888，88258888。

质量投诉请发邮件至 zlts@phei.com.cn，盗版侵权举报请发邮件至 dbqq@phei.com.cn。

本书咨询联系方式：（010）88254462，zhxl@phei.com.cn。

# 前　言

全国大学生电子设计竞赛（National Undergraduate Electronics Design Contest）始于 1994 年，每两年举办一次，是教育部与工业和信息化部共同发起的大学生学科竞赛之一。经过 20 多年的发展，全国大学生电子设计竞赛已成为中国规模最大、参赛范围最广、极具影响力的，针对在校本、专科大学生的电子设计竞赛，已被列入普通高校学科竞赛排行榜。

目前，全国大学生电子设计竞赛参赛规模不断扩大，参赛学生逐年增加。2019 年，全国 1096 所高校、17178 支代表队、近 52000 名学生参赛。实践证明，全国大学生电子设计竞赛已经成为全国有效推动信息学科建设与改革、优秀人才培养的特色平台。考虑到实际教学需要与竞赛组织，编著者结合自身多年的电子设计竞赛赛前培训与指导经验，特编写了本教材。

本教材的特色如下：

1. 为提升学生对竞赛的认识，少走弯路，本书从全国大学生电子设计竞赛介绍开始，对竞赛的特点、竞赛时间、竞赛方式、竞赛规则、竞赛题目与评审进行了简要说明。针对往年的赛题情况，进行了赛题分析，让读者对参赛流程与能力要求有充分认识，从而针对不同赛题方向进行准备。

2. 为方便参赛学生快速入门，本书在内容编排上，从电子系统设计最基本的电源电路、单片机最小系统开始，逐步进阶到 FPGA、滤波器、射频放大器等专题设计。对于基础部分尽可能详细，对于专题部分尽可能突出重点，学生可充分打牢基础，为后期的系统设计提供助力。

3. 为达到实用性强、易于操作的目的，本书中硬件设计部分的电路均为电子设计竞赛中的常见电路，并均已经过实际测试验证。所设计的电路原理图均由立创 EDA 绘制并开源，供读者查阅与参考设计，可为读者进行综合设计提供助力。

本书内容共分为 12 章，其中第 1~4 章为基础部分，第 5~10 章为专题部分，较全面地介绍了参加电子设计竞赛所需的基础能力与专题设计能力。各章主要内容如下。

第 1 章介绍全国大学生电子设计竞赛，使读者对竞赛特点、流程等有充分认识，从而有针对性地进行准备。

第 2 章主要介绍基本电源电路，包括线性电源与开关电源。

第 3 章主要介绍最小系统与常见接口电路，包括 MSP430 单片机、ARM、DSP、FPGA，以及人机接口、模–数转换、数–模转换、通信接口电路。

第 4 章主要介绍运算放大器与传感器、驱动器电路，包括常见运算放大器、专用放大器、模拟传感器、数字传感器、功率驱动电路。

第 5 章主要介绍 FPGA 在电子设计竞赛中的一些应用实例，包括实现高速 ADC 与 DAC、数字频率合成、FIR 滤波器、IIR 滤波器、信号源等。

第 6 章主要介绍滤波器设计及实例，包括滤波器原理、关键技术参数、无源 LC 滤波器、有源程控滤波器、可编程谐波滤波器。

第 7 章主要介绍射频放大器设计及实例，包括射频放大器设计基础与关键技术参数、低噪声放大器、可变增益放大器。

第 8 章主要介绍混频器设计及实例，包括混频器设计基础与关键技术参数、四象限模拟乘法器、低失真混频器、有源混频器、Y 型混频器。

第 9 章主要介绍直接数字频率合成器（DDS）设计及实例，包括 DDS 的原理与性能说明、DDS 设计实例。

第 10 章主要介绍锁相环设计及实例，包括锁相环设计基础与关键技术参数、锁相环设计实例。

第 11 章主要介绍国产 EDA 设计工具——立创 EDA，包括功能介绍、工程创建、原理图设计、PCB 设计与仿真。

第 12 章以 2019 年全国大学生电子设计竞赛真题为例，介绍了获得 TI 杯的"简易电路特性测试仪"的设计。

本书语言简明扼要、通俗易懂，案例清晰、示例引导，实用性与专业性兼而有之，适合作为高等院校开展电子设计竞赛培训，以及相关创新实践训练的课程教材。对于从事硬件电路设计的初学者，本书也可帮助其快速跨越基本电路设计的门槛。对于有志于参加全国大学生电子设计竞赛的高校学生，本书具有借鉴指导意义。

本书由李胜铭、王贞炎、刘涛编著，其中，第 1～4 章、第 11～12 章由李胜铭编著，第 5 章由王贞炎编著，第 6～10 章由刘涛编著。全书由李胜铭负责整理与统稿。大连理工大学 2019 级研究生王义普参与了书中部分实例的验证。

本书得到国产 EDA 设计工具"立创 EDA"创始人贺定球先生的大力支持，感谢立创 EDA 大学计划讲师莫志宏、吴秋菊，以及电子工业出版社张小乐编辑对本书创作的支持与帮助。

本书的编著参考了大量近年来出版的相关著作、文献及技术资料，吸取了许多专家和同行的宝贵经验，在此向他们深表谢意。

由于电子设计技术发展迅速，赛题也与时俱进。编著者学识有限，书中难免有不完善和不足之处，敬请广大读者批评指正。

编著者

2021 年 2 月

---

编著者注：为方便读者使用，书中部分采用仿真软件绘制的电路图，其符号保持与仿真软件中的一致，未做规范化处理。

# 目　　录

# 第1章 全国大学生电子设计竞赛概述

## 1.1 全国大学生电子设计竞赛简介

### 1．竞赛指导思想

全国大学生电子设计竞赛（National Undergraduate Electronics Design Contest）是教育部与工业和信息化部共同发起的大学生学科竞赛之一，是面向大学生的群众性科技活动，目的在于推动高等学校促进信息与电子类学科课程体系和课程内容的改革。该竞赛有助于高等学校实施素质教育，培养大学生的实践创新意识与基本能力、团队协作的人文精神和理论联系实际的学风；有助于学生工程实践素质的培养，提高学生针对实际问题进行电子设计制作的能力；有助于吸引、鼓励广大青年学生踊跃参加课外科技活动，为优秀人才的脱颖而出创造条件。

### 2．竞赛特点与特色

该竞赛的特点是与高等学校相关专业的课程体系和课程内容改革密切结合，以推动其课程教学、教学改革和实验室建设工作。该竞赛的特色是与理论联系实际学风建设紧密结合，竞赛内容既有理论设计，又有实际制作，以全面检验和加强参赛学生的理论基础和实践创新能力。

### 3．竞赛组织

该竞赛的组织运行模式为"政府主办、专家主导、学生主体、社会参与"十六字方针，以充分调动各方面的参与积极性。

具体而言，该竞赛由教育部高等教育司及信息产业部人事司负责领导全国竞赛工作，各地竞赛事宜由地方教委（厅、局）统一领导。为保证竞赛顺利开展，组建全国及各赛区竞赛组织委员会和专家组。全国组委会由教育部、信息产业部、部分参赛省市教委代表及有关电子类专家组成，负责全国竞赛的组织领导工作。各赛区竞赛组委会由省、市、自治区教委（厅、局）、高校代表及电子类专家、企事业代表组成，负责本赛区的竞赛组织领导工作。原则上以省（市、自治区）独立组成一个赛区。

全国专家组由部分高校电子类专家组成，负责全国竞赛的命题、评审工作。各赛区成立赛区专家组，由赛区内电子类专家组成，负责赛区征题、评审工作。参赛单位以普通高等学校为参赛单位，参赛学校应成立电子竞赛工作领导小组，负责本校学生的参赛事宜，包括组队、报名、赛前准备、赛后总结等。

参赛学校应在广泛开展校内培训与竞赛的基础上选拔出适当数量的优秀代表队报名参赛。每个报名的参赛队必须在报名时按照规则确定本队参赛选题的组别（本科组或高职高专组），开始竞赛时不得更改。各赛区负责本赛区的报名工作，填写全国统一格式的赛区报名汇总表，并在规定的截止时间内上报全国竞赛组委会秘书处备案。

### 4．竞赛时间

该竞赛从 1997 年开始每两年举办一届，竞赛时间定于竞赛举办年度的 9 月（近几届，竞赛时间改为 8 月，各赛区具体日期稍有不同），赛期四天。在非竞赛年份，根据实际需要由全国竞赛组委会和有关赛区组织开展全国的专题性竞赛，同时积极鼓励各赛区和学校根据自身条件适时组织开展赛区和学校级的大学生电子设计竞赛。

### 5．竞赛方式

竞赛采用全国统一命题、分赛区组织的方式，竞赛采用"半封闭、相对集中"的组织方式进行。竞赛期间，学生可以查阅有关纸介或网络技术资料，队内学生可以集体商讨设计思想，确定设计方案，分工负责、团结协作，以队为基本单位独立完成竞赛任务；竞赛期间不允许教师或其他人员进行任何形式的指导或引导；竞赛期间参赛队员不得与队外任何人员讨论商量。参赛学校应将参赛学生相对集中在实验室内进行竞赛，便于组织人员巡查。为保证竞赛工作，竞赛所需设备、元器件等均由各参赛学校负责提供。

### 6．竞赛规则

为保证竞赛工作的顺利进行，应严格遵守全国竞赛组委会届时颁布的《全国大学生电子设计竞赛竞赛规则与赛场纪律》。竞赛期间，各赛区组织巡视人员，严格执行巡视制度。

竞赛命题与相关规定如下：

（1）参赛队由三名学生组成，参赛学生应是高等学校中具有正式学籍的全日制在校本科或专科学生。

（2）参赛学生必须按统一时间参加竞赛，按时开赛，准时交卷。各赛区组委会须按时收回学生的答卷（报告和制作实物）并及时封存，然后按规定交赛区专家组评审。

（3）竞赛期间，参赛学生可以使用各种图书资料和计算机，但不得与队外人员讨论，教师必须回避。

（4）竞赛期间，各赛区组委会要组织巡视检查，以保证竞赛活动正常进行。

（5）在竞赛中，如发现教师参与、队与队之间讨论、队员与队外人员讨论、不按规定时间发题和收卷及赛前泄题等违纪现象，将取消获奖名次，并通报批评。

### 7．竞赛题目

竞赛题目是保证竞赛工作顺利开展的关键，应由全国专家组制定命题原则，赛前发至各赛区。全国竞赛命题应在广泛开展赛区征题的基础上由全国竞赛命题专家统一进行命题。全国竞赛命题专家组以责任专家为主体，并与部分全国专家组专家和高职高专学校专家组合而成。

全国竞赛采用两套题目，即本科组题目和高职高专组题目，参赛的本科生只能选本科组题目；高职高专学生原则上选择高职高专组题目，但也可选择本科组题目，并按本科组题目的标准进行评审。只要参赛队中有本科生，该队只能选择本科组题目，并按本科组题目的标准进行评审。凡不符合上述选题规定的作品均视为无效，赛区不予以评审。

### 8．竞赛评审

根据竞赛评奖模式，竞赛评审分赛区和全国两级评审，按本科组和高职高专组的相应标准分别开展评审工作。赛区的竞赛评审工作由赛区组委会组织、赛区专家组执行，需要严格按照全国专家组制定的统一评分及测试标准执行，并在全国统一评分及测试标准基础上制定赛区的评分标准及测试细则，每个测试组至少由三位赛区评审专家组成，每位评审专家的原始评分及测试记录必须保留在赛区组委会，赛区向全国组委会推荐申请全国奖代表队时，必须将报奖队的设计报告、有赛区评审组每位评审专家签字的各项详细原始测试数据及评分记录、登记表和推荐表一并上报，否则不受理评奖。各赛区评分及测试细则需要上报全国组委会秘书处备案，以备全国评审时参考。

全国竞赛评审工作原则上由一个专家组在一地完成。全国竞赛评审分为初评和复评两个阶段。全国竞赛组委会负责组成全国竞赛评审专家组，对各赛区按比例推荐上报的优秀代表队的作品，按照命题时制定的全国统一评分及测试标准，参考赛区评审原始记录进行初评。

全国一等奖候选队一律集中在一地参加复评，原则上不再另行命题，以原竞赛题目为基础，由专家组确定测试内容和方式，参加复评的代表队名单以全国竞赛组委会届时公布的有关通知为准。

### 9. 综合测评

值得一提的是：自 2011 年起全国电赛复评增加"综合测评"环节，该环节由赛区按照全国组委会要求，对有意成为全国一等奖候选队的队伍进行基础能力测试。这里列举"2019 年全国大学生电子设计竞赛综合测评实施办法"。

（1）全国竞赛组委会委托各赛区竞赛组委会实施"综合测评"，并在全国专家组指导下完成组织和评测工作，届时全国专家组将委派专家参加。

（2）综合测评的测试对象为赛区推荐上报全国评奖的优秀参赛队全体队员，以队为单位在各赛区以全封闭方式进行，测试现场必须相对集中。

（3）综合测评采用设计制作方式，测评题目与评分标准由全国专家组统一制定，各队设计制作时间统一为 8 月 19 日 8:00—15:00。

（4）综合测评使用的电路板及器件由全国竞赛组委会统一提供；电阻、电容等元件由各赛区实验室准备。

（5）综合测评现场各队不能上网、不能使用手机。

（6）各队综合测评作品在测试完毕后必须统一封存在赛区，以备复评调用。

（7）"综合测评"评分及其最低分数线划定事宜由全国专家组负责，满分 30 分。超过最低分数线的作品，按实际得分计入全国评审总分。

（8）综合测评需要的主要物品由全国竞赛组委会提前寄给各赛区组委会指定接收人，所寄物品必须在 8 月 19 日 7:00 后拆封，拆封前需由全国专家组委派专家负责查验。

8 月 19 日 7:30 综合测评题目将通过电子邮件发给各赛区指定接收人。题目下载打印后复制，于 8:00 发给参加综合测评的各队。8 月 19 日 14:30 综合测评测试记录与评分表将通过电子邮件发给各赛区指定接收人。

8 月 19 日 15:00 综合测评参赛队设计制作结束后，各赛区组织的综合测评专家组立即按综合测评题目和要求进行严格的测试与记录。各队需至少三名专家负责测试记录，并在一张综合测评测试记录表上同时签名。

8 月 20 日（以邮戳为准），各赛区组委会必须将各队的综合测评测试记录与评分表和设计报告密封好用快递寄送或派专人报送全国竞赛组委会秘书处指定地址和收件人（详见竞赛实施过程说明）。

（9）全国专家组委派专家要按照"综合测评实施办法""综合测评纪律与规定"和"全国

大学生电子设计竞赛全国专家组工作规程"的各项要求，实时监督检查与记录，并作为综合测评的评分依据之一。

**10．综合测评的纪律与规定**

（1）各赛区推荐的优秀参赛队（以下简称推荐队）全体队员必须按统一时间参加综合测评，按时开始和结束综合测评。综合测评期间，参赛队学生可以自带并使用纸质图书资料，但不得携带电子资料，不得使用计算机网络资源，不得以任何方式与队外人员进行讨论交流。如发现教师参与、他人代做、抄袭及被抄袭、队与队之间交流、不按规定时间结束综合测评的，将取消其测评与全国评奖资格。

（2）在综合测评期间，推荐队员的个人计算机、移动式存储介质、开发装置或仿真器、单片机最小系统板、元器件和测试仪器等一律不得带入综合测评现场，否则取消测试资格。

综上所述，作为最具含金量、影响力的电子信息类赛事，如果想要获得全国一等奖，队伍需进行充分的准备，其所需要经历的环节主要有：赛前准备、竞赛报名、竞赛选题、题目制作、作品封存、赛区测评、综合测评、全国复评。

# 1.2　全国大学生电子设计竞赛赛题分析

全国大学生电子设计竞赛从 1994 年的首届试点到 2019 年已经成功地举办了 14 届。从往届赛题来看，赛题的方向大体可以分成以下几类。

（1）自动控制类：主要实现物体的运动控制、位置控制、测量控制。其中自 2013 年起，增加了无人机方向，作为单独的赛题方向。

（2）仪器仪表类：主要涵盖数据采集处理、特定仪表、电信号特征、电子元件参数、频率特性等。

（3）电力电子类：主要包括变流技术（AC/DC，DC/DC，DC/AC）多电源功率控制、负载特性控制等。

（4）高频无线类：主要包括信号源、高频放大器、发射/接收、编码/解码、通信网络等内容。

此外，考虑到与时俱进，近几年电子设计竞赛融入了新元素：主要包括"互联网+"、大数据、人工智能、超高频等。

回顾 2019 年全国大学生电子设计竞赛的赛题（括号中为关键考点）。

● 本科组

A 题：电动小车动态无线充电系统（自动循迹、无线充电）

B 题：巡线机器人（无人机、计算机视觉）

C 题：线路负载及故障检测装置（阻抗测量、幅频与相频特性）

D 题：简易电路特性测试仪（放大器参数测量、故障自动诊断）

E 题：基于互联网的信号传输系统（高速信号处理、网络传输、测量、同步）

F 题：纸张计数显示装置（电容测量、小信号处理）

G 题：双路语音同传的无线收发系统（FM 调制解调、基带语音信号合成与分离、自动载波频率跟踪）

H 题：模拟电磁曲射炮（电磁炮建模、能量测量与控制、目标检测）

● 高职高专组

I 题：LED 线阵显示装置（LED 点阵显示与旋转、图文录入）

J 题：模拟电磁曲射炮（电磁炮建模、能量测量与控制）

K 题：简易多功能液体容器（液位与重量测量、液体识别）

由以上题目可知，赛题以电子电路（含模拟和数字电路）设计应用为基础，涉及模-数混合电路、单片机、嵌入式系统、数字信号处理、可编程器件、EDA 软件、"互联网+"、大数据、人工智能、超高频等技术的应用。每个题目均是一个包含软硬件设计的电子综合系统。设计内容包括"理论设计"和"实际制作与调试"两部分。竞赛题目具有一定的实际意义和应用背景，并考虑了目前教学基本内容和新技术应用趋势。

下面以 2019 年全国大学生电子设计竞赛的 A 题"电动小车动态无线充电系统"为例进行说明。

赛题说明：设计并制作一个无线充电电动小车及无线充电系统，电动小车可采用成品车改制，全车质量不小于 250g，外形尺寸不大于 30cm×26cm，圆形无线充电装置发射线圈外径不大于 20cm。无线充电装置的接收线圈安装在小车底盘上，仅采用超级电容（法拉电容）作为小车储能、充电元件。如图 1-1 所示，在平板上布置直径为 70cm 的黑色圆形行驶引导线（线宽≤2cm），均匀分布在圆形引导线上的 A、B、C、D 点（直径为 4cm 的黑色圆点）上分别安装无线充电装置的发射线圈。无线充电系统由 1 台 5V 的直流稳压电源供电，输出电流不大于 1A。

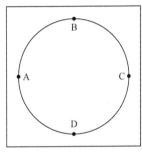

图 1-1　电动小车行驶区域示意图

### 1. 系统要求

1）基本要求

（1）小车能通过声或光显示是否处在充电状态。

（2）小车放置在 A 点，接通电源充电，60s 时断开电源，小车检测到发射线圈停止工作自行启动，沿引导线行驶至 B 点并自动停车。

（3）小车放置在 A 点，接通电源充电，60s 时断开电源，小车检测到发射线圈停止工作自行启动，沿引导线行驶直至停车（行驶期间，4 个发射线圈均不工作），测量小车行驶距离 $L_1$，$L_1$ 越大越好。

2）发挥部分

（1）小车放置在 A 点，接通电源充电并开始计时。60s 时，小车自行启动（小车超过 60s 启动按超时时间扣分），沿引导线单向不停顿行驶直至停车（沿途由 4 个发射线圈轮流动态充电）；180s 时，如小车仍在行驶，则断开电源，直至停车。测量小车行驶距离 $L_2$，计算 $L=L_2-L_1$，$L$ 越大越好。

（2）在发挥部分（1）测试中，测量直流稳压电源在小车开始充电到停驶时间段内输出的电能 $W$，计算 $K=L_2/W$，$K$ 越大越好。

（3）其他。

### 2. 系统说明

（1）本题所有控制器必须使用 TI 公司处理器。

（2）小车行驶区域可采用表面平整的三夹板等自行搭建，4 个发射线圈可放置在板背面，发射线圈的圆心应分别与 A、B、C、D 圆点的圆心同心。

（3）作品采用的处理器、小车全车重量、外形尺寸、发射线圈最大外形尺寸及安装位置不满足题目要求的，不予测试。

（4）每次测试前，要求对小车的储能元件进行完全放电，从而确保测试时小车无预先额外储能。

（5）题中距离 $L$ 的单位为 cm，电能 $W$ 的单位为 W·h。

（6）测试小车行驶距离时，统一以与引导线相交的小车最后端为测量点。

（7）基本要求（2）测试中，小车停车后，其投影任一点与 B 点相交即认为到达 B 点。

（8）在测试小车行驶距离时，如小车偏离引导线（小车投影不与引导线相交），则以该驶离点为该行驶距离的结束测试点。

从 2019 年 A 题可以看出，其以自动循迹功能为主，但同时对能量利用的要求较高，需要采用无线充电的方式对超级电容充电。该试题具有实用性强、综合性强、技术水平发挥余地大的特点。涉及的电子信息类专业的课程有：电源电路、低频电路、高频电路、数字电路、电子测量、传感器技术、单片机、EDA 设计等；同时又对车体的组成、结构等机械特性进行了考量。此外，由于 2019 年全国大学生电子设计竞赛由德州仪器（TI）公司冠名赞助，因此题目也融入了 TI 公司的元素，要求使用 TI 公司的处理器。

总的来说，竞赛题目充分考察队伍的审题分析、电子系统设计、调试整合、自主学习并解决问题、文档撰写等能力，反映了电子技术的先进水平，又引导高校在教学改革中应注重培养学生的工程实践能力和创新设计能力。在新一轮的技术革命上，竞赛题目与时俱进，紧跟潮流。从 2019 年的赛题可看出，题目综合性增强，例如没有"传统"意义上的电源、放大器设计等题目，而是结合各技术出题，对队伍的技术综合掌握能力进一步提高。

### 3．综合测评题目

对于综合测评而言，其主要考核目标是：检测参赛学生的电子设计能力的基础理论、基本技能。从往年的题目来看，综合测评的知识点覆盖：电路、模拟电子技术、数字电子技术、信号与系统。预计以后将加入单片机、数字信号处理、嵌入式系统等知识。

以 2019 年全国大学生电子设计竞赛的综合测评原题为例进行说明。

使用题目指定综合测评板上的一片 LM324AD（四运放）和一片 SN74LS00D（四与非门）芯片设计制作一个多路信号发生器，如图 1-2 所示。

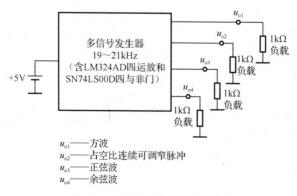

图 1-2　多信号发生器系统框图

全国设计报告应给出方案设计、详细电路图、参数计算和现场自测数据波形（一律手写）、综合测评板编号及 3 个参赛同学签字须在密封线内，限 2 页，与综合测评板一同上交。

1）约束条件

（1）一片 SN74LS00D 四与非门芯片（综合测评板上自带）。

（2）一片 LM324AD 四运放芯片（综合测评板上自带）。

（3）赛区提供固定电阻、固定电容、可变电阻元件（数量不限、参数不限）。

（4）赛区提供直流电源。

2）设计任务及指标要求

利用综合测评板和若干电阻、电容元件，设计制作电路产生下列四路信号：

（1）频率为 19～21kHz 连续可调的方波脉冲信号，幅度不小于 3.2V；

（2）与方波同频率的正弦波信号，输出电压失真度不大于 5%，峰-峰值（$V_{pp}$）不小于 1V；

（3）与方波同频率占空比 5%～15% 窄脉冲信号，幅度不小于 3.2V；

（4）与正弦波正交的余弦波信号，相位误差不大于 5°，输出电压峰-峰值（$V_{pp}$）不小于 1V。

各路信号输出必须引至测评板的标注位置并均需接 1kΩ 负载电阻（$R_L$），要求在引线贴上所属输出信号的标签，便于测试。

3）说明

（1）综合测评应在模电或数电实验室进行，实验室提供常规仪器仪表和工具。

（2）SN74LS00D 芯片和 LM324AD 芯片使用说明书随综合测评板一并提供。

（3）参赛队应在理论设计基础上进行实验调试，理论设计占一定分值，各部分分数（包括理论设计）分配为：方波占 10 分、正弦波占 8 分、窄脉冲占 6 分、正交的余弦波占 6 分。

（4）不允许在测评板上增加使用 IC 芯片，如果增加芯片则按 0 分记。

（5）原则上不允许在测评板上增加使用 BJT、FET 和二极管，如果增加则按 3 分/只扣分。

（6）原则上不允许参赛队更换测评板，如果损坏测评板只可更换一次并扣 10 分。

（7）各路信号测试应在电路互联且加负载情况下进行，单独模块测试相应得分减半。

（8）本科组只允许使用单一+5V 电源，增加使用直流电源的扣除 10 分。

2019 年全国大学生电子设计竞赛综合测评所下发的测评板如图 1-3 所示。

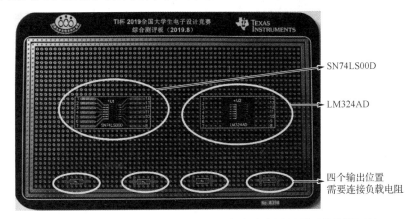

图 1-3　2019 年全国大学生电子设计竞赛综合测评所下发的测评板

从 2019 年全国大学生电子设计竞赛综合测评题可以看出，单元电路考核很基础，是模拟电路、数字电路中教学的基本内容。在具体的实现上，方案不限于一种，给参赛队伍留有充分的发挥空间。

结合往届综合测评题目，在综合测评中，基本考核的是波形的产生和变换，涉及正弦波、方波、三角波及上述信号的合成信号，具体涉及以下几类电路。

（1）正弦波、方波、三角波产生电路：要求使用一个运算放大器产生特定频率和幅度的方波或者三角波（只能使用一个运算放大器，2019 年的题目可以用数字芯片来产生方波）。

（2）555 定时器电路：产生特定频率方波信号，要求电路可以调节方波的频率、占空比、幅度。

（3）加法器电路：进行波形合成，进行两个信号的相加处理。

（4）滤波器电路：主要是有源低通滤波器设计，一般用于对合成波形进行滤波得到想要信号或方波变换到正弦波。此外，考虑到幅值要求，滤波电路还要求一定的放大作用。

（5）积分器电路：主要是考察方波变换到同频三角波。

（6）分频器电路：D 触发器芯片 74LS74，实现方波二分频或者四分频。

（7）移相电路：改变波形的相位，例如正弦变换到余弦。

值得指出的是，运算放大器要求工作在单电源条件下，因此需要加入偏置电路。

总的来说，不论是赛前的准备，还是竞赛期间的赛题任务完成，电子设计竞赛既不是单纯的理论设计竞赛也不仅仅是动手实践比拼，而是一个综合能力的考量。需要一个参赛队齐心协力，共同设计、制作完成一个有特定工程背景的题目。这样的一个任务，其既强调理论设计，更强调系统实现，同时时间紧迫，具有一定的时效性。因此不但考核各队伍理论功底、知识运用、调试综合、工程工艺、文档撰写能力，更注重考察队伍的团结协作、创新意识。题目涉及的内容是一个课程体系甚至课程群，而非单一的一门课程。因此想在电子设计竞赛中持续地取得较好成绩，并促进大学生实践创新能力的提升，一方面参赛学校必须构建完善学科的大学生电子设计竞赛组织实施体系，另一方面参赛队伍也需要扎实理论功底、交叉专业课程、融会贯通信息技术、提高理论实践结合能力、加强团队协作与创新意识。

# 第2章　基本电源电路设计

在全国大学生电子设计竞赛中，基本上各赛题都需要搭建或设计电源电路，给系统中各电子模块电路进行供电。系统设计的优劣与电源电路有着密不可分的联系。按照电源电路中功率管工作状态的不同，可以将电源电路分为开关电源和线性电源两大类。

线性电源的输出电压纹波、动态响应、噪声抑制能力在一定程度上普遍优于开关电源，因此，对于系统中的模拟电路或单元一般需要选用线性电源作为稳定的、低噪声的电源供给。而在对功耗、体积、重量等有一定要求的系统中，常使用转换效率较高、体积和重量上均有优势的开关电源。

## 2.1　并联稳压电路

线性电源中的功率管工作在线性状态，根据电路中功率管与负载的连接关系，在稳压形式上可分为并联稳压型电路和串联稳压型电路。

在并联稳压电路中，电路的功率调整管工作在线性状态，并且调整管与电路的输出负载为并联关系。图 2-1 所示为并联稳压电路的基本拓扑示意图。

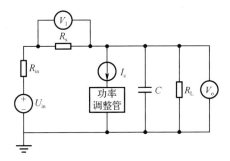

图 2-1　并联稳压电路的基本拓扑示意图

图 2-1 中，$U_{in}$ 为线性电源的供电电源；$R_{in}$ 为系统输入电源的等效串联电阻；$R_s$ 为并联稳压电路的限流分压电阻；$V_1$ 为电阻 $R_s$ 两端的电压；$C$ 为稳压电路的输出滤波电容；$R_L$ 为稳压电路的负载；$V_o$ 为电路的输出电压。可以看到，图中功率调整管与负载电阻 $R_L$ 为并联关系，通过调整管的电流为 $I_c$。

在并联稳压电路中，功率调整管相当于一个阻值可变的电阻，当电路的输出电压 $V_o$ 较高时，可以减小功率调整管的等效电阻来加大电流 $I_c$，同时在 $R_s$ 两端的电压 $V_1$ 变大，从而使电路的输出电压 $V_o$ 降低；当电路的输出电压 $V_o$ 较低时，可以增加功率调整管的等效电阻来降低电流 $I_c$，从而使电阻 $R_s$ 两端的电压降低，最终使得电路的输出电压 $V_o$ 升高。在功率调整管等效电阻动态变化的过程中，输出电压 $V_o$ 也随之改变，并且在电路的输出端一般会加入输出电容 $C$ 对输出电压进行稳压。通过对功率调整管施加一个完整的、稳定的负反馈控制器，可以使电路的输出电压 $V_o$ 达到稳定的状态。这也是并联稳压电路的基本工作过程。

在并联稳压电路中，功率调整管工作在线性状态，功率调整管两端电压与输出电压一致，

为 $V_o$，并且流过功率调整管的电流为 $I_c$，因此会在功率调整管上损耗一部分功率。另外，在并联稳压电路中需要一个限流分压电阻 $R_s$，$R_s$ 两端的电压为输入电压和输出电压之差，流过 $R_s$ 的电流为流过负载电阻 $R_L$ 的电流与流过功率调整管的电流之和，因此在分压电阻 $R_s$ 上也会有较大的功率损耗。由于线性并联稳压电路有较大的功率损耗，即有较大的热量产生，因此在线性并联稳压器的设计中应当注意器件的功率等级，并对器件进行合适的散热处理。

### 2.1.1　稳压二极管工作原理

在并联稳压电路中，功率调整管为整个设计的核心器件。常用的功率调整管有晶体三极管（BJT）、金属氧化物半导体场效应管（MOSFET）等，然而这些器件的导通阻抗控制需要专用的电路来实现。在线性稳压电路中，电路结构越简单越好，一般情况下经常使用稳压二极管作为并联稳压器的功率调整管。本节将对稳压二极管的结构、工作原理等进行介绍和分析。

#### 1．二极管基本知识

二极管是用半导体材料（硅、硒、锗等）制成的一种电子器件。它具有单向导电性能，即给二极管阳极和阴极加上正向电压时，二极管导通；当给二极管阳极和阴极加上反向电压时，二极管截止。因此，二极管的导通与截止，相当于开关的接通与断开。

二极管的种类非常多，在电源电路中常见的二极管有如下几种：整流二极管、肖特基二极管、快恢复二极管、超快恢复二极管、稳压二极管、TVS 二极管、ESD 二极管、发光二极管、光电二极管等。图 2-2 所示为几种常见的二极管外形图。

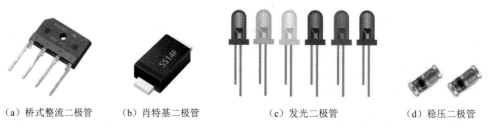

（a）桥式整流二极管　　　（b）肖特基二极管　　　　　（c）发光二极管　　　　　（d）稳压二极管

图 2-2　常见的二极管外形图

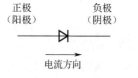

图 2-3　二极管的电气符号和正向时的
电流流向示意图

二极管的电气符号和正向时的电流流向如图 2-3 所示，图中表示二极管允许电流从正极流向负极。而反向电流将会被阻止，那么为什么会发生这种情况呢？后文将对二极管的工作原理进行介绍。

二极管具有两个电极，两个电极分别连接着内部的 P 型半导体和 N 型半导体。在图 2-4 所示的二极管内部结构示意图中，P 区为半导体的 P 掺杂区，其中的载流子是空穴（空穴可以自由移动）；N 区为半导体的 N 掺杂区，其中的载流子是电子（电子可以自由移动）。当外面未施加电压时，P 区的空穴向空穴浓度低的 N 区扩散，N 区的电子向 P 区扩散，此扩散运动导致形成了中间接触的空间电荷区（耗尽区），并建立了由 N 区指向 P 区的内建电场。

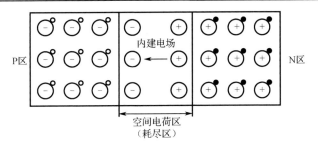

图 2-4　二极管内部结构示意图

当给二极管施加由 P 区指向 N 区的正向电压后，因为外加电场方向与内部自建电场方向相反，所以内部的自建电场被外加电场抵消，从而耗尽层变小并逐渐消失，此时二极管内部的载流子可以在外部电场的驱动下正向流动，即表现为二极管的正向导通特性。

当给二极管施加由 N 区指向 P 区的反向电压时，二极管内部的自建电场将被进一步加强，从而没有载流子能通过二极管，即表现为二极管的反向截止。

上述分析为二极管（PN 结）的导通原理，如果要使用二极管，可以从其伏安特性曲线获得更多的信息。如图 2-5 所示为二极管的伏安特性曲线模型。

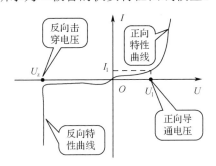

图 2-5　二极管的伏安特性曲线模型

如图 2-5 所示，如果对二极管施加正向电压，流过二极管的电流将在正向导通电压之后迅速增加，对应着二极管将在开启电压之后接近导通状态。对于常规的二极管应用都利用了二极管的正向导通特性。

如果对二极管施加反向电压，初始时，基本没有电流流过二极管，仅存在非常微弱的反向漏电流。当反向电压超过反向击穿电压之后，二极管将被反向击穿，产生较大的反向电流。而 TVS 二极管、稳压二极管等正是利用了二极管的反向击穿特性工作的。

常见的二极管具有以下主要参数。

● 正向电流：在额定功率下，允许通过二极管的电流值。

● 正向电压降：二极管通过额定正向电流时，在两极间所产生的电压降。

● 最大整流电流（平均值）：在半波整流连续工作的情况下，允许的最大半波电流的平均值。

● 反向击穿电压：二极管反向电流急剧增大到出现击穿现象时的反向电压值。

● 反向漏电流：在二极管中，并不是只有多数载流子可以导电，反向漏电流就是由于二极管内的少数载流子形成的。反向漏电流在一定的反向电压下基本是一个常数。随着温度的升高，半导体材料的本征激发程度增大，导致少数载流子浓度变大，进而导致反向漏电流增大，反向漏电流与温度的关系近似为温度每升高 8℃，反向漏电流增大 1 倍。

- 结电容：包括势垒电容和扩散电容，在高频场合下使用时，要求结电容小于某一规定数值。
- 最高工作频率：二极管具有单向导电性的最高交流信号的频率。
- 反向恢复时间：二极管从正向导通状态切换到反向截止状态电流减小到零的时间。如图 2-6 所示，当二极管的电压反偏时，二极管的电流并未立刻变为零，而是在关断时仍会反向导通一定的时间，随着反向电压的持续施加，二极管反向电流逐渐减小到零，这个时间称为反向恢复时间。

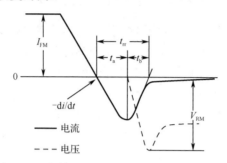

图 2-6　二极管关断瞬间的反向恢复时间示意图

在开关电源中，经常使用到的二极管类型为肖特基二极管。

肖特基二极管是以其发明人肖特基（Schottky）博士命名的，SBD 是肖特基势垒二极管（Schottky Barrier Diode）的简称。SBD 不是利用 P 型半导体与 N 型半导体接触形成 PN 结的原理制作的，而是利用金属与半导体接触形成的金属-半导体结原理制作的。因此，SBD 也称为金属-半导体（接触）二极管或表面势垒二极管，它是一种热载流子二极管。

肖特基二极管是以贵金属（金、银、铂等）A 为正极，以 N 型半导体 B 为负极，利用二者接触面上形成的势垒具有整流特性而制成的金属-半导体器件。因为 N 型半导体中存在大量的电子，贵金属中仅有极少量的自由电子，所以电子便从浓度高的 B 中向浓度低的 A 中扩散。显然，金属 A 中没有空穴，也就不存在空穴自 A 向 B 的扩散运动。随着电子不断从 B 扩散到 A，B 表面电子浓度逐渐降低，表面电中性被破坏，于是就形成势垒，其电场方向为 B→A。但在该电场作用之下，A 中的电子也会产生从 A 到 B 的漂移运动，从而削弱了由于扩散运动而形成的电场。当建立起一定宽度的空间电荷区后，由电场引起的电子漂移运动和由浓度不同引起的电子扩散运动达到相对平衡，便形成了肖特基势垒。肖特基势垒类似于 PN 结中由于电子和空穴扩散形成的势垒电压。

由于肖特基势垒低于传统的 PN 结形成的势垒，导致肖特基的开启电压和正向导通压降都明显低于传统的硅基二极管，肖特基二极管的正向导通压降可以低至约 0.2V，并且肖特基二极管有着非常优异的反向恢复能力，其反向恢复时间为几纳秒级别，因此非常适合应用在电源电路中，可以大大提高电源的转换效率和开关频率。但是肖特基二极管也存在一些缺点，比如其反向耐压参数较小，普遍反向耐压值均在 80V 以下，反向耐压值在 80V 以上的肖特基二极管就需要另外加入漂移区，导致其正向压降增大很多，最高的肖特基二极管耐压约 200V。所以在一些高压应用中，不得不采用性能较差的超快恢复二极管代替肖特基二极管；另外，肖特基二极管的反向漏电流也比传统二极管稍大，在严格低功耗应用中也会受限。但是总的来说，在常规的电源产品中，肖特基二极管的优点远大于不足，所以在电源设计中应用广泛。

TVS（Transient Voltage Suppressor）二极管，又称为瞬态抑制二极管，是普遍使用的一种新型高效电路保护器件，它具有极快的响应时间（亚纳秒级）和相当高的浪涌吸收能力。当其两端经受瞬间的高能量冲击时，TVS 二极管能以极高的速度把两端之间的阻抗值由高阻抗变为低阻抗，以吸收一个瞬间大电流，把两端电压钳制在一个预定的数值上，从而保护后面的电路元件不受瞬态高压尖峰脉冲的冲击。

TVS 二极管与常见的稳压二极管的工作原理相似，如果高于标志上的击穿电压，TVS 二极管就会导通，与稳压二极管相比，TVS 二极管有更高的电流导通能力。TVS 二极管的两极受到反向瞬态高能量冲击时，以 $10^{-12}$s 量级速度将其两极间的高阻抗变为低阻抗，同时吸收高达数千瓦的浪涌功率。使两极间的电压钳位于一个安全值，有效地保护电子线路中的精密元器件免受浪涌脉冲的破坏。如图 2-7 所示，当电路的输入端有一个较大的电压尖峰 $E_{OS}$ 时，TVS 二极管能在若干皮秒的时间内反向导通变为低阻状态，将电压尖峰吸收掉，此时过高尖峰电压产生的瞬变电流将流过 TVS 二极管而不会流向后级电路，从而保护后级电路不被过高的电压尖峰损坏。

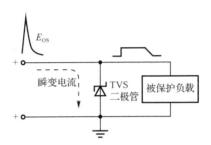

图 2-7　TVS 二极管的保护机制示意图

在电源电路中，TVS 二极管多用于电压的钳位、敏感元件的保护和输入浪涌、防雷等。功率二极管主要应用于整流、续流、反极性保护、防反接保护、防倒灌保护等电路中。

一般情况下，在几百赫兹频率的低频整流电路中，可以使用普通的整流二极管。如果频率为几千赫兹（低于 20kHz），可以使用快恢复二极管。当电路的频率超过 20kHz 时，需要使用肖特基二极管或超快恢复二极管，此时需要根据电压等级决定是否可以使用肖特基二极管。在如今先进的控制技术中，可以使用同步整流技术取代二极管以获得更高的效率。

二极管的选用讲究"合适"原则。能否在较低频率的信号处理电路中使用快速二极管呢？一般情况下不建议这么做，原因有二：其一是成本问题，快速二极管相对于普通的低速二极管，成本和价格都较高；其二，当在低速电路中使用非常快速的二极管时，可能会因为快速二极管在开启和关断过程中产生的快速跳边沿而引起 EMI（电磁干扰）问题。

同样地，能否将较高耐压的二极管应用在低压电路中呢？比如在一个最高电压仅为 20V 的电路中使用反向耐压为 200V 的二极管。答案也是不建议使用，因为同等工艺下，较大的反向耐压要求二极管的其他参数变差，比如会导致最大整流电流较小，以及二极管的正向导通压降变得更高。

### 2．稳压二极管

稳压二极管（Zener Diode）又称为齐纳二极管。稳压二极管的电气符号示意图如图 2-8 所示。

稳压二极管在正常工作情况下起到稳定其自身两个端口之间电压的作用，如图 2-9 所示为稳压二极管的工作特性曲线。

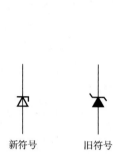

图 2-8  稳压二极管的电气符号示意图　　图 2-9  稳压二极管的工作特性曲线

如图 2-9 所示，稳压二极管的工作特性曲线与常见的其他二极管曲线基本类似，但是稳压二极管在正常工作时使用的是其反向特性，即当稳压二极管两端的反向电压超过其额定稳压电压 $U_z$ 之后，稳压二极管发生了反向击穿，流经稳压二极管的电流迅速增大（等效为稳压二极管的等效电阻迅速减小），从而保证稳压二极管两端的电压基本维持在一个设定的电压值，以实现其稳定电压的作用。

稳压二极管的正向特性与普通二极管的基本完全一致，如果给稳压二极管施加一个大于稳压二极管正向开启电压的正向电压，则稳压二极管上将会有一个 0.7V 左右的压降，之后稳压二极管将会进入正向导通阶段。

在使用稳压二极管时一般要有一定的反向电流，即流过稳压二极管的电流应当不小于电流 $I_{zk}$，从而保证稳压二极管两端的电压基本稳定。随着流过稳压二极管的电流逐渐增大，稳压二极管会有较大的发热和温升，为了不损坏稳压二极管，一般会设定稳压二极管的最大反向电流参数 $I_{zm}$，所以稳压二极管在工作时，应当使用一个限流电阻与稳压二极管串联，从而防止有较大的电流流过稳压二极管导致稳压二极管损坏。

由上述分析可知，稳压二极管的主要参数如下。

- 稳定电压 $U_z$：表示稳压二极管的额定稳定电压，亦指稳压二极管在额定反向电流时的压降。
- 稳定电流 $I_z$：表示稳压二极管正常工作时的反向电流额定值。
- 最小稳定电流 $I_{zk}$：表示稳压二极管在保证稳压精度时的最小反向电流。
- 最大稳定电流 $I_{zm}$：表示稳压二极管不被反向击穿损毁时的最大反向电流。
- 最大耗散功率 $P_{zm}$：在设定条件下，稳压二极管上可以承载而不至于损毁稳压二极管的功率。
- 动态电阻 $R_z$：表示稳压二极管正常工作时，其两端电压变化量与电流变化量的比值。

### 3. 双向稳压二极管

除了常见的单向稳压二极管，还可以将两个稳压二极管串联在一起组成双向稳压二极管。

如图 2-10 所示为双向稳压二极管的电气符号。

图 2-10  双向稳压二极管的电气符号

双向稳压二极管在电路原理上相当于两个稳压二极管串联使用，这种双向稳压二极管可以用在交流电路的稳压中，也可作为一些元件或电路的保护。

## 2.1.2 稳压二极管组成的并联稳压工作电路

有的读者可能会有这样的思考：稳压二极管只有两个引脚，那么如何与三端功率调整管（BJT、MOSFET 等）相对应呢？答案是稳压二极管相当于内部有一个负反馈控制系统，可以采集稳压二极管两端的电压对流过稳压二极管的电流进行负反馈控制，即相当于通过稳压二极管两端的电压对稳压二极管的等效电阻进行控制。具体的控制原理是：当稳压二极管两端的电压高于稳压二极管的额定电压值时，稳压二极管将自动降低其等效阻抗使得稳压二极管两端的电压下降；当稳压二极管两端的电压高于稳压二极管的额定稳压电压时，稳压二极管将会增大其等效阻抗从而使稳压二极管两端的实际电压升高。下面将对稳压二极管电路的工作原理进行分析。

如图 2-11 所示为基于稳压二极管的并联稳压电路原理示意图。

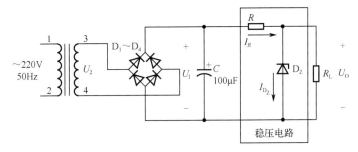

图 2-11 基于稳压二极管的并联稳压电路原理示意图

图 2-11 中，由电阻 $R$ 和稳压二极管 $D_Z$ 组成了一个并联稳压电路，从而对负载电阻 $R_L$ 上的电压 $U_O$ 进行稳压。

对于图 2-11 所示的并联稳压电路，$U_I$ 为稳压电路的输入电压，电容 $C$ 的作用是对交流电压经过整流桥整流之后的直流电压进行电容滤波，使其直流电压波形更加平滑。

对于该电路可以列出如下 KCL 公式：

$$I_R = I_{D_Z} + I_{R_L} \tag{2-1}$$

对于该电路可以列出如下 KVL 公式：

$$U_I = U_R + U_O \tag{2-2}$$

由式（2-1）和式（2-2）可知，可以通过控制流经稳压二极管的电流间接控制电阻 $R$ 上的压降 $U_R$，最终达到控制输出电压 $U_O$ 的目的。

并联稳压电路实现稳压的原理较为简单，前面已经简单介绍了并联稳压电路的原理，下面将针对使用稳压二极管搭建的并联稳压电路进行进一步分析。

首先对于并联稳压电路，当系统处于初始零状态时，电路的输出电压 $U_O$ 为零，稳压二极管两端的反向电压也为零。随着系统输入电压的建立，稳压二极管两端的反向电压逐渐增大至其额定稳压值，即可实现稳压的功能。当输出电压低于其额定稳压值时，稳压二极管将减小流过稳压二极管的电流使得输出电压上升。当输出电压高于稳压二极管的额定稳压电压时，稳压二极管将加大流过稳压二极管的电流从而使输出电压下降。

有两种情况是并联稳压电路中常见的干扰因素。其一是输入电压的波动。例如当输入电压 $U_I$ 突然升高时，输出电压 $U_O$ 也瞬间升高，之后导致流过稳压二极管的电流 $I_{D_Z}$ 变大，然后使得流过限流电阻 $R$ 的电流 $I_R$ 变大，由欧姆定律可知，电阻 $R$ 上的压降 $U_R$ 变大，最终由式（2-2）

可知，输出电压 $U_O$ 将减小至稳压管的额定稳压值，从而实现了负反馈逻辑并联稳压的效果。

如图 2-12 所示是输入电压 $U_I$ 升高之后电路各节点电压和电流的负反馈变化情况。

$$U_I\uparrow \longrightarrow U_O\,(U_{D_z})\uparrow \longrightarrow I_{D_z}\uparrow \longrightarrow I_R\uparrow \longrightarrow U_R\uparrow$$
$$U_O\downarrow \longleftarrow$$

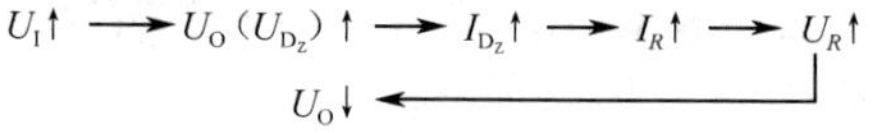

图 2-12　输入电压 $U_I$ 升高之后电路各节点电压和电流的负反馈变化情况

当输入电压降低时，电路中各节点的变化与图 2-12 所示相反。

其二是电路负载的变化。例如当电路负载 $R_L$ 阻值变小时，导致输出电压 $U_O$ 也瞬间降低，随后导致流过稳压二极管的电流 $I_{D_z}$ 变小，然后使得流过限流电阻 $R$ 的电流 $I_R$ 变小。同时因为当电路负载 $R_L$ 阻值变小时，电路的负载电流 $I_{R_L}$ 变大，导致流过限流电阻 $R$ 的电流 $I_R$ 变大。上述作用相互抵消使得流过限流电阻 $R$ 的电流 $I_R$ 基本不变化，从而使得并联稳压电路的输出电压 $U_O$ 基本不变化。而负载电流 $I_{R_L}$ 的增大量约等于流过稳压二极管的电流 $I_{D_z}$ 的减小量。

如图 2-13 所示是电路负载 $R_L$ 阻值变小之后电路各节点电压和电流的负反馈变化情况。

$$R_L\downarrow \longrightarrow U_O\,(U_{D_z})\downarrow \longrightarrow I_{D_z}\downarrow \longrightarrow I_R\downarrow \longrightarrow \Delta I_Z \approx -\Delta I_{R_L}\longrightarrow I_R\text{基本不变}\longrightarrow U_O\text{基本不变}$$
$$I_{R_L}\uparrow \longrightarrow I_R\uparrow$$

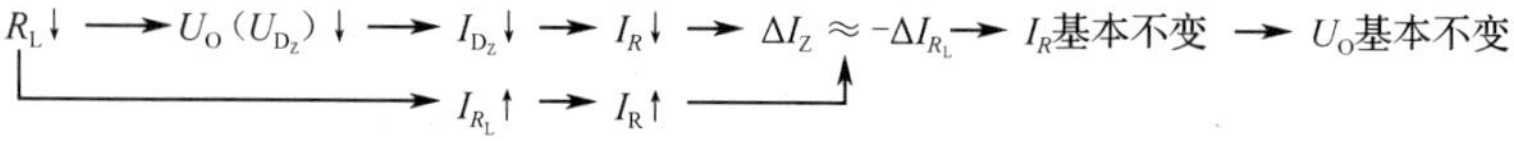

图 2-13　电路负载 $R_L$ 阻值变小之后的电路各节点电压和电流的负反馈变化情况

当电路负载 $R_L$ 阻值变大时，电路中各节点的变化与图 2-13 所示相反。

综上所述，该并联稳压电路可以抵消输入电压及电路负载的变化，使得输出电压得以稳定。

## 2.2　串联稳压电路

在线性稳压电路中，除了并联稳压电路，还有一种稳压电路结构，即串联稳压电路。顾名思义，串联稳压电路中的调整管与输出负载为串联的连接关系。

由于稳压二极管搭建的并联稳压电路的输出电流能力极为有限，很难满足一些较大功率场合的应用，因此在较大电流输出的场合下需要对电路进行改进，例如，将串联稳压电路改为并联稳压电路的形式。

如图 2-14 所示为串联线性稳压电路基本拓扑示意图。

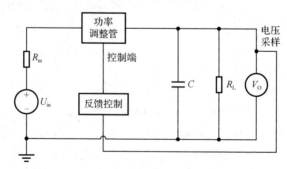

图 2-14　串联线性稳压电路基本拓扑示意图

图 2-14 中，$U_{in}$ 为线性电源的供电电源，$R_{in}$ 为系统输入电源的等效串联电阻；$C$ 为线性稳压电路的输出滤波电容；$R_L$ 为线性稳压电路的负载，电路的输出电压为 $V_O$。在串联线性

稳压电路中，功率调整管充当可变电阻的作用，而电路的输出电压 $V_O$ 本质上为功率调整管的等效电阻与输出负载电阻对输入电压的分压值。

## 2.2.1　串联稳压原理

对图 2-14 所示的串联线性稳压电路进行分析和完善，可以得到如图 2-15 所示的实用串联线性稳压电路方框图。

图 2-15 中的电路主要包含调整管、比较放大电路、基准电压电路、采样电路，以及为使电路能够稳定工作而设计的保护电路（如过流、过压、过热等保护）。

通过图 2-15 所示的电路框图可以得到图 2-16 所示的基于 BJT 三极管的串联线性稳压电路原理图。

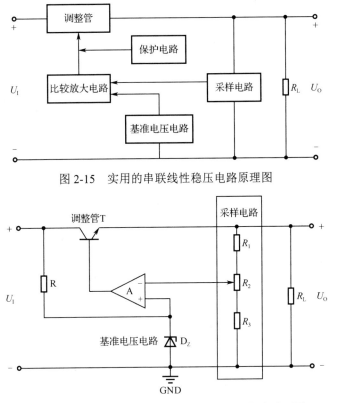

图 2-15　实用的串联线性稳压电路原理图

图 2-16　基于 BJT 三极管的串联线性稳压电路原理图

如图 2-16 所示，整个串联稳压电路围绕着运算放大器（也称为误差放大器）A 展开。运算放大器的同相端连接由限流电阻 $R$ 和稳压二极管 $D_Z$ 组成的基准电压产生电路，该电路会在运算放大器的同相端产生一个基准电压 $U_{ref}$。运算放大器的反相端连接一个由电阻 $R_1$、$R_2$ 和 $R_3$ 组成的电阻分压网络，运算放大器反相端的电压可以使用下式计算：

$$U_{A-} = \frac{R_2 + R_3}{R_1 + R_2 + R_3} \cdot U_O \tag{2-3}$$

运算放大器的输出端连接 BJT 三极管的基极，通过控制调整管 T 的基极电压可以控制调整管的等效电阻。

当电路的输出电压 $U_O$ 偏小时，电压采样得到的运算放大器反相端电压 $U_{A-}$ 将会小于基准

电压 $U_{\text{ref}}$，此时运算放大器将会增大输出的电压使 T 的等效电阻变小，从而进一步提高输出电压 $U_O$ 直至达到设定值。当输出电压偏高时，运算放大器将会减小施加在 T 基极上的电压，从而使得 T 的等效电阻变大，最终使输出电压降低，达到稳压的效果。

由负反馈逻辑可以得到

$$U_{\text{ref}} = U_{A+} = U_{A-} = \frac{R_2 + R_3}{R_1 + R_2 + R_3} \cdot U_O \tag{2-4}$$

由式（2-4）可以得到电路稳定之后，电路的稳压输出电压 $U_O$ 与运算放大器的基准电压 $U_{\text{ref}}$ 之间的关系为

$$U_O = U_{\text{ref}} \cdot \frac{R_1 + R_2 + R_3}{R_2 + R_3} \tag{2-5}$$

由式（2-5）可知，在实际的串联稳压电路中存在负反馈电路，因此只需要使得运算放大器的基准电压 $U_{\text{ref}}$ 稳定，即可使串联稳压电路的输出电压稳定在设定输出值上。同时，也可以在 $U_{\text{ref}}$ 稳定的前提下，通过改变输出电压采样电阻网络的分压比值来改变串联稳压电路的输出电压。

## 2.2.2 三端稳压器简介

三端稳压器是一种把完整的线性串联稳压电路封装在一个具有 3 个外部引脚的稳压集成电路模块，在实际使用中，仅需要将三端稳压器和其余极少数量的元件连接在电路中，就可以实现线性串联稳压的功能。因此三端稳压器具有简单、可靠、低成本等优点，在搭建线性稳压电源时经常使用。

三端稳压器集成电路只是在硅片上集成了串联线性稳压器，因此在分析三端稳压器时可以借助于前面介绍过的串联稳压电路的知识。图 2-17 所示是型号为 LM7805 的三端稳压器的内部电路原理图。

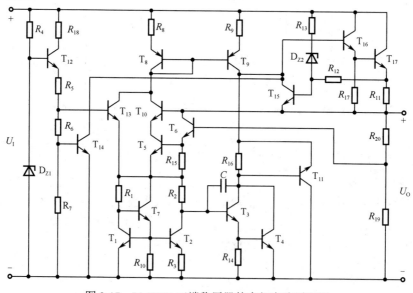

图 2-17   LM7805 三端稳压器的内部电路原理图

可以根据图 2-17 的内部原理将其转换为图 2-18 所示的三端稳压器内部原理框图，以便于分析。

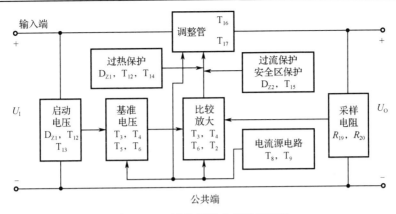

图 2-18 三端稳压器内部原理框图

如图 2-18 所示,三端稳压器的结构框图与前面介绍的串联线性稳压电路的结构框图基本类似。

如图 2-19 所示为常见的三端稳压器的外形封装。

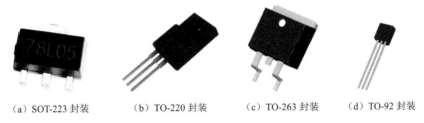

（a）SOT-223 封装　　（b）TO-220 封装　　（c）TO-263 封装　　（d）TO-92 封装

图 2-19 常见的三端稳压器的外形封装

三端稳压器按照输入电压的极性,可以分为正极性三端稳压器和负极性三端稳压器,正极性三端稳压器的代表型号有 LM78XX 系列芯片、LM317、LM1117 等,正极性三端稳压器可以实现正压的转换;负极性三端稳压器的代表型号有 LM79XX 系列芯片、LM337 等,负极性三端稳压器可以实现负压的转换。

三端稳压器按照输出电压是否可调,可以分为输出电压固定的三端稳压器(在某些电路中也可以连接成特殊形式以实现电压可调)和输出电路可调的线性稳压器。常见的输出电压固定的三端稳压器有 LM78XX 系列稳压器、LM79XX 系列稳压器、LM1117 固定输出系列稳压器等。常见的输出电路可调的稳压器有 LM317、LM337 及 LM1117-ADJ 系列稳压器。

LM78XX 和 LM79XX 系列稳压器是最常用的三端稳压器通用类型。这两类芯片具体型号中的 XX 表示该三端稳压器的固定输出电压值,有 5V、6V、8V、9V、12V、15V、18V、24V 等输出电压等级。例如 LM7805 芯片的固定输出电压为 5V,LM7924 芯片的固定输出电压为-24V。同时,在芯片的具体型号中,还可以在 78 和 79 数字后面紧接着一个字母来表示该三端稳压器的输出电流能力。其中,无字母表示其输出能力为 1.5A,字母 M 表示其输出能力为 0.5A,字母 L 表示其输出能力为 0.1A。例如,LM78L05 芯片表示该三端稳压器的最大输出电流能力为 0.1A,LM78M12 表示该三端稳压器的最大输出电流能力为 0.5A,而 LM7824 表示该三端稳压器的最大输出电流能力为 1.5A。另外,具体的三端稳压器型号前面的字母表示其生产厂商,例如最早 LM 系列集成电路是美国国家半导体公司(NS)的模拟集成电路,后来,许多公司也沿用这个型号,因此 LM 系列集成电路已经不纯粹是 NS 公司的产品了，读者可以根据具体芯片前面的字母来区分不同的半导体厂商的芯片。

## 2.2.3　三端稳压器电路设计

下面具体介绍 LM78XX 系列三端稳压器的功能。图 2-20 所示为 LM78XX 系列三端稳压器的引脚功能示意图。

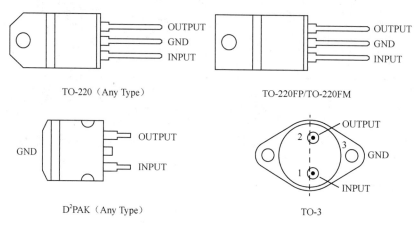

图 2-20　LM78XX 系列三端稳压器的引脚功能示意图

如图 2-20 所示，LM78XX 系列三端稳压器有 3 个引脚，即 INPUT、GND 和 OUTPUT，即输入、地、输出。

### 1. LM78XX 系列三端稳压器电路设计

如图 2-21 所示是 LM78XX 系列三端稳压器的实用电路原理图。

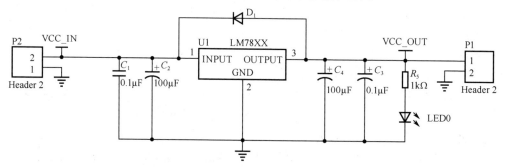

图 2-21　LM78XX 系列三端稳压器的实用电路原理图

如图 2-21 所示，使用 LM78XX 系列三端稳压器可以非常简单地设计一个串联线性稳压电路。其中电容 $C_1$ 和 $C_2$ 是输入滤波电容，电容 $C_3$ 和 $C_4$ 是输出滤波电容。$C_1$ 和 $C_3$ 的容值较小，通常取 $0.1\mu F$ 典型值，这两个小电容主要用来滤除电源的高频噪声；而 $C_2$ 和 $C_4$ 是两个容值较大的电解电容，用来滤除电路中的低频纹波噪声，平滑输入和输出电压。当电路掉电时，输出电容中会存储电量，如果输入电容比输出电容的容值小，那么在电路掉电的过程中，三端稳压器 LM78XX 输出引脚的电压将会高于输入引脚，此时在三端稳压器两端产生一个反向压差，有可能损坏三端稳压器。因此，经常将一个二极管并联在三端稳压器的输入和输出引脚，用来避免三端稳压器受反压而损坏。

所有 LM78XX 系列三端稳压器的引脚功能和序号都是一致的，因此对于一个特定设计好的电路，可以通过替换不同型号的芯片来实现不同的输出电压。

### 2．LM78XX 系列和 LM79XX 系列三端稳压器正负电源输出电路设计

对于需要正负电压供电的场合，如一些音频、运算放大器电路，经常使用一组正负双电源进行供电，使用 LM78XX 系列和 LM79XX 系列三端稳压器可以实现对双电源电路进行稳压。

图 2-22 所示为使用 LM78XX 系列和 LM79XX 系列三端稳压器搭建的双电源稳压电路。

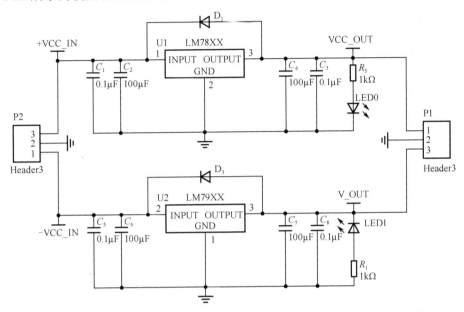

图 2-22　使用 LM78XX 系列和 LM79XX 系列三端稳压器的实用电路原理图

如图 2-22 所示，双电源稳压电路是在 LM78XX 单电源稳压电路的基础上对称地加入了一组基于 LM79XX 系列三端稳压器的负压稳压电路，从而可以实现对双电源的线性稳压，整体的电路结构和原理与图 2-21 所示类似。

需要注意的是，在图 2-22 所示的双电源稳压电路中，各种有极性元件（电容、二极管等）的方向不能接反，以及在 LM79XX 负压稳压电路中，GND 的电位比要进行转换的负压更高。

### 3．LM317 可调电压的三端稳压器电路设计

在部分场合可能需要对稳压器的输出电压进行调整，因此，使用电压可以调节的三端稳压器搭建线性串联稳压电路可以实现调整输出电压的功能。

如图 2-23 所示为基于 LM317 的三端可调稳压器的实用电路原理图。

如图 2-23 所示，LM317 的电路与 LM78XX 系列三端稳压器的电路基本一样，不同之处在于 LM317 的引脚为 ADJ 引脚，而 LM78XX 系列稳压器具有 GND 引脚。二极管 $D_1$ 的作用是防止 LM317 三端稳压器的输出引脚电压高于输入引脚电压，导致 LM317 三端稳压器损坏。二极管 $D_1$ 的作用是防止在电路掉电阶段由于电容 $C_5$ 的储能作用导致 ADJ 引脚的电压高于 OUTPUT 引脚的电压，进而导致 LM317 损坏。LM317 的 ADJ 引脚连接到由电阻 $R_1$ 和 $R_2$ 组成的电阻分压网络，将输出电压进行衰减采样。电容 $C_5$ 的作用是对 ADJ 引脚的电压进行滤波，使采样得到的电压信号更加稳定。LM317 的基准电压为 1.25V，所以 LM317 会通过内部的负反馈电路将 ADJ 引脚和 OUTPUT 引脚之间的电压稳定在 1.25V。因此，当电路正常工作

时，LM317 的输出电压可以由下式计算：

$$U_O = 1.25\text{V} \times \frac{R_1 + R_2}{R_1} \tag{2-6}$$

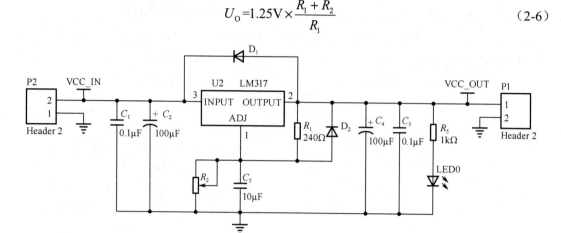

图 2-23　基于 LM317 的三端可调稳压器的实用电路原理图

## 2.3　整流电路

目前，基本上所有的电子元器件均需要在直流电压下工作，而在电力输电方面，为了提高输电效率，采用的是交流输电形式，因此在大部分情况下需要一个 AC-DC 电路将交流电（市电）能转换为直流电能供元器件使用。一个完整的由市电转换到稳压的供电系统如图 2-24 所示。

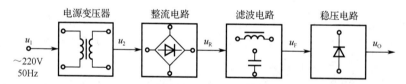

图 2-24　220V 供电下 AC-DC 完整的供电系统示意图

如图 2-24 所示，整流电路是交流电和直流电转换的桥梁，其性能影响着整个电路的指标。

有很多种常见的整流电路可以完成 AC-DC 变换，如半波整流电路、全波整流电路、桥式整流电路、三相桥式整流电路等。在电子设计竞赛中，从性能方面考虑，一般使用单相桥式整流电路对交流电进行整流，以得到所需的直流电。

本节将针对常见的半波整流、全波整流及桥式整流电路进行仿真和分析，其中桥式整流电路是最常用的整流电路，建议读者深入学习。

### 2.3.1　半波整流原理

如图 2-25 所示为半波整流电路的仿真电路图。

在半波整流电路中，仅需要一个整流二极管。当输入的交流电压在正半周时，整流二极管导通，此时负载电阻上有交流电压的正半周；当输入的交流电压处于负半周时，整流二极管上有反压而截止，此时负载电阻上的电压为零。在一个交流周期内，二极管有一半的时间处于导通状态，其余时间处于截止状态，最终输出负载上的电压波形仅为输入交流波形的一半，故称之为半波整流电路。

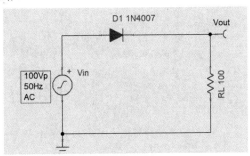

图 2-25　半波整流电路仿真电路图

对图 2-25 所示的半波整流电路进行瞬态仿真，输入峰值电压为 100V、频率为 50Hz 的交流电，瞬态仿真时长为 100ms，得到如图 2-26 所示的仿真波形图。

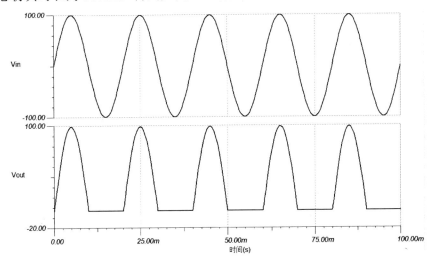

图 2-26　半波整流电路仿真波形图

可以看到半波整流电路的输出电压信号与前面的理论分析一致，输出的电压信号只有一个极性，即直流信号，该输出的直流信号波形仿佛是将交流输入的负半周信号舍弃而得到的，故称之为半波整流。

半波整流的电路简单、成本低廉、性能较差，一般在一些性能指标低并且成本敏感型的设计中使用。

### 2.3.2　全波整流原理

如图 2-27 所示是全波整流电路的仿真电路图。

该电路使用两个交流电源提供了一个等效为具有中间抽头的变压器的效果，从而实现由两个整流二极管搭建全波整流电路。其中 VG1 和 VG2 的相位均为零，即从电压表 Vin 来看，这两个电源相当于前面半波整流电路中的一个交流电源，只是引出了一个额外的中间抽头便于整流电路设计。当 Vin 在正半周时，二极管 D1 导通，二极管 D2 截止，此时负载仅由 VG1 供电；当 Vin 在负半周时，二极管 D1 截止，二极管 D2 导通，此时负载仅由 VG2 供电。通过两个二极管进行全波整流，负载电阻上面会得到一个直流信号。

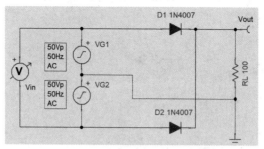

图 2-27    全波整流电路仿真电路图

对图 2-27 所示的全波整流电路进行瞬态仿真，VG1 和 VG2 均为输入峰值电压为 50V、频率为 50Hz 的交流电，等效 Vin 处为 100V 峰值、50Hz 的交流电，瞬态仿真时长为 100ms，得到如图 2-28 所示的仿真波形图。

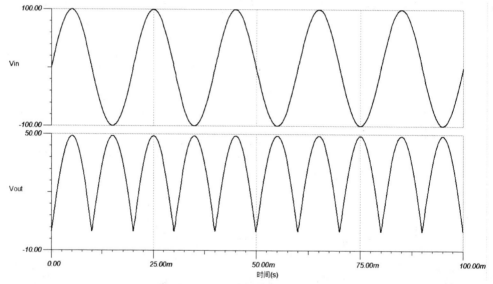

图 2-28    全波整流电路仿真波形图

可以看到 Vin 处由两个交流电源串联之后得到了峰值为 100V、50Hz 的交流电。全波整流之后的输出电压为 Vout，而 Vout 的波形相对半波整流而言，相当于将输入交流电源的负半周对称翻转到了正半周，可以实现更高的整流效率。

但是对于全波整流，其输出的直流电压幅度是输入交流电压的 1/2，而后面章节讲解的桥式整流电路的幅度是全波整流的 2 倍。并且全波整流电路需要输入电源具有一个 1/2 电压的接口，在变压器系统中需要使用具有中心抽头的变压器来实现。而全波整流电路的优点是仅使用两个二极管便可以实现较好的整流效率（在交流信号的正负半周均可以输出电压）。

### 2.3.3    桥式整流原理

如图 2-29 所示为桥式整流电路的仿真电路图。

在桥式整流电路中需要使用 4 个整流二极管对交流输入信号进行整流。当交流信号的极性处于正半周时，二极管 D1 和 D4 导通，此时负载电阻上有直流电产生；当交流信号的极性处于负半周时，二极管 D2 和 D3 导通，此时负载电阻上也有直流电产生。在一个交流周期内，4 个二极管两两一对，轮流导通，向负载供电。

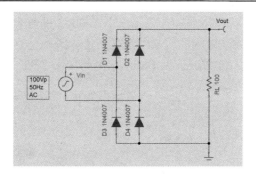

图 2-29 桥式整流电路仿真电路图

对图 2-29 所示的桥式整流电路进行瞬态仿真，输入峰值电压为 100V、频率为 50Hz 的交流电，瞬态仿真时长为 100ms，得到如图 2-30 所示的仿真波形图。

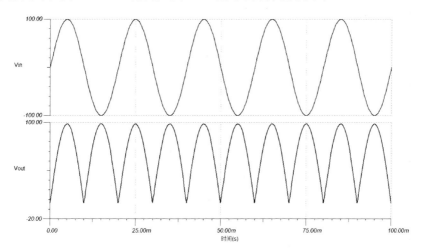

图 2-30 桥式整流电路仿真波形图

从图 2-30 中可以看到，交流输入信号的峰值为 100V，此时经过桥式整流电路输出的直流信号峰值也为 100V（忽略二极管导通压降）。

然而上述几种仿真电路中，负载电阻上的直流电波动非常大，即存在非常大的交流纹波分量，这样的直流电一般无法直接对电子模块进行供电。通常情况下，在整流电路后面加上电容滤波电路对输出的直流信号进行滤波，可以滤除一部分交流纹波分量。例如，图 2-31 所示为带有输出滤波电容的桥式整流电路仿真电路图。

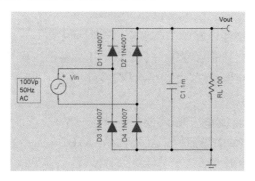

图 2-31 带有输出滤波电容的桥式整流电路仿真电路图

相比图 2-29 所示的桥式整流电路，加入了一个 $1000\mu F$ 的电容对输出的直流电进行滤波。

对图 2-31 所示的带有滤波电容的桥式整流电路进行瞬态仿真，输入峰值电压为 100V、频率为 50Hz 的交流电，瞬态仿真时长为 100ms，得到如图 2-32 所示的仿真波形图。

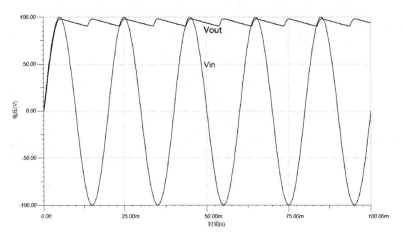

图 2-32　带有输出滤波电容的桥式整流电路仿真波形图

在加入一个滤波电容之后，可以看到输出的直流信号变得更加平稳，即减小了输出直流电压的交流纹波。而该电容的取值一般与电路的实际功率输出以及对纹波的要求有关。

### 2.3.4　桥式整流电路设计

桥式整流电路中需要使用 4 个整流二极管组成二极管整流桥，如图 2-33 所示为二极管整流桥的拓扑。

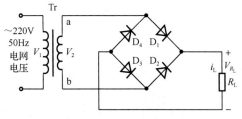

图 2-33　二极管整流桥的拓扑

在二极管整流桥中，利用二极管的单向导电性可以将电路分为两个工作模式，即交流电 $V_2$ 的正半周工作状态和负半周工作状态，在两个状态中，组成桥式整流的 4 个二极管的导通情况改变。

如图 2-34 所示为桥式整流电路的工作波形。当时间 $t$ 在 $0\sim\pi$ 时，交流电压源 $V_2$ 的电压处于正半周，此时图 2-33 中的 a 点电压高于 b 点电压。由于二极管具有单向导通性，二极管 $D_1$ 和 $D_3$ 导通，而二极管 $D_2$ 和 $D_4$ 截止。整流桥的输出电压约等于 $V_2$ 的正半周电压。负载上电压 $V_{R_L}$ 约等于 $0.9V_2$。

当时间 $t$ 在 $\pi\sim2\pi$ 时，交流电压源 $V_2$ 的电压处于负半周，此时图 2-33 中的 a 点电压低于 b 点电压。由于二极管具有单向导通性，二极管 $D_2$ 和 $D_4$ 导通，二极管 $D_1$ 和 $D_3$ 处于截止状态。整流桥的输出电压约等于 $V_2$ 的负半周电压的绝对值。负载上电压 $V_{R_L}$ 约等于 $0.9V_2$。

因此，在一个交流电周期内，由于二极管的单向导通性，可以通过 4 个二极管搭建二极管整流桥电路完成交流电到直流电的转换。另外，由前文的仿真分析可知，当仅使用桥式整流电路时，其输出的电压波形虽然为直流信号，但存在非常大的交流脉动分量，这种形式的直流电压是很难直接作为电源供给元器件使用的，因此通常还需要加入滤波和稳压电路。

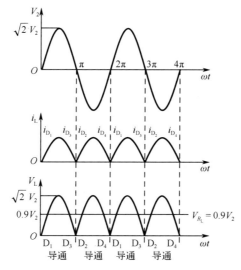

图 2-34　桥式整流电路的工作波形

如图 2-35 所示为实用的桥式整流电路原理图。

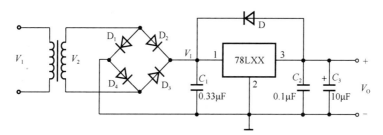

图 2-35　实用的桥式整流电路原理图

如图 2-35 所示，高压单相交流电经过变压器之后变为低压的交流电，并且使用变压器提供电气隔离以保证人身安全。由 4 个二极管组成的桥式整流电路将低压交流电整流为低压脉动的直流电。经过滤波电容 $C_1$ 的滤波作用，可以大大减小直流电中的交流分量。最终，经三端稳压器对直流电进行稳压便可得到实际电路中所需要的稳定的直流电压供元器件使用。

## 2.4　开关电源原理

在电子设计竞赛中，往往对电路系统的功耗、体积、重量等有一定的要求，因此使用转换效率较高、体积、重量上均有优势的开关电源再合适不过。然而，如果开关电源使用不当，可能会带来较大的电磁干扰，导致电路系统工作不稳定，或者引入较大的开关噪声引起模拟电路的信噪比下降。因此，对于使用开关电源的初学者，需要学习相关的理论基础以求在设计阶段就尽量降低出错的可能性，或者在错误出现后能及时快速地解决问题。本节将针对开关电源的原理进行讲解。

## 2.4.1 开关电源与线性电源比较

在线性电源中，功率管工作在线性放大状态，此时功率管相当于一个电阻，该"电阻"与负载处于并联或串联的状态组成分压或分流电路，电源的闭环控制系统采集输出的电参量（电压、电流等）来实时、动态地调整"电阻"阻值大小以使得负载得到所需的电参量，这也是简要的线性电源的工作原理。线性电源最大的缺点就是其功率管工作在线性放大状态，当线性电源工作时，功率管上加有一定的电压，且有一定的电流流过功率管，所以根据欧姆定律，功率管上有非常大的功率损耗，因此不可避免地需要一整套体积庞大、成本高昂的散热系统，既不方便使用，又对宝贵的电力能源造成了浪费，在如今追求高效、清洁、低碳环保的生产方式下，线性电源显得格格不入。

如图 2-36 和图 2-37 所示为某线性电源和某开关电源的外观图，图 2-36 中线性电源的额定输出功率仅为 300W，而其质量已经超过了 5kg，体积堪比一个小型计算机机箱；而图 2-37 所示的明纬公司生产的砖型开关电源模块，体积可能只有图 2-36 所示线性电源的几十分之一，重量也只有几百克，但其额定输出功率可达 1000W。

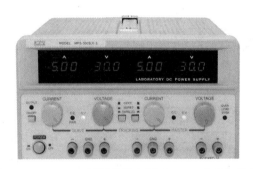 

图 2-36　MPS3005 型号线性电源（300W 功率）外观图　　图 2-37　明纬公司 1000W 功率开关电源外观图

但是，任何事物都有两面性，例如在小功率场合，线性电源成本更低，且线性电源的输出纹波很小……

在成本方面，线性电源与开关电源的对比如图 2-38 所示。

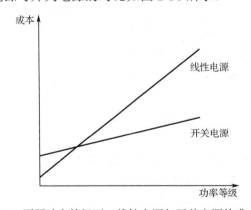

图 2-38　不同功率等级下，线性电源与开关电源的成本对比

与线性电源不同的是，开关电源的功率管工作在开关状态。在理想情况下，忽略功率管的开关时间及导通阻抗，功率管只在供电时打开，其余时刻关断。功率管两端的电压或流过

功率管的电流只有一个成立,此时在功率管上没有损耗,所以理论上开关电源的效率远高于线性电源的效率。但是因为开关电源中的功率管一直以非常高的频率(千赫兹到兆赫兹级别)进行开关切换,所以一般在其输出端口会有部分轻微的高频纹波叠加在正常的输出信号上,而这些高频开关谐波引起的纹波是用电设备所不需要的,并且可能会导致用电设备故障。所幸的是,随着技术的进步,开关电源的频率已经可以做到很高,加上合理的滤波器设计,开关电源的纹波已经可以做到非常小了,因此近年来,开关电源将从各方面逐步取代传统的线性电源,目前仅在一些小功率或对电源要求非常高的用电设备上才会看到线性电源。

### 2.4.2  常见的开关电源拓扑结构

在开关电源的电能变换电路中,能量从输入端流向输出端(因为存在双向和多端口等拓扑的电源,所以这里的输入端和输出端均为相对概念),其系统一般由如下元器件构成:有源开关管(SCR、BJT、IGBT、MOSFET 等),开关二极管,变压器,电感,电容等。根据电路中元器件的数目、位置、连接关系等不同,衍生出了各式各样的开关电源拓扑结构。

最基本的 DC-DC 开关变换器为降压变换器 BUCK 和升压型开关变换器 BOOST,其他 DC-DC 变换器的拓扑均可由这两种基本电路组合、演变得出。BUCK-BOOST 电路可以由 BUCK 电路和 BOOST 电路通过特定方式的级联导出,该电路的输出电压绝对值可以小于、等于或大于输入电压,但遗憾的是,其输出电压与输入电压只能是反向的。正激和推挽开关变换器属于 BUCK 族,可由 BUCK 电路演变得到。反激 CUK 电路可由 BUCK-BOOST 电路导出。而单端初级电感变换器(SEPIC)电路又可以通过 CUK 电路导出。在电路拓扑中的适当位置额外加入谐振电感和谐振电容又可使电路中的电压或电流正弦化,从而实现零电压开关(ZVS)或零电流开关(ZCS),可进一步减小开关器件的开关损耗,改善电源的性能。

在大学生电子设计竞赛中,一般情况下使用开关电源作为辅助供电电路,可能会要求实现以下几种功能:降压、升压、升降压、反压。一般情况下可能使用到的开关电源拓扑有 BUCK、BOOST、SEPIC、BUCK-BOOST、电荷泵开关电容拓扑等。

## 2.5  降压开关电源电路设计

对于一个特定的电子元件,其要求的供电电压可能是 5V、3.3V 等,但是一个系统往往只有一个输入电压轨,例如系统只有一个 12V 直流输入母线。那么如何将 12V 直流转换为 5V、3.3V 等较低的电压呢?除了使用前面介绍的线性电源,为了增加系统的转换效率,一般可以使用 BUCK 降压拓扑来搭建 BUCK 降压开关电源电路以完成此项功能。本节将借助于 LM2596 开关电源芯片来对 BUCK 降压开关电源电路进行设计。

### 2.5.1  BUCK 降压电路的基本原理

BUCK 变换器是一种降压型变换器,BUCK 电路的输出电压始终不会大于输入的电压,并且 BUCK 电路的输出与输入共地,属于非隔离类型的 DC-DC 变换器。例如,在分布式供电系统中,可以使用 BUCK 电路将 48V 母线供电电压降到 24V、12V、5V、3.3V 等常用的电压,并且随着电力电子技术的发展,BUCK 电路在体积、效率等方面性能优异,其转换效率通常可达 95%以上。

如图 2-39 所示为 BUCK 降压电路的拓扑结构。在 BUCK 降压电路中,输入电压为 $U_I$,

输出电压为$U_\mathrm{O}$，S 为等效的功率开关器件，VD 为续流的开关二极管（常用肖特基二极管或快恢复二极管），$C$ 为输出的滤波电容，$L$ 为输出的滤波、储能电感。当开关 S 闭合时，输入电源在向电路的输出端供能的同时，也会在电感 $L$ 和电容 $C$ 上存储能量，此时，电感 $L$ 上的电压为左正右负，开关二极管 VD 处于截止状态；当开关 S 断开时，输出端的能量由电感 $L$ 和电容 $C$ 来提供，此时，电感 $L$ 上的电压为左负右正，开关二极管 VD 处于导通续流状态。当开关 S 在以数十上百千赫兹的频率开关时，输出端 $U_\mathrm{O}$ 会产生一个稳定的直流电压，该直流电压 $U_\mathrm{O}$ 将始终小于输入的直流电压 $U_\mathrm{I}$。

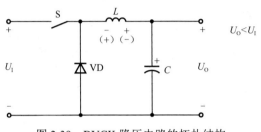

图 2-39　BUCK 降压电路的拓扑结构

如图 2-40（a）所示，在 BUCK 降压电路后面连接上负载电阻 $R_\mathrm{L}$，等效开关器件 S 在实际电路中将使用半导体开关器件（功率开关管 VT），在中小功率电路中，功率开关管 VT 一般使用电压驱动型的 MOSFET 管。

在 VT 的控制端使用脉冲宽度调制（PWM）技术加以高频的开关（方波）信号，使得该功率开关管工作在开关状态，此时，流过 VT 的电流 $I$ 与 VT 两端施加的电压 $U$，二者始终有一个为零，而由开关管 VT 带来的功率损耗 $P_\mathrm{LOSS}=UI$ 在理论上始终为零，所以，开关电源的转换效率一般都较高。

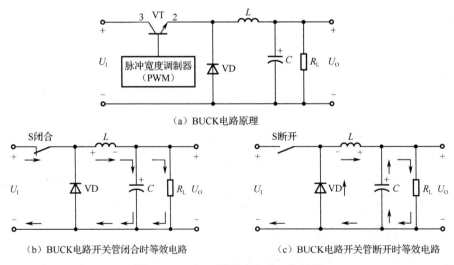

（a）BUCK电路原理

（b）BUCK电路开关管闭合时等效电路　　　　　（c）BUCK电路开关管断开时等效电路

图 2-40　BUCK 降压电路的工作过程

PWM 控制器输出高电平时，功率开关管 VT 将处于导通状态，此时的等效电路如图 2-40（b）所示。电流流经电感 $L$ 对负载 $R_\mathrm{L}$ 供电，同时对电感 $L$ 和电容 $C$ 充电。流经电感 $L$ 的电流 $i_L(t)$ 将以一定的斜率上升，电感两端的压差 $u_L(t)$ 和电感的电感量 $L$ 共同决定了电感电流上升的斜率：

$$u_L(t) = L\frac{\mathrm{d}i}{\mathrm{d}t} \tag{2-7}$$

当电路进入稳态以后，输入电压 $U_I$ 和输出电压 $U_O$ 为定值，电感在充电过程中，两端电压压差可由下式计算：

$$u_L(t) = U_I - U_O \tag{2-8}$$

所以，当电感值 $L$ 足够大时，在功率开关管 VT 导通的时间 $t_{on}$ 内，电感电流将从初始值 $I_1$ 线性增大至 $I_2$，联立式（2-7）和式（2-8）可得

$$U_I - U_O = L\frac{I_2 - I_1}{t_{on}} \tag{2-9}$$

当功率开关管 VT 收到 PWM 控制器发出的低电平关断信号之后，储能电感 $L$ 开始释放能量，该阶段持续时间为 $t_{off}$。此时，系统的等效电路如图 2-40（c）所示，图中标注了该阶段的电流路径。

在功率开关管 VT 关断期间，流经电感 $L$ 的电流不能突变，而电感 $L$ 两端的电压极性发生了翻转，此时电感 $L$ 两端的电压为左负右正。同时，开关二极管 VD 开始导通进入续流阶段。电感 $L$ 和输出电容 $C$ 同时向负载 $R_L$ 供电。

随着电感 $L$ 持续放电，流经电感 $L$ 的电流也逐渐减小，如果忽略开关二极管 VD 的正向导通压降，电感两端的电压与输出电压相等为 $U_O$，电压方向为左负右正。此时，流经电感 $L$ 的电流以一定的斜率由 $I_2$ 线性减小至 $I_1$，即有以下电感电流公式：

$$U_O = L\frac{I_2 - I_1}{t_{off}} \tag{2-10}$$

此时，引入脉冲宽度调制占空比 $D$ 的概念：占空比是指在一个脉冲循环内，通电时间相对于总时间所占的比例。设定当前 PWM 控制器的周期为 $T$，则有

$$t_{on} = T - t_{off} = TD \tag{2-11}$$

当系统进入稳态后，每个 PWM 周期均以如上方式进行周期循环，每个周期内流经电感 $L$ 的电流变化相等，对电感 $L$ 充放电阶段电流大小计算得到

$$I_2 - I_1 = \frac{(U_I - U_O)t_{on}}{L} = \frac{U_O t_{off}}{L} \tag{2-12}$$

即得 BUCK 降压变换器输出电压 $U_O$ 与输入电压 $U_I$ 和 PWM 占空比 $D$ 的数学关系为

$$U_O = \frac{U_I DT}{T} = U_I D \tag{2-13}$$

因此对于如上 BUCK 降压变换器，控制器可以对输出的电压、电流等信息进行采样，经过反馈环路之后，用闭环改变输出的 PWM 占空比来改变电路的输出电压，从而达到电压调控的目的。

以上是基于 BUCK 降压变换器的连续电流模式（CCM）的分析及计算，然而，当 BUCK 电路中的电感较小或在轻负载等情况下，BUCK 电路可能会工作在临界电流模式（BCM）或断续电流模式（DCM）。

当 BUCK 电路在电感放电阶段时，如果电感中储存的能量被完全释放时还未开始下一个充电周期，那么对于传统的非同步整流 BUCK 电路来说，它将进入断续电流模式（DCM），在下一个充电周期到来时，电感电流将从零开始逐渐上升。区别于传统的二极管续流的 BUCK 电路，如果在电路中使用了半导体开关管代替续流二极管，此时电感电流将反向流动，电流

将从同步整流开关管的输出端流向电路的 GND 电位，进入强制连续电流模式（FCCM）。

BUCK 降压 DC-DC 变换器通常具有如下特点：

（1）输出电压 $U_O$ 始终低于输入电压 $U_I$；

（2）功率开关管 VT 的占空比越大，输出电压越大；反之，占空比越小，输出电压越小；

（3）功率开关管 VT 处于浮地状态，属于高侧驱动，驱动电路设计较为复杂；

（4）功率开关管最大耐压值 $U_{CE} = U_I$；

（5）功率开关管最大集电极电流 $I_C = I_O$；

（6）续流二极管上的电流 $I_F = (1 - D)I_O$；

（7）续流二极管的反向压降 $U_R = U_I$；

（8）输出电压极性与输入电压极性相同；

（9）输入电压与输出电压参考地相同，无电气隔离。

## 2.5.2　单片开关电源芯片 LM2596

在大学生电子设计竞赛中，降压式开关电源用途广泛，其中 LM2596 芯片是一款低成本、外围电路简单的 BUCK 降压集成芯片，本节将介绍 LM2596 的基本使用方法和电路。

LM2596 开关电压调节器是降压型电源管理单片集成电路，能够输出 3A 的驱动电流，同时具有很好的线性和负载调节特性。固定输出的芯片版本有 3.3V、5V、12V，可调输出的芯片版本可以输出小于 37V 的各种电压。

该芯片内部集成频率补偿和固定频率发生器，开关频率为 15kHz，与低频开关调节器相比较，该芯片可以使用更小规格的滤波元件。该芯片只需 4 个外接元件，可以使用通用的标准电感，更加优化了 LM2596 的使用，极大地简化了开关电源电路的设计。

LM2596 封装形式包括标准的 5 脚 TO-220 封装（DIP）和 5 脚 TO-263 表贴封装（SMD）。该芯片还有其他一些特点：在特定的输入电压和输出负载的条件下，输出电压的误差可以保证在±4%的范围内，振荡频率误差在±15%的范围内；可以用仅 80μA 的待机电流实现外部断电；具有自我保护电路（一个两级降频限流保护和一个在异常情况下断电的过温完全保护电路）。

LM2596 芯片具有如下特性：

● 3.3V、5V、12V 的固定电压输出和可调电压输出；

● 可调输出电压范围为（1.2～37V）±4%；

● 输出线性好且负载可调节；

● 输出电流可高达 3A；

● 输入电压可高达 40V；

● 采用 150kHz 的内部振荡频率，属于第二代开关电压调节器，功耗小、效率高；

● 低功耗待机模式，$I_Q$ 的典型值为 80μA；

● TTL 电平即可关断芯片；

● 具有过热保护和限流保护功能；

● 封装形式为 TO-220（T）和 TO-263（S）；

● 外围电路简单，仅需 4 个外接元件，使用容易购买的标准电感。

## 2.5.3　LM2596 降压电路设计

如图 2-41 所示为 LM2596-5.0 芯片的典型应用电路图。

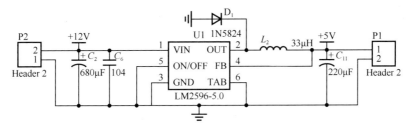

图 2-41　LM2596-5.0 芯片的典型应用电路图

图 2-41 中，电路的主要功能是将输入的 12V 电压通过 BUCK 降压电路稳压到 5V 进行输出。电路的核心器件是 LM2596 芯片，输入电容为 680μF，输出电容为 220μF，滤波电感的电感量为 33μH，续流二极管的型号为 1N5824。LM2596 芯片的 1 脚为电源输入引脚；2 脚为电源输出引脚；3 脚为 GND 引脚（需要接地）；4 脚为 LM2596 芯片的输出电压反馈引脚，通过该引脚可以实时调整输出电压以实现输出电压的闭环负反馈调节；5 脚为使能控制引脚，将该引脚接地以使能 LM2596 芯片。

对于开关电源电路而言，原理图设计只占整个设计的极小部分，想要让开关电源正常工作，需要对电路的 PCB 布局布线进行设计和优化。在开关调节器中，PCB 版面布局图非常重要，开关电流与环线电感密切相关，由这种环线电感所产生的暂态电压往往会引起许多问题。为了取得较好的效果，外接元器件要尽可能地靠近开关型集成电路，电流环路尽可能短，最好用地线屏蔽或单点接地。最好使用磁屏蔽结构的电感器，如果所用电感是磁芯开放式的，那么，对它的位置必须格外注意。如果电感通量和敏感的反馈线相交叉，则集成电路的地线及输出端的电容的连线可能会引起一些问题。在输出可调的方案中，必须特别注意反馈电阻及其相关导线的位置。在物理上，一方面电阻要靠近集成电路；另一方面相关的连线要远离电感，如果所用电感是磁芯开放式的，那么，这一点就显得更为重要。

# 2.6　升压开关电源电路设计

在非隔离 DC-DC 变换器中，除了上文中提到的 BUCK 降压型 DC-DC 变换器，还存在另一种 BOOST 升压型 DC-DC 变换器。如同 BUCK 变换器一样，该 BOOST 升压变换器的转换效率也较高，可以达到 95% 及以上。BOOST 电路常作为非隔离结构的升压，例如可以将系统中的 12V 电源升压至 24V、48V 来对其他器件进行供电。

## 2.6.1　BOOST 升压电路的基本原理

BOOST 变换器是一种升压型变换器，它的输出电压 $U_O$ 高于输入电压 $U_I$，是一种非隔离的单管 DC-DC 变换器，其电路拓扑结构如图 2-42 所示，可见，所用到的元件与 BUCK 降压电路完全相同，只是元件的相对位置有所调整。

在 BOOST 升压电路中，输入电压为 $U_I$，输出电压为 $U_O$，S 为等效的功率开关器件，VD 为续流的开关二极管（常用肖特基二极管或快恢复二极管），$C$ 为输出的滤波电容，$L$ 为储能电感（也称升压电感）。当开关 S 闭合时，输出暂时由电容 $C$ 来进行供电，输入电源会向电感 $L$ 充电，此时开关二极管 VD 处于截止状态；当开关 S 断开时，输出端的能量由电感 $L$、电容 $C$ 和输入电源共同提供，同时电容 $C$ 被重新充电，此时输出电压高于输入电压，开关二极管 VD 处于导通续流的状态。当开关 S 在以数十至上百千赫兹的频率开关时，输出端会产生一个稳定的直流电压$U_O$，该直流电压$U_O$将始终大于输入的直流电压$U_I$。

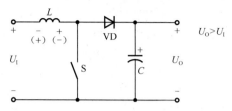

图 2-42　BOOST 升压 DC-DC 电路拓扑结构

在实际电路中，使用脉冲宽度调制（PWM）技术来控制开关 S 的通断，其等效电路如图 2-43（a）所示。

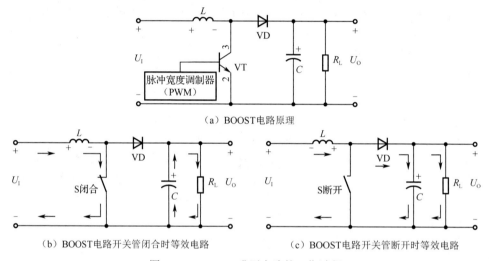

（a）BOOST电路原理

（b）BOOST电路开关管闭合时等效电路　　　（c）BOOST电路开关管断开时等效电路

图 2-43　BOOST 升压电路的工作过程

图 2-43（b）和图 2-43（c）分别显示了 BOOST 电路中功率开关管闭合和断开状态下电路中电流的路径，结合图 2-43（a）可以对 BOOST 电路的工作过程和工作原理进行分析。

如图 2-43（b）所示，当功率开关管 VT 闭合时，输入电源 $U_I$ 对电感 $L$ 充电，此时电流经过电感 $L$ 之后将直接返回输入电源。而因为输出电压 $U_O$ 高于输入电压 $U_I$，开关二极管 VD 处于截止状态，在当前状态下，输出电流 $I_O$ 仅由输出电容 $C$ 提供。因此在 BOOST 升压电路中，对输出电容 $C$ 的容量有一定的要求，如果输出电容 $C$ 的容量太小，在负载加重、输出电流 $I_O$ 过大时，可能出现输出电压波动较大甚至 BOOST 电路不能正常工作的情况。

如图 2-43（c）所示，当功率开关管 VT 断开时，因为电感 $L$ 上的电流 $I_L$ 不能突变，所以会在电感 $L$ 两端产生一个感应电动势 $U_L$，其方向为左负右正，刚好相当于与输入电压 $U_I$ 一起串联向输出端进行供电。而开关二极管 VD 因正向电压的存在开始导通。电感感应电动势 $U_L$ 与输入电压 $U_I$ 一起串联向输出负载供电，同时向输出电容 $C$ 进行充电。而电感感应电动势 $U_L$ 和输入电压 $U_I$ 串联之后的电压值一定高于输入电压 $U_I$，所以输出电压 $U_O$ 一定大于输入电压 $U_I$，因此称该 BOOST 电路拓扑为升压型拓扑。

当 PWM 信号处于高电平，且功率开关管 VT 闭合时，储能电感中的电流 $I_L$ 将线性增大；开关二极管 VD 处于截止状态，所以其电流 $I_F$ 为零；VT 处于闭合状态，且与电感串联，所以其电流 $I_C$ 线性增大，开关管两端电压 $U_C$ 接近于零，具体波形如图 2-44 所示。

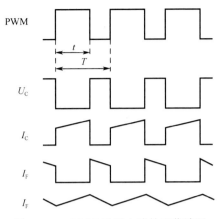

图 2-44　BOOST 升压电路的工作波形

当 PWM 信号处于低电平，且功率开关管 VT 断开时，因为需要向输出负载供电，所以储能电感中的电流 $I_L$ 将线性减小；开关二极管 VD 处于导通状态，其电流 $I_F$ 将等于电感电流 $I_L$；开关管 VT 处于断开状态，所以其电流 $I_C$ 为零，开关管两端电压 $U_C$ 约等于输入电压 $U_I$ 与电感感应电动势 $U_L$ 之和。

BOOST 升压电路在连续电流模式下的稳态公式为

$$\frac{U_O}{U_I} = \frac{1}{1-D} \tag{2-14}$$

BOOST 升压型 DC-DC 变换器通常具有如下特点：

（1）输出电压 $U_O$ 始终高于输入电压 $U_I$；

（2）功率开关管 VT 的占空比越大，输出电压越小；反之，占空比越小，输出电压越大；

（3）功率开关管 VT 处于低侧驱动，驱动电路设计相对简单；

（4）功率开关管最大耐压值 $U_{CE} = U_O$；

（5）功率开关管最大集电极电流 $I_C = (1-D)I_O$；

（6）续流二极管上电流 $I_F = I_O$；

（7）续流二极管反向压降 $U_R = U_O$；

（8）输出电压极性与输入电压极性相同；

（9）输入电压与输出电压参考地相同，无电气隔离。

## 2.6.2　单片开关电源芯片 LM2577

LM2577 芯片是一款 TI 公司生产的 BOOST 升压芯片，其具有如下特性：

● 仅需要极少的外部元件即可搭建电路；

● 支持 3A 开关电流的 NPN 类型的开关管，开关管耐压可达 65V；

● 3.5～40V 宽输入电压范围；

● 电流控制模式提供了更好的瞬态特性、线性调整率，且具有自限流功能；

● 内部具有 52kHz 的振荡器；

● 提供软启动逻辑可降低开机时的冲击电流；

● 输出开关管具有过流保护、欠压闭锁、过热保护。

LM2577 芯片是一款专为 BOOST 结构设计的集成芯片，可以直接应用于 BOOST 电路中，因为电路的控制结构类似，也可以将其使用在反激或正激电路的设计中。

LM2577 芯片具有多种外形封装，常用的封装类型是 DDPAK（TO-263），其引脚排布如图 2-45 所示。LM2577 芯片有 5 个引脚，分别为 VIN、SWITCH、GND、FEEDBACK、COMP。引脚的名称已经将其主要功能表述出来了，即 VIN 引脚为电源输入引脚，SWITCH 引脚为芯片的开关引脚，GND 引脚应当接地，FEEDBACK 引脚为芯片的电压负反馈引脚，需要连接至输出电压低额分压网络，COMP 引脚为内部运算放大器的环路补偿引脚。

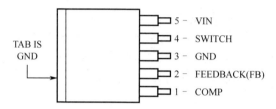

图 2-45    LM2577 芯片的引脚排布示意图（基于 TO-263 封装）

### 2.6.3    LM2577 升压电路设计

在电子设计竞赛中，如果提供的供电电压较低，而在电路中需要的电压等级较高，那么就需要使用到升压电路。在开关电源中，常使用 BOOST 电路拓扑搭建开关电源的升压电路，LM2577 作为单片集成式升压芯片，刚好可以完成 BOOST 电路拓扑控制。如图 2-46 所示为基于 LM2577-ADJ 芯片的 BOOST 升压电路图。

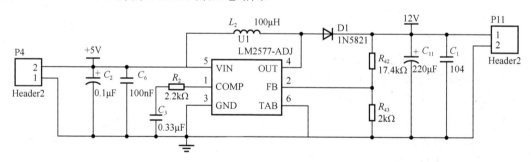

图 2-46    基于 LM2577-ADJ 芯片的 BOOST 升压电路图

图 2-46 中，LM2577 将输入的 5V 电压升至 12V 进行输出，电路的最大输出电流可达 800mA。图中的输入电容为 0.1μF，输出电容为 220μF，升压电感的电感量为 100μH，升压二极管使用的型号为 1N5821 肖特基二极管。其输出电压为

$$V_{out} = 1.23V(1 + R_{42}/R_{43}) \tag{2-15}$$

电路整体为 BOOST 升压拓扑，电路的设计和计算可以参考 BOOST 电路拓扑。

## 2.7    负压开关电源电路设计

在电子设计竞赛中，有时候需要在放大电路、音频电路等电路中使用正负电源供电，所以有必要掌握一个正电压转负电压的电路。

正电压转负电压的开关电源电路有较多的拓扑，例如，所有输入与输出电气有隔离的开

关电源均可以通过设置不同的公共点轻松实现电压极性的转换。而隔离型开关电源的设计难度稍高，也较复杂，不太适合简单电路的电压极性转换。在非隔离的电路拓扑中，有两种较常见的正电压转负电压的拓扑：BUCK-BOOST 电路和 CUK 电路。从易于实现的角度来看，结构与 BUCK 电路非常类似的 BUCK-BOOST 电路可以使用现成的 BUCK 转换器芯片来搭建反压电路，更加适合在电子设计竞赛中使用。本节也将结合 BUCK-BOOST 拓扑对负压开关电源进行设计。

### 2.7.1　BUCK-BOOST 反压电路原理

为了对 BUCK-BOOST 反压电路进行原理性分析，本节使用 TINA-TI 仿真软件对 BUCK-BOOST 反压拓扑进行仿真。图 2-47 所示为 BUCK-BOOST 电路的基本拓扑仿真原理图。

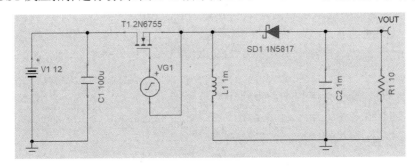

图 2-47　BUCK-BOOST 电路的基本拓扑仿真原理图

图 2-47 中，输入电压 V1 的电压值为 12V；C1 为输入电容，容值为 100μF；T1 为开关管，型号为 2N6755，其开关驱动信号由 VG1 方波发生器产生，开关频率为 50kHz，驱动电压幅度为 10V，驱动信号的上升时间和下降时间为 100ns，占空比为 50%；L1 为电感器，其电感值为 1mH；C2 为输出电容，其电容值为 1mF；电路的负载为 R1，阻值为 10Ω，因为电路的输出电压约为-10V（仅为了仿真拓扑的原理，因此系统开环，输出电压与电路状态有关），因此该电路的负载电流约为 1A。

对图 2-47 所示的 BUCK-BOOST 反压电路进行仿真可以得到图 2-48 所示的输出电压和开关管 T1 的驱动波形。

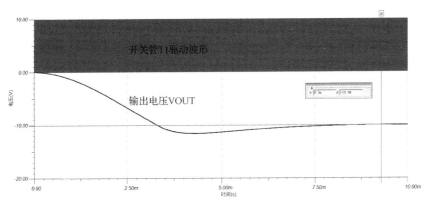

图 2-48　BUCK-BOOST 电路输出电压和开关管 T1 的驱动波形

在图 2-48 中，该电路可以成功输出一个电压约为-10V 且与输入电压极性相反的负压，符合预期目标。那么，该电路是如何工作的呢？下面对 BUCK-BOOST 电路的工作原理进行简单分析。

假设电路某时刻处于稳态，即输入电容上电压为 12V，输出电容上的电压为-10V 左右，电路输出电压等于输出电容上电压。

理想的开关管有两种工作状态：导通和关断。

当开关管导通时，电感 L1 的上端电压等于输入电压，因此二极管 SD1 处于反向截止状态，此时 L1 的下端电压接地为 0V。因此，当开关管导通时，对电感 L1 进行充电，L1 的电流开始线性上升，电流方向为由上至下。此时，负载端由输出电容 C2 进行放电供电。

当开关管关断时，因为电感 L1 的电流不能突变，所以其电流方向仍为由上向下，电感 L1 处于放电状态，流过 L1 的电流开始减小。此时二极管 SD1 处于导通状态。在这个阶段，电感 L1 不仅向负载提供能量，还向输出电容 C2 进行充电。

对于开关管关断的状态，电感 L1 的电流逐渐减小，可以依据电感 L1 的电流是否下降到零将电路的工作状态分为连续电流状态和断续电流状态，这与传统的 BOOST 电路的分析是一致的。

经过开关管的一整个开关周期，电路中的能量通过 L1 进行换能，从输入端转移到输出端，并且输出的极性与输入电压是相反的，如果选用合适的 LC 参数和开关频率，输出端将会有一个稳定的负压直流电。

## 2.7.2　单片开关电源芯片 TPS5430

TPS5430 芯片是一款低成本的内部集成开关管的 BUCK 降压拓扑的芯片，在本节介绍反压电路的部分中特别介绍该芯片的原因是，使用该芯片可以非常简单地完成 BUCK-BOOST 反压拓扑的构建，仅需要对传统的 BUCK 电路进行稍加改造即可完成相关设计。

TPS5430 芯片具有如下特性：

- 宽输入电压范围：5.5～36V；
- 最大连续电流为 3A，最大峰值电流为 4A；
- 内部集成了 110mΩ 的开关管，可以实现最高 95%的转换效率；
- 宽输出电压范围，可调节电压值最低为 1.22V，精度为 1.5%；
- 内部集成补偿网络，减少外部器件数量；
- 固定 500kHz 开关频率可以减小滤波器的尺寸；
- 使用电压前馈技术提高瞬态响应和线性调整率；
- 集成了过流保护、过压保护和过热保护；
- -40～125℃结温内可以正常工作；
- 使用 8pin 的 SOIC-8 封装减小体积。

TPS5430 芯片的最大输出电流可以达到 3A，非常适合在电子设计竞赛中充当辅助电源对电路系统进行供电。该集成电路既可以构建 BUCK 降压电路，又可以适当改变拓扑搭建 BUCK-BOOST 反压电路，功能十分强大。

TPS5430 芯片采用 SOIC-8 封装形式，外形体积较小，并且易于焊接使用，其引脚分布如图 2-49 所示。

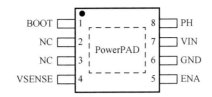

图 2-49　TPS5430 芯片（SOIC-8 封装）引脚分布图

在图 2-49 中，TPS5430 芯片共有 8 个外部连接引脚，其中有 2 个 NC（Not Connected Internally）引脚不需要连接，因此 TPS5430 芯片共有 6 个有用的引脚。

其中，BOOT 引脚为 BUCK 电路上管自举驱动所需的自举电容连接引脚；VSENSE 引脚为电路的输出电压反馈引脚；ENA 引脚为使能控制引脚，当该引脚电压低于 0.5V 时，该芯片的内部振荡器将处于停止的状态，此时电路无输出，该引脚悬空时芯片正常工作；GND 引脚为芯片的接地引脚，连接至电路中的 GND 电位；VIN 引脚为芯片的输入电压供电引脚，内部连接着 BUCK 拓扑的上管漏极；PH 引脚为内部 MOS 的源极引脚，作为电路的开关节点。同时，芯片的正下方为一个 PowerPAD 焊盘，该引脚应当在电路板上与 GND 连接，可以起到辅助散热的作用。

## 2.7.3　TPS5430 反压电路设计

如图 2-50 所示为基于 TPS5430 的 BUCK 降压电路原理图，该电路的设计参数如下。
- 输入电压：10.8～19.8V；
- 输出电压：5V；
- 输入电压纹波：300mV；
- 输出电压纹波：30mV；
- 最大输出电流：3A；
- 工作频率：500kHz。

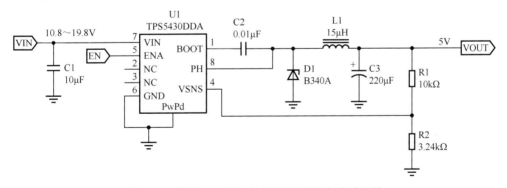

图 2-50　基于 TPS5430 的 BUCK 降压电路原理图

如图 2-50 所示为 TPS5430 芯片的一个典型 BUCK 应用电路，可以将输入电压进行降压输出，输出电压的极性与输入电压相同。如果要得到一个反压电路，可以对图 2-49 中的电路进行适当改造，即可以搭建 BUCK-BOOST 反压电路。

如图 2-51 所示为基于 TPS5430 的 BUCK-BOOST 反压电路原理图。

如图 2-51 所示，该电路的参数与图 2-50 中的电路基本一致，只是将电路中的电感和二极管的位置对调，并且将芯片的 GND 引脚连接到 VOUT 输出电压上（目的是使芯片的 GND

连接在电路的最低电压处，将 VOUT 电位视为地电位）。

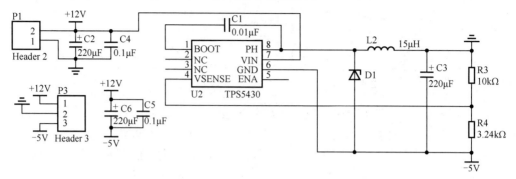

图 2-51　基于 TPS5430 的 BUCK-BOOST 反压电路原理图

该电路的输入直流电压为 12V；C2 和 C4 为输入电容；C1 为 TPS5430 芯片的自举升压电容，容值为典型值 0.01μF；L1 和 D1 分别为 BUCK-BOOST 反压电路拓扑中的电感和续流二极管元件；输出电容为 C3，电容值为 220μF；R3 和 R4 为输出电压采样电阻，因为 TPS5430 芯片以 VOUT 为地电位，所以图 2-50 中的输出电压采样电阻的阻值与图 2-51 中的电阻阻值刚好反过来，以此可以保证输出电压为-5V，即输出电压比 GND 电压低 5V。

为了对图 2-51 所示的反压电路进行原理性验证，下面使用 TINA-TI 软件对基于 TPS5430 芯片的反压电路进行软件仿真，仿真电路与结果如图 2-52 与图 2-53 所示。

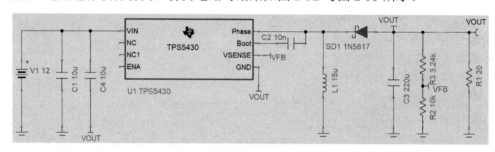

图 2-52　基于 TPS5430 的 BUCK-BOOST 反压仿真电路图

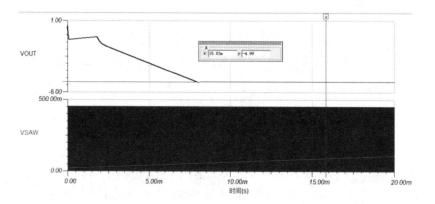

图 2-53　基于 TPS5430 的 BUCK-BOOST 反压电路仿真结果

如图 2-53 所示，对电路进行时长为 20ms 的瞬态仿真，并且设定电路的初始条件为零更加接近真实情况。最终经过光标测量，可以在 VOUT 节点上得到一个-5V 的输出电压，这与理论计算的结果完全一致。因此，基于 TPS5430 的反压电路可以工作，并且由仿真结果可以看出此时的输出电压非常稳定。

一般而言，只要是内部集成了高侧 MOSFET 的非同步整流的 BUCK 电路芯片，均可以将其 BUCK 结构改为 BUCK-BOOST 电路的结构，从而实现反压输出的功能，例如前面章节讲解的 LM2596 芯片也可以完成负压输出，读者在芯片选型过程中可以根据实际需要进行选择。

## 2.8　小结

本章由浅入深地介绍了在电子设计竞赛中常用的线性电源的设计，包括并联稳压电路、串联稳压电路、整流滤波电路等。此外，还针对开关电源的几种常用拓扑电路进行了讲解，包括开关电源的工作原理、工作过程及电路设计要点。在大学生电子设计竞赛中，辅助电源电路的优劣决定了设计过程的顺利程度及作品的稳定性，因此熟练掌握几种常见的线性电源、开关电源芯片电路设计非常有必要。

读者通过本章的学习可以掌握基本的辅助电源模块的设计。本章内容虽为基础内容，但是非常重要，因此建议读者熟练掌握本章介绍的几种电路。

## 习题与思考

1. 线性电源与开关电源相比有何优缺点？
2. 线性电源可以分为哪几类？分类的依据是什么？
3. 并联稳压电路和串联稳压电路的结构有什么区别？各自具有什么特点？
4. 稳压二极管的主要参数有哪些？
5. 如何使用三端稳压器搭建输出电压可调的稳压电路？
6. 请实际设计并制作一个三端稳压器电路并进行相关实验。
7. 开关电源与线性电源的主要区别有哪些？
8. 开关电源主要有哪些拓扑？
9. 简述 BUCK 电路的工作原理和工作过程，以及输入与输出的关系。
10. 简述 BOOST 电路的工作原理和工作过程，以及输入与输出的关系。
11. 简述 BUCK-BOOST 电路的工作原理和工作过程，以及输入与输出的关系。
12. 使用 BUCK 芯片搭建 BUCK-BOOST 反压电路时有哪些注意事项？

# 第3章　最小系统与常见接口电路设计

在大学生电子设计竞赛中，一般都要使用微处理器对电路系统的功能进行智能控制，所以熟练掌握微处理器电路的设计也是硬件设计方面的一个必要技能。本章将针对电子设计竞赛中常用的几种微处理器最小系统电路进行介绍。

在实际的设计和项目中，只有最小系统往往是不能完成所需功能的，还需要一些处理器接口电路。因此，本章还会介绍一些常用的处理器接口电路。

## 3.1　单片机最小系统设计

### 3.1.1　最小系统原理

各大半导体厂商都推出了以半导体集成电路为基础的各种微处理器芯片，在通常情况下，这些芯片内部都集成了 CPU（运算内核单元）、各种数字外设（定时器、中断处理、各种通信接口等）和一些模拟外设（ADC、DAC、运算放大器、比较器等），这种芯片的集成度较高，通常被称为 SoC（片上系统）。但在实际中，因为这些芯片的运算能力有限，所以一般被称为微处理器或微控制器。

在电子设计竞赛中，通常需要使用微处理器对电路进行智能控制，此时需要用到微处理器芯片内部的一些功能。对硬件电路而言，仅有一个微处理器芯片是不能正常工作的，还需要在电路板上设计一些除微处理器之外的多种辅助电路以进行输入/输出控制或为微处理器提供合适的工作条件。对于能够使得微处理器正常工作的最小规模的辅助电路，我们称之为微处理器的最小系统。以最常见的单片机最小系统为例，其组成示意图如图 3-1 所示。

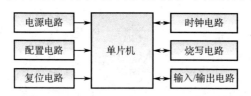

图 3-1　单片机最小系统组成示意图

如图 3-1 所示，为了使单片机能够正常工作，一般需要有这几个辅助电路：电源电路、时钟电路、配置电路、烧写电路、复位电路、输入/输出电路等。有些不带内部存储器的单片机，还需要存储器扩展电路。

其中，电源电路为单片机提供各种所需供电电压，一般电压等级为 5V、3.3V、1.8V、1.2V、1.0V 等。随着半导体技术的进步，单片机的供电等级不断降低，以降低整体功耗。单片机只有在正确的供电条件下才有可能稳定地工作，如果单片机电路中的电源电路设计不合理，可能导致单片机轻则工作不稳定、程序跑飞、复位重启，重则损坏单片机芯片。

时钟电路是单片机工作的时基。单片机的核心是内部 CPU 内核，是一套数字电路，因此工作时需要有一个振荡时钟。有些单片机内部已经集成了简单的 RC 振荡电路，可以为单片机提供时钟，因此无须外部提供额外的时钟电路，但是在高速异步串行通信（串口等）、精确定时的设计中，内部的振荡电路精度不足，仍需要外部连接晶振等电路为单片机提供精确的时基。

　　配置电路包括一些存储器的访问选择、启动管理等。

　　烧写电路作为单片机程序的烧录接口，也是一个必要的电路，它承担将用户程序写入单片机的任务。目前，不同的单片机型号采用不同的程序烧写接口电路，例如，大多数单片机支持 JTAG 接口作为程序的下载接口，但是 JTAG 接口也分为 10pin、14pin、20pin 等不同类型，同时各单片机生产厂商也可能有不完全一样的接口，而且随着单片机 I/O 电压等级的不同，JTAG 接口的逻辑电平也多种多样。因此，在设计程序下载接口时需要特别注意。另外，还有较常用的 SWD 接口，通常用在 ARM 系列微处理器上。除了使用芯片厂商提供的接口，用户也可以通过自行编写 bootloader 程序将单片机上的各种通信接口作为程序下载口，如串口、SPI、IIC、USB、SDIO 等。

　　复位电路能使 CPU 和系统中的其他功能部件都处在一个确定的初始状态，并从该状态开始工作。在单片机系统中，复位电路是非常关键的，当程序跑飞（运行不正常）或死机（停止运行）时，就需要进行复位。在实际应用中，一般在单片机刚开始接入电源或发生故障时进行复位，也可通过复位来观察程序的运行状态。传统的 MCS-51 系列的 5V 单片机一般为高电平复位，而现今的大部分低压 16 位、32 位单片机一般为低电平复位。

　　单片机的设计是为了实现某一种或多种功能，因此电路中一定会有基本的输入/输出接口，如按键或 LED 指示灯等。这一部分电路可用于测试最小系统是否工作，也与设计者的期望功能有关。

## 3.1.2　MSP430 单片机最小系统设计

　　MSP430 单片机的最小系统非常简洁，只需要外加电源即可正常工作。这主要是由于 MSP430 单片机内部集成了掉电复位模块、内部高频时钟源及存储系统等。但考虑到实际应用时的复杂性，其最小系统也应考虑诸多元素。这里以 MSP430F5529 为例介绍 MSP430 单片机基本外围电路。

### 1．电源电路

　　MSP430F5529 单片机具有较宽的工作电压，只要不低于 1.8V 且不高于 3.6V，单片机均能稳定工作。但是部分片上外设对电源的要求较高。例如，对 Flash 进行擦写操作的最低电压是 2.2V，ADC 模块需要 2.2V 以上的电压才可以正常工作。这里以常见的 3.3V 为 MSP430F5529 单片机供电，如图 3-2 所示。

　　其中数字电源部分（DVCC、DVSS）、模拟电源部分（AVCC、AVSS）均用电容 10μF、100nF 进行滤波，考虑到电源隔离，数字电源与模拟电源通过磁珠 L1、L2 进行连接。此外，MSP430F5529 还具有内部核心稳压输出引脚，这里接输出电容 470nF（用户手册中建议值）。其余电源引脚接法类似。

### 2．复位电路

　　复位电路的基本功能是系统上电时提供复位信号，直至系统电源稳定后，撤销复位信号。为可靠起见，电源稳定后还要经过一定的延时才撤销复位信号，以防电源开关或电源插头分-

合过程中引起的抖动而影响复位。MSP430F5529 单片机的外部复位信号为 RST/NMI 引脚输入超过 2μs 的低电平信号。由于 MSP430F5529 单片机内部已经集成了掉电保护电路，正常情况下，只需在单片机的 $\overline{RST}$/NMI 引脚处外接一个电阻与 VCC 端相连，单片机即可正常工作，如图 3-3（a）所示。另一种常见的复位电路是由电阻与电容构成的 RC 复位电路，如图 3-3（b）所示。调节电阻、电容的大小可以改变延时长度，从而满足最小复位时间。在实际电路设计中，如图 3-3（c）所示的电路更为常用。该电路与 3-3（b）相比，增加了一个二极管和一个按键开关。二极管的作用是在电源电压瞬间下降时使电容迅速放电，一定程度的电源毛刺也可令系统可靠复位。按键开关可对单片机进行手动复位。若需要更为稳定、可靠的复位电路，可以使用专门的复位芯片，如 TPS383X 等。

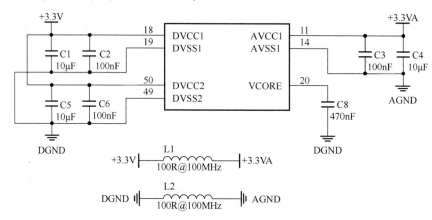

图 3-2　MSP430F5529 单片机最小系统供电电路

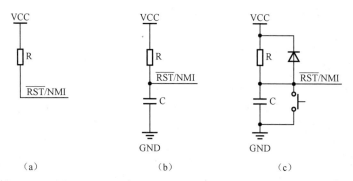

（a）　　　　　　　　（b）　　　　　　　　（c）

图 3-3　MSP430F5529 单片机最小系统复位电路

复位引脚置为高电平，MSP430F5529 单片机进入工作状态。值得注意的是，不同的 MSP430 单片机上电复位与调试复位时所需的低电平时间不一致，需要留意所采用的 MSP430 型号的数据手册，从而选择合适的上拉电阻与充电电容。

### 3．晶振电路

晶振全称为晶体振荡器（Crystal Oscillator），其作用是为单片机系统提供基本的时钟信号。晶振可以提供稳定、精确的单频时钟信号，在通常的工作条件下，普通的晶振频率绝对精度可达 $10 \times 10^{-6}$。MSP430F5529 单片机可以同时外接两个外部晶振（XT1 和 XT2）为单片机提供精确的时钟信号。其中，XT1 晶振与引脚 XIN、XOUT 相连，XT2 与引脚 XT2IN、XT2OUT 相连。

在这两个晶振中，XT1 通常用于连接低频晶振，如 32.768kHz 的晶振。由于 MSP430F5529 单片机内部已集成了与低频晶振相匹配的电容，因此低频晶振可以直接与相应的引脚相连，通过配置内部电容即可以正常工作，如图 3-4（a）所示。低频晶振提供的时钟信号通常用于向片内低速外设提供时钟，并可作为定时信号唤醒 CPU。除了外接低频晶振，还可以外接高频晶振。当引脚 XIN、XOUT 外接高频晶振时，内部集成的电容已无法与之匹配。因此，需要起振的 20～30pF 匹配电容，接法如图 3-4（b）所示。XT2IN 与 XT2OUT 引脚只能外接高频晶振，同时又因为 XT2IN 与 XT2OUT 引脚内部无内置电容，所以也需要自备电容。连接方法如图 3-4（c）所示。

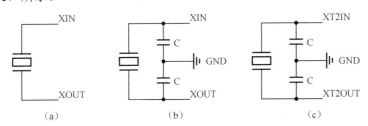

图 3-4　MSP430F5529 单片机最小系统晶振电路

需要注意的是，匹配电容的大小与晶振输出的频率成反比。即对于同一个晶振，电容值越大，晶振输出的频率越低；反之则越高。因此，只有在合适的范围内才能输出标称频率。若匹配电容选择不当，可导致晶振无法起振。

如果系统对时钟信号要求不太严格，也可以使用内置时钟源。在 MSP430F5529 单片机中，不仅内置了用于产生高频时钟信号的数控振荡器（DCO），还集成一个低频振荡器用于产生低频时钟信号。由于内置振荡器易受温度等外界因素影响，误差相对较大，只适合为 CPU 运算提供时钟或在对时间误差要求较宽松的场合使用。

### 4．程序仿真与下载电路

MSP430F5529 单片机一般具备 3 种下载电路：JTAG、Spy-Bi-Wire 和 BSL。其中前两种可以实现在线仿真调试，后一种只能进行程序的烧写。MSP430F5529 单片机上电时，会先运行一段引导代码，引导代码通过判断 TEST 和 RST 引脚上的电平时序确定当前的下载方式或运行 Flash 中的程序。

JTAG 是一种国际标准测试协议，MSP430 系列支持标准 JTAG 接口，它需要 4 个信号（TCK、TMS、TDI、TDO）来发送和接收数据。JTAG 接口与 MSP430F5529 共享 I/O 口。设备上电时，在 TEST/SBWTCK 和 $\overline{\text{RST}}$/NMI/SBWTDIO 上的特定时序会触发 JTAG 下载模式，MSP430F5529 单片机进行 JTAG 仿真下载所需的信号如表 3-1 所示。

表 3-1　MSP430F5529 单片机进行 JTAG 仿真下载所需信号

| 设 备 信 号 | 方　　向 | 功　　能 |
| --- | --- | --- |
| PJ.3/TCK | 输入 | JTAG 时钟输入 |
| PJ.2/TMS | 输入 | JTAG 状态控制 |
| PJ.1/TDI/TCLK | 输入 | JTAG 数据输入，TCLK 输入 |
| PJ.0/TDO | 输出 | JTAG 数据输出 |
| TEST/SBWTCK | 输入 | 使能 JTAG 引脚 |

续表

| 设 备 信 号 | 方　向 | 功　能 |
|---|---|---|
| $\overline{\text{RST}}$ /NMI/SBWTDIO | 输入 | 外部复位 |
| VCC | — | 电源 |
| VSS | — | 地 |

Spy-Bi-Wire 是 MSP430 系列单片机支持的两线调试接口，MSP430 单片机开发工具可以通过 Spy-Bi-Wire 对单片机进行在线调试和开发。Spy-Bi-Wire 所需信号如表 3-2 所示。

表 3-2　Spy-Bi-Wire 所需信号

| 设 备 信 号 | 方　向 | 功　能 |
|---|---|---|
| TEST/SBWTCK | 输入 | Spy-Bi-Wire 时钟输入 |
| $\overline{\text{RST}}$ /NMI/SBWTDIO | 输入，输出 | Spy-Bi-Wire 数据输入/输出 |
| VCC | — | 电源 |
| VSS | — | 地 |

BSL（Bootstrap Loader）即引导加载程序，单片机的程序一般存储在 Flash 中，通过代码可以修改 Flash，所以可以通过预先在单片机内下载一个程序，该程序的功能就是按特定的格式读取或写入 Flash 中的内容，即通过特定方式对单片机进行编程，如通过 USB、UART 均可对单片机进行编程。这种编程方式适合工厂大批量生产，灵活性较高，可定制。对于 MSP430F5XXX、MSP430F6XXX 和 MSP432 系列单片机来说，允许用户自定义工厂编程的 BSL。但是，大多数 MSP430F5529 单片机的 ROM 中都有无法更改的部分。对于这些设备，需要使用备用的 BSL 解决方案（如主内存引导加载程序）来定制引导加载过程。下面以 MSP430F5529 单片机的 USB、UART 两种方式的 BSL 进行说明。

（1）USB BSL

USB BSL 在 BOR 重置后评估 PUR 引脚的逻辑电平。如果被外部电源拉高，则 BSL 被唤醒。因此，除非应用程序在调用 BSL 时，需要在 BOR 重置后将 PUR 拉低，因而不适用 BSL 或 USB 功能。PUR 引脚建议通过 $1\text{M}\Omega$ 电阻接到地。

MSP430F5529 单片机通过 USB BSL 进行预编程。进行 USB BSL 时需要使用表 3-3 中所列的引脚。除这些引脚，应用程序还必须支持正常 USB 操作所需的外部组件，如 XT2IN 和 XT2OUT 上的合适晶体、正确的去耦等。

表 3-3　MSP430F5529 进行 USB BSL 所需信号

| 设 备 信 号 | BSL 功能 |
|---|---|
| PU.0/DP | USB 数据终端 DP |
| PU.1/DM | USB 数据终端 DM |
| PUR | USB 上拉电阻中断 |
| VBUS | USB 总线电源 |
| VSSU | USB 地线 |

（2）UART BSL

UART BSL 是除带 USB 功能模块以外的 MSP430 单片机最常见的 BSL 方式，采用串口的方式也可以实现对 MSP430F5529 单片机的 BSL，此时需要修改 BSL 存储区的程序。进行 UART BSL 所需信号如表 3-4 所示。

表 3-4　MSP430F5529 进行 UART BSL 所需信号

| 设 备 信 号 | BSL 功能 |
| --- | --- |
| $\overline{\text{RST}}$ /NMI/SBWTDIO | BSL 时序信号 |
| TEST/SBWTCK | BSL 时序信号 |
| P1.1 | 数据发送 |
| P1.2 | 数据接收 |
| VCC | USB 总线电源 |
| VSS | USB 地线 |

### 5. USB 电路

标准的 USB 连接线使用 4 芯电缆：5V 电源线（$V_{BUS}$）、差分数据线（D-）、差分数据线（D+）和地线（GND）。在 USB OTG 中，使用 5 线制，多出的线是身份识别（ID）线。

USB 集线器的每个下游端口的 D+和 D-上，分别接了一个 15kΩ 的下拉电阻到地。这样，当集线器的端口悬空（没有设备插入）时，输入端就被这两个下拉电阻拉到低电平。而在 USB 设备端，在 D+或 D-上接了一个 1.5kΩ 的上拉电阻到 3.3V 电源。全速和高速设备的上拉电阻接 D+。当设备插入集线器时，D+线的电压由 1.5kΩ 和 15kΩ 的电阻决定，约为 3V，接收端检测到这个高电平，就向 USB 主控制器报告设备插入。对于 MSP430F5×××系列单片机的 USB 模块，此上拉电阻已经集成到内部，并由 USB 模块的相关寄存器控制，可通过软件编程随时接入上拉电阻。MSP430F5529 单片机的 USB 接口电路如图 3-5 所示。

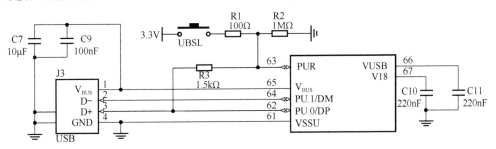

图 3-5　MSP430F5529 单片机的 USB 接口电路

如图 3-5 所示，除了正常 USB 全速接口所需的 4 根线连接，还具有 USB BSL 电路。按下按键，连接 USB，即可进入 USB BSL 状态。USB 部分的稳压输出引脚 VUSB 与 USB 内部电压 V18 引脚均连接电容，以确保 USB 模块电压稳定。

## 3.2　ARM 最小系统设计

由于 ARM 公司的 IP 核性能较高，其 Cortex-M 系列内核非常适合应用于嵌入式微处理器，各大半导体厂商纷纷推出了基于 Cortex-M 系列的 ARM 处理器供用户选择。总体而言，ARM 系列微控制器的主要特点是低成本、高性能。

本节将对基于 ARM Cortex-M 系列的 MSP432 微处理器的最小系统设计进行介绍。

MSP432 最小系统设计主要包括电源电路、复位电路、晶振电路和调试电路。下面以 MSP432P401 为例进行设计说明。

### 1. 电源电路

MSP432P401 微控制器供电电压为 1.62～3.7V，但这只能保证 CPU 正常工作，一些外设模块的工作电压可能远高于 1.62V。MSP432P401 微控制器的电源电路如图 3-6 所示。

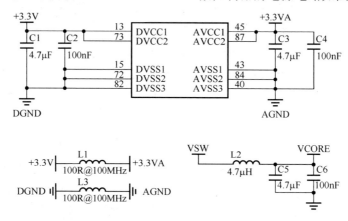

图 3-6　电源电路图

其中，数字电源部分（DVCC、DVSS）、模拟电源部分（AVCC、AVSS）均用低 ESR 陶瓷电容 4.7μF、100nF 进行滤波（部分电容未列出），考虑到微处理器上具有模拟外设，进行电源隔离，数字电源与模拟电源通过磁珠 L1、L3 连接。此外，MSP432P401 还具有 DC-DC 开关输出 VSW 引脚，可通过设计进一步降低处理器功耗。如果想使用其为处理器内核 VCORE 引脚供电，需外接电感与电容。如果不让 DC-DC 部分工作，VSW 与 VCORE 引脚可悬空。

### 2. 复位电路

依据 MSP432P401 数据手册，上电时，如果复位引脚有超过 15μs 的低电平，将产生上电复位信号，从而复位控制器。这里设计成上电自动复位与手动复位相结合的方式，如图 3-7 所示。

图 3-7 中采用 RC 积分电路来实现上电自动复位。MSP432P401 的 I/O 引脚使用的是 LVCMOS 电平标准，在 3.3V 电源系统下，输入电平小于 0.7V 被判定为低电平。这里选择由 47kΩ 上拉电阻和 2nF 下拉电容来实现，由 RC 积分电路的计算公式可知，RC 充电时间约为 90μs，满足复位低电平条件。此外，按键可实现手动复位，按键按下时，微控制器复位。

### 3. 晶振电路

MSP432P401 微控制器片上拥有丰富的时钟资源：DCO、VLO、REFO、MODOSC、SYSOSC。DCO 是一种低功耗的可调谐内部振荡器，可产生高达 48MHz 的时钟信号，当使用外部精密电阻时，DCO 还支持高精度模式（建议 DCOR 引脚外接 91kΩ 高精度电阻到地）；VLO 是一种超低功耗的内部振荡器，典型值为 9.4kHz，可产生低功耗、低精度的时钟；REFO

可以作为 32.768kHz 低功耗、低精度的时钟源，还可以产生 128kHz 时钟信号；MODOSC 是一个内部时钟源，具有非常低的延迟唤醒时间，频率为 25MHz，可用于 1Msps 采样速率的 ADC 转换；SYSOSC 是一个内部时钟源，工厂校准到 5MHz，也可以作为 ADC 工作的时钟源，采样速率为 20ksps，SYSOSC 还用于各种系统级控制和管理操作的定时。

除了片上时钟，MSP432P401 也可外接晶振以提供精度更高的时钟，可外接高频晶振和低频晶振。晶振电路如图 3-8 所示。

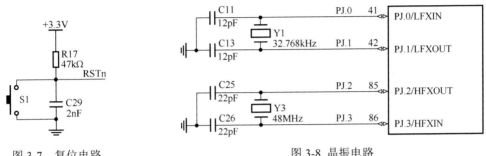

图 3-7　复位电路　　　　　　　　　　图 3-8　晶振电路

图 3-8 中，高频晶振支持的最高频率为 48MHz，低频晶振支持的频率为 32.768kHz。在设计使用外部晶振时，需要晶振起振的外部旁路电容，这与所选择晶振类型有关。这里，高频晶振采用 48MHz 的石英无源晶振，其起振电容为 22pF。低频晶振采用 32.768kHz 的石英无源晶振，其负载电容为 12pF。

#### 4．调试接口电路

MSP432P401 微控制器支持 2 线串行 SWD（未计入 SWO）和 4 线标准 JTAG 调试接口。用仿真器连接微控制器和计算机即可进行在线调试，其中 JTAG 调试接口所用引脚可复用成一般端口，为节约端口，这里采用 SWD 调试接口，其接口定义与连接框图如图 3-9 所示。

图 3-9　SWD 调试接口与调试连接框图

在线调试需要使用仿真器，如 CMSIS-DAP Debugger、J-Link、ULINK 等。MSP432 上电执行的复位操作称为 POR（Power On/Off Reset），在这种状态下，控制器中所有组件都被重置，仿真调试器失去与设备的连接与控制，控制器将重新启动，且片上 SRAM 的值不被保留。

## 3.3　DSP 最小系统设计

对于 DSP 系统而言，其最小系统的设计与 ARM 系列微处理器基本一样，本节将以 TMS320F28379S 芯片为例介绍 TI 公司的 DSP 控制器的最小系统设计。

TMS320F28379S 是 TI 公司基于 C28 系列 DSP 内核设计的一款微处理器芯片，该芯片最高可以运行在 200MHz 主频下，芯片内部集成了 FPU、VCU、TMU 等数学运算加速器，可以提高数字信号处理算法的运行速度，并且芯片内部集成了非常丰富的外设供用户使用。

TMS320F28379S 最小系统设计主要包括电源电路、复位电路、晶振电路和调试接口电路。各部分的具体设计如下。

### 1. 电源电路

TMS320F28379S 芯片需要 3.3V 和 1.2V 两个电源进行供电。其中，DSP 的上电需要满足以下上电时序要求：在芯片上电前，芯片所有数字信号引脚的最大电压不能超过电压引脚 VDDIO 电压 0.3V，所有模拟信号最大不能超过模拟供电引脚 VDDA 电压 0.3V。

为了对 DSP 芯片的上电时序进行控制，可以使用专用的 DSP 电源控制芯片，也可以使用常规的电源芯片。如图 3-10 所示是基于 TPS54328 芯片分别产生 3.3V 和 1.2V 的电源电路原理图。

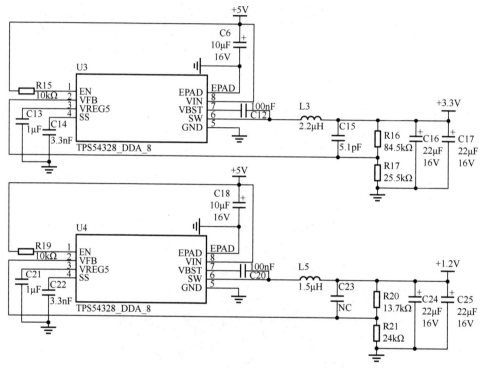

图 3-10　基于 TPS54328 芯片分别产生 3.3V 和 1.2V 的电源电路原理图

如图 3-10 所示，电源输入端电压为 5V 电源，通过两个 TPS54328 芯片分别产生 3.3V 和 1.2V 两个电源，从而实现对 DSP 芯片进行供电。

### 2. 复位电路

XRS 引脚是 DSP 芯片的外部复位引脚，该引脚既可以作为输入引脚，也是一个开漏的输出引脚用来指示 DSP 的复位状态。DSP 芯片内部有上电复位 POR 电路，上电时，POR 电路驱动 XRS 引脚为低电平，使 DSP 芯片复位。内部的看门狗电路和 NMI 看门狗也可以驱动 XRS 引脚为低电平，对器件进行复位。同时，XRS 引脚可以由外部的电路拉低至低电平，对 DSP 芯片进行复位。

如图 3-11 所示为 DSP 芯片的外部复位电路原理图。

如图 3-11 所示，使用一个 2.2~10kΩ 的电阻将 XRS 引脚的电平上拉，默认状态不触发复位。电容的作用是减小 XRS 引脚的毛刺干扰，电容的容量一般小于 100nF。上述典型值可以允许看门狗电路正确驱动 XRS 引脚变为低电平并保持 512 个系统时钟周期，从而确保看门狗复位能正确运行。此外，图中还加入按键以实现手动复位。

### 3．晶振电路

DSP 芯片的时钟系统较为复杂。芯片内部集成了内部振荡器可以产生时基信号，同时可以通过外部引脚连接至晶振电路获得时基信号。

图 3-12 所示为采用有源晶振工作方式的 DSP 外部时钟电路。

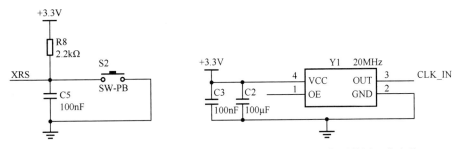

图 3-11　DSP 的外部复位电路原理图　　　　图 3-12　DSP 有源晶振工作电路

如图 3-12 所示，有源晶振产生 DSP 芯片所需的工作时钟信号，然后信号连入时钟输入引脚即可提供外部时钟信号。

### 4．调试接口电路

DSP 芯片可以通过 JTAG 接口进行软件下载或调试。JTAG 接口有 5 个必要的信号线：TRST、TMS、TDI、TDO 和 TCK。TRST 信号线应在电路板上使用 2.2kΩ 的电阻下拉到 GND。DSP 不支持传统 JTAG 接口上的 EMU0 和 EMU1 信号。这些信号应在电路板上使用 2.2～4.7kΩ 电阻上拉至 3.3V。

调试器上的 PD 接口需要连接至 3.3V 电源。TDI 信号线应当连接至 GND。JTAG 的时钟信号是一个由 TCK 发出、由 RTCK 接收的环路，这样可以使调试器保证通信的正确性。RESET 信号是一个开漏输出的信号。

具体的电路连接如图 3-13 所示。

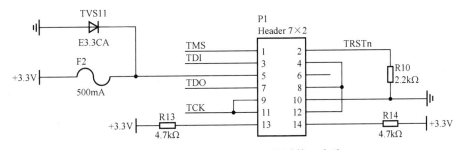

图 3-13　DSP 的 14pin JTAG 调试接口电路

在正常情况下，当 DSP 与调试器之间的连线距离小于 6inch（约 15.24cm）时，不需要额外加入缓冲器芯片，当传输距离较远时，需要在每根信号线上加入缓冲器，从而保证通信的正常。另外，当调试器的时钟频率在 10MHz 及以下时，不需要在信号线上串联电阻，但是当使用高速调试器时，例如当调试器的通信频率高于 35MHz 时，需要在每根信号线上串联一个小电阻（如 22Ω）。

# 3.4　FPGA 最小系统设计

在电子设计竞赛中，有些题目的要求较高，使用常用的处理器无法完美实现题目的要求，因此可能会使用基于硬件描述语言进行编程的 FPGA。相对传统的 CPU 处理器而言，FPGA 编程本质上是对内部硬件逻辑资源的连接，因此其处理速度非常快，而且可以实现并行处理，满足视频、图片等大量数据的处理。

EP2C8Q208C8 是 Altera 公司生产的一款高性价比的 FPGA 集成芯片，基于 CYCLONE II，相比第一代的 EP1C6 或 EP1C12 等芯片，在设计、内部的逻辑资源上都有很大的改进，同时价格也可以被大众接受，适合初学者使用。EP2C8Q208C8 芯片内部具有 8256 个逻辑单元、18 个嵌入式 18×18 乘法器、2 个 PLL、138 个用户 I/O 引脚，可以满足学生参加电子设计竞赛的需求。本节将以 EP2C8Q208C8 芯片为例，进行 FPGA 电路设计的分析。

EP2C8Q208C8 最小系统设计主要包括电源电路、时钟与复位电路、存储器电路和调试接口电路。

## 1．电源电路

FPGA 处理器的电源电路与常见的微处理器供电电路基本一致，需要向芯片提供 3.3V 和 1.2V 的电压。为了设计简单，可以使用 LM1085-3.3 和 LM1117-1.2 两种线性电源对 FPGA 进行供电，其具体电路如图 3-14 所示。

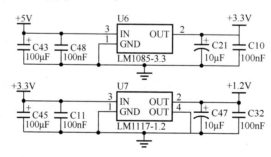

图 3-14　EP2C8Q208C8 的 3.3V 与 1.2V 电源电路

## 2．时钟及复位电路

EP2C8Q208C8 采用 50MHz 有源贴片晶体为系统提供运行时钟，时钟部分电路电源经过电容滤波处理，工作更加稳定可靠。EP2C8Q208C8 具有 8 个 CLK 时钟输入引脚，这些引脚也可以用作普通的输入引脚，本系统中对这些时钟引脚做如下处理：

（1）CLK0 和 CLK4 用作系统工作时钟，直接接入 50MHz 时钟信号；

（2）CLK7 用作系统复位引脚，用户可以通过编程实现复位功能；

（3）CKL1、CLK2、CLK3、CLK5、CLK6 为用户输入引脚，可供用户自行定义使用。

如图 3-15 所示为 EP2C8Q208C8 最小系统的时钟电路。

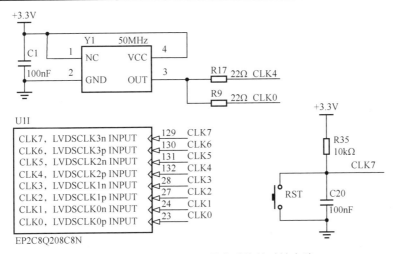

图 3-15　EP2C8Q208C8 最小系统的时钟电路

### 3．存储器电路

FPGA 芯片内部一般不具备存储器或存储空间较小，因此常采用外部扩展的方式。这里 EP2C8Q208C8 扩展的 SDRAM 芯片是 K4S641632K-UC60 芯片（也可为 HY57V641620FTP，二者引脚兼容），容量为 64Mbit，地址为 A0～A11，A12 的地址是为了兼容更高容量的芯片。

SDRAM 的电源部分做了单独的滤波处理，采用高质量的 10μF 钽电容进行滤波，同时片选、读信号、写信号等都使用上拉电阻，以提高稳定性。

如图 3-16 所示为 EP2C8Q208C8 最小系统的 SDRAM 存储器扩展电路。

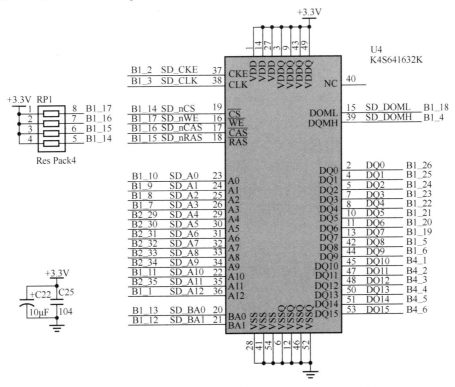

图 3-16　EP2C8Q208C8 最小系统的 SDRAM 存储器扩展电路

### 4．调试接口电路

EP2C8Q208C8 烧写程序的模式包括主动配置方式（AS）、被动配置方式（PS）和最常用的（JTAG）配置方式。这里最小系统设计支持 JTAG 及 ASP 两种接口，其中 ASP 方式由 FPGA 器件引导配置操作过程，它控制着外部存储器和初始化过程，这里采用 EPCS4 配置芯片。此外，考虑到实际应用方便，还加入下载指示电路，烧写程序时，LED3 指示灯会亮。R_config 按键可以在不断电时重新配置 FPGA。

图 3-17 所示为 EP2C8Q208C8 最小系统的调试接口电路。

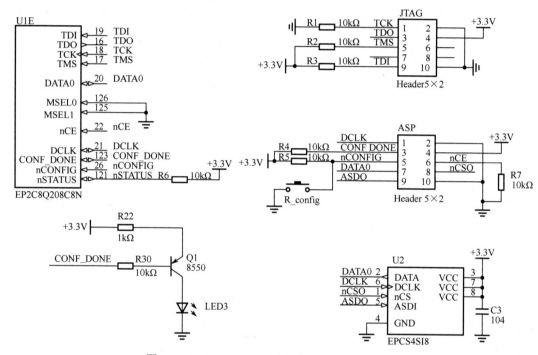

图 3-17　EP2C8Q208C8 最小系统的调试接口电路

## 3.5　常用人机接口电路

在电子设计竞赛中，每道题均为综合系统设计，因此大部分情况下需要使用人机交互功能对系统功能或参数进行控制修改或显示。本节将对常用的人机交互电路进行设计说明。

### 3.5.1　拨码开关电路

如果在项目中需要根据实际情况对电路的工作情况进行更改，那么使用拨码开关会非常方便。

拨码开关本身就是一个简单的单刀双掷机械开关，通过拨动来改变机械开关的通断状态。通常情况下，厂家将多个机械开关封装在一个器件中组成多位的拨码开关，常见的位数有 1 位、2 位、4 位、8 位等。图 3-18 所示为拨码开关的实物图与应用电路原理图。

如图 3-18 所示，电路中使用了一个 8 位拨码开关，当拨码开关断开时，单片机的 I/O 口被 RN1 和 RN2 两个 4 位的排阻上拉至高电平，此时单片机可以在 I/O 口上读取到逻辑"1"；

当拨码开关拨动之后，拨码开关导通，此时单片机的 I/O 口被强制拉低至低电平，此时单片机可以在 I/O 口上读取到逻辑 "0"。通过使用单片机对 I/O 口的逻辑状态进行判断，便可以实现人机交互的功能。例如，在系统中设定了多套控制参数以便于用户在不同的情况下使用不同的参数，在使用前，用户可以通过拨动拨码开关来对所需要的控制参数进行选择，具有简单可靠的特点。

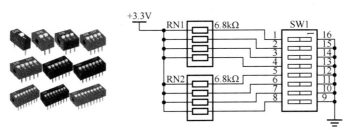

图 3-18　拨码开关的实物图与应用电路原理图

## 3.5.2　发光二极管电路

发光二极管（LED）由含镓（Ga）、砷（As）、磷（P）、氮（N）等的化合物制成，当电子与空穴复合时能辐射出可见光。发光二极管在电路及仪器中作为指示灯，或者组成文字或数字显示。发光二极管根据化学性质又分为有机发光二极管（OLED）和无机发光二极管（LED）。砷化镓二极管发红光，磷化镓二极管发绿光，碳化硅二极管发黄光，氮化镓二极管发蓝光。用户可以根据需求选用不同颜色、规格的发光二极管，以起到不同的作用。如图 3-19 所示为发光二极管的实物图与应用电路图。

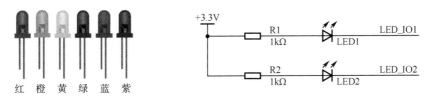

图 3-19　发光二极管的实物图与应用电路图

发光二极管本质上是一个二极管器件，只是其本身会随着通过电流的增大而发出不同颜色的光。在电路应用方面，发光二极管的使用方法与普通的二极管完全一样。只是不同的 LED 其额定电压和额定电流不同，一般红色或绿色的 LED 的工作电压为 1.7～2.4V，蓝色或白色的 LED 工作电压为 2.7～4.2V，直径为 3mm 的 LED 工作电流为 2～10mA。因此在电压源的驱动下，需要在发光二极管电路中串联限流电阻以防止电流过大损坏发光二极管。

## 3.5.3　按键电路

### 1. 按键分类

按键可以分为很多种，有不同的结构、不同的外形、不同的功能。但是按键本身是一个机械开关，可以分为自锁型和非自锁型，例如前面提到的拨码开关就是一种自锁开关，其开关状态不会自动复位；在电子设计竞赛中，常使用触点式开关类型的按键，这种按键是非自锁型的，即按键被按下时是接通的状态，按键未按下时自动弹起断开。

按键根据接口原理又可分为编码键盘与非编码键盘两类，这两类键盘的主要区别是识别键符及给出相应键码的方法不同。编码键盘主要用硬件来实现对按键的识别，非编码键盘主要由软件来实现按键的定义与识别。编码键盘能够由硬件逻辑自动提供与按键对应的编码，此外，一般还具有去抖动和多键、窜键等保护电路，这种键盘使用方便，但需要较多的硬件，价格较贵，一般的小型嵌入式应用系统较少采用。非编码键盘由于只简单地提供行和列的矩阵，因此按连接方式可分为独立式和矩阵式两种，其他工作均由软件完成。

### 2. 按键输入原理

人机接口电路中，常使用触点式按键，其主要功能是把机械上的通断转换成电气上的逻辑关系。也就是说，它能提供标准的 TTL 逻辑电平，以便与通用数字系统的逻辑电平相容。此外，除复位按键有专门的复位电路及专一的复位功能外，其他按键均以开关状态来设置控制功能或输入数据。当所设置的功能键或数字键按下时，处理器应读取按键并完成该按键所设定的功能。因此，按键信息输入是与软件结构密切相关的过程。一组键或一个键盘通过接口电路与处理器相连，处理器可以采用查询或中断方式了解有无按键输入并检查是哪一个按键被按下，若有按键按下则跳至相应的程序处去执行，若无按键按下则继续执行。

如图 3-20 所示是触点式按键的实物图与独立按键电路图，这种按键有不同的外形大小，可以应用在不同的电路设计中，具有价格低廉、设计简单的特点。

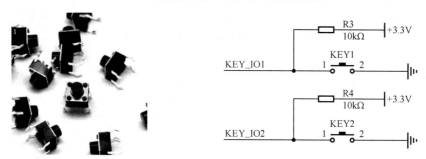

图 3-20 　触点式按键的实物图与独立按键电路图

如图 3-20 所示，在电路图中将按键抽象为一个具有两个引脚的开关，按键的一端连接 GND，另一端连接单片机的 I/O 口，并且有一个 10kΩ 的上拉电阻。当按键未按下时，单片机 I/O 口读取到的逻辑电平为逻辑 1，当按键按下时，按键将 I/O 口的电压强制拉低至 GND，此时单片机可以从 I/O 口读取到逻辑 0，因此，单片机通过从 I/O 口获得逻辑信息来判断按键是否按下，由此可以完成信息的输入功能。

由于机械弹性作用的影响，触点式按键在按下或释放时，通常伴随有一定时间的触点机械抖动。其抖动过程如图 3-21（a）所示，抖动时间的长短与开关的机械特性有关，一般为 5～10ms。从图中可以看出，若在触点抖动期间检测按键的通与断状态，则可能导致判断出错。即按键的一次按下或释放被错误地认为是多次操作，这种情况是不允许出现的。为了克服触点机械抖动所致的误判，必须采取去抖动措施。

按键的去抖可从硬件、软件两方面考虑。在硬件方面上，可以在单片机端口处连接一个 100nF 左右的电容，将部分电压抖动"滤波"从而消除抖动，其去抖效果因电路结构、按键种类、滤波电容大小、上拉电阻大小等因素的不同而不尽相同，需要在实际电路中进行微调从而达到令人满意的效果。

　　软件去抖是利用软件逻辑处理的方式对按键进行消抖处理，基本原理是利用延时+多次判断的方式进行消抖处理，其程序的流程图如图 3-21（b）所示。

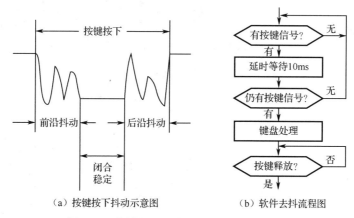

（a）按键按下抖动示意图　　　　（b）软件去抖流程图

图 3-21　按键抖动示意图与软件去抖流程图

　　总之，使用软件去抖的方式需要在程序中加入延时判断，如果采用查询等待的方式会增加处理器的执行时间，因此常用中断的方式，但此时程序相对较复杂。而硬件去抖的方式需要额外加入元件，读者在设计电路时可以根据实际需要进行选择。

### 3.5.4　显示屏电路

　　为了实现人机交互，使用者需要实时了解电路系统的运行状态，而通过一个显示屏可以提供给使用者非常多的信息。在电子设计竞赛中，为了增加系统的完整性，往往需要使用显示屏将一些参数及测量值、计算值显示出来，所以显示屏电路的设计尤为重要。

　　一般情况下，显示屏采用小体积、高点阵密度的 LCD 显示屏。LCD（Liquid Crystal Display，液晶显示器）的构造是在两片平行的玻璃基板当中放置液晶盒，下基板玻璃上设置 TFT（薄膜晶体管），上基板玻璃上设置彩色滤光片，通过 TFT 上的信号与电压改变来控制液晶分子的转动方向，从而达到控制每个像素点偏振光出射与否而达到显示的目的。因为液晶材料无法自发光，因此在 LCD 屏幕上都会有一个背光（通常为白色光源），所以 LCD 显示屏的功耗可能比较大（相比 OLED、LED 点阵等）。

　　考虑到电子设计竞赛中使用的微处理器性能有限，因此配套使用的显示屏的分辨率、色彩、刷新率等参数也相对较低。显示屏与单片机的接口电路越简单，越便于电路的设计，所以常使用 SPI、UART、IIC 等串行数据接口进行显示屏与单片机的通信。

　　在电子设计竞赛中几种常用的显示屏如图 3-22 所示。

（a）LCD1602　　　　（b）LCD12864　　　　（c）NOKIA 5110屏幕　　　（d）0.96英寸OLED

图 3-22　电子设计竞赛中常用的显示屏

（e）SPI串口LCD彩屏　　　　　（f）并口MCU彩屏　　　　　（g）并口RGB彩屏

图 3-22　电子设计竞赛中常用的显示屏（续）

图 3-22 列举了几个常用的显示屏模块，这些显示屏模块的参数和驱动方式各不相同，在不同的应用场合中可以选择适合的显示屏模块来使用，下面对这些模块进行特性说明。

- LCD1602：该显示屏可以显示两行，每行最多显示 16 个字符，屏幕为单色，背光颜色一般为绿色或蓝色。驱动方式一般使用 8 位并口驱动，也可以使用串行数据进行通信。

- LCD12864：该显示屏为单色显示屏，与 LCD1602 屏幕类似，有蓝色或绿色两种颜色背光。分辨率为 128×64 像素，比 LCD1206 具有更多的显示空间。驱动方式一般使用 8 位并口驱动，也可以使用串行数据进行通信。

- NOKIA 5110 屏幕：该显示屏原本为诺基亚 5110 手机所使用的显示屏，因其价格低廉、产量较大、驱动方式简单，也常被用在一些小模块上。其分辨率为 128×64 像素，为单色屏，驱动使用 SPI 串行总线。

- 0.96 英寸 OLED：在某些应用中，使用 LCD 屏幕可能会带来较大的功耗，而 OLED 显示屏的每个像素自身可以发光，无须单独的背光板，可以在一定程度上减小电流的消耗，从而降低系统功耗。这种 0.96 英寸的 OLED 显示屏凭借价格低廉、体积小巧、驱动简单的优点经常应用于电子设计竞赛中。其分辨率一般为 128×64 像素，可使用 SPI 或 IIC 串行总线进行驱动。

- SPI 串口 LCD 彩屏：有时使用单色屏幕进行交互很难实现完美的人机交互，而采用 LCD 彩色屏幕能够实现更多的功能。在大学生电子设计竞赛中，有一类使用 SPI 串行总线驱动的 1.8 英寸、2.2 英寸、2.4 英寸、4 英寸等尺寸的 LCD 彩屏也经常被使用，这些彩屏的分辨率随屏幕尺寸大小可能不同，一般为 320×240 像素，可以显示非常多的信息，应用广泛。

- 并口 MCU 彩屏：对于彩屏而言，例如使用 7 英寸的彩屏，其屏幕分辨率较高，如 800×480 像素，如果再使用串行数据总线进行驱动，那么屏幕的刷屏速度将会很慢，因此这种屏幕一般会使用并行数据总线进行数据传输，例如使用 8 位或 16 位并行数据线可以大大加快刷屏速度。同时，彩屏上还可以集成触屏功能，便于实现高级的交互控制。

- 并口 RGB 彩屏：对于内部集成了 LCD 控制器的微处理器，一般会支持 RGB 屏幕的直接控制，可以直接输出屏幕的同步信号和 RGB 数据对屏幕进行控制，此时可以极大地加快高分辨率屏幕的刷屏速度，并且内部集成的 LCD 控制器可以释放 CPU 的工作量。

对于以上几种显示屏，建议读者从简单的、合适的屏幕入手，动手设计电路和程序，在熟练之后，对于更高端的屏幕的使用将会游刃有余。

一般情况下，各种屏幕模块的厂家均有屏幕成品模块供用户使用，大大简化了硬件电路的设计。在电子设计竞赛中，对于屏幕的硬件电路设计，一般均要求设计屏幕的接口电路，即将屏幕的各个连接端口与单片机合适的 I/O 口连接起来即可，图 3-23 所示为 LCD1602 的硬件接口电路。

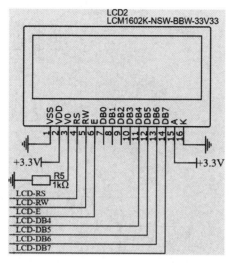

图 3-23　屏幕接口电路示意原理图

如图 3-23 所示，在 LCD1602 电路中，除电源电路（第 1、2 脚）、背光电路（第 15、16 脚）、偏压电路（第 3 脚）外，只需要将液晶屏的引脚连接到相应的单片机的引脚（图中采用 LCD1602 的四线方式驱动），即可通过程序进行显示。

# 3.6　常用模-数转换电路

在电子设计竞赛中，模-数转换器（ADC）的使用场景非常广泛，基本上每道题目都会使用模-数转换器，掌握常见的模-数转换器芯片及其电路设计非常重要。

## 3.6.1　模-数转换基本原理

在模-数混合系统的设计中，如果需要使用单片机对一些连续变化的模拟量进行采集，如温度、压力、流量、速度、光照强度等，则需要使用模-数转换器（ADC）将这些模拟量转换为数字量之后通过数字接口传到单片机进行处理。

ADC 的转换过程一般分为采样、保持、量化及编码 4 个过程。

图 3-24 所示为 ADC 的采样电路结构。模拟信号 $v_i(t)$ 经过一个受到采样控制信号 $S(t)$ 控制的传输门 TG 采样之后变为时间上离散的数字信号 $v_o(t)$，此时，即完成了采样过程。采样电路波形如图 3-25 所示。

在对模拟信号进行采样之后，一般使用一个小的电容器对采集得到的模拟信号进行保存，从而保证在后级的量化编码电路工作时，采样的模拟信号值不变，该电路也称为采样的保持电路，图 3-26 所示为 ADC 的采样保持电路原理。

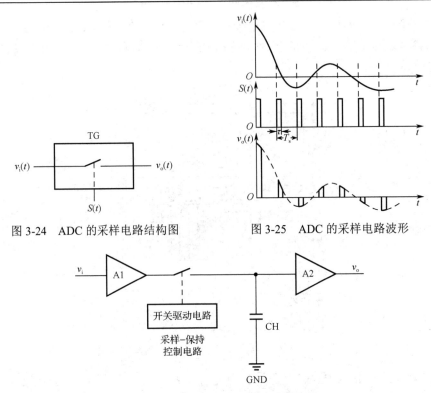

图 3-24　ADC 的采样电路结构图　　　　　图 3-25　ADC 的采样电路波形

图 3-26　ADC 的采样保持电路原理

　　ADC 模块在对模拟信号进行采样-保持之后，便需要对采样得到的时间上离散、数值上连续的信号进行量化和编码。

- 量化：是指把采样电压转换为某个最小单位电压的整数倍的过程。
- 编码：是用二进制代码来表示量化后的量化电平。

　　例如，以 0～1V 的电压输入，采用电压比较的方式，最小量化电压为 0.25V，进行 2 位二进制编码，其对照如表 3-5 所示。

表 3-5　量化编码对照表

| 采样值/V | 量 化 电 平 | 编 码 值 |
|---|---|---|
| $v_i<0.25$ | 0.00 | 00 |
| $0.25{\leqslant}v_i<0.50$ | 0.25 | 01 |
| $0.50{\leqslant}v_i<0.75$ | 0.50 | 10 |
| $0.75{\leqslant}v_i$ | 0.75 | 11 |

　　显然，采样后得到的采样值不可能刚好是某个量化基准值，总会有一定的误差（例如对于表 3-5，无法区分何时为 0.8V，何时为 0.9V），该误差称为量化误差。量化级越细，量化误差就越小，但是，所用的二进制代码的位数就越多，电路也越复杂。

　　经过对信号进行量化编码之后得到的数字序列变为时间上离散、数值上离散的数字信号，该信号可以通过数字通信接口传到单片机进行处理。

　　在使用 ADC 时，用户不需要过多了解 ADC 是如何工作的，但是需要明白 ADC 的一些关键指标参数以便进行选型，下面列出了一些 ADC 的关键指标。

（1）分辨率：一般，ADC 会注明是 8bit、16bit 或 24bit。这里的数值即分辨率。分辨率是衡量 ADC 精度的一个非常重要的指标。例如采样的电压范围是 0～5V，那么 8bit 的 ADC 的最小刻度就是 0.0195V，16bit 的 ADC 的最小刻度是 0.000195V。从这两个数值可知，16bit 的 ADC 可以采样到更小的电压。所以这里的分辨率表征的 ADC 的最小刻度的指标。然而分辨率也只能算是间接衡量 ADC 采样准确性的变量，直接衡量 ADC 采样准确性的是精度。

（2）转换速度：ADC 在工作时需要进行采样、保持、量化、编码等操作，因此需要一定的转换时间。ADC 采样速度越快，越能得到更多的信息，从而便于进行数字信号处理。但是 ADC 的转换速度一般是受到器件限制的，并且在同等工艺、成本等条件下，ADC 的分辨率和转换速度是呈反比的，因此用户需要在这两者之间进行适当权衡。一般情况下，ADC 的转换速度用 sps（sample per second）来表示，如 100ksps 的采样速度表示该 ADC 可以在 1s 内进行 $100 \times 10^3$ 次采样。

（3）有效转换位数：由于 ADC 器件不能够做到完全线性，总是存在零点几位甚至一位的精度损失，从而实际影响到 ADC 的分辨率，降低 ADC 的转换位数，例如 12 位的 ADC 在实际应用中可能只能做到 10 位。一般情况下，信号幅度越大，信号频率越低，所得到的有效转换位数就越多。

除了上述参数，ADC 还有偏移误差、线性度等其他参数，但是在电子设计竞赛中一般只需要考虑上述三个参数即可完成大部分设计。

## 3.6.2  ADS1115 电路设计

### 1. ADS1115 芯片简介

ADS1115 是具有 16 位分辨率的高精度 Δ-Σ 型模-数转换器（ADC），具有一个板上电压基准和振荡器。数据通过一个 IIC 兼容型串行接口进行传输，可以选择 4 个 IIC 从地址。ADS1115 采用 2.0～5.5V 的单工作电源。ADS1115 能够以高达每秒 860 个采样数据（sps）的速率执行转换操作。ADS1115 具有一个板上可编程增益放大器（PGA），该 PGA 可提供从电源电压到低至 ±256mV 的输入范围，因而能够以高分辨率来测量大信号和小信号。另外，ADS1115 还具有一个输入多路复用器（MUX），可提供 2 个差分输入或 4 个单端输入。ADS1115 可工作在连续转换模式或单触发模式。后者在一个转换完成后将自动断电，可极大地降低空闲状态下的电流消耗。ADS1115 具有 -40～+125℃ 的工作温度范围。

ADS1115 具有标准的 TSSOP-10 与 QFN-10 封装。TSSOP-10 封装与引脚分布如图 3-27 所示。

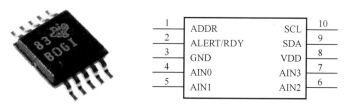

图 3-27  ADS1115 的 TSSOP-10 封装与引脚分布图

### 2. ADS1115 电路设计与功能函数

设计 ADS1115 芯片的应用电路，如图 3-28 所示。

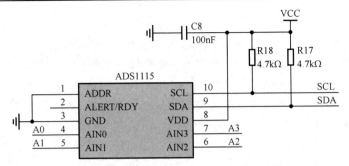

图 3-28　ADS1115 芯片的典型应用电路

电路原理说明：IIC 总线接口的 SDA 与 SCL 引脚由于均是漏极开路结构，因此分别接上拉电阻 4.7kΩ 到 VCC 电源正端。ADDR 决定 IIC 通信地址，接地时读写地址为 0x91 和 0x90。AIN0～AIN3 是模拟采样引脚，连接外部所需测量电压信号即可。考虑到电源的去耦与防干扰，在 VCC 与 GND 之间接入一个 100nF 的电容。

ADS1115 最重要的功能就是进行模–数转换和读取转换值，而这些操作即对 ADS1115 内部寄存器的读写操作。ADS1115 各寄存器的具体功能请参阅其数据手册。

ADS1115 写数据函数设计如下：

```
//入口参数：通道值
//返回值：无
void ADS1115_Write_REG(unsigned char channel)
{
    channel=(channel<<4)|0x40;              //单端测量模式
    IIC_Start();                            //发送起始信号
    IIC_write_byte(ADS1115_WRITE_REG);      //发送从器件地址及写命令
    IIC_WaitAck();                          //等待应答
    IIC_write_byte(CONFIG_REG);             //发送从器件寄存器地址，这里为配置寄存器
    IIC_WaitAck();                          //等待应答
    IIC_write_byte((0x84|channel));         //选择模拟输入通道
    IIC_WaitAck();
    IIC_write_byte(0xE3);                   //FS=4.096，连续转换，禁止比较器
    IIC_WaitAck();
    IIC_Stop();                             //发送停止信号
}
```

ADS1115 读数据函数设计如下：

```
//入口参数：无
//返回值：读取到的数据，int 型
unsigned int ADS1115_Read_REG(void)
{
    unsigned char MSB,LSB;
    IIC_Start();
    IIC_write_byte(ADS1115_WRITE_REG);      //从器件地址+写命令
    IIC_WaitAck();                          //等待应答
    IIC_write_byte(CONVERSION_REG);         //指定转换寄存器
    IIC_WaitAck();                          //等待应答
```

```
    IIC_Stop();                          //发送停止信号
    IIC_Start();
    IIC_write_byte(ADS1115_READ_REG);    //读命令
    IIC_WaitAck();                       //等待应答
    MSB=IIC_read_byte();                 //读转换寄存器高字节
    IIC_SendAck();                       //单片机发送应答位
    LSB=IIC_read_byte();                 //读转换寄存器低字节
    IIC_SendAck();                       //单片机发送应答位
    IIC_Stop();                          //发送停止信号
    return ((unsigned int)((MSB<<8)|LSB));
}
```

使用上述函数即可完成对 ADS1115 芯片的访问与控制。为了验证 ADS1115 函数的正确性，设计函数循环转换 AIN0、AIN1、AIN3 这 3 通道的数据，并通过液晶屏显示。相关代码如下：

```
while(1)
{
    ADS1115_Write_REG(0);  //选择通道 0
    Delay_10ms();          //延时一段时间
    dat=ADS1115_Read_REG(); //读取通道 0 数据
    LCD_write_string(0,2,"通道 0:"); //在液晶屏的第 2 行显示"通道 0"
    LCD_Write_char(3,2,(unsigned char)(dat>>8)/16,(unsigned char)(dat>>8)%16);
    //在液晶屏的第 2 行显示所采集到的 16 位 AD 值，这里是高 8 位
    LCD_Write_char(4,2,(unsigned char)dat/16,(unsigned char)dat%16);
    //在液晶屏的第 2 行显示所采集到的 16 位 AD 值，这里是低 8 位
    ADS1115_Write_REG(1);  //选择通道 1
    Delay_10ms();          //延时一段时间
    dat=ADS1115_Read_REG();//读取通道 1 数据
    LCD_write_string(0,3,"通道 1:"); //在液晶屏的第 3 行显示"通道 1"
    LCD_Write_char(3,3,(unsigned char)(dat>>8)/16,(unsigned char)(dat>>8)%16);
    //在液晶屏的第 3 行显示所采集到的 16 位 AD 值，这里是高 8 位
    LCD_Write_char(4,3,(unsigned char)dat/16,(unsigned char)dat%16);
    //在液晶屏的第 3 行显示所采集到的 16 位 AD 值，这里是低 8 位
}
```

注意，ADS1115 转换数据需要一定的时间，应在开始转换后延迟一段时间，再读取转换完的数据。ADS1115 转换速率可在配置寄存器中配置，根据自己的配置来延迟相应时间即可。

## 3.6.3　ADS1118 电路设计

ADS1118 芯片是 TI 公司生产的与 ADS1115 互为替代型号的精密、低功耗、16 位分辨率模-数转换器芯片，ADS1118 使用的数字接口为 SPI 接口，而 ADS1115 使用的数字接口为 IIC 接口。两者的功能、性能、使用方法基本类似。

ADS1118 集成了可编程增益放大器（PGA）、电压基准、振荡器和高精度温度传感器，可以工作在 2～5.5V 的宽电压环境下，非常适合功率和空间场合受限的应用。

ADS1118 数据转换速率最高可达每秒 860 次采样（sps）。PGA 的输入范围为±256mV～±6.144V，能够以高分辨率测量大信号和小信号。该器件通过输入多路复用器（MUX）测量

双路差分输入或四路单端输入。高精度温度传感器用于系统级温度监控或对热电偶进行冷结点补偿。

　　ADS1118 可选择以连续转换模式或单次模式运行。该器件在单次模式下完成一次转换后自动断电。在空闲状态下，单次模式会显著降低功耗。所有数据均通过串行外设接口（SPI）进行传输。

　　图 3-29 所示为 ADS1118 内部结构。

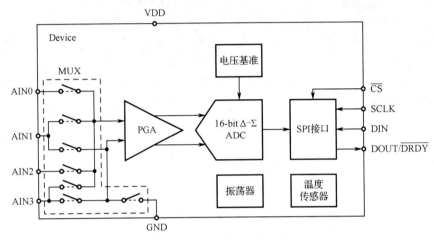

图 3-29　ADS1118 内部结构

　　如图 3-29 所示，ADS1118 的内部结构与 ADS1115 基本一致，主要区别为输出的数字接口电路由 ADS1115 芯片的 IIC 接口变为了 SPI 接口。因此对于电路设计而言，其只需要在供电的基础上将 SPI 接口连接至控制器即可。图 3-30 给出了 ADS1118 的典型应用电路。

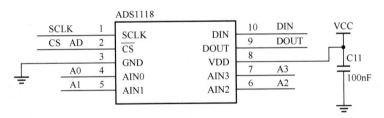

图 3-30　ADS1118 典型应用电路

　　在程序设计上，设置其读取函数如下：

```
//函数名称：ADS1118_Read（）
//函数功能：读取各路电压，通过两个 switch 配置与选择读取不同通道
//输    入：Channel:增益放大器两端的电压选择，并选择测几路电压
//          Ref：选择参考电压，有 6 种选择
//输    出：dat: 16 位 ad 转换数据
//备    注：采用 8 位读取方式，每次读出的转换数据是上一次的转换数据
s16 ADS1118_Read(u8 Channel,u8 Ref)              //测几路电压
{
    u8 dat1 ,dat2;
    s16 dat = 0;
    u16  Config_Value = 0x00E3; //转换速率 860sps,
```

```
ADS1118_CS = 0; // 片选置低，芯片工作
switch(Channel)
{
    case 0:  Config_Value |= 0x0000;break;
    //AINP = AIN0 and AINN = AIN1 (default)
    case 1:  Config_Value |= 0x1000;break;
    //AINP = AIN0 and AINN = AIN3
    case 2:  Config_Value |= 0x2000;break;
    //AINP = AIN1 and AINN = AIN3
    case 3:  Config_Value |= 0x3000;break;
    //AINP = AIN2 and AINN = AIN3
    case 4:  Config_Value |= 0x4000;break;
    //AINP = AIN0 and AINN = GND
    case 5:  Config_Value |= 0x5000;break;
    //AINP = AIN1 and AINN = GND
    case 6:  Config_Value |= 0x6000;break;
    //AINP = AIN2 and AINN = GND
    case 7:  Config_Value |= 0x7000;break;
    //AINP = AIN3 and AINN = GND
    default : break;
}
switch(Ref)
{
    case 0:  Config_Value |= 0x0000;break;
    //000 : FS = ±6.144V(1)
    case 1:  Config_Value |= 0x0200;break;
    //001 : FS = ±4.096V(1)
    case 2:  Config_Value |= 0x0400;break;
    //002 : FS = ±2.048V(1)
    case 3:  Config_Value |= 0x0600;break;
    //003 : FS = ±1.024V(1)
    case 4:  Config_Value |= 0x0800;break;
    //004 : FS = ±0.512V(1)
    case 5: case 6: case 7: Config_Value |= 0x0a00;break;
    //005 : FS = ±0.256V(1)
    default : break;
}
dat1 = SPI2_ReadWriteByte((u8)(Config_Value>>8));   //读取高 8 位
dat2 = SPI2_ReadWriteByte((u8)Config_Value);   //读取低 8 位
dat = (dat1<<8)+ dat2; //转换为 16 位数据
ADS1118_CS = 1;        //片选置高，芯片不工作
return dat;
}
```

## 3.7　常用数−模转换电路

在大学生电子设计竞赛中，有时候需要将运算得到的数字量转换为模拟量输出到模拟电

路中，此时便需要使用到数-模转换器。通常而言，数-模转换器的使用场合不如模-数转换器多，但是数-模转换器也是一个非常重要的器件，与模-数转换器共同承担着数字信号和模拟信号之间的桥梁。

### 3.7.1　数-模转换基本原理

数-模转换器（DAC）的主要功能是将单片机产生的数字信号指令转换为一个模拟电信号进行输出，该电信号既可以是电压信号又可以是电流信号，其具体形式与应用场合有关。

那么如何使用一个电路将离散的数字信号转换为模拟信号（以电压信号为例）呢？具体的实现电路有很多种，常见的 DAC 主要有权电阻网络 DAC、T 型电阻网络 DAC、倒 T 型电阻网络 DAC 及权电流型 DAC 四种类型，各自的特点如下。

（1）权电阻网络 DAC：结构简单，但电阻种类多，且电阻阻值差别大，很难集成，精度不易保证。

（2）T 型电阻网络 DAC：输出只与电阻比值有关，且电阻取值只有两种，易于集成；但电阻网络各支路存在传输时间差异，易造成动态误差，对转换精度和转换速度有较大影响。

（3）倒 T 型电阻网络 DAC：既具有 T 型网络的优点，又避免了它的缺点，转换精度和转换速度都得到提高。

（4）权电流型 DAC：引入了恒流源，减小了由模拟开关导通电阻、导通压降引起的非线性误差，且电流直接流入运算放大器的输入端，传输时间短，转换速度快；但电路较复杂。

数-模转换器的几个重要参数介绍如下。

（1）分辨率：与 ADC 一样，DAC 也有分辨率的指标，DAC 的分辨率越高，其输出的电压精度也越高。

（2）输出范围：DAC 的输出电压是有范围限制的，因此如果 DAC 选型不合适，还需要另外加电路对其输出幅度进行调整。

（3）建立时间：该参数与 ADC 中的转换时间参数相对应。DAC 的建立时间表示了 DAC 芯片的转换速度，一般情况下 DAC 的建立时间越短越好。

### 3.7.2　DAC8571 电路设计

#### 1. DAC8571 芯片简介

DAC8571 是一个小型低功耗，带有 IIC 兼容 2 线串行接口的 16 位电压输出 DAC。芯片工作的电源范围为 2.7～5.5V，5V 供电时损耗仅为 160μA。输出负载电流在 1mA 以下时，输出电压曲线基本保持水平无跌落。DAC8571 需要一个外部参考电压来设置输出电压范围。片上具有轨至轨缓冲器，建立时间小于 10μs。

DAC8571 的封装与引脚分布如图3-31 所示。

图 3-31　DAC8571 的 TSSOP-8 封装与引脚分布图

各引脚说明如下：
VDD——模拟电压输入；
VREF——正参考电压输入；
VSENSE——模拟感应电压输出；
VOUT——DAC 模拟电压输出；
A0——设备地址选择；
SCL——串行时钟输入；
SDA——串行数据输入/输出；
GND——接地参考点。

### 2. DAC8571 电路设计与功能函数

DAC8571 应用电路如图3-32 所示。

电路原理说明：IIC 总线接口的 SDA 与 SCL 引脚由于均是漏极开路结构，因此分别接上拉电阻 4.7kΩ 到 VCC 电源正端。A0 决定 IIC 通信地址，接地时读写地址为 0x99 和 0x98。VSENSE 引脚连接至 VOUT 表示感应电压为 VOUT，相当于对输出电压进行缓冲。VOUT 是模拟电压输出引脚，连接外部所需电压控制的引脚即可。VREF 是参考电压引脚，连接至 VCC 表示参考电压为电源电压。考虑到电源的去耦与防干扰，在 VCC 与 GND 之间接入一个 100nF 的电容。

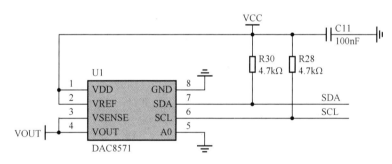

图 3-32　DAC8571 应用电路

首先，对 DAC8571 进行配置，配置函数设计如下（DAC8571 各寄存器的具体功能请参阅其数据手册）。

```
//函数名称：DAC8571_Init()
//函数功能：实现对 DAC8571 的配置
//入口参数：mode,进行模式选择。0x20：快速模式；0x00：低电压模式
//返回值：无
void DAC8571_Init(unsigned char mode)
{
    IIC_Start();                    //开始信号
    IIC_write_byte(WRITE_REG);      //发送从器件地址+写命令
    IIC_WaitAck();                  //等待应答
    IIC_write_byte(0x11);           //发送控制字节，选择输出模式 POWER_DOWN 模式
    IIC_WaitAck();                  //等待应答
    IIC_write_byte(mode);           //发送数据字高字节，选择模式
    IIC_WaitAck();                  //等待应答
```

```
    IIC_write_byte(0x00);          //发送数据字低字节
    IIC_WaitAck();                 //等待应答
    IIC_Stop();                    //停止信号
}
```

初始化完成后，就可以进行数-模转换了。转换完成后需要将模拟量进行刷新输出，具体的函数设计如下。

```
//函数名称：DAC8571_Output_Now()
//函数功能：实现对 DAC8571 的输出值设定
//入口参数：dat，所进行转换的数字值。0-65535。
//返回值：无
void DAC8571_Output_Now(unsigned int dat)
{
    unsigned int DA_Value;
    DA_Value=dat;    //转换数据，Vout=VREF*D/65536
    IIC_Start();                   //开始信号
    IIC_write_byte(WRITE_REG);     //发送从器件地址+写命令
    IIC_WaitAck();                 //等待应答
    IIC_write_byte(Updata_Output); //发送控制字节，选择输出模式为快速输出
    IIC_WaitAck();                 //等待应答
    IIC_write_byte((unsigned char)(DA_Value>>8));//发送数据字高字节
    IIC_WaitAck();                 //等待应答
    IIC_write_byte((unsigned char)DA_Value);    //发送数据字低字节，
                                                //发送完成后，DA 更新输出
    IIC_WaitAck();                 //等待应答
    IIC_Stop();                    //停止信号
}
```

使用上述函数即可完成对 DAC8571 芯片的访问与控制。为了验证 DAC8571 函数的正确性，可设计函数循环输出最大值（0XFFFF）与最小值（0X0000），形成方波。相关代码如下。

```
DAC8571_Init(0x20); //设置成快速模式
while(1)
{
    DAC8571_Output_Now(0XFFFF);//输出最大值，对应最高电压
    Delay_500ms();
    DAC8571_Output_Now(0X0000);//输出最小值，对应最低电压
    Delay_500ms();
    }
}
```

### 3.7.3 DAC8562 电路设计

DAC8562 是一款 TI 公司生产的低功耗、电压输出型、双通道、16 位分辨率的精密 DAC。DAC8562 内部集成了 4ppm/℃ 的 2.5V 电压基准，该芯片的最大输出电压为 2.5V 或 5V。内部的基准电压源具有±5mV 的初始精度，并且可以通过 VREF 引脚提供 20mA 的拉电流或灌电流。

DAC8562 的数字接口为三线 SPI 接口，并且 SPI 的时钟最高可达 50MHz。DAC8562 内部集成了上电复位电路，可以保证 DAC 的输出在上电之后默认为零，当接收到正确的数字

控制信号之后才能正常进行输出，因此可确保电路的初始状态稳定。为了实现器件的低功耗设计，其内部有关断逻辑，在关断状态下，器件仅消耗 550nA 的电流（5V 供电）。

DAC8562 的内部结构框图如图 3-33 所示。

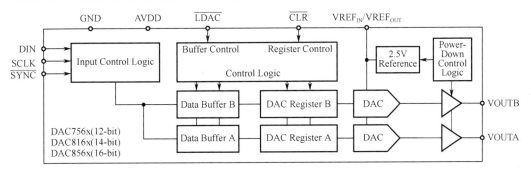

图 3-33　DAC8562 内部结构框图

如图 3-33 所示，该器件的输入接口为数字接口，使用标准的 SPI 通信接口与单片机进行通信。DAC8562 芯片内部有 2 个功能完全相同的 DAC，可以实现独立的 DAC 输出。因此对于电路设计而言，只需要在供电的基础上将 SPI 接口连接至控制器即可。图 3-34 所示为 DAC8562 的典型应用电路。

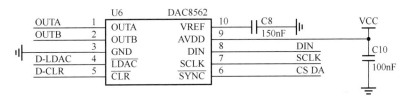

图 3-34　DAC8562 典型应用电路

在编程方面，可以通过 SPI 接口对 DAC8562 的内部数据寄存器和控制寄存器读写，从而控制内部的 DAC 输出正确的电压值，具体的软件操作流程可参考 DAC8562 芯片的数据手册中操作时序与寄存器部分，在此不做赘述。

# 3.8　常用通信接口电路

在一个电路系统中，仅使用一个模块往往不能完成全部的功能，而在使用多个模块时需要对这些模块之间进行协调和通信，从而对模块的工作状态、工作时序进行协调控制，最终完成设计目标。

在大学生电子设计竞赛中，使用单片机时需要连接一些模块（如各种传感器、驱动器、或多个单片机之间等）进行通信，此时较好的解决办法是使用规范的通信协议进行稳定的信息传输。本节将针对一些常见的通信协议和通信电路进行分析和设计。

## 3.8.1　串口通信基本电路

在单片机开发中，通用异步收/发传输器（Universal Asynchronous Receiver/Transmitter，UART）串口功能的使用场合非常多。目前有很多电子模块以及两个单片机之间的通信大多使用 UART 串口，因此只要掌握了 UART 的功能便可使用非常多的模块对系统功能进行扩展。

UART 串口是一种异步串行通信接口,发送端将要发送的数据转换为以 bit 为单位的逻辑电平进行发送,并且使用波特率的概念规定了一个高电平或低电平的时间长度。在接收端按照一定的时钟对数据线进行采样并将数据线上的串行数据进行转换,UART 有 RXD 和 TXD 两根数据线,因此可以完成全双工通信。因为 UART 通信为异步通信,它的高低电平时间长度取决于规定的波特率,因此对 UART 模块的时钟精度有较高的要求,UART 传输的误码率与其时钟精度有关。

图 3-35 所示为 UART 串口的通信时序图。

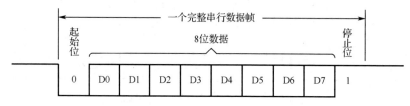

图 3-35　UART 串口的通信时序图

在 UART 通信协议中有如下规定。

- 起始位:当没有数据发送时,数据线处于逻辑"1"状态;先发出一个逻辑"0"信号,表示开始传输字符。
- 数据位:紧接着起始位之后。数据位的个数可以是 4、5、6、7、8 等,构成一个字符。通常采用 ASCII 码,从最低位开始传送,靠时钟定位。
- 奇偶校验位:数据位加上奇偶校验位后,使得逻辑"1"的位数为偶数(偶校验)或奇数(奇校验),以此来校验数据传送的正确性。
- 停止位:它是一个字符数据的结束标志。可以是 1 位、1.5 位、2 位的高电平。由于数据是在传输线上定时的,并且每个设备有自己的时钟,很可能在通信中两台设备间出现了小小的不同步。因此停止位不仅表示传输的结束,还提供计算机校正时钟同步的机会。适用于停止位的位数越多,不同时钟同步的容忍程度越大,但是数据传输率也越低。
- 空闲位或起始位:处于逻辑"1"状态,表示当前线路上没有数据传送,进入空闲状态;处于逻辑"0"状态,表示开始传送下一数据段。
- 波特率:表示每秒传送的码元符号的个数,是衡量数据传送速率的指标,它用单位时间内载波调制状态改变的次数来表示。常用的波特率(单位为 baud)有 1200、4800、9600、115200 等。时间间隔为 1s 除以波特率得出的时间,例如,波特率为 9600baud 的时间间隔为 1s/9600=104μs。

因为 UART 功能一般均由单片机片内外设完成,所以在实际应用中,UART 的硬件电路设计非常简单,即将单片机上的对应 I/O 口与需要通信的对象的端口进行连接即可,具体电路如图 3-36 所示。

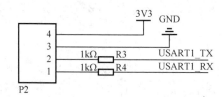

图 3-36　UART 串口的硬件接口设计电路图

如图 3-38 所示，单片机上对应的 I/O 口为 USART1_TX 和 USART1_RX，分别代表单片机串口的发送和接收端口，在硬件电路设计中，仅需要将这两个端口引出即可。电阻 R3 和 R4 为串联在通信线上的限流电阻，防止接口外部意外短路之后损坏单片机的 I/O 口。但同时电阻的加入导致线上负载加大，影响通信速率，因此增加这两个电阻虽可以提高系统的可靠性，但在高速通信下应适当减小其阻值。

另外需要注意的是，UART 串口的数据线是有方向的，发送端的 TX 线应与接收端的 RX 线交叉连接，不可以接反，否则通信失败。

## 3.8.2　RS-232/485 通信电路

RS-232 是美国电子工业联盟制定的串行数据通信接口标准，原始编号全称是 EIA-RS-232，它被广泛用于 DCE（Data Communication Equipment）和 DTE（Data Terminal Equipment）之间的连接。

对于 RS-232 接口而言，因为其传输数据时信号电平等级更高，并且采用正负逻辑信号，所以传输距离可以更远，传输数据更加稳定，因此在工业等较大干扰或需要远距离传输时应用广泛。

RS-232 接口有 3 种常见的接线形式，如图 3-37 所示。

在 3 种接法中，使用 3 线法连接与传统的 UART 串口使用的数据线基本类似。不同的是信号线上传输的逻辑电平不同。在 RS-232-C 中任意一根信号线的电压均为负逻辑关系。即逻辑"1"用-5～-15V 的电平表示，逻辑"0"用+5～+15V 的电平表示。

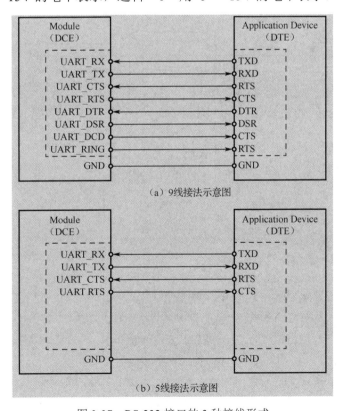

图 3-37　RS-232 接口的 3 种接线形式

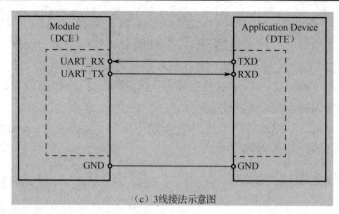

图 3-37    RS-232 接口的 3 种接线形式（续）

因此，只有使用相应的 RS-232 接口逻辑转换芯片才可将单片机 UART 串口的逻辑电平（如 2.7～5.5V）转换为 RS-232 电平进行传输。

各大半导体厂商分别推出了 RS-232 接口转换芯片供用户进行选择，其中以美信公司生产的 MAX232 芯片较为知名，MAX232 芯片为+5V 供电。为了方便 3.3V 逻辑的单片机使用，同时还有 MAX3232 芯片，该芯片为 3.3V 供电，可以输出 RS-232 的逻辑电平信号。

图 3-38 所示为使用 MAX3232 芯片搭建的 RS-232 电路。

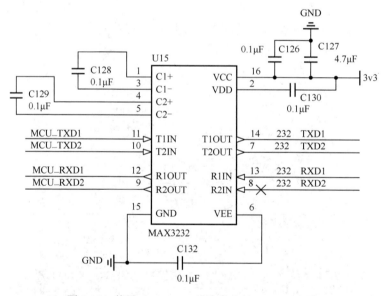

图 3-38    使用 MAX3232 芯片搭建的 RS-232 电路

如图 3-38 所示，MAX3232 芯片仅需要使用 3.3V 的电源供电即可正常工作，非常方便。同时 MAX3232 芯片具有 2 个转换通道，可以将两组 UART 串口信号转换为 RS-232 电平进行输出。使用 RS-232 电路时也需要注意接口的方向问题，防止在电路设计阶段因为方向出错导致电路不能工作。

在工业上，除了使用 RS-232 进行数据通信，也会使用到 RS-485 接口。与 RS-232 的一对一通信方式不同，RS-485 是一种支持多机通信的总线，在 RS-485 总线上可以挂载至多 128 个节点进行通信，非常适合多机之间进行总线通信的场合。

对于 RS-485 通信，除了其物理电气层与 RS-232 不同，在通信方面与 RS-232 最大的不同在于，RS-485 是一个半双工通信，即发送时不能接收，接收时不能发送。这是由其物理层决定的。RS-485 的物理层使用差分信号进行传输，因此具有更强的抗干扰能力，支持更远距离的通信。

常见的 RS-485 通信接口电路如图 3-39 所示。

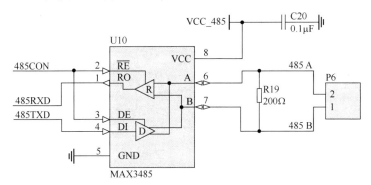

图 3-39　常见的 RS-485 通信接口电路

图 3-39 中，MAX3485 芯片实现 RS-485 通信所需的电平转换。输出端仅需要 2 根差分通信线即可完成 RS-485 通信，一般使用 A 和 B 来表示。RO（1 脚）和 DI（4 脚）分别为接收器的输出和驱动器的输入端，$\overline{RE}$（2 脚，低电平有效）和 DE（3 脚，高电平有效）分别为接收和发送的使能端，A 端和 B 端分别为接收和发送的差分信号端。因此，进行 RS-485 通信时，与单片机连接时只需分别与单片机的 RXD 和 TXD 连接即可。当 RE 为逻辑 "0" 时，器件处于接收状态；当 DE 为逻辑 "1" 时，器件处于发送状态，因为 MAX3485 工作在半双工状态，所以只需用单片机的一个引脚控制这两个引脚即可。

A 端和 B 端分别为接收和发送的差分信号端，当 A 端的电平高于 B 端时，代表发送的数据为 "1"。当 A 端的电平低于 B 端时，代表发送的数据为 "0"。在 RS-485 通信中，网络首尾两端 A 和 B 之间需加匹配电阻，以防止信号反射，这里选择 200Ω 的电阻。

对于 RS-485 双机通信编程而言，其编程与 RS-232 没有本质的区别，但由于是半双工通信，因此需要在发送和接收时加入使能的切换。在同一时间，在 RS-485 总线上仅允许有一个设备进行数据发送，否则可能导致通信失败，因此在各个通信节点上需要使用完善的通信协议来规定节点的通信状态。

### 3.8.3　CAN 总线通信电路

CAN（Controller Area Network）是控制器局域网络的简称，是由以研发和生产汽车电子产品著称的德国 BOSCH 公司开发的，并最终成为国际标准（ISO 11898），是国际上应用最广泛的现场总线之一。在北美和西欧，CAN 总线协议已经成为汽车计算机控制系统和嵌入式工业控制局域网的标准总线，并且拥有以 CAN 为底层协议、专为大型货车和重工机械车辆设计的 J1939 协议。

图 3-40 所示为基于 TJA1050 芯片的 CAN 总线接口电路示意图。

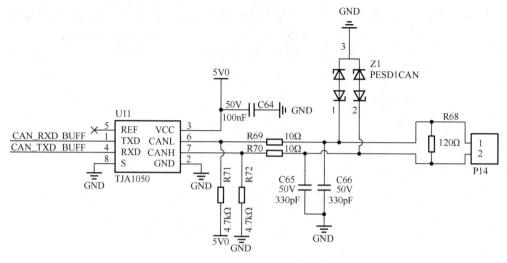

图 3-40　基于 TJA1050 芯片的 CAN 总线接口电路示意图

　　如图 3-40 所示，P14 为 CAN 总线的连接端子，有 CAN_H 和 CAN_L 两个信号，分别负责输出 CAN 总线的差分高低电平，其中 CAN_H 端的状态只能是高电平或悬浮状态，CAN_L 端只能是低电平或悬浮状态。这就保证在 CAN 网络中不会出现以下情况：当系统有错误，出现多节点同时向总线发送数据时，导致总线呈现短路，从而损坏某些节点。Z1 为 CAN 总线的 TVS 二极管。在单片机端，单片机负责输出 CAN_RXD 和 CAN_TXD 两个信号，通过 TJA1050 芯片进行逻辑电平的转换。

　　另外，CAN 具有完善的通信协议，可由 CAN 控制器芯片及其接口芯片来实现，从而大大降低了系统的开发难度，缩短了开发周期，关于 CAN 通信接口的相关协议请参阅相关文档，在此不做赘述。

### 3.8.4　以太网通信电路

　　以太网是一种计算机局域网技术。IEEE 802.3 标准制定了以太网的技术标准，它规定了包括物理层的连线、电子信号和介质访问层协议的内容。

　　为单片机设计以太网通信电路时，考虑到以太网的协议栈较为复杂，所以在使用以太网功能时有两种方案可供选择，一种是使用以太网协议转换芯片，例如单片机可以通过 SPI 接口与 W5500 芯片通信，W5500 再将单片机的信息转换为以太网的方式进行通信；另一种方案就是使用集成了以太网 MAC 和 PHY 的处理器，从而大大简化以太网应用的设计，增加稳定性。

　　本节以片内集成了以太网 MAC 和 PHY 的 TM4C1294 芯片为例，对以太网电路进行分析，TM4C1294 系列单片机的以太网外设具有以下特性：

- 严格符合 IEEE 802.3 标准；
- 具有多地址模式；
- 内置硬件电路可以降低 CPU 的占用；
- 高度可配置性；
- 高效的传输方式（利用 DMA 功能）。

图 3-41 所示为 TM4C1294 处理器的以太网功能框图。

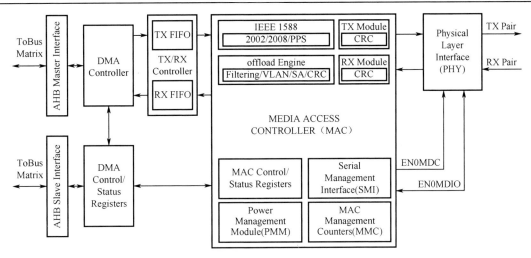

图 3-41　TM4C1294 处理器的以太网功能框图

在 TM4C1294 芯片内部的以太网外设主要分为三个部分，即 DMA 控制器及 FIFO、以太网 MAC、以太网 PHY。

其中，以太网内部使用 DMA 控制器对数据流进行传输以减轻 CPU 的负载，在配置完 DMA 控制器之后，可以由 DMA 控制器直接访问 AHB 总线与内存进行交互而无须 CPU 干预。同时，在数据的收发通道上分别集成了两个 FIFO 存储器，可以对以太网的传输速率进行匹配缓冲。

以太网的 MAC 部分集成了许多功能，对 CPU 的数据和以太网的数据进行交互处理。在发送数据时，MAC 协议可以事先判断是否可以发送数据，如果可以发送，则给数据加上一些控制信息，最终将数据及控制信息以规定的格式发送到物理层；在接收数据时，MAC 协议首先判断输入的信息是否发生传输错误，如果没有错误，则去掉控制信息并发送至 LLC（逻辑链路控制）层。最新的 MAC 协议同时支持 10Mbps 和 100Mbps 两种速率。

TM4C1294 芯片内部还集成了以太网 PHY（物理层接口）。PHY 是物理接口收发器，它实现 OSI 模型的物理层。IEEE-802.3 标准定义了以太网 PHY，包括 MII/GMII（介质独立接口）子层、PCS（物理编码）子层、PMA（物理介质附加）子层、PMD（物理介质相关）子层、MDI 子层。它符合 IEEE-802.3k 中用于 10BaseT（第 14 条）和 100BaseTX（第 24 条和第 25 条）的规范。

由于 TM4C1294 芯片内部集成的以太网控制器的完整性，在进行以太网电路设计时，仅需要在芯片外部搭建简单的电路即可完成以太网的硬件电路设计。

图 3-42 所示为基于 TM4C1294 处理器的以太网硬件电路原理图。

图 3-42 中，使用了处理器以太网 PHY 输出端的 4 个固定 I/O 口（EN0TXO_P、EN0TXO_N、EN0RXO_P、EN0RXO_N），形成两对差分信号端驱动网络变压器（U10）进行数据输出与输入。之后，网络隔离变压器的输出端将形成两对差分的以太网信号，将信号线连接在以太网的 RJ45 端口（U14）上即可完成以太网的硬件电路设计。同时，电路中需要一些阻容元件，具体连接方式及取值如图中所示。

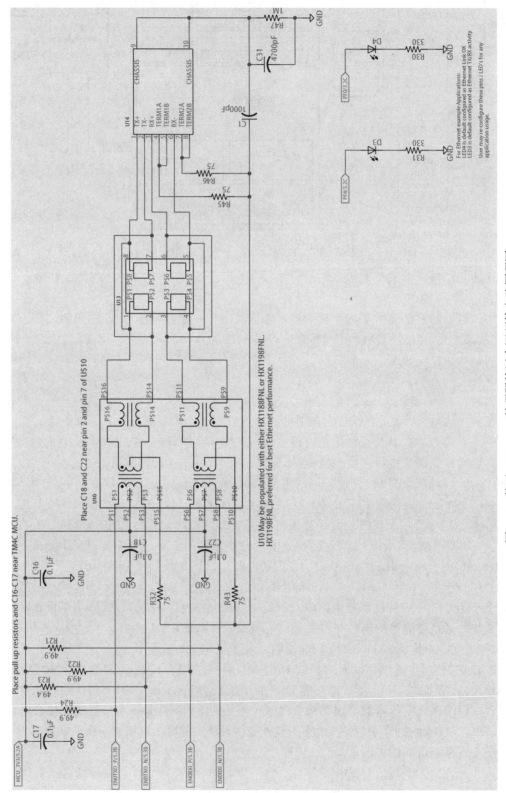

图3-42　基于TM4C1294处理器的以太网硬件电路原理图

以太网的硬件电路搭建完成之后，便可以将单片机与其他以太网通信网络连接，得益于以太网协议的完备性和传输速率的高速性，以太网在一些组网应用、远距离传输以及对传输速度有要求的系统中应用广泛。

### 3.8.5　无线通信接口电路

在某些情况下，为了避免有线通信的布线困难，可借助无线通信技术实现数据通信。在大学生电子设计竞赛中，可通过 SPI 或 UART 等接口来实现与无线模块的通信。其中串口无线透传模块最为常见，该模块内部集成了无线收发电路，可以进行无线通信，单片机只需使用 UART 串口与模块通信即可实现数据的无线"透明"传输，该类无线传输的协议一般可以基于蓝牙或 Wi-Fi 通信协议，便于用户使用。

常用的串口无线透传模块有很多种，本节以 HC05、CC2541、ESP8266 及 NRF24L01 为例进行分析。

#### 1. HC05 蓝牙串口无线通信电路

图 3-43 所示为 HC05 蓝牙串口无线模块的接口电路原理图。其中 HC05 模块对外有 6 个连接引脚，一般仅需要使用其 UART 串口的 4 个引脚，即 RXD、TXD、GND 和 5v0。HC05 模块在配对完成之后，对于单片机而言，只要控制 UART 串口按照设定的波特率进行数据传输即可，无须关注具体的无线传输原理，使用起来非常方便。但是 HC05 模块的功耗较大，在不使用其无线功能时可以将 HC05 模块关闭。电路中使用了一个 NMOS 管对 HC05 的电源引脚进行通断控制，当不使用 HC05 时，单片机可以控制 NMOS 管的关断从而降低整体功耗。

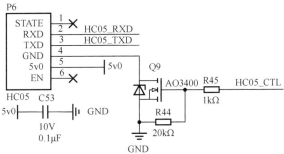

图 3-43　HC05 蓝牙串口无线模块接口电路

#### 2. CC2541 蓝牙串口无线通信电路

图 3-44 所示为 CC2541 蓝牙串口无线模块的接口电路原理图。CC2541 是 TI 公司生产的一款集成了蓝牙 RF 和一个 8051 单片机的低功耗蓝牙芯片，非常适合于数据量小的低速率蓝牙连接场合，如蓝牙键盘、蓝牙鼠标、遥控器、防丢器等，同时在大学生电子设计竞赛中也可以非常方便地提供蓝牙无线传输功能。一些厂家为了便于用户使用，对 CC2541 芯片进行了二次开发，将 CC2541 芯片集成在一个小电路板模块上，实现了 UART 串口透传的功能，即仅需要将外部的控制器与 CC2541 模块的串口连接就可以直接进行蓝牙通信，避免了用户对 CC2541 芯片直接编程的烦琐操作。图 3-44 中便应用了这种 CC2541 蓝牙模块，除了供电与指示灯电路，只需将 CC2541 模块引出的串口引脚与单片机对应的 UART 串口引脚连接即可。

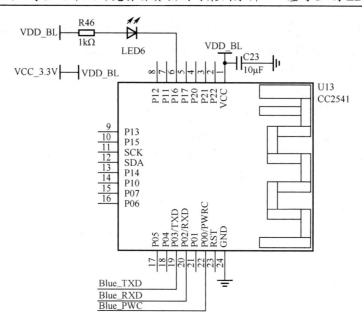

图 3-44   CC2541 蓝牙串口无线模块接口电路

### 3. ESP8266 Wi-Fi 串口无线通信电路

蓝牙模块的数据传输速率有限，并且传输距离较短，在某些情况下不能很好地满足设计要求。Wi-Fi 模块可满足高速率与远距离的要求，此外通过 Wi-Fi 模块还可以完成非常复杂的网络应用。在图 3-45 中，Wi-Fi 模块采用 ESP8266 芯片，使用串口通信，只需连接单片机串口即可。此外，除供电接口电路外，Wi-Fi 模块还需连接外部复位电路与相关配置电路（EN、GPIO0、GPIO2 需上拉，GPIO15 需下拉）。

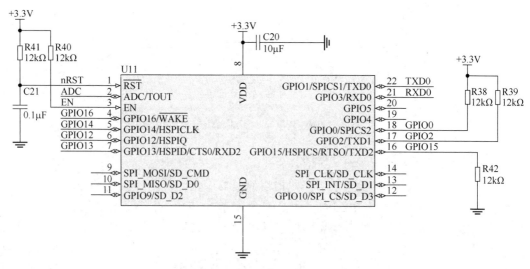

图 3-45   ESP8266 串口无线模块接口电路

### 4. NRF24L01 无线通信接口电路

基于串口的无线透传模块使用便捷，但内部通信方式与协议往往不好修改，因此也可以采用专用的单片无线收发芯片来实现无线通信。

　　NRF24L01 是工作在 2.4～2.5GHz 的 ISM 频段的单片无线收发器芯片。其内部集成有频率发生器、增强型 Schock Burst 模式控制器、功率放大器、晶体振荡器、调制器和解调器。NRF24L01 模块通过 SPI 接口与微控制器相连，并采用中断的方式读取数据。NRF24L01 通信接口电路如图 3-46 所示。

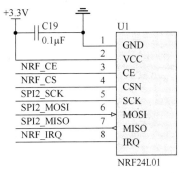

图 3-46　NRF24L01 通信接口电路

## 3.9　小结

　　在大学生电子设计竞赛中，随着题目难度和要求的不断提高，对微处理器的性能和功能的要求越来也高，能够熟练掌握一种甚至几种微处理器成为参赛的必备技能。而微处理器的最小系统是芯片能工作的最基本的条件，因此读者应当能按照本章的内容掌握微处理器的基本的硬件电路设计。单片机的外围电路非常灵活、种类非常多、功能也非常强大，大多数情况下单片机无法单独完成一个系统中的所有要求，通常需要借助外围电路来实现相应的功能，因此本章也介绍了在大学生电子设计竞赛中常用的各种单片机外围电路，包括拨码开关、按键、LED、LCD、ADC、DAC、无线通信模块等，目的是帮助读者对竞赛中常见的单片机外围电路进行选型。最后，建议读者对一些常见的电路进行实践，以加深理解。

## 习题与思考

1．MSP430 单片机主要有哪些优点和特点？

2．ARM 处理器主要分为哪几个系列？

3．常用的基于 ARM 内核的处理器有哪些型号？

4．常用的单片机片内外设主要有哪些？

5．DSP 芯片与传统单片机的异同有哪些？

6．FPGA 与单片机的最小系统电路的区别有哪些？

7．LED 电路中的限流电阻的作用是什么？如何取值？

8．按键的消抖处理有哪些方法？是如何实现的？

9．大学生电子设计竞赛中常用的显示屏有哪几种？

10．大学生电子设计竞赛中常用的 ADC 芯片有哪些？ADC 有哪些重要指标？

11．大学生电子设计竞赛中常用的 DAC 芯片有哪些？DAC 有哪些重要指标？

12．常用的通信协议有哪些？

13．串口透传是什么意思？

14．常用的无线通信模块有哪些？

# 第 4 章 运算放大器与传感器、驱动器电路设计

在模拟电路设计中，集成运算放大器充当着非常重要的角色。工程师可以借助运算放大器和一些无源器件产生、变换、滤除各种模拟信号，运算放大器的用法是非常灵活的，但是运算放大器的使用也是有章可循的。按照正确的步骤对运算放大器电路进行设计和调试，可以大大加快设计进度、改善系统性能。

在大学生电子设计竞赛中，一个完整的作品一般需要使用传感器对外界的信号量进行感知，对采集的信号进行处理之后，往往还需要使用驱动电路中的驱动器件输出一些信号量。例如在传统的控制类题目中，需要使用各种模拟传感器或数字传感器对当前的状态进行采集，经过数字环路运算后，可能会使用电机驱动电路驱动电机进行转动，从而驱动机械结构完成执行器的功能。

本章将从运算放大器的原理入手，对运算放大器电路设计进行讲解。除此之外，还将对大学生电子设计竞赛中常用的传感器和驱动器进行介绍。

## 4.1 常见的运算放大器电路

### 4.1.1 运算放大器基本原理

在模拟电路中，运算放大器是一种非常重要的器件，那么所谓的运算放大器到底是什么呢？使用运算放大器可以完成什么电路功能呢？

从电路性质上来说，运算放大器是一种使用集成电路工艺制作的产物。在集成电路工艺中，可以在硅片上面设计出电阻、电感、电容等无源器件，也可以设计出三极管、MOS 管（MOSFET）、二极管等器件，并且由于集成电路使用光刻的工艺可以把每个器件做得非常小，截至目前，集成电路的量产工艺已达到了 5nm 的水平。因此，集成电路制造厂家可以将非常多的晶体管、电阻、电容等器件集成在一个面积非常小的硅片上从而实现较为复杂的功能。

对于集成运算放大器芯片而言，其内部正是由使用集成电路工艺制造的众多元器件组成的。一般而言，运算放大器芯片内部由 4 部分组成，分别为差分输入级、中间放大级、输出驱动级和内部的偏置电路，如图 4-1 所示。

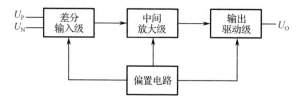

图 4-1 运算放大器内部结构框图

其中，差分输入级使用对称的差分放大结构，并且输入阻抗一般非常高。中间放大级承担着整个运算放大器的放大功能，因此一般具有非常大的增益，从而保证运算放大器芯片的

开环增益接近于无穷大。运算放大器的输出端会有一个输出驱动级，要求具有非常小的输出阻抗，即输出驱动级需要有一定的电流输出能力。而运算放大器中的偏置电路主要是为内部的放大电路提供一定的直流偏置，以使内部的三极管放大电路能正常工作。

集成运算放大器是一个模拟电路中的基本器件，图 4-2 所示是运算放大器的符号及电压传输特性。

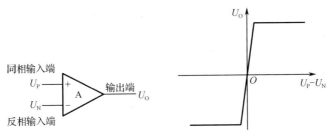

图 4-2  运算放大器的符号及电压传输特性

如图 4-2 所示，运算放大器具有 3 个引脚，分别为同相输入端、反相输入端、输出端，如果在运算放大器的同相输入端和反相输入端之间有一个电压差 $U_P - U_N$，那么输出端将会产生一个输出电压 $U_O$，并且当运算放大器处于中间的线性区时，满足下式：

$$U_O = A_O(U_P - U_N) \tag{4-1}$$

其中，$A_O$ 表示运算放大器的开环增益，即开环放大倍数。

当运算放大器的输入端电压差 $U_P - U_N$ 的绝对值过大时，运算放大器进入饱和状态，此时运算放大器不工作在线性区，输出电压为正最大电压（一般略小于正电源电压）或负最大电压（一般略大于负电源电压）。

因为运算放大器的开环放大倍数非常大，一般可以达到 $10^5$ 倍以上，而运算放大器的供电电压一般最大为几十伏，因此当运算放大器的同相端和反相端之间仅存在一个微小的电压差（几百微伏）时，运算放大器就会进入饱和状态从而无法正常工作。因此，极少有运放电路使运算放大器仅工作在开环放大状态，大多数情况下运算放大器都会工作在深度负反馈状态。

对于一个运算放大器，有许多参数可以表征其性能指标。在大学生电子设计竞赛中，主要关注以下几个参数。

开环放大倍数 $A_O$：如上文所述，运算放大器工作在开环状态时的增益称为运算放大器的开环放大倍数，该参数越大表示越接近理想运算放大器。一般情况下，运算放大器的开环放大倍数都大于 $10^5$ 倍。

共模抑制比 CMRR：运算放大器的共模抑制比表示运算放大器对共模干扰信号的抑制能力，数值上等于差模放大倍数与共模放大倍数之比的绝对值。共模抑制比越大，越接近理想运算放大器。

差模输入阻抗 $r_{id}$：该参数表示运算放大器芯片的输入阻抗大小，该参数值越大，表示运算放大器电路的输入阻抗越大，即对前级电路的影响越小。

输入失调电压 $U_{IO}$：由于实际的运算放大器芯片的两个输入端不可能做到完全对称，因此当输入端的电压差为零时，运算放大器的输出端也会有一定的输出电压。而 $U_{IO}$ 是指使输出电压为零时需要在输入端施加的补偿电压。该参数值越小，表示越接近理想运算放大器。

输入失调电流 $I_{IO}$：由于实际的运算放大器芯片的两个输入端不可能做到完全对称，因此同相输入端和反相输入端的电流不会完全相等，两个电流的差值即为输入失调电流。该参数值越小，表示越接近理想运算放大器。

增益带宽积 GBW：该参数表示运算放大器对高频小信号的放大能力，该参数值越大，表示运算放大器的带宽越大。

压摆率 SR：该参数表示运算放大器对高频大信号的放大能力，表示输出端电压摆幅的最大变化的快慢。该参数值越大，表示运算放大器对高频大信号具有更好的响应。

因为运算放大器的开环增益非常大，所以无法直接使用运算放大器对一个信号进行放大。在模拟电路中，运算放大器的一个最基本的功能就是对一个信号进行线性放大，那么电路应当是什么结构才能使电路的放大倍数可以调整呢？答案就是将运算放大器的输出进行采样再送往运算放大器的输入端进行负反馈，如图 4-3 所示为运算放大器的负反馈框图。

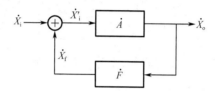

图 4-3　运算放大器的负反馈框图

图中，$\dot{X}_i$ 表示放大电路的输入信号，$\dot{X}_o$ 表示放大电路的输出信号，$\dot{A}$ 表示运算放大器的开环增益，$\dot{F}$ 表示电路的反馈系数，$\dot{X}_f$ 表示反馈信号。可以得到

$$\dot{X}_f = \dot{X}_o \dot{F} \tag{4-2}$$

可以将输入信号 $\dot{X}_i$ 与反馈信号 $\dot{X}_f$ 相减得到运算放大器的同相端与反相端的差值 $\dot{X}_i'$，即

$$\dot{X}_i' = \dot{X}_i - \dot{X}_f \tag{4-3}$$

$\dot{X}_i'$ 表示运算放大器的同相端与反相端的信号之差，运算放大器的开环增益为 $\dot{A}$，因此运算放大器的实际输出电压可以由下式得出：

$$\dot{X}_o = \dot{X}_i' \dot{A} \tag{4-4}$$

联立式（4-2）～式（4-4）可得放大电路的闭环增益 $\dot{A}_c$ 为

$$\dot{A}_c = \frac{\dot{X}_o}{\dot{X}_i} = \frac{\dot{A}}{1 + \dot{A}\dot{F}} \tag{4-5}$$

规定式（4-5）中的 $1 + \dot{A}\dot{F}$ 为放大电路的反馈深度，当 $1 + \dot{A}\dot{F}$ 的计算结果远大于 1 时，称运算放大器工作在深度负反馈状态。

在运算放大器的信号中频段，可以将式（4-5）写为

$$A_c = \frac{A}{1 + AF} \tag{4-6}$$

如式（4-6）所示，对于理想运算放大器而言，其开环增益 $A$ 趋近于无穷大，因此当放大电路工作在深度负反馈状态时，满足：

$$A_c = \frac{1}{F} \tag{4-7}$$

如式（4-7）所示，当运算放大器工作在深度负反馈状态时，放大电路的放大倍数仅与其负反馈网络的增益有关而与本身的芯片参数无关。并且因为负反馈电路一般为 R、L、C 组成的无源网络，因此其特性较为稳定，可以精确调整整个放大电路的增益，从而完成对输入信号的稳定放大。

对于集成运放芯片而言，因为其开环增益非常大，所以在实际使用过程中通常均要引入负反馈电路使放大电路能完成一定的功能，当然也有运放芯片开环作为比较器使用或者引入正反馈设计为振荡电路的用法，但是在大多数情况下，运算放大器均工作在负反馈状态。

判断反馈极性的方法可以采用瞬时极性法，其方法是：首先规定输入信号在某一时刻的极性，然后逐级判断电路中各个相关点的电流流向与电位的极性，从而得到输出信号的极性；根据输出信号的极性判断出反馈信号的极性；若反馈信号使净输入信号增大，则为正反馈，若反馈信号使净输入信号减小，则为负反馈。

## 4.1.2　运算放大器计算

本节将结合实例对工作在深度负反馈状态下的运算放大器电路进行计。本节的计算前提是运算放大器工作在深度负反馈状态，在实际的放大电路设计中，运算放大器也绝大多数是工作在深度负反馈状态的，因此本章的内容具有一定的普适性。

下面给出工作在深度负反馈状态下的放大电路工作状态的两个概念。

### 1．虚断

对于集成运算放大器芯片，其两个输入端的输入阻抗非常大；对于理想运算放大器，其输入阻抗为无穷大，因此运算放大器的输入电流基本为零。此时对于两个输入端而言，均没有电流流过，相当于两个输入端"断路"，这种现象就是"虚断"现象。本质上，"虚断"指的是运算放大器的同相输入端和反相输入端可以被认为无电流流入或流出。

### 2．虚短

对于工作在深度负反馈状态的放大电路，由式（4-3）可知，同相输入端和反相输入端的电压差值 $\dot{X}_i'$ 非常小，当运算放大器的开环增益无穷大时，$\dot{X}_i'$ 的值趋近于零，此时同相输入端和反相输入端的电压相等，即相当于"短路"状态，这种现象被称为"虚短"现象。

在理解了"虚断"和"虚短"的概念和由来之后，便可以使用这两个概念对工作在深度负反馈状态的放大电路进行非常便捷的计算了。这里再次强调，使用"虚断"和"虚短"对放大电路进行计算时，一定要确定此时运算放大器工作在深度负反馈状态。

下面将结合电路示例，使用"虚断"和"虚短"这两个概念对放大电路进行实际计算。其中，运算放大器可以认为是一个理想运算放大器，即具有如下性质：

● 开环放大倍数无穷大；

● 输入阻抗无穷大；

● 输出阻抗为零；

● 共模抑制比无穷大；

● 增益带宽积无穷大；

● 失调电压、失调电流、噪声均为零。

如图 4-4 是一个使用理想运算放大器搭建的放大电路，输入电压为直流 1.5V，输出电压为 $V_{out}$ 待求。下面对其进行计算。

（1）首先，对于该电路来说，因为理想运算放大器的开环增益无穷大，即 $1+AF$ 的计算值远大于 1，因此运算放大器工作在深度负反馈状态，此时可以使用"虚断"和"虚短"的概念对电路进行计算。

（2）由"虚短"的概念可以知道，运算放大器同相输入端和反相输入端的电压相等，因此反相输入端节点电压为 1.5V。

（3）由"虚断"的概念可知，运算放大器反相输入端无电流，因此输出电压就等于反相端的电压的 2 倍，即 $V_{\text{out}}$ 为 3V。

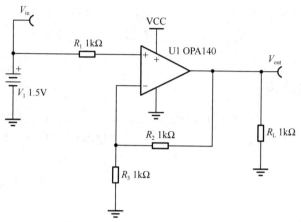

图 4-4　运算放大器的负反馈电路

使用"虚断"和"虚短"的概念可以非常方便地对放大电路进行计算，建议读者灵活掌握这种求解方法。

那么计算结果是否正确呢？这里还使用 TINA-TI 软件对该电路进行了瞬态仿真，得到了如图 4-5 所示的仿真波形图。

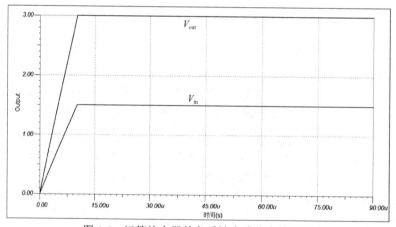

图 4-5　运算放大器的负反馈电路仿真波形图

由图 4-5 可知，放大电路的输入电压为 1.5V，输出电压为 3V，因此仿真结果与理论计算结果相符。

### 4.1.3　常见的放大电路

针对大学生电子设计竞赛的要求，本节将介绍两种常用的运算放大器芯片，并结合实际芯片对常见的放大电路进行分析和仿真。

#### 1. 常用的运算放大器芯片

在大学生电子设计竞赛中，一般情况下对电路中的信号进行处理时，需要使用运算放大器芯片。那么有哪些常用的芯片型号呢？有些读者会经常使用一些低成本的通用型运算放大器，如 LM324、LM358、NE5532、OP07 等经典运算放大器，这些芯片当然可以很好地完成一些设计题目，但是随着集成电路工艺及设计水平的提高，近些年推出的一些运算放大器芯片可能会有更好的性能。笔者根据大学生电子设计竞赛参赛经验以及对以往赛题的分析建议大家可以在一些对精度、噪声要求较高的电路中尝试使用一些较新的运算放大器芯片，如 OPA140、OPA211 等，下面对这两种芯片进行参数和特性分析。

OPA140 是一个高精度、低噪声、轨至轨输出的 11MHz 带宽的 JFET 运算放大器芯片，非常适合用于对精度要求较高的低噪声电路，如模拟信号的采样放大电路等。

OPA140 芯片具有以下特性。

- 极低的温漂：仅有 $1\mu V/℃$；
- 极低的偏移电压：仅有 $120\mu V$；
- 输入偏置电流最大值为 10pA，非常低，在电路中可以不使用平衡电阻；
- 极低的 1/f 噪声：250nVpp，$0.1\sim10Hz$ 范围；
- 低电压噪声：$5.1nV/\sqrt{Hz}$；
- 压摆率为 $20V/\mu s$；
- 较低的电源电流：2mA 最大值；
- 输入电压最低可以低至负电源电压；
- 单电源工作电压范围：$4.5\sim36V$；
- 双电源工作电压范围：$\pm2.25\sim\pm18V$；
- 无相位反转。

除了 OPA140 单运放封装，还有一个芯片内集成了完全相同的 2 个或 4 个 OPA140 的型号，分别为 OPA2140 和 OPA4140，供用户灵活选用。

OPA211 是一个低噪声、低功耗的精密运算放大器芯片，其带宽在 100 倍增益时可以达到 80MHz，相比 OPA140 带宽更高，较为适合一些频率稍高的场合。

OPA211 芯片具有以下特性。

- 低电压噪声：1kHz 时为 $1.1nV/\sqrt{Hz}$；
- 极低的 1/f 噪声：80nVpp，$0.1\sim10Hz$ 范围；
- 总谐波失真+噪声（THD+N）：−136dB（$G=1$，$f=1kHz$）；
- 失调电压：最大 $125\mu V$；
- 失调电压温漂：$0.35\mu V/℃$；
- 低电源电流：3.6mA/通道；
- 单位增益稳定；
- 增益带宽积：80MHz（$G=100$），45MHz（$G=1$）；
- 压摆率：$27V/\mu s$；
- 16 位稳定时间：700ns；
- 宽电源范围：$\pm2.25\sim\pm18V$，或 $4.5\sim36V$；
- 轨至轨输出；
- 输出电流：30mA。

除了 OPA211 单运放封装，还有一个芯片内集成了完全相同的 2 个 OPA211 的型号，为 OPA2211，供用户灵活选用。

用户可通过选用合适的运算放大器芯片，最大限度地降低设计成本，并且提高设计性能。

在本节后面的实际电路仿真中，均以 OPA140 芯片为例进行电路分析和仿真，对于其他运算放大器芯片而言，其功能基本类似。

### 2. 同相比例放大器电路

同相比例放大器的作用是将输入信号从运算放大器的同相端输入，对输入信号进行一定比例放大的电路，其输出信号的幅度与输入信号成一定比例，且相位相同。

如图 4-6 所示为基于 OPA140 的同相比例放大器电路。

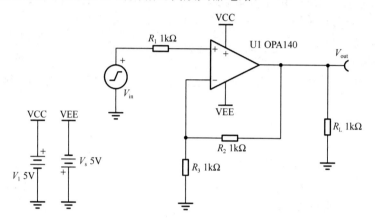

图 4-6　基于 OPA140 的同相比例放大器电路

运算放大器采用±5V 电源供电，负载为 1kΩ 电阻，输入信号为 1kHz、峰值为 0.1V、无直流偏置的正弦波。

对图 4-6 所示电路进行分析，可以得出电路的放大倍数为

$$A_c = \frac{V_{out}}{V_{in}} = 1 + \frac{R_2}{R_3} = 2 \tag{4-8}$$

对图 4-6 所示电路进行时长为 10ms、初始状态为 0 的瞬态仿真，得到如图 4-7 所示的仿真结果。

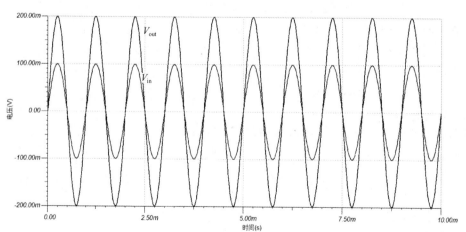

图 4-7　基于 OPA140 的同相比例放大器仿真结果

如图 4-7 所示，输出信号 $V_{out}$ 与输入信号 $V_{in}$ 同频同相，且输出电压幅度是输入信号的 2

倍，这与使用公式计算的结果一致。

### 3．反相比例放大器电路

反相比例放大器的作用是将输入信号从运算放大器的反相端输入，对输入信号进行一定比例放大的电路，其输出信号的幅度与输入信号成一定比例，且相位相反。

如图 4-8 所示为基于 OPA140 的反相比例放大器电路。

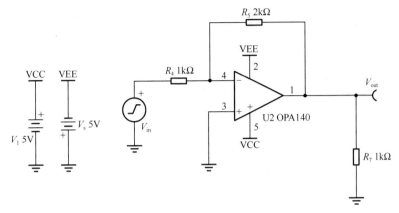

图 4-8　基于 OPA140 的反相比例放大器电路

运算放大器采用±5V 电源供电，负载为 1kΩ 电阻，输入信号为 1kHz、峰值为 0.1V、无直流偏置的正弦波。

对图 4-8 所示电路进行分析，可以得出电路的放大倍数为

$$A_c = \frac{V_{out}}{V_{in}} = -\frac{R_5}{R_4} = -2 \tag{4-9}$$

对图 4-8 所示电路进行时长为 10ms、初始状态为 0 的瞬态仿真，得到如图 4-9 所示的仿真结果。

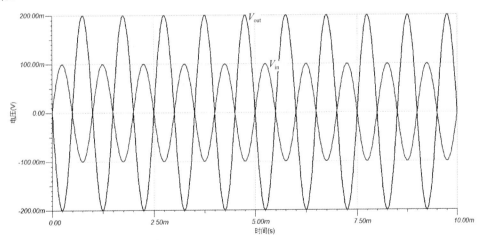

图 4-9　基于 OPA140 的反相比例放大器仿真结果

如图 4-9 所示，输出信号 $V_{out}$ 与输入信号 $V_{in}$ 同频反相，且输出电压幅度是输入信号的 2 倍，这与使用公式计算的结果一致。

对比同相比例放大器和反相比例放大器，在同相比例放大器中，电路的输入阻抗接近于无穷大，但是其输入端的共模电压信号与输入信号有关；在反相比例放大器中，其输入阻抗与电路中使用的电阻有关，相对较小，但是其输入端的共模电压一致为0V，是一个固定值。所以对于这两种比例放大电路，需要根据实际情况进行选择。

### 4. 同相加法器电路

运算放大器电路可以通过搭建不同的结构以实现数学运算的功能。下面介绍如何使用运算放大器搭建一个同相加法器电路，该电路能够求得几个输入信号与不同系数的乘积之和，并且具有比例放大的功能。在大学生电子设计竞赛中，常会使用加法器电路对多个模拟信号进行叠加混合之后再进行其他变换。

如图4-10所示为基于OPA140的同相加法器电路。

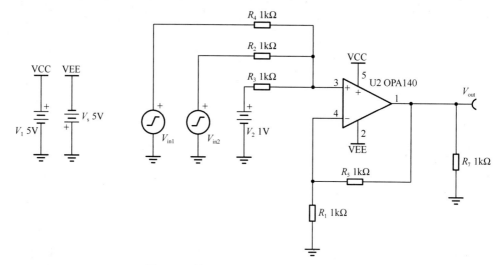

图 4-10    基于 OPA140 的同相加法器电路

如图4-10所示，OPA140使用±5V双电源进行供电，输出端负载电阻为1kΩ。电路整体与前面的同相比例放大器非常类似，在同相输入端使用电阻连接了3个不同的输入信号，分别为1kHz、峰值为0.1V、直流偏置0V的正弦波，10kHz、峰值为0.1V、直流偏置0V的正弦波，以及一个固定1V的直流电平。根据"虚短"和"虚断"的理论进行分析，可以得到此电路的输出电压 $V_{out}$ 满足

$$V_{out} = \left(1 + \frac{R_5}{R_1}\right)\left(\frac{1}{3}V_{in1} + \frac{1}{3}V_{in2} + \frac{1}{3}\right) = \frac{2}{3}(V_{in1} + V_{in2} + 1) \tag{4-10}$$

由式（4-10）可以看出，该电路的输出结果为3个输入量之和，且幅度乘以2/3。

对图4-10所示电路进行时长为10ms、初始状态为0的瞬态仿真，得到如图4-11所示的仿真结果。经过仿真之后可以看到输出信号 $V_{out}$ 确实是两个交流信号的输入之和并且加上了一个约0.67V的直流偏置，这与式（4-10）所给出的理论计算的结果相一致。

可以看到，使用同相加法器可以完成对多个信号的求和，当有更多的输入信号时，仅需要仿照图4-10中的电路继续添加输入信号即可。除了同相加法器电路，常用的加法电路还有反相加法器，感兴趣的读者可以自行学习，其原理类似。

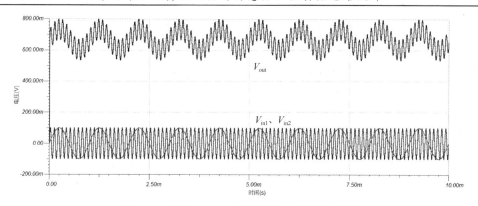

图 4-11　基于 OPA140 的同相加法器仿真结果

## 5. 差分放大电路

在模拟电路设计中,许多情况下需要使用放大电路对两个电压节点的差分电压进行测量,而不需要关注其共模电压,那么便可以使用差分放大电路来实现。本质上,差分放大电路也可以被称为减法电路,即其输出是两个输入端的电压之差的形式。

如图 4-12 所示为基于 OPA140 的差分放大电路。

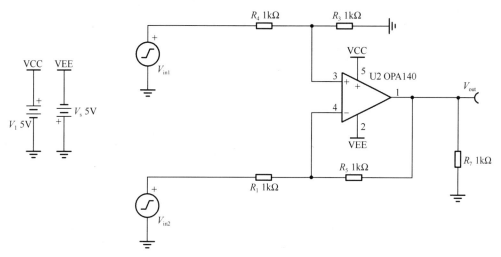

图 4-12　基于 OPA140 的差分放大电路

在图 4-12 中,OPA140 使用 ±5V 电源供电,电路的负载为 1kΩ 电阻。差分输入有两个,其中 $V_{in1}$ 为 1kHz、峰值为 1V、无直流偏置的正弦波;$V_{in2}$ 为 1kHz、峰值为 0.7V、无直流偏置的正弦波。在差分放大电路中,为了计算简便,一般取 $R_1 = R_4$、$R_3 = R_5$。

对图 4-12 所示电路进行"虚短"和"虚断"分析之后,可以得到输出电压 $V_{out}$ 的表达式为

$$V_{out} = \left(\frac{R_3}{R_4}\right)(V_{in1} - V_{in2}) = V_{in1} - V_{in2} \tag{4-11}$$

由式(4-11)可知,当电路中电阻取值满足 $R_1 = R_4$、$R_3 = R_5$ 时,差分放大电路的计算会变得比较简单。同时,如果需要在输出电压上加入直流偏置,也只需要仿照同相加法器电路,将电阻 $R_3$ 右端的接地符号变为某一个直流偏置电压值即可。对于差分放大电路而言,其增益

也是可以通过调整电阻 $R_1$ 和 $R_3$ 的比值进行调节的，理论放大倍数可以从零到无穷大，电路功能非常灵活。

对于差分电路而言，其本质上可以看作一个减法电路，同时还可以对电路做进一步的更改，使其成为多项的加减法电路，使用起来非常灵活。

根据差分电路的定义，在使用差分放大电路时需要尽量满足对称的原则，才能保证差分放大电路的共模抑制比非常大，因此在实际电路中，可以通过使用高精度电阻的方式保证运算放大器两个输入端的电阻一致，从而提高差分放大电路的性能。

对图 4-12 所示电路进行时长为 10ms、初始状态为 0 的瞬态仿真，得到如图 4-13 所示的仿真结果。

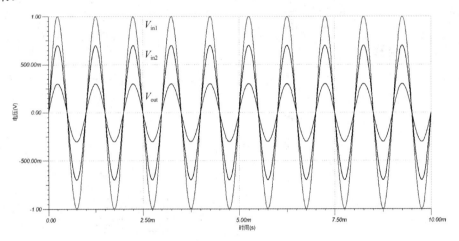

图 4-13　基于 OPA140 的差分放大电路仿真结果

如图 4-13 所示，输出信号 $V_{out}$ 与两个输入信号同频同相，且输出信号 $V_{out}$ 的峰值为 0.3V，是两个输入信号 $V_{in1}$（1V）和 $V_{in2}$（0.7V）的峰值差值。因此仿真结果与理论计算一致，从而验证了差分放大电路的功能。

### 6. 反相积分器电路

在大学生电子设计竞赛中，有时候需要对信号进行积分运算，积分电路可以用无源 $R$、$C$ 元件搭建，也可以使用运算放大器搭建有源积分电路来实现。积分电路不仅可以实现波形的变换（如将方波变为三角波），也可以用来对正弦信号进行移相（正弦信号转换为余弦信号等）。通常有源积分电路使用的是反相比例放大器的结构。

如图 4-14 所示为基于 OPA140 的反相积分器电路。OPA140 使用±5V 进行供电，负载为 1kΩ 电阻。其中，$C_2$ 为输出隔直电容，可以使输出信号不包含直流分量以便于测量。输入信号为 1kHz、峰值为 1V、无直流偏置的方波信号。

相对传统的积分电路而言，图 4-14 中在积分电容 $C_1$ 两端并联了一个 1MΩ 的电阻，该电阻的作用是，避免在实际情况中因输入信号中包含的极小直流分量而引起积分电容被充电，最终导致运算放大器饱和的问题。只是在实际电路中均需要添加这个电阻，否则，即使输入信号包含极小的直流发分量，也会随着时间的积累导致运算放大器饱和。该电阻的取值一般需要保证远大于 $R_4$ 的阻值。

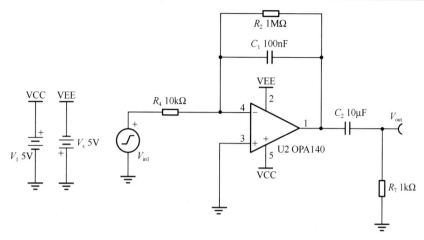

图 4-14　基于 OPA140 的反相积分器电路

对于图 4-14 所示的积分器电路，因为输入端为方波，经过积分之后，理想情况会在电路的输出端得到一个三角波信号。

对图 4-14 所示电路进行初始状态为 0 的瞬态仿真，得到如图 4-15 所示的仿真结果，因为电路中的电容初始电压为 0V，因此需要一段时间对其充电从而使电路达到稳态，这里是电路到达稳态之后的波形（51.00～55.00ms 时间段）。

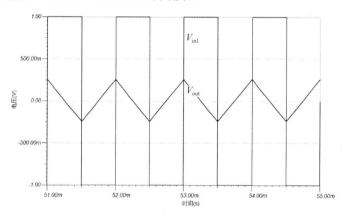

图 4-15　基于 OPA140 的反相积分器电路仿真结果

如图 4-15 所示，当输入信号是峰值为 1V 的方波信号时，积分电路的输出信号是一个三角波，与前面的理论分析相一致，证明了该积分器电路工作状态正常。

对于积分器电路而言，积分元件 $R_4$ 和 $C_1$ 的选择比较重要。首先需要满足在输入信号的频率范围附近调整 $R$、$C$ 的值，使得积分电路的增益满足一定条件，最终使输出信号的幅度满足要求。

### 7. 反相微分器电路

在大学生电子设计竞赛中，有时候需要对信号进行微分运算，微分电路可以用无源 RC 器件搭建，也可以使用运算放大器搭建有源微分电路来实现。微分电路不仅可以实现波形的变换（如将三角波变方波），也可以对余弦信号进行移相（余弦信号转换为正弦信号等）。通常有源微分电路使用的是反相比例放大器的结构。

如图 4-16 所示为基于 OPA140 的反相微分器电路。

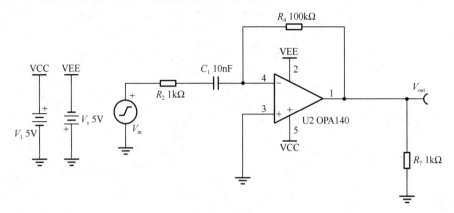

图 4-16　基于 OPA140 的反相微分器电路

如图 4-16 所示，OPA140 使用±5V 进行供电，负载为 1kΩ 电阻。其中，$C_2$ 为输出隔直电容，可以使输出信号不包含直流分量以便于测量。输入信号是 1kHz、峰值为 1V、无直流偏置的三角信号。

相对传统的微分电路而言，图 4-16 中在微分电容 $C_1$ 左端串联了一个 1kΩ 的电阻，该电阻的作用是，避免微分电路在处理高频信号时，电容 $C_1$ 阻抗接近于 0 时微分电路增益无穷大，导致运算放大器饱和的问题。加入电阻 $R_2$ 之后，微分电路的最大增益被限制在 100 倍，当有非常高频的干扰产生在输入端时，可以产生一定的抑制作用，从而对微分电路的输出进行稳定。通常情况下，电阻 $R_2$ 的取值应远小于 $R_4$ 的阻值。

对于图 4-16 所示的微分器电路，因为输入端为三角波，经过微分之后，理想情况会在电路的输出端得到一个方波信号。

对图 4-16 所示电路进行时长为 10ms、初始状态为 0 的瞬态仿真，得到如图 4-17 所示的仿真结果。

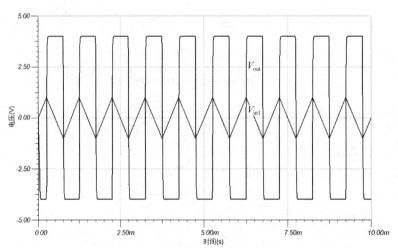

图 4-17　基于 OPA140 的反相积分器电路仿真结果

如图 4-17 所示，当输入信号是峰值为 1V 的三角波信号时，积分电路的输出信号是一个方波信号，与前面的理论分析相一致，证明了该微分器电路工作状态正常。

对于微分器电路而言，微分元件 $R_4$ 和 $C_1$ 的选择比较重要。首先需要满足在输入信号的频率范围附近调整 $R$、$C$ 的值，使得微分电路的增益满足一定条件，最终使输出信号的幅度满足要求。同时应当注意，在实际电路中，电阻 $R_2$ 是非常重要的，如果没有在电路中加入电阻 $R_2$，轻则微分电路的输出包含高频噪声，重则微分电路的输出波形非常杂乱。

### 8. 比较器电路

有一种特殊的运算放大器称为比较器。比较器本质上也可以看作一个开环增益无穷大的运算放大器，比较器基本上没有线性区，所以比较器只能工作在饱和状态，只能输出高电平或低电平。比较器无法搭建负反馈闭环系统，所以比较器芯片不能当作运算放大器来使用。

那么普通的运算放大器芯片能否被当作比较器使用呢？这就需要对它们的参数进行分析。一般而言，比较器相较运算放大器而言，其压摆率非常高，有些比较器在数纳秒的时间内就可以完成电平翻转，这是普通的运算放大器所无法实现的。另外，有一部分比较器芯片的输出级具有开漏输出的能力，可以通过连接合适的上拉电阻将比较器的高电平输出限定在所需要的值，而运算放大器的输出级为推挽结构。最重要的一点是，当电路的负载是容性负载时，运算放大器可能无法正常工作，而大多数比较器的负载可以是容性负载。因此，在某些情况下可以使用运算放大器代替比较器，但是在某些高速或特定场合下不能使用运算放大器代替比较器工作。总体而言，不建议读者使用运算放大器代替比较器，无论是从成本还是从性能方面，使用专门的比较器芯片都更为合适。

在大学生电子设计竞赛中，有很多种比较器芯片可供选择，这里推荐一款通用且常用的比较器芯——LM393，其内部集成了两个独立的比较器电路。

LM393 芯片的主要特性如下。

- 最大供电范围可以高达 38V；
- ESD 等级（HBM）：2kV；
- 低输入失调电压：0.37mV；
- 低输入偏置电流：3.5nA；
- 低供电电流：每通道 200μA；
- 1μs 的快速响应时间；
- 共模输入电压可以低至 GND 电压；
- 差分输入电压范围等于供电电源电压，最大为 ±38V；

由 LM393 芯片的特性可以看出，LM393 的性能一般，响应时间需要 1μs，因此 LM393 是一款低成本的通用型比较器，在一般的电路中可以正常使用，但是如果对比较器的性能有较高要求，则可以选用更高性能的芯片（如 TLV3501 等）。在一般的电路设计中，LM393 芯片完全可以胜任。

如图 4-18 所示为 LM393 芯片（LM2903X 芯片与 LM393 芯片性能一致）的两种输入形式的应用电路。LM393 芯片的使用方法非常简单，仅需在比较器的开漏输出端连接上拉电阻即可实现比较器的功能，在 LM393 的输入端连接两个电平即可实现对输入信号的比较。

经典的比较器电路纵然可以完成大部分设计，但是当输入信号包含较大噪声时，经典的比较器电路的输出可能会比较杂乱，特别是在比较器的两个输入端电平基本相等的情况下，可能会因为附加的噪声导致比较器电路的输出频繁转换输出电平值，这是设计中不愿意得到的结果。例如，图 4-19 反映了当比较器的输入信号中包含大量噪声干扰时比较器的输出信号。

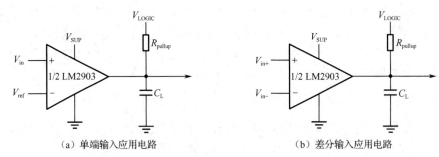

（a）单端输入应用电路　　　　　　　　　　（b）差分输入应用电路

图 4-18　基于 LM393/LM2903 的比较器应用电路

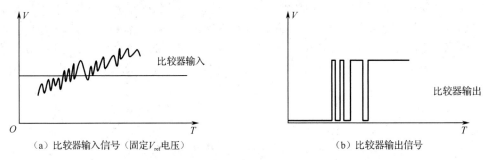

（a）比较器输入信号（固定 $V_{ref}$ 电压）　　　　　　　（b）比较器输出信号

图 4-19　当输入信号中包含大量噪声时比较器动作示意图

　　如图 4-19 所示，当输入信号中有较大干扰时，比较器会在输入信号接近参考信号 ref 时发生一些不希望看到的振荡。这是单门限比较器电路面临的问题。

　　那么该如何解决这个问题呢？答案就是使用迟滞比较器电路。

　　如图 4-20 所示为基于 LM393 的迟滞比较器与单门限比较器效果对比电路。

　　如图 4-20 所示，该对比电路由 3 部分组成。左边为带噪声的正弦信号生成电路，其电路是基于 OPA140 的加法器电路，使用了 3 项信号进行叠加，输入的 3 个信号参数分别如下：VG1 为 1kHz、2$V_{PP}$、无直流偏置的正弦波；VG2 为 20kHz、0.5$V_{PP}$、无直流偏置的正弦波；VG3 为一个 3V 的直流电平，通过加法器叠加并进行比例运算之后得到了一个包含噪声的正弦叠加信号 $V_{in}$，作为后级两种比较器电路的输入信号。

　　右下部分是传统的单门限比较器电路，比较器的阈值为 2.5V 直流电压，其输出端负载为 1kΩ 电阻和 10nF 电容的串联结构，并且使用了一个 1kΩ 电阻上拉至 $V_{CC}$。单门限比较器的输出信号为 $V_{out2}$。

　　右上部分是搭建的迟滞比较器电路。该电路中仅加入了一个正反馈电阻 $R_4$，将输出信号反馈至比较器的同相输入端。电路原理如下：当同相输入端电压大幅度低于反相输入端电压时，比较器输出 0V，此时由于正反馈电阻的存在，使得比较器的同相输入端电压更低；当比较器的同相输入端电压远大于反相输入端的电压时，比较器输出 VCC 电压，此时由于正反馈电阻的存在，使得运算放大器的同相输入端电压更高；当同相输入端电压接近反相输入端电压时，由于正反馈电阻的存在，使得电路出现迟滞效应，从而避免了在切换附近状态输出电压来回切换的问题。迟滞比较器也称为窗口比较器或史密斯触发器。

　　使用迟滞比较器，可以非常轻松地解决当输入信号中存在较大干扰噪声时的比较器电路设计，从而避免比较器的输出在切换附近状态来回跳变的问题，可以提高比较器电路的稳定性。

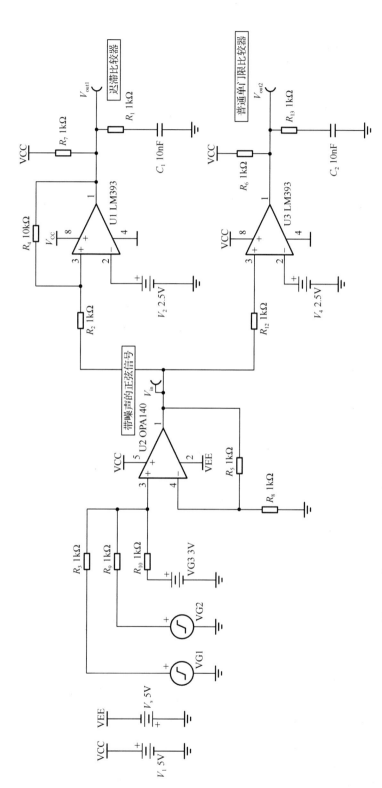

图4-20 基于LM393的迟滞比较器与单门限比较器效果对比电路

在迟滞比较器电路中，较为重要的是正反馈电阻 $R_4$ 和输入电阻 $R_2$ 的取值，一般情况下，需要计算运算放大器输出高、低电平两个状态下正反馈对输入信号带来的影响，从而确定这两个电阻的比值。通常情况下，如果不要求计算，取正反馈电阻 $R_4$ 的值远大于输入电阻 $R_2$ 的值即可，当电路的工作状态不理想时，可以适当减小电阻 $R_4$ 的值。但是应当注意，迟滞比较器同样存在缺点，即迟滞比较器会影响比较器的阈值电平精度，这一点在使用迟滞比较器电路时应当格外注意，需要根据这一特点适当地权衡两个电阻的比值。

对图 4-20 所示电路进行时长为 10ms、初始状态为 0 的瞬态仿真，得到如图 4-21 所示的仿真结果。

如图 4-21 所示，$V_{in}$ 信号表示带有较大高频噪声的正弦信号，可以看出该信号在 2.5V 比较电平阈值处有波动。将 $V_{in}$ 信号送往传统的单门限比较器，得到图中 $V_{out2}$ 输出信号，显然，在 $V_{out2}$ 信号中，在比较器的高低电平切换附近有许多因为输入信号 $V_{in}$ 中的高频噪声而导致的电平跳变杂波，这些杂波是设计者不愿意看到的。那么将 $V_{in}$ 信号送往迟滞比较器得到输出信号 $V_{out1}$，此时可以看到输出信号为纯净的方波信号，在电平切换附近并没有出现跳变杂波。由此可以看出迟滞比较器的优点。

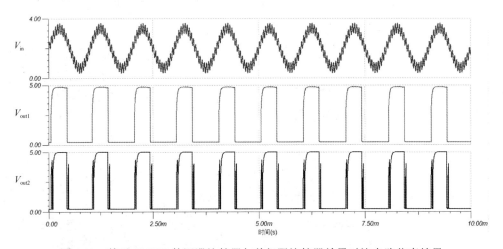

图 4-21　基于 LM393 的迟滞比较器与单门限比较器效果对比电路仿真结果

### 9. 运放的单电源工作电路

在电路设计中，往往只提供单一的主电源对系统进行供电，通常情况下，电路中不会提供负电源轨。而运算放大器在工作时，有一部分运算放大器要求供电电源是正负电源供电，而负电源的产生可能会使设计者比较为难。当然，有很多种负压产生电路，如电荷泵电路、BUCK-BOOST 电路、CUK 电路等均可产生负压，但是显然这些电路会加大设计的复杂性。那么还有其他解决办法吗？这里介绍两种方法：采用单电源供电的运算放大器芯片，或使用直流偏置。

什么是单电源供电的运算放大器？什么是双电源供电的运算放大器？是哪一项指标决定了运算放大器芯片是否可以工作在单电源电路中？下面将对这些问题进行解答。

运算放大器芯片的数据手册中有一个非常重要又常被忽略的参数，那就是"共模输入电压范围"参数，正是这个参数决定了运算放大器芯片能否在单电源供电的情况下正常工作。

下面以可以单电源供电的运算放大器 LM358 和以双电源供电的运算放大器 NE5532 两种

常见芯片为例，对运算放大器的共模输入电压范围参数进行详细介绍。

如图 4-22 所示为 LM358 芯片的数据手册中的电气参数截图。

$V_S$ = (V+) − (V−) = 5 V - 36 V (±2.5 V - ±18 V), $T_A$ = 25℃, $V_{CM}$ = $V_{OUT}$ = $V_S$/2, $R_L$ = 10k connected to $V_S$/2 (unless otherwise noted)

| PARAMETER | | TEST CONDITIONS | | MIN | TYP | MAX | UNIT |
|---|---|---|---|---|---|---|---|
| **OFFSET VOLTAGE** | | | | | | | |
| $V_{OS}$ | Input offset voltage | LM358B | | | ±0.3 | ±3.0 | mV |
| | | | $T_A$ = −40℃ to +85℃ | | | ±4 | mV |
| | | LM358BA | | | | ±2.0 | mV |
| | | | $T_A$ = −40℃ to +85℃ | | | ±2.5 | mV |
| $dV_{OS}/d_T$ | Input offset voltage drift | | $T_A$ = −40℃ to +85℃[1] | | ±3.5 | 11 | µV/℃ |
| PSRR | Power Supply Rejection Ratio | | | | ±2 | 15 | µV/V |
| | Channel separation, dc | f = 1 kHz to 20 kHz | | | ±1 | | µV/V |
| **INPUT VOLTAGE RANGE** | | | | | | | |
| $V_{CM}$ | Common-mode voltage range | $V_S$ = 3 to 36 V | | (V−) | | (V+) − 1.5 | V |
| | | $V_S$ = 5 to 36 V | $T_A$ = −40℃ to +85℃ | (V−) | | (V+) − 2 | V |
| CMRR | Common-mode rejection ratio | (V−)≤$V_{CM}$≤(V+) − 1.5 V | $V_S$ = 3 to 36 V | | 20 | 100 | µV/V |
| | | (V−)≤$V_{CM}$≤(V+) − 2.0 V | $V_S$ = 5 to 36 V | $T_A$ = −40℃ to +85℃ | 25 | 316 | µV/V |

图 4-22　LM358 芯片的数据手册中的电气参数截图

如图 4-22 所示，LM358 芯片在 3~36V 供电时，其共模输入电压最小值可达到 V−，即在单电源供电时最低共模输入电压可以低至 GND，因此使用单电源对 LM358 供电时，芯片可以正常工作。这也是 LM358 被称为单电源供电运算放大器的原因。

如图 4-23 所示为 NE5532 芯片的数据手册中的电气参数截图。

$V_{CC±}$ = ±15 V, $T_A$ = 25℃ (unless otherwise noted)

| PARAMETER | | TEST CONDITIONS[1] | | MIN | TYP | MAX | UNIT |
|---|---|---|---|---|---|---|---|
| $V_{IO}$ | Input offset voltage | $V_O$ = 0 | $T_A$ = 25℃ | | 0.5 | 4 | mV |
| | | | $T_A$ = Full range[2] | | | 5 | |
| $I_{IO}$ | Input offset current | $T_A$ = 25℃ | | | 10 | 150 | nA |
| | | $T_A$ = Full range[2] | | | | 200 | |
| $I_{IB}$ | Input bias current | $T_A$ = 25℃ | | | 200 | 800 | nA |
| | | $T_A$ = Full range[2] | | | | 1000 | |
| $V_{ICR}$ | Common-mode input-voltage range | | | ±12 | ±13 | | V |
| $V_{OPP}$ | Maximum peak-to-peak output-voltage swing | $R_L$≥600 Ω, $V_{CC±}$ = ±15 V | | 24 | 26 | | V |
| $A_{VD}$ | Large-signal differential-voltage amplification | $R_L$≥600 Ω, $V_O$ = ±10 V | $T_A$ = 25℃ | 15 | 50 | | V/mV |
| | | | $T_A$ = Full range[2] | 10 | | | |
| | | $R_L$≥2 kΩ, $V_O$±10 V | $T_A$ = 25℃ | 25 | 100 | | |
| | | | $T_A$ = Full range[2] | 15 | | | |
| $A_{vd}$ | Small-signal differential-voltage amplification | f = 10 kHz | | | 2.2 | | V/mV |
| $B_{OM}$ | Maximum output-swing bandwidth | $R_L$ = 600 Ω, $V_O$ = ±10 V | | | 140 | | kHz |
| $B_1$ | Unity-gain bandwidth | $R_L$ = 600 Ω, $C_L$ = 100 pF | | | 10 | | MHz |
| $r_i$ | Input resistance | | | 30 | 300 | | kΩ |
| $z_o$ | Output impedance | $A_{VD}$ = 30 dB, $R_L$ = 600 Ω, f = 10 kHz | | | 0.3 | | Ω |
| CMRR | Common-mode rejection ratio | $V_{IC}$ = $V_{ICR}$ min | | 70 | 100 | | dB |

图 4-23　NE5532 芯片的数据手册中的电气参数截图

如图 4-23 所示，对于 NE5532 芯片，如果使用±15V 进行供电，其最低共模输入电压为 −13V，即相比负电源轨（−15V）要高 2V。这也就意味着，如果强行使用单电源对 NE5532 芯片供电，当输入信号较小时（如输入共模电压小于 2V），运算放大器的内部电路将无法满足合适的偏置条件，从而导致运算放大器无法正常工作。这也就是为什么称 NE5532 是双电源供电运算放大器的原因。

由上面的例子可知，在选用运算放大器时，应当注意其共模输入电压范围的参数是否满足设计的要求。因此，建议读者选用一些新型号运算放大器，特别是输入和输出都具有轨至轨特性的运算放大器芯片，使用这种轨至轨输入和输出的运算放大器芯片有助于规避很多设计问题，简化应用设计。

第二种方法就是对输入信号进行合适的直流偏置。同理，根据前文的描述，NE5532 芯片不能用于单电源供电的电路中，原因就是该芯片不能在单电源供电下对小于 2V 的共模输入信号进行处理。然而，可以对输入信号进行合适的直流偏置，将输入信号提高到 2V 甚至更高的时候，电路也能正常工作。这也就是第二种解决方案的原理，当然，这种处理方法一般只适用于交流输入信号，因为对直流输入信号再叠加直流偏置，可能需要额外的加法器；而对于交流信号，使用电容隔离之后直接进行直流偏置即可，并且其输出信号也可以直接使用电容隔直之后进行输出。

下面使用 NE5534 芯片（因仿真软件库中没有 NE5532 元件，这里使用 NE5534 作为替代，NE5534 与 NE5532 芯片的参数基本完全一致）搭建了单电源供电的同相比例放大器，如图 4-24 所示。

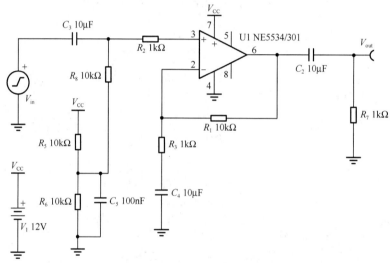

图 4-24　基于 NE5534 的单电源同相比例放大器电路

如图 4-24 所示，运算放大器使用单电源 12V 供电，输入信号 $V_{in}$ 为 1kHz、峰值电压为 0.1V、无直流偏置的正弦波信号。使用电容 $C_3$ 对输入信号进行隔离，电阻 $R_5$ 和 $R_6$ 对 $V_{CC}$ 进行分压，从而得到 $V_{CC}/2$ 直流电压值，电容 $C_5$ 对分压进行稳压，使用电阻 $R_8$ 将输入信号加入一个带有 $V_{CC}/2$ 的直流偏置，此时电阻 $R_2$ 左端的电压便为 1kHz、峰值电压为 0.1V、带有 $V_{CC}/2$ 直流偏置的正弦波信号，这样便满足了 NE5534 芯片的共模输入电压范围的参数，使其能够正常工作。

电路的主拓扑为同相比例放大电路，可以计算得到电路的放大倍数为 11 倍。

电容 $C_4$ 的作用是隔离直流分量，从而使电路仅对交流信号进行放大，对直流信号的增益很小（接近于 2 倍）。最终的输出端电容 $C_2$ 为输出隔直电容，使用电容 $C_2$ 将运算放大器的输出信号中的直流分量去除，因此在最终的负载电阻 $R_7$ 上面将会是一个无直流分量的被放大11 倍的正弦信号。

使用 TINA-TI 软件对电路进行瞬态仿真，设置仿真初始状态为 0，并选取了仿真达到稳态之后的波形，如图 4-25 所示。

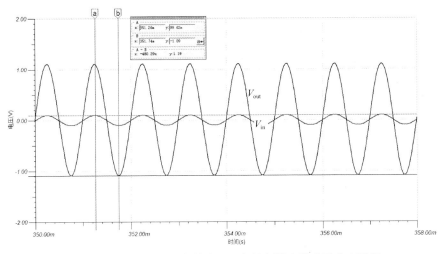

图 4-25　基于 NE5534 的单电源同相比例放大器电路仿真结果

如图 4-25 所示，输入信号 $V_{in}$ 的峰值为 99.62mV，输出电压 $V_{out}$ 的峰值为 1.09V。所以，该放大电路的放大倍数实测约为 11 倍，与之前的理论计算结果相一致。

通过电路仿真可以看出，使用直流偏置的方式也可以将双电源供电的运算放大器用在单电源系统中。读者可通过将运算放大器的双电源工作电路修改为单电源工作来熟练掌握该方法。

## 4.2　特殊放大器电路设计

除了常见的用于信号处理、具有基本功能的运算放大器电路，还有一些不太常用的特殊运算放大器电路，本节将针对一些在大学生电子设计竞赛中常见的特殊运算放大器电路进行介绍。

### 4.2.1　功率放大器电路

普通运算放大器因其输出电流及散热的局限性，仅能在信号处理电路中使用，不能使用普通的运算放大器芯片输出较大的电流。但是在一些场合，设计者期望所使用的运算放大器能够提供较大的电流，那么本节将提供两种方案来实现功率放大器电路。

#### 1．基于功率型运算放大器搭建功率放大器电路

为了便于用户使用，一些半导体厂商推出了具有大电流输出能力的功率型运算放大器（简称功率运放），以 TI 公司生产的 OPA564 功率运放为例，OPA564 具有以下特性。

- 最大电流输出能力：最大 1.5A 电流输出能力；
- 宽供电范围：单电源+7～+24V，双电源±3.5～±12V；
- 较大的输出摆幅：20$V_{PP}$，1.5A 输出；
- 集成保护功能：过热保护，并且可以设置限流；
- 错误指示功能：过流故障或过热故障；
- 具有输出使能控制引脚；
- 高速：增益带宽积可达 17MHz，压摆率可达 40V/μs；

由于 OPA564 最大支持 1.5A 的输出电流，且带宽较高，因此非常适合应用于音频功率放大器、电机驱动电路、线性电源等电路。OPA564 完善的保护、监控、控制逻辑也给用户提

供了很强的灵活性。

由于 OPA564 在输出较大电流时会面临发热问题，因此 OPA564 的芯片封装是为了散热而考虑的，有底部散热和顶部散热两种封装形式。

如图 4-26 所示为 OPA564 芯片的顶部散热封装实物图及引脚示意图。

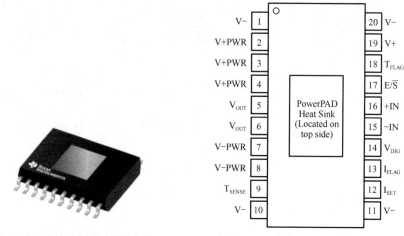

（a）OPA564 芯片顶部散热封装实物图　　　　（b）OPA564 芯片（HSOP-20 封装）引脚图

图 4-26　OPA564 芯片的顶部散热封装实物图及引脚示意图

如图 4-26 所示，对于这种散热封装形式，用户可以在芯片的上方额外添加散热器以将芯片产生的热量及时耗散掉，从而避免芯片发送过热故障。因此，对于这类功率器件，在电路设计过程中需要额外对散热系统进行处理。

那么 OPA564 功率运放应该如何使用呢？下面借助一个 TINA-TI 的仿真实例进行分析。

如图 4-27 所示为基于 OPA564 的反相比例功率放大器电路。

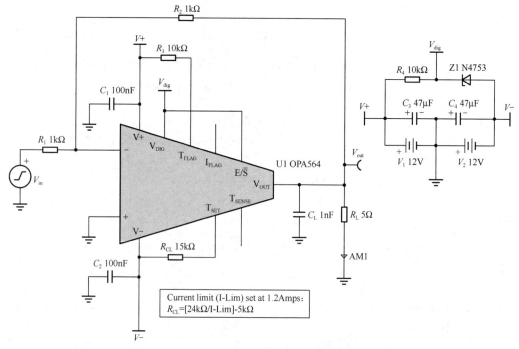

图 4-27　基于 OPA564 的反相比例功率放大器电路

如图 4-27 所示，OPA564 芯片使用±12V 电压供电，信号输入端为 $V_{in}$，输入信号为 1kHz、5$V_{PP}$ 无直流偏置的正弦信号。反相比例放大电路的倍数为-1 倍，即输出的电压信号应该也是 1kHz、峰值为 5V 的正弦波。电路的负载电阻为 5Ω，根据欧姆定律，电路的输出电流应该为 1kHz、电流峰值为 1A 的正弦电流。

其中，电路中使用了一个 15kΩ 电阻 $R_{CL}$ 将 OPA564 的输出电流最大值限制在了 1.2A，同时可以从 OPA564 芯片的 $T_{SENSE}$ 引脚测量此时芯片的温度。感兴趣的读者可以自行查阅 OPA564 芯片的数据手册，查看其余引脚的作用。OPA564 芯片提供的这些引脚使功率电路设计难度大大降低。

如图 4-28 所示为基于 OPA564 的反相比例功率放大器电路仿真波形图。仿真方式为瞬态仿真，仿真时长为 3ms，仿真软件自动计算初始工作状态。

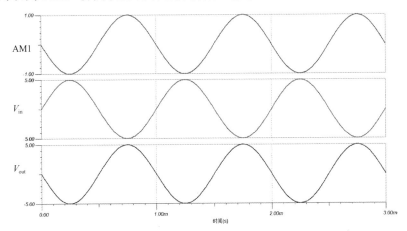

图 4-28　基于 OPA564 的反相比例功率放大器电路仿真波形图

如图 4-28 所示，电路的输出电压 $V_{out}$ 与输入电压 $V_{in}$ 同频反相，幅值相等，并且流过负载电阻的电流峰值约为 1A，功率运放电路工作正常。

### 2. 使用三极管扩流实现功率放大器电路

除了使用现成的功率运算放大器，设计者还可以使用三极管搭建功率放大器电路来对运算放大器的输出进行扩流。

如图 4-29 所示为基于功率三极管的乙类和甲乙类功率放大器电路对比原理图。

图 4-29 展示了两种常用的基于三极管搭建的功率放大器电路，即可以使用这两种电路对运算放大器的输出进行扩流，实现功率输出。

首先，电路使用±12V 双电源进行供电，电路的左边是一个基于 OPA140 的同相比例放大电路，电路的输入信号为 1kHz、峰值为 3V、不含直流偏置的正弦波信号，同相比例放大器的放大倍数为 2 倍，所以 V_signal 信号是一个 1kHz、峰值为 6V 的正弦波信号。

电路的右边是要设计的两个三极管功放电路。其中，电路的右上方是一个基于功率三极管的乙类推挽功率放大器电路。$T_1$ 和 $T_2$ 是一对互补的功率三极管，电容 $C_1$ 是输出的隔直电容，电路的负载为 10Ω 电阻。因为乙类放大器中的三极管存在一定的导通压降，所以负载上的电压会稍小于 6V，负载电阻上的电流峰值基本约为 500mA。同时当输入信号接近 0V 时，由于两个推挽三极管存在 $V_{BE}$ 压降，输出信号在过零点处两个三极管均未导通，因此会在输出过零点处发生交越失真。

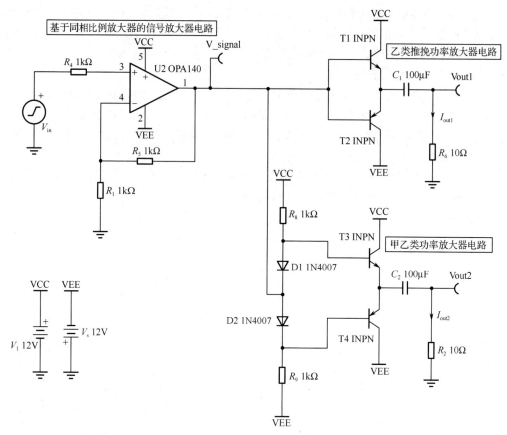

图 4-29 基于功率三极管的乙类和甲乙类功率放大器电路对比原理图

电路的右下方为甲乙类功率放大器电路。为了解决乙类放大器中的交越失真问题，在甲乙类功率放大器电路中加入了两个二极管对两个三极管进行适当偏置，从而使两个三极管在输入信号为零时仍能够微弱导通，从而当输入信号为零时仍然会有正常的输出，所以在甲乙类功率放大器电路中通过调节两个二极管的压降可以基本消除功率放大电路的交越失真。因为甲乙类放大器中的三极管存在一定的导通压降，所以负载上的电压会稍小于 6V，负载电阻上的电流峰值约为 500mA。

如图 4-30 所示为基于功率三极管的乙类和甲乙类功放电路对比电路仿真波形图。仿真方式为瞬态仿真，仿真时长为 10ms，仿真软件自动计算初始工作状态。

如图 4-30 所示，首先看 V_signal 的波形，为 1kHz、约 6V_{PP} 的正弦波，这与之前的理论分析完全一致。

乙类功率放大器的输出电压为 Vout1，电流为 Iout1，可以看到输出电流峰值约为 500mA，并且可以明显看出乙类功放的输出存在交越失真。

甲乙类功率放大器的输出电压为 Vout2，电流为 Iout2，可以看出甲乙类功放的输出电流约为 500mA，并且甲乙类功放的输出无法看出有交越失真现象。

因此，无论使用乙类功率放大器电路还是甲乙类功率放大器电路，均可以对信号进行功率放大。使用三极管搭建功率放大器电路可以对运算放大器的输出进行扩流，从而实现更大的功率输出。但是，应当注意乙类功率放大器存在的交越失真现象。

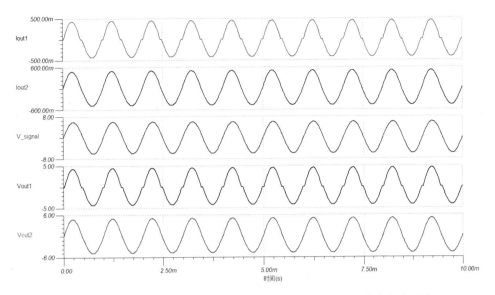

图 4-30　基于功率三极管的乙类和甲乙类功放电路对比电路仿真波形图

## 4.2.2　仪用放大器电路

仪表放大器（又称仪用放大器、精密放大器，Instrumentation Amplifier，INA）是对差分放大器的改良，具有输入缓冲器，不需要输入阻抗匹配，常用于测量或用在电子仪器中。

通常情况下，在精密测量系统中，需要使用运算放大器对传感器产生的微弱电信号进行精密采集放大。然而大部分传感器直接输出信号的输出阻抗可能会随环境状态变化而变化，此时如果使用普通的差分放大电路对传感器信号进行采集，因差分放大电路的输入阻抗有限，导致差分放大电路的增益会随着传感器输出阻抗变化而变化，导致出现较大的测量误差，究其原因就是差分放大电路的输入阻抗过小。

那么该如何增大差分放大电路的输入阻抗呢？最简单的办法就是在差分放电路的两个输入端分别加入一个由运算放大器组成的电压跟随器电路，因为运算放大器的输入阻抗接近于无穷大，所示能够显著提高放大电路的输入阻抗。

而仪用放大器电路正是借鉴了上述方法并稍做改动，具体的三运放仪用放大器电路如图 4-31 所示。

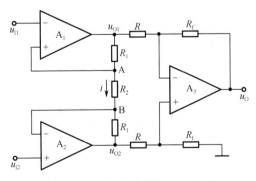

图 4-31　三运放仪用放大器电路

图 4-31 中，差分信号的输入端为 $u_{I1}$ 和 $u_{I2}$，输出端为 $u_O$。对运放 $A_1$ 和 $A_2$ 由"虚短"和"虚断"概念可以得到

$$u_{I1} - u_{I2} = \frac{R_2}{2R_1 + R_2}(u_{O1} - u_{O2}) \tag{4-12}$$

化简式（4-12）可以得到

$$u_{O1} - u_{O2} = \left(1 + \frac{2R_1}{R_2}\right)(u_{I1} - u_{I2}) \tag{4-13}$$

电路的右半部分其实就是一个差分放大电路，可以直接使用其增益公式得到

$$u_O = -\frac{R_f}{R}(u_{O1} - u_{O2}) = -\frac{R_f}{R}\left(1 + \frac{2R_1}{R_2}\right)(u_{I1} - u_{I2}) \tag{4-14}$$

设仪用放大器的输入信号为 $u_{id} = u_{I1} - u_{I2}$，可以得到

$$u_O = -\frac{R_f}{R}\left(1 + \frac{2R_1}{R_2}\right)u_{id} \tag{4-15}$$

如式（4-15）所示，当电路内部的电阻参数确定时，仪用放大器的输出仅与系统的输入信号有关，并且其内部的电阻参数决定了整个仪用放大器的增益。

对于仪用放大器而言，因为信号的输入端有两个运算放大器，所以其输入阻抗非常大；并且仪用放大器的共模抑制比非常大，且随仪用放大器的放大倍数变大而提高。通常，仪用放大器的增益可以达到约 1000 倍，此时的共模抑制比可达到约 120dB。

下面将针对大学生电子设计竞赛介绍一款集成仪用放大器芯片 INA333，使用集成芯片可以更大程度地提高仪用放大器电路的性能。

INA333 芯片是一款低功耗的精密仪用放大器，具有出色的精度。该器件采用通用的三运放电路设计，并且拥有小巧的尺寸和低功耗特性，非常适合各类便携式应用。

在 INA333 电路中，可以通过一个外部电阻将 INA333 的增益设置在 1～1000 内。

INA333 芯片具有如下特性。

- 低偏移电压：增益 $G > 100$ 时，最大值为 25μV；
- 低漂移：增益 $G > 100$ 时，为 25μV/℃；
- 低噪声：增益 $G > 100$ 时，为 $50\,\text{nV}/\sqrt{\text{Hz}}$；
- 高共模抑制比（CMRR）：增益 $G \geq 10$ 时，最小值为 100dB；
- 低输入偏置电流：最大为 200pA；
- 电源供电范围：1.8～5.5V；
- 输入电压范围：（V−）+0.1V 至（V+）−0.1V；
- 输出电压范围：（V−）+0.05V 至（V+）−0.05V；
- 低静态电流：50μA。

如图 4-32 所示为 INA333 芯片的内部原理框图。

图 4-32 中，INA333 芯片内部的原理与前文所述仪用放大器的原理完全相同，并且将电阻 $R_G$ 放在芯片外部可以调节运算放大器的增益，用式（4-15）进行计算得到如下增益表达式：

$$G = 1 + \left(\frac{100\text{k}\Omega}{R_G}\right) \tag{4-16}$$

使用类似 INA333 的集成芯片可以简化电路的设计，并且集成电路的工艺有助于提高器

件的一致性，从而进一步提高共模抑制比，提高电路的性能。

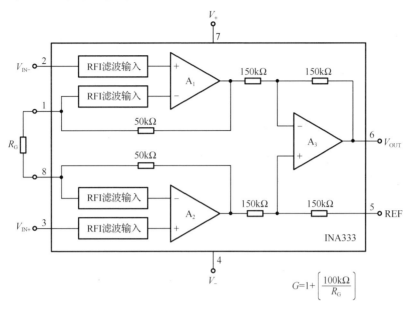

图 4-32 INA333 芯片的内部原理框图

## 4.2.3 可控放大器电路

在大学生电子设计竞赛中，有时需要使用单片机对模拟放大器的增益进行控制，但是运算放大器的增益一般仅与电阻有关，所以想要实现此功能较为麻烦，只能通过模拟开关、模拟乘法器等器件来实现。

为了便于用户方便地对运算放大器电路的增益进行调整，半导体厂商将这些电路成功地集成在了传统的运算放大器芯片内部，目前市面上有着两种运算放大器芯片可以调整增益，分别是 VGA（可变增益放大器）和 PGA（可编程增益放大器）。其中，VGA 芯片一般可以通过调整某个引脚的电压对运算放大器的增益进行调整；PGA 芯片一般是通过数字接口与单片机进行通信，从而使用单片机对运算放大器的增益进行编程控制。

VGA、PGA 二者各有优缺点。例如，对于 VGA 而言，其内部原理一般是使用乘法器来实现可变增益，因此增益变化是连续的，可以随控制电压的变化而变化；缺点是对控制电压的精度要求较高，如果控制电压不稳定，将会导致增益不稳定。对于 PGA 而言，其内部原理一般是使用模拟开关或 MUX 多路开关对运算放大器的增益进行选择，所以增益经过设定之后是非常稳定的，不会出现波动的情况；缺点是增益变化一般不是连续的，可能只能取一些特殊值。读者在选用芯片时，需要根据项目的实际需求进行分析和选择。

### 1. VGA 放大器——VCA821

VCA821 芯片是 TI 公司生产的直流耦合、宽带、线性 dB 连续可调的电压控制增益运算放大器芯片。VCA821 内部包含两个输入缓冲器和一个电流反馈输出运算放大器，并且集成了一个乘法器单元用于对电路的增益进行控制。

VCA821 具有以下特性。

● 710MHz 的小信号带宽（$G = 2$）；

- 320MHz，4V 峰值输出带宽（$G = 10$）；
- 135MHz 时增益平坦度为 0.1dB；
- 压摆率为 2500V/μs；
- 高增益精度：20±0.3dB；
- 较大的输出电流：±90mA。

如图 4-33 所示为 VCA821 芯片的内部原理框图。

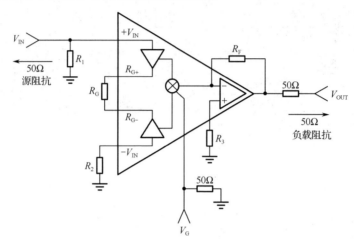

图 4-33　VCA821 芯片的内部原理框图

图 4-33 中，VCA821 可以将差分输入信号转换为单端输出，其中电路的最大增益通过电阻 $R_F$ 和 $R_G$ 进行设置，同时控制电压信号 $V_G$ 连接到内部的乘法器，可用来对运算放大器的增益进行控制。电阻 $R_3$ 可以控制运算放大器的输出偏置电压。因为 VCA821 的带宽较大，用来处理高速信号时需要注意信号传输路径的阻抗匹配问题，图中使用的是 50Ω 电阻进行阻抗匹配，防止高速信号因阻抗不均匀而引起反射。

对于 VCA821 芯片，因为其增益可以随着控制电压变化而连续变化，所以可以将 VCA821 芯片应用于 AGC 电路中实现自动增益控制功能。

### 2. PGA 放大器——PGA103

PGA103 芯片是 TI 公司生产的通用型可编程增益放大器。GPA103 芯片提供了 1 倍、10 倍、100 倍增益选项，控制接口使用两个引脚，其电平可以兼容 CMOS/TTL 电平标准。使用 PGA103 芯片可以极大地提升电路的信号动态范围。

如图 4-34 所示为 PGA103 芯片的基本应用原理图。PGA103 只有 8 个外部连接引脚，使用非常简单。PGA103 芯片只支持单端输入和单端输出的配置，PGA103 使用 $A_0$ 和 $A_1$ 两个引脚对其增益进行编程，根据 $A_0$ 和 $A_1$ 引脚上逻辑电平的不同可以将电路的增益设置为 1 倍、10 倍或 100 倍。其中 $A_0$ 和 $A_1$ 引脚上的电压在 -5.6V 和 0.8V 之间时为逻辑低电平，当电压在 1.2V 到正电源供电电压内判定为逻辑高电平。这种逻辑电平刚好可以兼容大部分单片机的 I/O 口逻辑电平，因此可以使用单片机 I/O 口对 PGA103 芯片进行增益控制。

在采集某种动态范围非常大的电压信号时，如信号电压在 10mV～1V 之间变化，此时便可以使用 PGA103 芯片对信号进行增益控制之后送往单片机的 ADC 进行采集。例如，当信号幅度较小，约为 10mV 时，可以控制 PGA103 对信号进行 100 倍放大从而进行精确采集；当信号电压幅度较大，约为 1V 时，便可以使用 PGA103 芯片的 1 倍增益模式使用 ADC 对信号进行采集。如上所示，使用 PGA 电路可以实现非常大动态的信号采集，并且能保证采样精度。

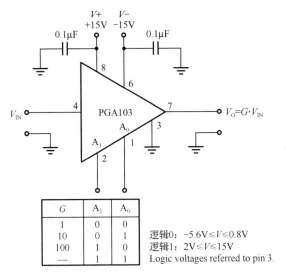

图 4-34  PGA103 芯片的基本应用原理图

VGA 和 PGA 芯片二者各有优势，并且每种 VGA、PGA 芯片都有不同的额外功能，设计者需针根据实际需求进行选择。

## 4.2.4  自动增益控制电路

自动增益控制（AGC）是指使放大电路的增益自动地随信号强度而调整的自动控制方法。实现这种功能的电路称为自动增益控制电路（简称 AGC 电路）。

AGC 有两种控制方式：一种是通过增加 AGC 电压来减小增益，称为正向 AGC；另一种是通过减小 AGC 电压来减小增益，称为反向 AGC。正向 AGC 控制能力强，所需控制功率大，被控放大级的工作点变动范围大，放大器两端阻抗变化也大；反向 AGC 所需控制功率小，控制范围也小。

AGC 在实际中的应用非常广泛，例如，在音频功率放大器系统或麦克风扬声系统中，有时音源的幅度大小变化非常大，如在使用麦克风时传感器接收到的声音会随着人离麦克风的距离变化而变化，从而有可能导致声音忽大忽小，此时可以通过 AGC 控制在传感器接收到不同幅值信号时使用不同的增益，从而使扬声器输出的声音维持在合适的水平。再如，在麦克风音频系统中，如果麦克风离扬声器过近，则会出现"自激"现象，此时扬声器会出现啸叫，那么也可以通过加入 AGC 电路使扬声器的输出幅度大致稳定在一个合适的水平。因此 AGC 电路广泛用于各种接收机、录音机和测量仪器中，常被用来使系统的输出电平保持在一定范围内，因而也称自动电平控制；用于话音放大器或收音机时，称为自动音量控制。

AGC 系统本质上是一个闭环反馈自动控制系统，AGC 电路一般由可变增益运算放大器、采样鉴幅电路、误差放大电路组成。系统中的可控量是运算放大器的增益，系统的反馈量是鉴幅电路的输出信号幅度，系统将由误差放大器控制产生一个控制电平自动对运算放大器的增益进行反馈调节，从而使输出信号的幅度与参考电平相等。

从实现原理上分类,AGC 电路可以分为模拟 AGC 电路和数字 AGC 电路,其中模拟 AGC

电路的实现完全由模拟电路实现；数字 AGC 电路中可以使用 ADC 对输出信号进行采样得到输出信号的幅度信息，并且由数字控制器中的数字环路产生控制信号，对可变增益运算放大器的增益进行反馈控制。一般而言，数字 AGC 电路更加灵活，而模拟 AGC 电路具有高带宽、响应迅速的优点，设计者可以根据实际的需求对控制方式进行选择。

本节将使用前文介绍的 VCA821 芯片搭建模拟 AGC 控制电路，并简要分析其原理。

如图 4-35 所示为基于 VCA821 的 AGC 控制电路仿真原理图。

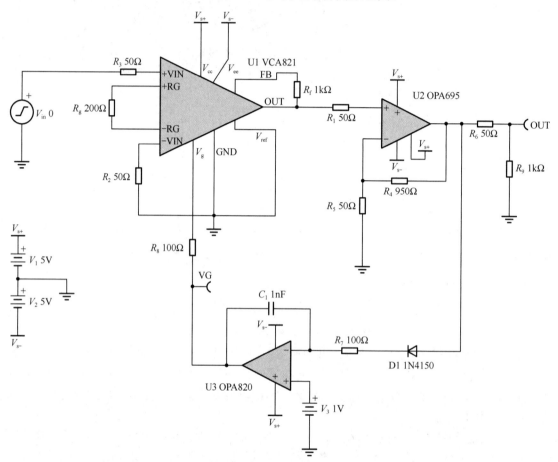

图 4-35　基于 VCA821 的 AGC 控制电路仿真原理图

如图 4-35 所示，AGC 控制器中的可变增益运算放大器为 VCA821 芯片，通过控制 VCA821 芯片的 VG 引脚电压（0~2V）可以控制 VCA821 芯片的增益。其中 OPA695 芯片搭建的同相比例放大电路的作用是给信号一个固定增益，并且充当输出缓冲器。D1 是一个高速二极管，可以将输出的交流信号进行整流，配合由 OPA820 搭建的积分电路可以等效为峰值检波的功能。OPA820 芯片在这里用作误差放大器，使用积分器的形式将二极管整流之后的信号进行低通滤波。OPA820 的同相端连接到参考电压信号，该信号的大小决定 AGC 电路的输出幅度。输出信号经鉴幅电路和误差放大器（积分器）之后输出控制电压信号，对 VCA821 的增益进行控制。

在图 4-35 所示的电路中，应当注意输入信号和输出信号的幅度应与电路的最大、最小增益等参数匹配，通过实际的最大、最小放大倍数对 AGC 的参考电压进行限制，否则可能出现无法完成闭环的问题。

图 4-35 中，输入信号为 10MHz、峰值为 50mV 或 500mV、无直流分量的正弦波。AGC 的参考电平值设计为固定的 1V。

如果 AGC 电路正常工作，那么当输入信号的幅度变化时，无论是 50mV 峰值还是 500mV 峰值，输出信号的幅度将保持恒定，同时在 500mV 峰值输入的状态下，VCA821 的控制信号 VG 的电压会低于输入信号峰值为 50mV 的情况。

对图 4-35 所示的电路使用 TINA-TI 软件进行瞬态仿真，仿真的初始条件为 0，输入信号峰值为 50mV。截取稳态值后的仿真波形如图 4-36 所示。

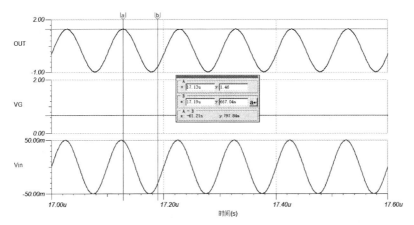

图 4-36    基于 VCA821 的 AGC 控制电路仿真波形图（输入信号峰值为 50mV）

如图 4-36 所示，当输入信号峰值为 50mV 时，VCA821 的增益控制电平 VG 为 667.04mV，此时输出信号的最大值为 1.46V。

为验证 AGC 效果，对图 4-35 所示的电路使用 TINA-TI 软件进行瞬态仿真，仿真的初始条件为 0，输入信号峰值为 500mV。截取稳态值后的仿真波形如图 4-37 所示。

如图 4-37 所示，当输入信号峰值为 500mV 时，VCA821 的增益控制电平 VG 为 429.54mV，此时输出信号的最大值为 1.47V。

从上面的两个仿真结果可以看出，对于图 4-35 所示的 AGC 电路，其 AGC 功能可以实现，即当输入信号的幅度变化时，电路能够自动调节运算放大器的增益从而使得电路的输出幅度基本不变。

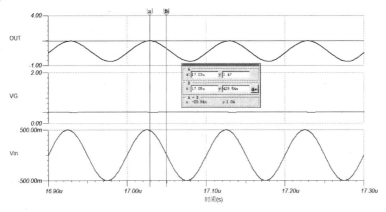

图 4-37    基于 VCA821 的 AGC 控制电路仿真波形图（输入信号峰值为 500mV）

## 4.3    常见的模拟传感器电路

一类传感器需要施加一定的驱动才能工作，并且传感器的输出信号是一个模拟量，这类传感器称为模拟传感器。使用模拟传感器时，需要按照传感器要求搭建传感器的驱动电路。绝大部分模拟传感器以可变电阻的形式工作，即感应到的信号变化会导致传感器内阻的变化。

对模拟传感器的输出进行采集有两种方法，一种是使用 ADC 对模拟传感器输出的模拟电压值直接进行采集；另一种是使用比较器电路将模拟量转换成数字量，这样便可以使用单片机的 I/O 口直接对数字量进行采集判断。本节将介绍一些常用的模拟传感器，并且着重介绍使用比较器对传感器的输出进行采集的电路。

### 4.3.1    红外传感器

红外传感器是一种能够感应目标辐射的红外线，利用红外线的物理性质来进行测量的传感器。按探测机理可分为光子探测器和热探测器。红外传感技术已经在现代科技、国防和工业、农业等领域获得了广泛的应用。

在大学生电子设计竞赛中，一般可以使用红外传感器进行测距或颜色辨别，需要一个红外发射管和红外接收管配合使用。红外发射二极管发射出一定强度的红外光，如果距离红外传感器不远处有物体，物体会对发出的红外光进行反射，此时在接收管上可以感应出一定的电流，根据感应电流的强弱可以大致判断物体的距离。在颜色辨别上，不同颜色对红外光的吸收强度不一样，从而可以根据其反射回来的红外光的多少来区分不同的颜色。

如图 4-38 所示为大学生电子设计竞赛中常用的 TCRT5000 红外对管的实物图和引脚图。

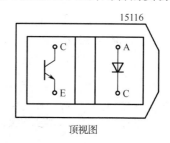

图 4-38    TCRT5000 红外对管的实物图和引脚图

如图 4-38 所示，TCRT5000 内集成了一个红外发光二极管和一个光敏三极管。在红外发光二极管的 A、C 端通上电流即可发出红外光。如果在距离 TCRT5000 不远处有物体，将红外发光二极管发出的红外光反射回来，那么将在 TCRT5000 的光敏三极管上产生一定的光电流，光电流大小随物体的距离远近而不同。

如图 4-39 所示为采用 TCRT5000 红外对管进行测距或黑、白颜色区分的应用电路。

如图 4-39 所示，$U_5$ 为 TCRT5000 红外对管。$V_{DD}$ 电压通过电阻 $R_{17}$ 在 TCRT5000 的红外发光二极管的 A、K 端产生电流，此时 TCRT5000 内部的红外发光二极管将发出红外光。同时，在光敏三极管的 C 极连接一个电阻 $R_{16}$ 到 $V_{DD}$，如果光敏三极管接收到红外光，则会有光电流流经光敏三极管的 CE 接口，此时电阻 $R_{16}$ 上的电压值将会随光电流大小不同而变化。如果没有光电流流过光敏三极管，则比较器 U4A 的同相端电压为 $V_{DD}$ 电压，随着光电流增大，比较器的同相端电压将逐渐下降，此时便可以通过比较器同相端的电压大小来判断物体到红外对管的距离。

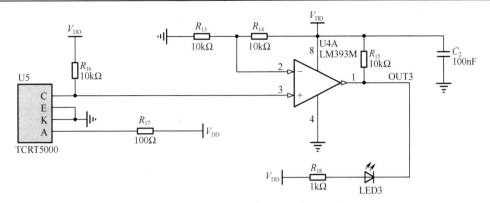

图 4-39　TCRT5000 红外对管应用电路

对于比较器而言，使用一个简单的单门限比较器就可以实现对模拟传感器输出信号的处理功能。其中电阻 $R_{13}$ 和 $R_{14}$ 为分压电阻，将会在比较器的反相端产生一个 $V_{DD}/2$ 的电压值，此电压值表示模拟信号到数字信号转换的阈值，可以根据实际需求进行调节。电阻 $R_{15}$ 是比较器 LM393 的输出上拉电阻。电阻 $R_{18}$ 和 LED3 组成了一个指示电路，可以根据发光二极管 LED3 的亮灭观察比较器的输出状态，也反映了物体到红外对管的距离。

## 4.3.2　气体传感器

气体传感器主要用于检测环境中某种特定气体的浓度。在某些安全系统中，气体传感器是不可或缺的，例如，在家居系统中使用气体传感器，可以检测环境中某些有毒气体的含量或检测可燃气体的浓度，当环境中有害或可燃气体浓度超标时给出一些安全提示。

通常而言，气体传感器的精度不是非常高，因此为了提高检测精度，可在传感器内部集成一些发热装置从而使传感器一直工作在恒温下，以避免温度对传感器精度造成影响。气体传感器的工作原理是基于某些气体会导致某些材料的电参数发生变化，因此对特殊材料的电参数进行测量便可以间接得到气体的浓度参数。大多数气体传感器都是模拟传感器，其输出信号需要进行处理才能被单片机等数字控制器所使用。

如图 4-40 所示为 MQ135 气体传感器外形图及基本测试原理图。

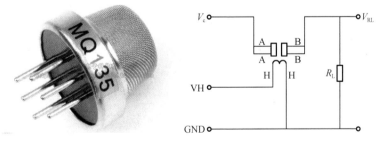

图 4-40　MQ135 气体传感器外形图及基本测试原理图

MQ135 气体传感器是基于半导体材料制造的半导体空气污染传感器。MQ135 气体传感器所使用的气敏材料是清洁空气中电导率较低的二氧化锡（$SnO_2$）。当传感器所处环境中存在污染气体（如氨气、硫化物、苯系气体等）时，传感器的电导率随空气中污染气体浓度的增加而变大。使用简单的转换电路就可以将材料电导率的变化转换为与敏感气体浓度相对应的输出信号。

如图 4-40 所示，当使用 MQ135 传感器时，需要在 VH 引脚上施加电压信号驱动传感器中的电热丝工作，从而营造一个恒温的环境以提高传感器的精度。此时传感器的 A、B 端之间相当于一个电阻，该电阻值随着气体浓度的增加而变小，所以可以在 A、B 端施加一个测试电压 $V_c$，并且使用一个负载电阻 $R_L$ 进行分压，便可以在 $V_{RL}$ 处测量得到此时空气中的气体浓度，$V_{RL}$ 处的电压会随气体浓度的增加而变大。

如图 4-41 所示为 MQ135 气体传感器的实用电路原理图。

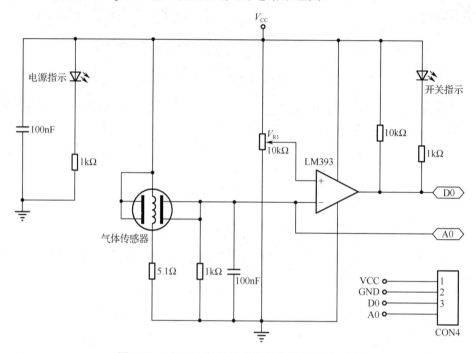

图 4-41　MQ135 气体传感器的实用电路原理图

如图 4-41 所示，电路由 $V_{CC}$ 供电，由一个 LED 作为供电电源的指示。在传感器处使用一个 5.1Ω 的电阻与传感器的发热丝串联，从而给传感器提供一个恒温的环境以提高测量精度。传感器的供电电压也为 $V_{CC}$，负载电阻大小为 1kΩ，并联了一个 100nF 电容对传感器输出的模拟信号进行滤波。

分析图 4-41 右侧的电路可以看出，该电路是一个基于 LM393 的单门限比较器电路，可以通过调节 $V_{R1}$ 的滑动端对比较器的阈值电压进行设置。LM393 的输出上拉电阻为 10kΩ，并且使用了一个二极管作为测量输出结果的开关指示。对于该电路，可以使用 ADC 直接对传感器输出的模拟电压进行采集，也可以使用单片机的数字 I/O 口对 LM393 比较器输出的数字信号进行采集，使用较为方便。

### 4.3.3　压力传感器

在测量系统中，如果需要对压力进行测试，则用到压力传感器。例如，2016 年大学生电子设计竞赛的电子秤题目要求对压力进行测量。

压力传感器是能感受压力信号，并能按照一定的规律将压力信号转换成可用的电信号的器件或装置。压力传感器通常由压力敏感元件和信号处理单元组成。按不同的测试压力类型，压力传感器可分为表压传感器、差压传感器和绝压传感器。

在压力测量方面，简单的做法是使用电阻应变片传感器对压力进行间接测量。

应变片是由敏感栅等构成的用于测量应变的元件。电阻应变片的工作原理基于应变效应，即导体或半导体材料在外界力的作用下产生机械变形时，其电阻值相应地发生变化，这种现象称为应变效应。

使用电阻应变片测量压力的原理如下：将电阻应变片贴在可形变物体上，物体受到压力时会带动电阻应变片一起发生形变，这样电阻应变片里面的金属箔材料就会随着物体伸长或缩短，从而导致金属应变片的阻值发生变化。在实际操作中，仅需要测量电阻应变片阻值的大小便可以间接测量物体所受压力的大小。

如图 4-42 所示为某种电阻应变片的实物外形图。

图 4-42 电阻应变片的实物外形图

对于常见的电阻应变片而言，当电阻应变片发生形变之后，其阻值变化并不是非常明显。例如，应变片不发生形变时的电阻为 120Ω，可能在小形变时只有 0.24Ω 的变化量。因此对于测量电路而言，直接使用电阻分压和单片机的 ADC 直接测量这么小的阻值变化是非常困难的，将会导致非常大的测量误差。

那么该如何对微小的阻值变化进行测量呢？答案就是使用惠斯通电桥电路。

惠斯通电桥是由 4 个电阻组成的电路，因为其电路拓扑非常像在 4 个电阻之间搭了一个桥，所以又称为电桥电路。如图 4-43 所示为惠斯通电桥电路原理图。

如图 4-43 所示，电阻 $R_1$、$R_2$、$R_3$、$R_x$ 组成了惠斯通电桥的 4 个桥臂。使用惠斯通电桥可以测量电阻的相对变化，并可将电阻的相对变化转换成便于测量的电压信号，可以使用单片机的 ADC 对产生的电压信号进行采集，对电阻的变化量

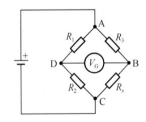

图 4-43 惠斯通电桥电路原理图

进行拟合处理。由于惠斯通电桥电路测量的物理量是电阻值的相对变化量，因此精度非常高。

图 4-43 中，电阻 $R_x$ 是一个可变的待测电阻，在压力测量系统中，可以使用电阻应变片作为电阻 $R_x$，其余 3 个电阻为定值电阻（为了便于调节也可使用电位器代替）。

其中，可以通过设置 3 个定值电阻的阻值，使电阻应变片在初始状态时 B、D 两点的电压 $V_G$ 为 0，即需要满足

$$\frac{R_1}{R_2} = \frac{R_3}{R_x} \tag{4-17}$$

当电阻应变片发送形变之后，$R_x$ 的阻值将会变大，此时 B 点的电压将会高于 D 点的电压，并且随着所受压力增大，B 点电压升高。因此，可以使用单片机的 ADC 对 B、D 点之间的电压进行测量，得到系统中压力的大小。并且，为使测量结果更精确，可以使用一个仪表放大

器芯片对 $V_G$ 电压进行放大，再使用单片机的 ADC 对放大后的信号进行采集。

# 4.4    常见的数字传感器电路

相对模拟传感器而言，数字传感器通过数字通信接口与单片机等数字控制器进行通信，更加稳定可靠。

常见的数字通信接口有 IIC、SPI、UART、并行接口、单总线等。

使用数字传感器时，首要任务便是按照传感器的数字接口要求编写相应的数字通信底层驱动函数，然后通过数字接口对数字传感器的寄存器进行读写操作，具体的读写方式可以参照传感器的使用手册。

本节将对一些常用的数字传感器进行介绍。

## 4.4.1    数字摄像头电路

在大学生电子设计竞赛中，特别是控制类题目中，经常需要使用摄像头实现物体识别、状态监测，因此熟悉一些常用的数字摄像头电路将会对解答控制类题目的读者很大帮助。大学生电子设计竞赛中常用的数字摄像头有 3 种，下面分别介绍这 3 种摄像头的电路。

### 1. 线性 CCD 摄像头电路

CCD 摄像头电路本质上是一种光电采集器件，这里以 TSL1401 传感器为例。它的核心是一片具有 128 像素的线性 CCD，可以直接连接到单片机上进行数据采集和处理。

TSL1401 线性 CCD 具有如下特性：

- 像素为 128×1；
- 400 点/英寸传感器间距；
- 高线性度和均匀分布；
- 宽动态范围 4000∶1（72dB）；
- 输出参考 GND；
- 图像滞后低（典型值 0.5%）；
- 传输时钟最快可达到 8MHz；
- 没有外部负载电阻要求。

如图 4-44 所示为 TSL1401 线性 CCD 实物与芯片引脚定义图。

从图中可以看到，TSL1401 线性 CCD 芯片仅具有 5 个有效连接端口，分别为 SI、CLK、AO、VDD、GND。

其中 VDD 和 GND 接口是 CCD 模块的供电接口，工作范围为 3～5V。SI 为模块的串行输入端口，需要通过单片机 I/O 口控制数据的起始位。CLK 为模块的时钟输入引脚，该引脚需要连接到单片机的 I/O 口，使用单片机对 CCD 模块提供通信时钟。AO 端口是 CCD 模块的信号输出端口，为模拟信号输出，需要连接到单片机的 ADC 端口进行采集。

在使用 CCD 模块时，可以根据实际需要选用不同的 CCD 镜头。

镜头的焦距就是透镜中心到焦点的距离。例如我们在照相时，被照物体与镜头的距离不是一直相等的，给人照相时，想要照全身像就需要离得远一点；照半身像则需要离得近一点。也就是说，在使用镜头时像距总是不固定的，这样如果想要获得清晰的照片就需要随着物距的不同而改变胶片到镜头的距离，这一改变其实就是"调焦"过程。不同的焦距对应着不同的视角大小，焦距越长，视角越小。调焦是为了让物体能够清晰成像，与物体到镜头的距离有关。因此在不同的应用场合，可以选用不同焦距的镜头以便更好地成像及采集数据。

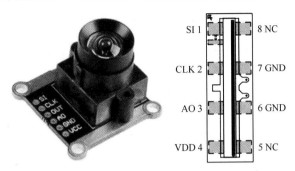

图 4-44　TSL1401 线性 CCD 实物与芯片引脚定义图

由于 CCD 摄像头在采集图像时需要一定的曝光，因此还需要对曝光时间进行适当的配置。TSL1401 由 128 个光电二极管线性阵列组成，照射在光电二极管上光的能量将产生光电流，相关像素点上的有源积分电路对这些光电流进行积分。在积分期间。积分器的输出通过一个模拟开关连接到电容并进行采样。在每个像素点中积累的电荷量与光强度和积分时间成正比。因此，在不同的光强环境中，需要合理配置 CCD 的曝光时间等参数以获得较好的采集效果。

如图 4-45 所示为 TSL1401 线性 CCD 芯片的应用电路图。

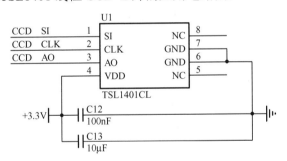

图 4-45　TSL1401 线性 CCD 芯片的应用电路图

从图 4-45 中可知，线性 CCD 传感器 TSL1401 的使用方法非常简单，在对 CCD 进行配置后，只需要由单片机提供一个 CLK 时钟信号便可以使用 ADC 在每一个 CLK 周期内采集 AO 端口输出的模拟信号，连续采集 128 次即为一帧采样。其中每个像素点的 ADC 采样数值代表该像素点的光照强度。

### 2. OV7725 摄像头电路

OV7725 摄像头电路是一款集成了 OmniVision 公司生产的 1/4 英寸的 CMOS VGA（640×480 像素）图像传感器的数字摄像头模块，其主要特性如下。

- 支持 VGA、QVGA，以及从 CIF 到 40×30 分辨率的各种尺寸输出；
- 支持 RawRGB，RGB（GBR4:2:2、RGB565/RGB555/RGB444），YUV（4:2:2）和 YCbCr（4:2:2）输出格式；
- 自动图像控制功能：自动曝光（AEC）、自动白平衡（AWB）、自动消除灯光条纹、自动黑电平校准（ABLC）和自动带通滤波器（ABF）等；

● 支持图像质量控制：色饱和度调节、色调调节、gamma 校准、锐度和镜头校准等；

● 支持图像缩放、平移和窗口设置；

● 标准的 SCCB 接口；

● 高灵敏度、低电压适合嵌入式应用。

如图 4-46 所示为 OV7725 数字摄像头的实物与芯片引脚定义图。

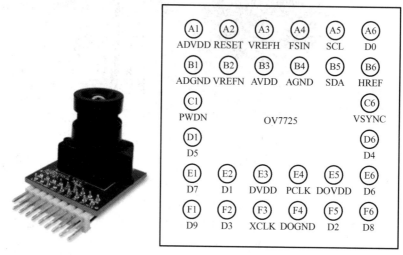

图 4-46　OV7725 数字摄像头的实物与芯片引脚定义图

如图 4-47 所示为 OV7725 数字摄像头应用电路原理图。

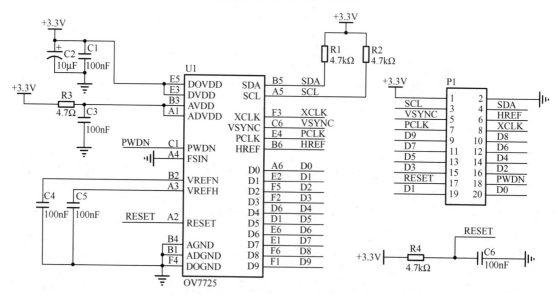

图 4-47　OV7725 数字摄像头应用电路原理图

OV7725 摄像头的应用电路非常简单，除电源部分电路外，其时钟、控制、数据接口电路均可与单片机的 I/O 口直接连接。在配置完数字通信接口之后便可以从 OV7725 数字摄像头电路内部取得采集到的实时图像信息。

### 3. OPENMV 介绍

在大学生电子设计竞赛中，如果使用常规摄像头，则需要自行编写相应的程序对摄像头所获取的图像进行图像处理，然而常用的单片机性能有限，且图像处理算法较为复杂，所以很难使用传统的摄像头来获得较好的图像处理结果。因此出现了集成摄像头驱动甚至部分算法的新型高性能"摄像头"模块，如 OPENMV 等。

OpenMV 是基于 Python 的嵌入式机器视觉模块，成本低，易于拓展，开发环境友好。除了用于图像处理，还可以用 Python（Micro Python）控制其硬件资源以及控制 I/O，与现实世界交互。OpenMV 模块是嵌入式图像处理模块，其摄像头是一款小巧、低功耗、低成本的电路板，可帮助用户轻松地完成常见机器视觉（Machine Vision）任务。

Python 的高级数据结构可以很容易地在机器视觉算法中处理复杂的输出。同时用户仍然可以完全控制 OpenMV，包括 I/O 引脚。因此，用户可以很容易地使用外部终端触发拍摄或执行算法，也可以用算法的结果来控制 I/O 引脚。

OpenMV 作为一个可编程的摄像头，可以极大地缩短简单的图像处理项目的设计时间，只需要对 OPENMV 模块进行编程就可以将图像处理的结果输出给其他处理器进行上层控制逻辑，具有高效、简便的特点。

如图 4-48 所示为 OPENMV 实物图。

目前，OPENMV 的官方版本已更新到第四代，即 OPENMV4 版本，在该版本中已将处理器升级为 ST 公司生产的 STM32H7 系列高性能处理器，其主频可达 480MHz，该处理器的 Core Mark 分数达到了 2400 分，已经超过部分树莓派处理器的 2340 分。因此该处理器的性能非常优越，适合于 OPENMV 的设计。

OPENMV 中已经集成了非常多的图像处理算法，如 CNN 神经网络、Lenet 数字识别、笑脸检测、全局快门、红外热成像、颜色识别、形状识别、矩阵识别、圆形识别、机器人循线、直线识

图 4-48　OPENMV 实物图

别、人脸识别、边缘检测、连通域检测、光流、人眼追踪、模板匹配、特征点追踪、二维码识别、瞳孔检测、条形码识别、矩形码识别、AprilTag 目标追踪、绘图写字、帧差异、录制视频、无线图像传输等。

在大学生电子设计竞赛中，借助于 OPENMV 模块可以在一定程度上帮助学生完成图像处理相关设计。

## 4.4.2　数字电感传感器 LDC1314

LDC1314 是 TI 公司生产的一款用于电感感测解决方案的 4 通道 12 位数字电感转换器。由于具备多通道且支持远程感测，LDC1314 能以较低的成本和功耗实现高性能且可靠的电感感测。此类产品使用简便，仅需要传感器频率处于 1kHz～10MHz 的范围内即可开始工作。由于支持的传感器频率范围（1kHz～10MHz）较宽，因此还支持使用非常小的 PCB 线圈，从而进一步降低感测解决方案的成本和尺寸。

LDC1314 提供匹配良好的通道，可实现差分测量与比率测量。因此，设计人员能够利用一个通道来补偿感测过程中的环境条件和老化条件，如温度、湿度和机械漂移。得益于易用、低功耗、低系统成本等特性，这些产品有助于设计人员大幅提高现有传感器解决方案的性能、

可靠性和灵活性。

LDC1314 具有如下特性：

- 易于使用，配置要求极低；
- 多达 4 个具有匹配传感器驱动器的通道；
- 多个通道支持环境和老化补偿；
- 大于 20cm 的远程传感器位置支持在严苛的环境下运行；
- 支持 1kHz～10MHz 的宽传感器频率范围；
- 2.7～3.6V 工作电压；
- 抗直流磁场和磁体干扰。

如图 4-49 所示为 LDC1312 芯片的工作框图，LDC1312 与 LDC1314 的区别仅为通道数不同，LDC1312 芯片只有 2 个测量通道。

如图 4-49 所示，LDC1312 芯片可以使用内部时钟或使用外部接入的时钟源，因为该芯片对时钟精度要求较高，所以建议读者在设计电路时使用外部高精度晶振为 LDC1312 提供高精度的时钟源。LDC1312 芯片具有 2 个测量通道，其工作原理完全相同。每个测量通道有 A、B 接口，这两个接口连接到外部的 LC 并联振荡电路，其中电容 C 为固定值的振荡电容，而电感 L 为远端的测量传感器。当有金属物品接触电感 L 时，会改变电感 L 的等效电感量，此时 LC 的谐振频率发生变化，LDC1312 芯片可以精确感知 LC 振荡网络的频率变化，因此可以根据固定的电容值推算出电感的绝对值或相对变化值，从而实现对电感的测量。

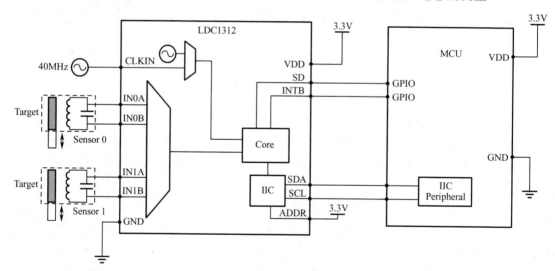

图 4-49　LDC1312 芯片的工作框图（与 LDC1314 芯片类似）

如图 4-50 所示为 LDC1314 应用电路图。

如图 4-50 所示，LDC1314 工作电路中采用外部有源晶振给芯片提供工作时钟，考虑到系统的稳定性，电源部分采用 LC 滤波方式。IIC 地址引脚 ADDR 接地，因此 LDC1314 芯片的 IIC 地址为 0X2A。LDC1314 的最大测量频率为 10MHz，因此测量通道上并联接入 43.9μH 电感与 100pF 电容，此时振荡频率为 2.4MHz（未考虑分布电容，实际频率应比该值小，且建议工作频率不高于振荡频率的 0.8 倍）。

LDC1314 芯片内部具有数字处理核心，可以由外部单片机提供的 SD 信号控制芯片的使能，同时具有中断接口 INT 可以编程通知外部单片机触发中断处理。

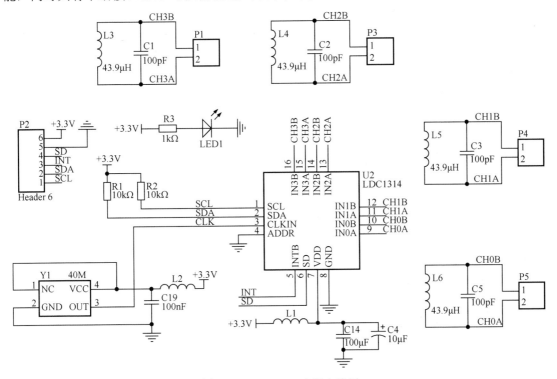

图 4-50　LDC1314 应用电路图

LDC1314 芯片使用 IIC 接口与单片机进行数字通信。上电后单片机使用 IIC 接口与 LDC1314 芯片进行通信并对 LDC1314 进行初始化配置。当 LDC1314 芯片正常工作后，使用 IIC 接口将转换结果送往单片机进行处理。

LDC1314 芯片曾在大学生电子设计竞赛中应用于小车的寻迹传感器设计中。赛题要求参赛者使用 LDC1314 芯片设计电感传感器从而实现小车沿着某一铁丝进行循线前行。这里应用的原理正是当传感器的电感在铁丝上方时会改变电感的等效电感量，造成 LC 振荡频率发生变化，从而使用 LDC1314 芯片对该频率变化进行采集，最终转换为数字量送往单片机进行处理。在设计过程中需要注意，应尽量使用外部晶振为 LDC1314 芯片提供高精度时钟从而提高测量精度，并注意 LC 振荡的寄生参数对测量的影响，例如传感器的电容应当使用高精度电容，如 C0G 或 NP0 材质的电容，而电感应当尽量减小机械振动对电感的电感量的影响。

## 4.4.3　数字电容传感器 FDC2214

FDC2214 传感器与 LDC1314 传感器类似，不过 LDC1314 用于电感测量，而 FDC2214 芯片是一款对电容进行测量的芯片。

电容式传感是一种低功耗、低成本且高分辨率的非接触式感测技术，适用于从接近检测和手势识别到远程液位感测领域的各项应用。电容传感器系统中的传感器可以采用任意金属或导体，因此可实现高度灵活的低成本系统设计。

电容传感器灵敏度的主要限制因素在于传感器的噪声敏感性。FDC2214 采用创新型抗EMI（电磁干扰）架构，即使在高噪声环境中也能维持性能不变。

FDC2214 是面向电容式传感解决方案的芯片，具有抗噪声和 EMI、高分辨率、高速、多通道等特点。该系列器件采用基于窄带的创新型架构，可对噪声和干扰进行高度抑制，同时在高速条件下提供高分辨率。同时支持宽激励频率范围，可为系统带来灵活性。宽频率范围测量对于导电液体（如清洁剂、肥皂液和油墨）感测的可靠性非常有用。

FDC2214 芯片具有如下特性。

- 抗 EMI 架构；
- 最高输出速率（每个有源通道）：4.08ksps；
- 最大输入电容：250nF（10kHz 频率，1mH 电感）；
- 传感器激励频率：10kHz～10MHz；
- 分辨率：高达 28 位；
- 系统噪声：100sps 时为 0.3fF；
- 电源电压：2.7～3.6V；
- 功耗：2.1mA（有源）；
- 关断电流：200nA。

如图 4-51 所示为 FDC2214 芯片的工作框图。

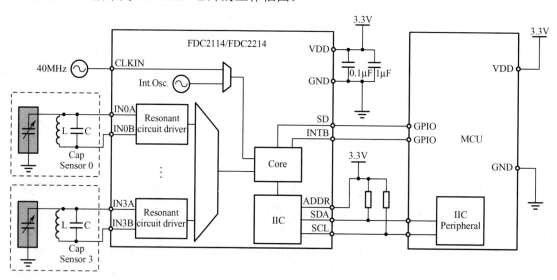

图 4-51　FDC2214 芯片的工作框图

如图 4-51 所示，FDC2214 芯片的结构与前文所述的 LDC1314 芯片的结构几乎完全一样。FDC2214 芯片可以使用内部时钟或使用外部接入的时钟源，因为该芯片对时钟精度要求较高，所以建议读者在设计电路时使用外部高精度晶振为 FDC2214 提供高精度的时钟源。FDC2214 芯片具有 4 个测量通道，其工作原理完全相同。每个测量通道都有 A、B 接口，这两个接口连接到外部的 LC 并联振荡电路，其中电容 C 为固定值的振荡电容，L 为固定的振荡电感。同时还接入一个等效的并联测量电容，此电容的容值可随外界被测物体而变化。当传感器外面有并联的寄生电容时，LC 的谐振频率发生变化，FDC2214 芯片可以精确感知 LC 振荡网络的频率变化，因此可以根据固定的电感与电容值推算出要测电容的绝对值或相对变化值，从而实现对电容的测量。

如图 4-52 所示为 FDC2214 应用电路图。

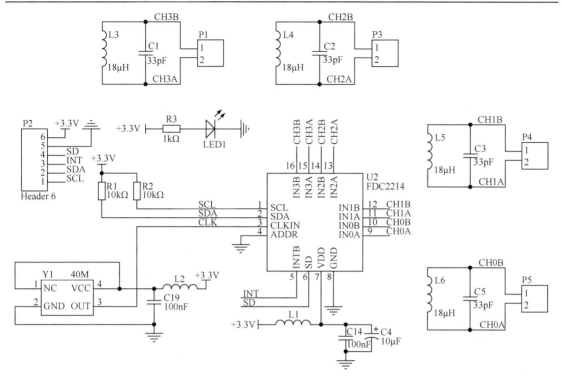

图 4-52　FDC2214 应用电路图

LDC1314 工作电路中采用外部有源晶振给芯片提供工作时钟，考虑到系统的稳定性，电源部分采用 LC 滤波方式。IIC 地址引脚 ADDR 接地，因此 LDC1314 芯片的 IIC 地址为 0X2A。FDC2214 的最大测量频率为 10MHz，因此测量通道上并联接入 18μH 电感与 33pF 电容，此时振荡频率为 6.5MHz（未考虑分布电容，实际频率应比该值小，且建议工作频率不高于振荡频率的 0.8 倍）。

FDC2214 芯片内部具有数字处理核心，可以由外部单片机提供的 SD 信号控制芯片的使能，同时具有中断接口可以编程通知外部单片机触发中断处理。

FDC2214 芯片使用 IIC 接口与单片机进行数字通信。上电后单片机使用 IIC 接口与 FDC2214 芯片进行通信并对 FDC2214 进行初始化配置。当 FDC2214 芯片正常工作后，使用 IIC 接口将转换结果送往单片机进行处理。

FDC2214 芯片曾在大学生电子设计竞赛中被应用于手势识别和纸张数测量系统中。其中以手势识别系统为例，当有手指贴在传感器上时，相当于在 LC 振荡电路中并联了一个寄生电容，此时系统的振荡频率会降低，FDC2214 芯片可以感知频率的变化从而确定手指是否贴在了传感器上面。通过使用多个 FDC2214 测量通道对多个手指进行测量即可成功检测出此时的手势，完成手势识别的设计。

在设计过程中需要注意，应尽量使用外部晶振为 FDC2214 芯片提供高精度时钟，从而提高测量精度，并且注意 LC 振荡的寄生参数对测量的影响，例如传感器的电容应当使用高精度电容，如 C0G 或 NP0 材质的电容，而电感应尽量减小机械振动对电感的电感量的影响，尽量保证电感的值不随环境变化而变化。

### 4.4.4 数字温湿度传感器

温湿度传感器可以对环境、物体的温度和湿度进行测量。通常在大学生电子设计竞赛中不会对该项测量专门命题,但常作为其他电路的单元功能部分。常用的温湿度传感器有很多,例如可以直接使用 NTC 电阻搭建模拟温度传感器,或者使用数字温度测量器件对温湿度进行测量。本节将对常用的温湿度测量芯片进行介绍。

#### 1. DS18B20 数字温度传感器

DS18B20 是一款高精度的单总线温度测量芯片。温度传感器的测温范围为-55~+125℃;用户可以通过配置寄存器来设定数字转换精度和测温速度。芯片内置 4 字节非易失性存储单元供用户使用,2 字节用于高低温报警,另外 2 字节用于保存用户自定义信息。在-10~+85℃范围内最大误差为±0.5℃,在全温范围内最大误差为±1.5℃。用户可自主选择电源供电模式或寄生供电模式。

单总线接口允许多个设备挂在同一总线上,该特性使得 DS18B20 也非常便于部署分布型温度采集系统。

DS18B20 数字温度传感器具有如下特性:

- 单总线接口,节约布线资源;
- 应用简单,无须额外器件;
- 转换温度时间为 500ms;
- 可编程 9~12 位数字输出;
- 宽供电电压范围 2.7~5.5V;
- 每颗芯片有可编程的 ID 序列号;
- 用户可自行设置报警值;
- 超强 ESD 保护能力(HBM>8000V);
- 典型待机电流功耗 1μA@3V;
- 典型换电流功耗 0.6mA@3V。

DS18B20 的 TO-92 封装与引脚分布如图 4-53 所示。

从图中可以看到,DS18B20 芯片仅有 3 个连接引脚,其中两个引脚为芯片供电,所以仅使用一个 DQ 数据线便可以与单片机进行数字通信,这样的设计可以大大简化硬件电路的设计。

DS18B20 芯片的应用电路如图 4-54 所示。

图 4-53　DS18B20 的 TO-92 封装与引脚分布

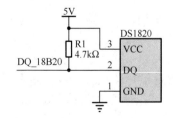

图 4-54　DS18B20 芯片的应用电路

如图 4-54 所示,DS18B20 芯片不工作在寄生电源模式下,其 VCC 引脚接到 5V 电源。作为单总线接口芯片,其信号引脚通过一个 4.7kΩ 的电阻上拉到电源,然后连接到单片机。

单片机通过单总线通信协议即可实现对 DS18B20 芯片的温度读取。

### 2．HDC2080 数字温湿度传感器

HDC2080 芯片是一款采用小型 DFN 封装的集成式湿度和温度传感器，能够以超低功耗提供高精度测量。该芯片包含新的集成数字功能和用于消散冷凝和湿气的加热元件。HDC2080 的数字功能包括可编程中断阈值，因此能够提供警报和系统唤醒，而无须微控制器持续对系统进行监控。同时，HDC2080 还具有可编程采样间隔，功耗较低，并且支持 1.8V 电源电压，因此非常适合电池供电型系统。

HDC2080 芯片具有如下特性。

- 相对湿度范围：0～100%；
- 湿度精度：±2%（典型值），±3%（最大值）；
- 温度精度：±0.2℃（典型值），±0.4℃（最大值）；
- 睡眠模式电流：50nA（典型值），100nA（最大值）；
- 平均电源电流（每秒测量 1 次）：
  - 300nA：仅 RH%（11 位）；
  - 550nA：RH%（11 位）+温度（11 位）；
- 温度范围：
  - 运行温度：-40～85℃；
  - 可正常工作的温度：-40～125℃；
- 电源电压范围：1.62～3.6V；
- 具有自动测量模式；
- IIC 接口兼容性。

HDC2080 的 PWSON 封装与引脚分布如图 4-55 所示。

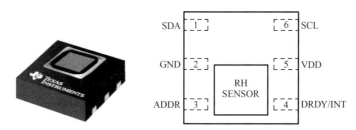

图 4-55　HDC2080 的 PWSON 封装与引脚分布

从图中可以看到，HDC2080 芯片仅有 6 个连接引脚，各引脚功能如下。

- SDA：串行数据输入/输出端；
- SCL：时钟信号；
- GND：接地端；
- VDD：电源正端；
- ADDR：IIC 总线的地址选择端；悬空时为 1000000（低 7 位），接低为 1000000，接高为 1000001；
- DRDY/INT：数据准备/中断输出端，推挽输出。

HDC2080 芯片的应用电路如图 4-56 所示。

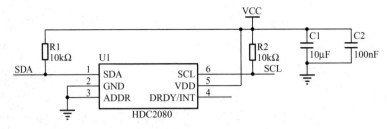

图 4-56　HDC2080 芯片的应用电路

从图中可以看到，HDC2080 的应用电路除电源电路外，IIC 接口需外接上拉电阻，然后即可连接到单片机的 I/O 口。单片机可以通过 IIC 通信协议获得传感器测量的温度和湿度数据。

### 4.4.5　数字加速度与陀螺仪传感器

在大学生电子设计竞赛的自动控制类题目中，常需要感知运动物体（如智能小车、无人机飞行器等）当前的加速度、空间状态等信息，所以需要使用加速度与陀螺仪传感器对物体的状态进行感知。本节主要介绍集成了三轴加速度和三轴陀螺仪的传感器 MPU6050 芯片。

MPU6050 是一款空间运动传感器芯片，可以获取器件当前的 3 个加速度分量和 3 个旋转角速度，具有体积小巧、功能强大、精度高的特点。芯片内还自带了一个数据处理子模块 DMP，已经内置了滤波算法，在许多应用中使用 DMP 输出的数据已经能够很好地满足要求。用户可以直接使用内部集成的 DMP 对数据进行融合，直接得到处理后的数据并使用。

MPU6050 芯片的主要功能和特性如下。

- 供电电压：2.375～3.46V；
- 数字接口：IIC 接口，最高速率可达 400kHz；
- 测量类型：三轴陀螺仪，三轴加速度；
- 加速度测量范围：±2/±4/±8/±16g；
- 陀螺仪测量范围：±250/±500/±1000/±2000°/s；
- ADC 位数：16 位；
- 加速度分辨率：16384LSB/g；
- 陀螺仪分辨率：131LSB/（°/s）；
- 加速度输出速率：1kHz；
- 陀螺仪输出速率：8kHz；
- DMP 输出速率：200Hz；
- 温度传感器测量范围：−40～85℃。

MPU6050 的 QFN 封装与引脚分布如图 4-57 所示。

使用 MPU6050 芯片时，一般仅需要使用其 VCC、GND、SCL 和 SDA 接口便可以实现其全部功能。单片机可以通过标准 IIC 接口对 MPU6050 芯片的工作条件进行配置，在初始化 MPU6050 芯片之后，单片机可使用 IIC 接口读取 MPU6050 芯片测量到的三轴加速度和三轴陀螺仪的原始测量值。

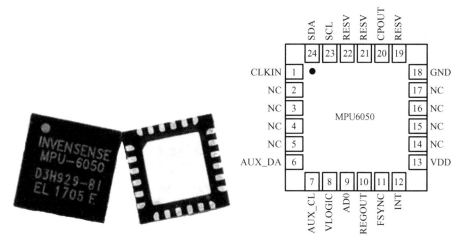

图 4-57　MPU6050 的 QFN 封装与引脚分布

MPU6050 芯片的应用电路如图 4-58 所示。

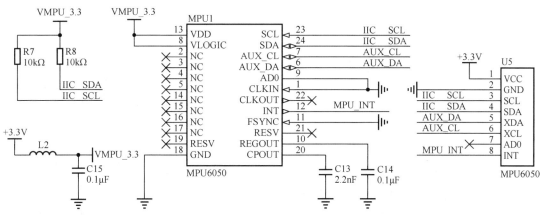

图 4-58　MPU6050 芯片的应用电路

　　如图 4-58 所示，MPU6050 硬件电路设计中只需要为该芯片提供合适的工作条件（如电源供电等），以及对芯片的某些功能进行硬件配置（如 IIC 的地址配置及连接 IIC 通信的上拉电阻等），最后将 MPU6050 芯片的重要引脚引出并连接到单片机对应的 I/O 口便能完成整个硬件电路的设计。

　　MPU6050 芯片的原始测量值具有一定的噪声，因此需要使用数据融合算法对原始数据进行处理，经常在单片机上面使用互补、卡尔曼滤波等数字处理算法对原始信号进行进一步处理。用户也可以直接读取其内部 DMP 处理后的数据，从而降低设计难度。

# 4.5　常见的功率驱动电路

## 4.5.1　电机驱动基本原理

　　对于常见的运动机构，其动力来源一般均为电机。在大学生电子设计竞赛中，自动控制类题目常用到的电机类型有舵机、步进电机、直流电机（有刷、无刷）等。其中直流有刷电机使用得最广，常用于智能小车设计、运动执行机构等。本节将以常见的直流异步电机为例讲解电机驱动电路的基本原理。

　　根据使用 MOS 管的数量，可以简单地将电机驱动电路分为 3 类，即单管驱动电路、半桥双管驱动电路和全桥四管驱动电路。

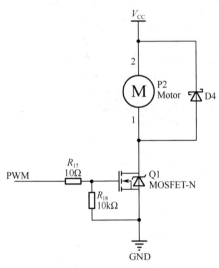

图 4-59　电机的单管驱动电路原理图

　　如图 4-59 所示为电机的单管驱动电路原理图。其中，Q1 为开关管，充当电子开关的作用，可以根据其栅极所施加的驱动信号控制 D 极和 S 之间的阻抗进行导通或关断动作。电阻 $R_{18}$ 为 MOS 管的驱动下拉电阻，可以在电路驱动部分未上电而电机供电上电的情况下将 MOS 管控制在默认关断的状态，防止电机不受控转动或引起其他故障，该电阻一般默认值为 10kΩ 左右。电阻 $R_{17}$ 为 MOS 管的栅极驱动电阻，对于 MOS 管而言，在高频驱动下，相当于一个电容负载，MOS 管的栅极走线会带来寄生电感，所以 MOS 管的驱动电路相当于是一个 RLC 电路，如果阻尼 R 过小，则会产生振荡从而引起 MOS 管的误导通或误关断，所以一般情况下会在 MOS 管的栅极串联一个电阻提供一定的阻尼作用，该电阻通常取值约 10Ω 即可。由于电机是感性负载，其电流不能突变，因此与电机并联的二极管是为了在

MOS 管由导通变为关断的时候对流过电机线圈的电流进行续流，防止 MOS 管关断的瞬间在 DS 之前产生较高的电压损坏 MOS 管。

　　图 4-59 所示的电路在工作时，向 MOS 管的栅极提供一个 PWM 驱动信号以控制电机的转速，PWM 的频率需要根据电机的要求进行确定，一般在 1kHz 以上。控制器可以通过改变 PWM 的占空比对电机的转速进行控制。

　　图 4-59 所示的电路存在一定的局限，即流过电机的电流只有一个方向，电机只能单向转动而不能反向转动，那么在某些需要电机具有双向转动功能的场合便不能直接使用该电路。

　　为了使电机能双向转动，需要对电路进行改动。如图 4-60 所示为使用半桥结构的电机驱动电路，该电路可以使电机实现双向转动。

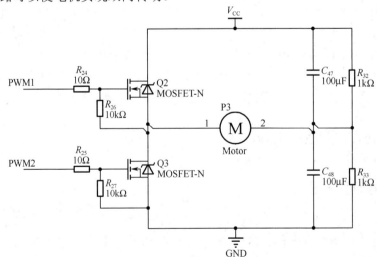

图 4-60　电机的半桥双管驱动电路原理图

　　在图 4-60 所示的电路中，相对前面的单管驱动多使用了一个 MOS 管对电机进行驱动。其中，$R_{26}$ 和 $R_{27}$ 电阻是 MOS 管的栅极下拉电阻，用来设定 MOS 管的默认关闭状态。电阻 $R_{24}$ 和 $R_{25}$ 为 MOS 管的栅极驱动电阻，可以减小 MOS 管的栅极波形振荡，有助于提高驱动稳定性。$C_{47}$ 和 $C_{48}$ 是分压电容，在高频下，这两个电容相当于两个电阻，电机使用高频 PWM 驱动，因此在每个周期内将会有电流流过这两个电容。一般这两个电容的取值大小与电机的驱动频率有关，当使用较高的 PWM 频率时，可以使用较小的分压电容。但应注意，在电路工作时会有较大的驱动电流流过这两个电容，因此需要使用具有较大 RMS 电流的电容以防止电容过热，在实际电路中也可以使用电容并联的方式增大电容的最大 RMS 电流参数。在电路工作过程中，因为这两个电容的容值相对较大，所以两个电容上的电压不会发生突变，可以在分析时认为这两个电容将 $V_{CC}$ 进行分压得到了 $V_{CC}/2$ 电压。电阻 $R_{32}$ 和 $R_{33}$ 为分压电阻，作用是对 $V_{CC}$ 的直流量进行分压，从而保证两个电容的分压值始终在 $V_{CC}/2$ 附近。

　　当图 4-60 所示电路工作时，两个 MOS 管的驱动信号 PWM1 和 PWM2 是互补的，即当 PWM1 为高电平时，PWM2 一定为低电平；反之，当 PWM2 为高电平时，PWM1 一定为低电平，使用互补的方式可以防止半桥桥臂的两个 MOS 管同时导通，以防止 MOS 管损坏。电路工作时，可以认为电机的右侧被电容分压，形成了 $V_{CC}/2$ 电压。当 Q3 关断、Q2 导通时，电流由左向右流过电机，此时电机可以向一个方向转动，并且 Q2 的占空比可以控制电机的转速。当 Q2 关断、Q3 导通时，电流从右向左流过电机，此时电机可以向另外一个方向转动，并且 Q3 的占空比可以决定电机的转速。

　　但是，图 4-60 所示的半桥驱动电路仍存在电机的最高驱动电压仅为 $V_{CC}/2$ 的问题，导致电机的最大转速受限，并且这种电路使用电容进行分压，不适合大功率电机的驱动。

　　那么应当如何解决半桥驱动电路中的问题呢？方法很简单，使用两个半桥电路组成全桥电路，即用另一个半桥代替电容分压电路。如图 4-61 所示为电机的全桥四管驱动电路原理图。

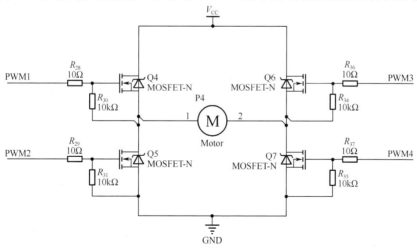

图 4-61　电机的全桥四管驱动电路原理图

　　如图 4-61 所示，使用 4 个 MOS 管组成了全桥电机驱动电路，全桥电路又因其形状像一个大写的字母 "H"，又称为 H 桥驱动电路。电路的主要拓扑相当于前文所介绍的两个半桥电路，电机的两个引脚连接在两个半桥的中点处。

　　全桥驱动电路的原理如下：当 Q4 和 Q7 导通、Q5 和 Q6 截止时，电流从左向右流过电机，电机开始朝一个方向转动，同时，可以调节占空比来控制电机的转速；当 Q4 和 Q7 截止、

Q5 和 Q6 导通时，电流从右向左流过电机，电机开始朝另一个方向转动，同时，可以调节占空比来控制电机的转速。

对于全桥而言，其两个半桥的上下 MOS 管均需要互补驱动，不能同时为高电平使 MOS 管同时导通。一般而言，在单片机程序中，可以使用以下驱动方式对电机进行驱动：控制 Q4 导通，Q5 关断，此时只需要 PWM3 和 PWM4 互补驱动即可，调节 PWM 的占空比可以调节转速；如果想要电机反转，则需要控制 Q5 导通，Q4 关断，并且在 PWM3 和 PWM4 上施加互补的 PWM 信号，同样，还是利用 PWM 的占空比来控制电机转速。

相比半桥电路，在相同的供电电压下，全桥电路的驱动电压可以达到半桥电路的 2 倍，因此可以提供非常好的调速性能。并且由于 MOS 管的损耗非常小，因此可以进行较大功率的电机驱动电路设计。所以在工程设计中，如果不是因为某些条件（成本、体积、控制方式等）受限，一般的电机驱动电路均使用全桥驱动电路，因此建议读者熟练掌握全桥驱动方式。

### 4.5.2　常见的电机驱动电路

前面已经介绍了电机驱动的 3 种基本电路，得出了全桥（H 桥）电路非常适合电机驱动的结论。那么在大学生电子设计竞赛中，应该如何设计硬件电路对电机进行驱动呢？

由于电机驱动电路是一种非常通用的产品，因此半导体厂家推出了一些内部集成了全桥驱动电路的集成电路芯片，不仅降低了电路设计的复杂度，还大大减小了电路元件的体积，并且可以在芯片内部集成非常多的保护逻辑以实现更加可靠的驱动。常用的电机驱动芯片有很多种，本节将以 TI 的一款电机驱动芯片——DRV8870 为例，进行电路设计分析。

#### 1．集成电机驱动芯片

DRV8870 是一款刷式直流电机驱动器，适用于打印机、电器、工业设备以及其他小型机器。两个逻辑输入控制 H 桥驱动器，该驱动器由 4 个 N 沟道 MOS 管组成，能够以高达 3.6A 的峰值电流双向控制电机。利用电流衰减模式，可通过对输入进行脉宽调制（PWM）来控制电机转速。如果将两个输入端均置为低电平，则电机驱动器将进入低功耗休眠模式。

DRV8870 具有集成电流调节功能，该功能基于模拟输入 VREF 和 ISEN 引脚的电压（与流经外部感测电阻的电机电流成正比）。该器件能够将电流限制在某一已知水平，从而可以显著降低系统功耗要求，并且无须大容量电容来维持稳定电压，尤其是在电机启动和停转时。

DRV8870 内部针对故障和短路问题提供了全面的保护，如保罗欠压锁定（UVLO）、过流保护（OCP）和过热保护（TSD）。故障排除后，器件会自动恢复正常工作。

DRV8870 芯片具有如下特性：

- 独立的 H 桥电机驱动，可以驱动一个直流电机或一个步进电机的绕组或其他负载；
- 6.5～45V 宽电压工作范围；
- 565mΩ（典型值）$R_{ds}$（on）（高侧 MOS+低侧 MOS）；
- 3.6A 峰值电流驱动能力；
- 脉冲宽度调制（PWM）控制接口；
- 集成电流调节功能。

如图 4-62 所示为 DRV8870 驱动电路应用图。该电路的核心为 DRV8870 电机驱动芯片，使用该驱动芯片可以在 6.5～45V 的供电电压下对有刷直流电机进行驱动，并且集成了电流调节和错误保护电路，可电机提供最大 3.6A 的驱动电流。对于控制器而言，仅需要使用 2 个数字 I/O 口便可以对 DRV8870 芯片进行控制。

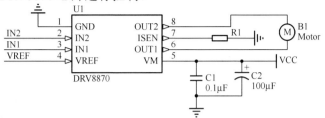

图 4-62　DRV8870 驱动电路应用图

如图 4-63 所示为 DRV8870 芯片的内部功能框图。

如图 4-63 所示，芯片共有 8 个外部引脚和 1 个 PPAD 散热焊盘（与 GND 引脚连接）。其中，VM 引脚为芯片的供电引脚，通过该引脚向芯片内部的控制电路提供电源并且作为内部两个 H 桥的供电接口。IN1 和 IN2 引脚为控制器的 PWM 控制引脚，控制器可以利用高低电平或 PWM 信号对芯片内部的两个 H 桥进行控制。ISEN 引脚为两个 H 桥的两个下管接地引脚，可以在该引脚与 GND 之间连接一个电流采样电阻来实现芯片的过流、限流保护功能，芯片内部通过该电流采样电阻对电机电流进行采样。VREF 引脚为芯片的电流限制引脚，芯片内部有一个比较器，将 ISEN 引脚的电流放大后的结果和 VREF 电压信号进行比较从而控制电机的最大驱动电流，使用该方式可以有效地限制电机启动或堵转后的电流。OUT1 和 OUT2 为两个 H 桥的输出引脚，在电路中需要将这两个引脚与电机的两个驱动端进行连接，从而对电机进行驱动，这两个引脚最大可以向电机提供 3.6A 的驱动电流。

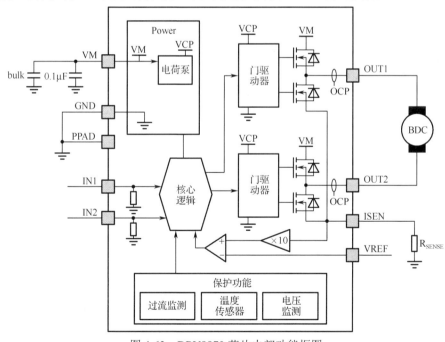

图 4-63　DRV8870 芯片内部功能框图

在控制器的编程方面，仅需要通过控制 IN1 和 IN2 引脚的电平就可以控制电机的转向和转速。

## 2．分立器件搭建电机驱动

除了使用集成电机驱动芯片的方式，为了提高设计的灵活性以及设计更大功率的电机驱动电路，还可以使用大功率 MOS 管搭建更大功率等级的 H 桥电机驱动电路，但是在使用分立器件驱动 MOS 管时，还需要驱动电路对 MOS 管进行驱动，特别是全桥电路中的上管需要特殊的自举驱动，此时使用集成芯片对 MOS 管进行驱动更为稳定可靠。为了使 MOS 管开启和关断得更快，这里介绍一款具有最大电流为 4A 的 MOS 管驱动芯片——UCC27211。

UCC27211 是基于上一代 UCC2701 MOS 管驱动器的升级产品，性能相较上一代芯片有了显著提升。UCC27211 芯片的峰值输出上拉和下拉电流已经被提高到了 4A 拉电流和 4A 灌电流，并且上拉和下拉电阻减小到 0.9Ω，因此可以在 MOS 管的米勒效应平台转换期间用尽可能小的开关损耗来驱动大功率 MOS 管。此外，UCC27211 的输入结构能够直接处理-10V 直流，进一步提高了芯片的稳健耐用性，并且无须使用整流二极管即可实现与栅极驱动变压器的直接对接。

UCC27211 驱动芯片具有如下特性。

- 可通过独立输入驱动两个采用高侧/低侧配置的 N 沟道 MOS 管；
- 最大引导电压为 120V 直流；
- 4A 吸收、4A 源输出电流；
- 0.9Ω 上拉和下拉电阻；
- 输入引脚能够耐受-10～20V 的电压，且与电源供电电压无关；
- 芯片兼容 TTL 和伪 CMOS 逻辑电平；
- 芯片供电电压范围为 8～17V；
- 当驱动 1000pF 的容性负载时，具有 7.2ns 的上升时间和 5.5ns 的下降时间；
- 短暂的传播延迟时间（典型值为 18ns）；
- 2ns 延迟匹配；
- 用于高侧和低侧驱动器的对称欠压锁定功能。

UCC27211 芯片由于具有非常高的驱动电流，可以驱动大功率 MOS 管，因此可应用于电机驱动电路及开关电源电路。如图 4-64 所示为基于 UCC27211 的半桥式开关电源驱动电路图。

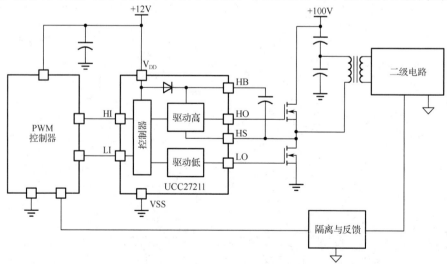

图 4-64　基于 UCC27211 的半桥式开关电源驱动电路图

如图 4-64 所示，使用 UCC27211 芯片对一个半桥式电路中的 MOS 管进行驱动，此电路也可应用于电机驱动的 H 桥电路中，但需要使用两个 UCC27211 芯片进行驱动，从而组成 H 桥。

如图 4-65 所示为基于 UCC27211 MOS 驱动芯片的 H 桥驱动电路。

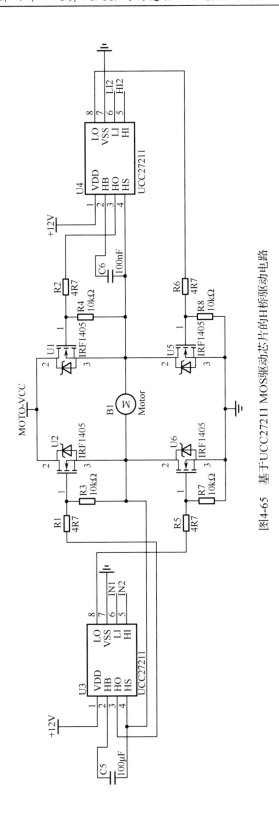

图4-65　基于UCC27211 MOS驱动芯片的H桥驱动电路

如图 4-65 所示，基于 UCC27211 的 H 桥电机驱动电路由两个半桥驱动电阻组成。电路使用 MOS 驱动芯片 UCC27211 直接对 MOS 管进行驱动，可以实现非常高的驱动能力。但考虑到 UCC27211 的控制信号输入是互补的 PWM 信号，因此需要针对所使用的 MOS 管来选择最短死区时间。

### 4.5.3　继电器驱动电路

继电器也是大学生电子设计竞赛中常用的器件，常用于信号的通断，进而实现执行器的启动、停止、联动等控制。

继电器（Relay）是一种电控制器件，是当输入量（激励量）的变化达到规定要求时，在电气输出电路中使被控量发生预定的阶跃变化的一种电器。它具有控制系统（又称输入回路）和被控制系统（又称输出回路）之间的互动关系，通常应用于自动化的控制电路中，实际上是用小电流去控制大电流运作的一种"自动开关"。继电器在电路中起着自动调节、安全保护、转换电路等作用。

常用的继电器为电磁式继电器，由控制线圈、铁芯、衔铁、触点簧片等组成，控制线圈和接点组之间相互隔离绝缘。因此，能够为控制电路起到良好的电气隔离作用。当继电器的线圈两端加上其线圈的额定电压时，线圈中就会流过一定的电流，从而产生电磁效应，衔铁就会在电磁力吸引作用下克服返回弹簧的拉力吸向铁芯，从而带动衔铁的动触点与静触点（常开触点）吸合。当线圈断电后，电磁的吸力也随之消失，衔铁就会在弹簧的反作用力下返回原来的位置，使动触点与静触点（常闭触点）吸合。这样吸合、释放，从而达到在电路中的接通、切断的开关目的。

常见的电磁式继电器（单刀双掷）实物如图 4-66 所示。

如图 4-66 所示，该继电器模块为经常使用的低压继电器，一般耐压为 220V 交流，电流约为 10A，较为适合在大学生电子设计竞赛中使用。该继电器具有 5 个引脚，其中 2 个引脚为继电器的电磁线圈引脚，在这两个引脚上通电流可以控制继电器状态的转换。另外 3 个引脚中，一个引脚为继电器的公共触点，一个为常闭触电，一个为常开触电。当继电器的线圈未通电时，公共触点与常闭触电连接，此时常开触电与公共触点断开；当有适当电流通过继电器的线圈时，继电器的公共触点与常开触电连接，并且公共触点与常闭触电之间变为开路的状态。

继电器可以非常简单、可靠地实现高压与低压、大电流与小电流之间的电气隔离控制，非常适合用在低速、不频繁的机械开关自动控制电路中。但驱动电流较大（约几十毫安），所以无法使用单片机的 I/O 口直接驱动，需要使用三极管等电路搭建继电器驱动电路才可以使用单片机进行控制。图 4-67 所示为使用三极管对 12V 继电器进行驱动的电路图。

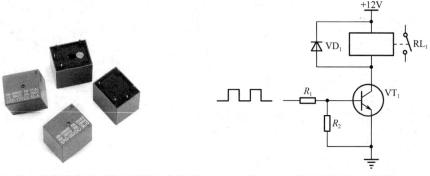

图 4-66　常见的电磁式继电器（单刀双掷）实物图　　　图 4-67　继电器的驱动电路图

如图 4-67 所示，$RL_1$ 为继电器，方框表示继电器的电磁线圈，线圈右边表示继电器的两个触点（一个公共触点、一个常开触点）。电路的工作原理是：当电阻 $R_1$ 的左端为低电平时，

三极管 $VT_1$ 处于截止状态，此时没有电流流经继电器线圈，所以继电器的两个触点处于断开状态；当使用单片机的 I/O 口输出一个高电平到电阻 $R_1$ 的左端之后，三极管 $VT_1$ 将处于饱和状态，此时有足够的电流流过继电器线圈，继电器线圈吸引衔铁进行动作，最终继电器的两个触点闭合进行连接。其中，与继电器线圈所并联的二极管 $VD_1$ 为继电器线圈的续流二极管，因为当三极管 $VT_1$ 导通时，有电流流过继电器线圈，而继电器线圈又是一个感性负载，所以当三极管关断时，流经继电器线圈的电流可以继续通过二极管 $VD_1$ 流经线圈，从而不会在三极管上产生一个非常大的电压尖峰损坏三极管。

除了图 4-67 所示的电路，继电器的驱动电路还有很多种，其本质就是小电流经外部功率管实现大电流，从而控制一定的电流流过继电器的线圈。读者可以根据已有的知识（如采用MOS 管、驱动芯片等）设计其他电路对继电器进行驱动。

## 4.6　小结

本章主要介绍运算放大器，包括运算放大器的工作原理、放大电路的计算方法、常见的放大电路、滤波器设计，以及一些特殊的运算放大器的使用方法。本章在介绍电路时，使用电路仿真的方式实际设计了实用电路，以帮助读者更加直观地了解电路的功能，并且可以根据自己在实际电路设计中的需求，将本章中的仿真电路运用其中。

此外，本章还对系统设计中的传感器和驱动电路进行了分析，向读者展示了许多实际电路的设计方法。希望读者能够熟练掌握本章绍的各种模拟和数字传感器的用法，并且能够举一反三，对一些未详细讲解的传感器电路进行设计。对于电机驱动电路的设计，需要有一定的硬件设计功底，建议读者在掌握相关理论后进行实践。

运算放大器与传感器、驱动器在模拟电路中处于非常重要的地位，因此建议读者对本章的内容进行深入学习和理解，如果有条件，最好能够实际仿真或者对电路进行搭建并实现。

## 习题与思考

1. 集成运算放大器一般由哪几级电路组成？
2. 集成运算放大器中的偏置电路的作用是什么？
3. 什么是运算放大器的深度负反馈状态？
4. 集成运算放大器的主要参数有哪些？
5. 如何理解"虚短"和"虚断"？
6. 滤波器有哪几类？
7. 常用的特殊运算放大器有哪些种类？
8. 直流有刷电机驱动有哪几种方式？每种驱动方式有哪些优劣之处？
9. 试分析 H 桥电机驱动的原理。
10. 有哪些常用的电机驱动芯片？
11. 有哪些常见的模拟传感器？
12. 模拟传感器的输出接口电路应当如何设计？
13. 有哪些常见的数字传感器？
14. 数字传感器中有哪些数字通信方式？
15. 试比较各种数字通信接口的特点。

# 第5章 FPGA 设计及实例解析

本章将介绍 FPGA 在电子设计竞赛中的一些应用实例，具体以 Xilinx 的 Zynq-7000 系列 FPGA 为例。Zynq-7000 系列 FPGA 又称为 APSoC（All Programmable System on Chip，全可编程片上系统），包含单核或双核 ARM Cortex-A9 处理器系统和 FPGA 部分，其处理器系统部分称为 PS（Processing System，处理器系统），FPGA 部分称为 PL（Programmable Logic，可编程逻辑）。

关于 Xilinx APSoC 的基础知识、体系结构和软件开发，读者可通过以下两个文档学习：

- Zynq-7000 SoC 技术参考手册（Zynq-7000 SoC Technical Reference Manual，Xilinx UG585）；
- Zynq-7000 SoC 软件开发指南（Zynq-7000 All Programmable SoC Software Developers Guide，Xilinx UG821）。

本章使用的开发环境为 Xilinx 的 Vivado Design Suite，具体版本为 2018.3，读者可自行前往 Xilinx 官方网站下载安装并申请免费授权，更新的版本也可使用，与后续内容可能存在少许差异。

5.1 节在讲述 I²S 音频转换器（ADC 和 DAC）应用案例的同时，会带领读者完成一次简明但完整的 Vivado 工作流程，便于读者入门，之后的案例则不会重复具体的开发软件操作流程。

关于 Vivado Design Suite 的详细工作流程及相关原理、原则，读者可通过学习以下两个文档入门：

- Vivado 设计套件指导设计流程概述（Vivado Design Suite Tutorial Design Flows Overview，Xilinx UG888）；
- Vivado 设计套件用户手册设计流程概述（Vivado Design Suite User Guide: Design Flows Overview，Xilinx UG892）。

本章将使用 SystemVerilog（以下均简称 Verilog）作为首选硬件描述语言，当然仅会用到其可综合的语法，关于 Verilog 和 FPGA 应用开发的通识性内容，读者可通过笔者的另一本书《FPGA 应用开发和仿真》参考学习，本章还会引用该书中的部分源码（可在 github.com 搜索"FPGA Application Development and Simulation"找到）。

FPGA 的供电、配置和必要的外设（如配置存储器）等内容已超出电子设计竞赛范畴，本章不予介绍。本章涉及的案例通常使用既有的 FPGA "核心板"，已包含上述电路和外设，读者直接使用它们即可，如 Digilant 公司的 Zybo Z7-10。

## 5.1 I²S 音频转换器

本节介绍 I²S 音频 ADC 和 DAC 的应用，并使用 Zybo-Z7 开发板和 I²S 音频转换器模块，通过一个直通案例介绍 Vivado 软件的基本应用流程。

### 5.1.1 I²S 音频转换器模块

I²S 接口主要用于双声道音频信号传输，许多音频 ADC 和 DAC 也会用它作为数据接口。

$I^2S$ 接口包含 3 个信号，即 SCK（位时钟）、WS（帧同步）、SD（数据）。串行传输的补码表示的有符号数据，采用高位在先的次序，与 SCK 同步。SCK 和 WS 可由发送端输出、由接收端输出或由第三方输出。

CS5343 和 CS4344 是 Cirrus Logic 公司的音频模-数和数-模转换器集成电路，最高采样率分别为 96ksps 和 192ksps，为 Σ-Δ 结构，Σ-Δ 调制器工作在 8.192～49.152MHz，可以省略输入抗混叠滤波器和输出重构滤波器，具备优良的性能和极为简单的外围电路。如图 5-1 和图 5-2 所示是采用它们设计的模块电路。其中，图 5-1 是 ADC、线路输入和麦克风输入部分电路，图 5-2 是 DAC 和耳机放大器部分电路，耳机放大输出兼作线路输出，其中 LM4811 是带有音量控制功能的耳机放大器。CS5343、CS4344 和 LM4811 的数据手册分别可在 Cirrus Logic 和 TI 官方网站下载，建议读者下载阅读，以便深入理解本节内容。

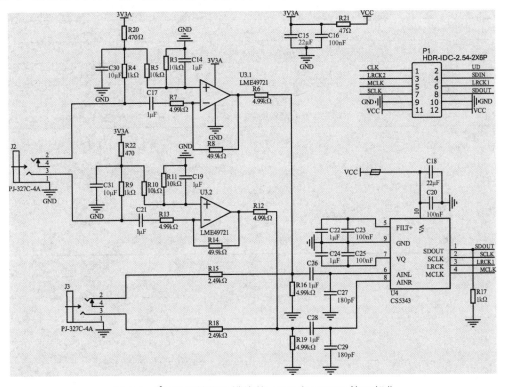

图 5-1   $I^2S$ 音频转换器模块的 ADC 和 PMOD 接口部分

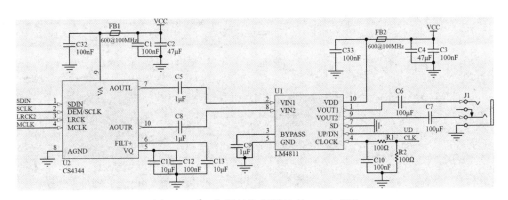

图 5-2   $I^2S$ 音频转换器模块的 DAC 部分

模块与 FPGA 的物理接口时序采用 Digilent PMOD 规范,供电也通过 PMOD 接口从 FPGA 开发板或小系统板获取。

PMOD 接口中各信号的说明如表 5-1 所示。

表 5-1　$I^2S$ 音频转换器模块的 PMOD 接口中各信号说明

| 端口名 | 方向特性 | 接插件 | 说　明 |
|---|---|---|---|
| VCC | 电源 | P1.1、P1.7 | 3.3V 模块供电,由 FPGA 开发板或小系统板提供 |
| GND | 电源 | P1.2、P1.8 | 电源地和信号参考地 |
| SDIN | 数字输入 | P1.3 | DAC 的 $I^2S$ 接口数据,3.3V-LVCMOS 电平 |
| SDOUT | 数字输出 | P1.4 | ADC 的 $I^2S$ 接口数据,3.3V-LVCMOS 电平 |
| LRCK1 | 数字输入 | P1.5 | ADC 的 $I^2S$ 接口帧同步信号,3.3V-LVCMOS 电平 |
| MCLK | 数字输入 | P1.6 | ADC 和 DAC 的主工作时钟 |
| LRCK2 | 数字输入 | P1.9 | DAC 的 $I^2S$ 接口帧同步信号,3.3V-LVCMOS 电平 |
| SCLK | 数字输入 | P1.10 | ADC 和 DAC 的 $I^2S$ 接口位时钟,3.3V-LVCMOS 电平 |
| CLK | 数字输入 | P1.11 | 耳机放大器的音量控制时钟 |
| UD | 数字输入 | P1.12 | 耳机放大器的音量控制增减信号 |

根据 CS4344 和 CS5343 的数据手册中关于 $I^2S$ 接口时序的描述以及 $I^2S$ 接口本身对时序的约束,并让它们工作在相同的采样率下,可以总结出一些适合本模块的 $I^2S$ 工作模式,如表 5-2 所示。这几个工作模式均让 CS4344 和 CS5343 工作在 24 位转换模式下,并且使得 MCLK 频率容易通过成品晶体振荡器获得。

表 5-2　$I^2S$ 常用采样率、SCK 频率和 MCLK 频率组合

| 采样率 | SCK | | MCLK | |
|---|---|---|---|---|
| $f_{LRCK}$/Hz | $f_{SCLK}/f_{LRCK}$ | $f_{SCLK}$/Hz | $f_{MCLK}/f_{SCLK}$ | $f_{MCLK}$/Hz |
| 32k | ×64 | 2.048M | ×6 | 12.288M |
| 44.1k | ×48 | 2.1168M | ×8 | 16.9344M |
| | ×64 | 2.8224M | ×6 | 16.9344M |
| 48k | ×48 | 2.304M | ×8 | 18.432M |
| | ×64 | 3.072M | ×8 | 24.576M |
| 96k | ×48 | 4.608M | ×4 | 18.432M |
| | ×64 | 6.144M | ×4 | 24.576M |

## 5.1.2　Verilog HDL 描述的 $I^2S$ 接口逻辑

这里让 CS5343 工作在从模式下,即 LRCK 和 SCK 由 FPGA 产生,CS4344 本身只能工作在从模式下,两者由同一个 $I^2S$ 时钟发生器模块提供时钟。$I^2S$ 时钟发生器模块的代码如代码 5-1 所示。

其中 MCK 为主时钟输入,对于 SCK 和 WS,速度慢且并不驱动内部逻辑,直接分频得到,帧同步 frame_sync 较 sck_fall 提前一个周期,是为了方便发送器提前一个周期产生从上游逻辑读取数据的信号。其中 Counter 为参数化模的带有时钟使能和同步进位输出的计数器模块。

代码 5-1　I²S 时钟发生器模块

```
1    module IisClkGen #(parameter SCK_TO_WS = 64, MCK_TO_SCK = 8)(
2        input wire mck,             //主工作时钟
3        output logic sck,           //位时钟
4        output logic ws,            //帧同步
5        output logic sck_fall,      //用于同步收发器的 SCK 下降沿指示信号
6        output logic frame_sync //用于同步收发器的帧信号（较 WS 提前一个周期）
7    );
8        localparam SCKW = $clog2(MCK_TO_SCK);
9        localparam WSW = $clog2(SCK_TO_WS);
10       logic [SCKW - 1 : 0] cnt_sck;
11       logic cnt_sck_co;
12       logic [WSW - 1 : 0] cnt_ws;
13       always_ff@(posedge mck) sck <= cnt_sck >= SCKW'(MCK_TO_SCK/2);
14       always_ff@(posedge mck) ws <= cnt_ws >= WSW'(SCK_TO_WS / 2);
15       always_ff@(posedge mck) sck_fall <= cnt_sck_co;
16       Counter #(MCK_TO_SCK) cntSck(
17           mck, 1'b0, 1'b1, cnt_sck, cnt_sck_co);
18       Counter #(SCK_TO_WS) cntWs(
19           mck, 1'b0, cnt_sck_co, cnt_ws, );
20       assign frame_sync = (cnt_ws == 0) && cnt_sck_co;
21   endmodule
22   module Counter #(parameter M = 100)(
23       input wire clk, rst, en,
24       output logic [$clog2(M) - 1 : 0] cnt,
25       output logic co
26   );
27       assign co = en & (cnt == M - 1);
28       always_ff@(posedge clk) begin
29           if(rst) cnt <= '0;
30           else if(en) begin
31               if(cnt < M - 1) cnt <= cnt + 1'b1;
32               else cnt <= '0;
33           end
34       end
35   endmodule
```

I²S 数据发送器模块的代码如代码 5-2 所示。其中 sck_fall、frame_sync 自时钟发生器模块获得，data_rd 信号用于从上游逻辑读取待发送的数据。

代码 5-2　I²S 数据发送器模块

```
1    module IisTransmitter (
2        input wire mck, sck_fall, frame_sync,
3        input wire signed [31:0] data[2], //data[0]:left; data[1]:right
4        output logic data_rd, logic iis_sd
5    );
6        assign data_rd = frame_sync;
```

```
7      logic data_rd_dly;
8      logic [63:0] shift_reg;
9      always_ff@(posedge mck) data_rd_dly <= data_rd;
10     always_ff@(posedge mck) begin
11        if(data_rd_dly) shift_reg <= {data[0], data[1]};
12        else if(sck_fall) shift_reg <= {shift_reg[62:0], 1'b0};
13     end
14     assign iis_sd = shift_reg[63];
15  endmodule
```

代码 5-3 是 I²S 数据接收器模块的代码。它使用 Edge2En 模块将输入的 SCK、WS 和 SD 经过两级寄存器同步，同时获取 SCK 的上降沿使能，用来控制移位寄存器，获取 WS 的下降沿用来控制位计数的复位。其中 Rising2En 和 Falling2En 分别为将时钟域外上跳沿和下跳沿同步为单周期使能信号的模块。

代码 5-3　I²S 数据接收器模块

```
1   module IisReceiver (
2      input wire mck, iis_sck, iis_ws, iis_sd,
3      output logic signed [31:0] data[2],
4      output logic data_valid
5   );
6      logic sck_rising, sck_reg, ws_falling, sd_reg;
7      Rising2En #(2) sckRising(mck, iis_sck, sck_rising, sck_reg);
8      Falling2En #(2) wsFalling(mck, iis_ws, ws_falling, );
9      Rising2En #(2) sdSync(mck, iis_sd, , sd_reg);
10     logic [7:0] bit_cnt;
11     Counter #(256) bitCnt(mck, ws_falling, sck_rising, bit_cnt, );
12     logic frame_end;
13     always_ff@(posedge mck)
14        frame_end <= (bit_cnt == 8'd0) & sck_rising;
15     always_ff@(posedge mck) data_valid <= frame_end;
16     logic [63:0] shift_reg;
17     always_ff@(posedge mck) begin
18        if(frame_end) {data[0], data[1]} <= shift_reg;
19        else if(sck_rising) shift_reg <= {shift_reg[62:0], sd_reg};
20     end
21  endmodule
```

上述数据发送/接收器模块的数据位宽均为 32 位，是因为 I²S 数据传输时序本身兼容 16～32 位数据位宽，数据高位对齐，不同位宽的数据对齐到 32 位，动态范围不变，只是精度有差异而已。具体到 24 位的 CS4344 和 CS5343，32 位数据中低 8 位均为 0。

## 5.1.3　应用案例和 Vivado 工作流程

本节介绍音频数据直通案例，I²S 发送器、接收器和时钟发生器 3 个模块与 CS5343、

CS4344 将按图 5-3 所示进行连接。这里，接收器模块从 ADC 获得的双声道各 24bit 数据将直接传递给发送器模块，由发送器模块转换为 I²S 时序送至 DAC。

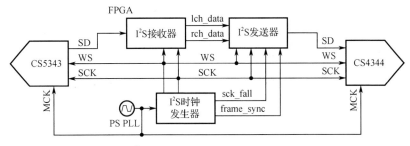

图 5-3　I²S 音频转换器数据直通案例原理框图

下面以 Zybo-Z7 开发板和上述 I²S 音频转换器模块为例，介绍 Vivado 应用开发工作流程，读者可对照着一步一步地完成。

### 1．建立 Vivado 工程

（1）启动 Vivado，选择菜单"File"→"Project"→"New…"（见图 5-4）。

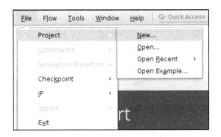

图 5-4　在 Vivado 中新建工程

（2）在弹出的"New Project"窗口中，单击"Next >"按钮，在"Project Name"（工程名称）页面（见图 5-5）进行如下操作。

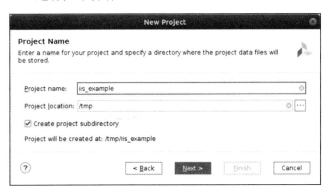

图 5-5　在 Vivado 中为新建工程命名

① 填写工程名和工程位置，这里填写"iis_example"和"/tmp"（这是 Linux 系统下的示例，对于 Windows 系统，前面应有盘符，如"D:\tmp"）；

② 勾选"Create project subdirectory"（创建工程子目录），将在"/tmp"目录下创建"iis_example"目录，并将后面有关该工程的文件都放置在此目录下。

注意：工程目录和名称不得包含空格、特殊字符或中文字符，尽量只包括英文小写字母和"_"（下画线）。

（3）继续单击"Next >"按钮，在"Project Type"（工程类型）页面（见图 5-6）中，勾选"RTL Project"[RTL（寄存器传输级）工程]，对于从零开始设计的 FPGA 工程，一般都选此项，关于其他选项，暂时不必关心其含义。

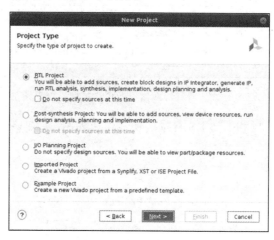

图 5-6　在 Vivado 中为新建的工程指定类型

（4）继续单击"Next >"按钮，在"Add Sources"（添加源文件）页面，暂不添加任何源文件（源文件可在后续任何时候添加进工程）。并将"Target language"（目标语言）和"Simulator language"（仿真用语言）分别选为"Verilog"和"Mixed"（见图 5-7）。

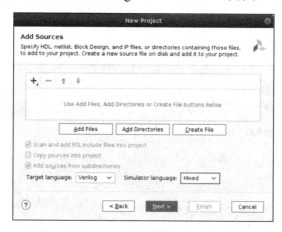

图 5-7　在 Vivado 中为新建工程添加源文件

（5）继续单击"Next >"按钮，在"Add Constrains (optional)"（添加约束文件）页面，暂不添加任何约束文件（约束文件可在后续任何时候添加进工程）。

（6）继续单击"Next >"按钮，在"Default Part"（默认器件）页面（见图 5-8）进行如下操作。

① 在"Search"搜索框中填入所用的开发板上的 FPGA 芯片型号的前面一部分"xc7z010"，这将在下面的列表中过滤掉前缀不符的大量其他 FPGA 型号；

② 在器件列表中选择"xc7z010clg400-1"。

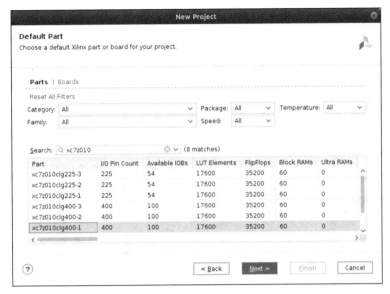

图 5-8　在 Vivado 中为新建工程指定目标器件

（7）继续单击 "Next >" 按钮，在 "New Project Summary" 页面，单击 "Finish"，完成工程创建。工程创建完成后，Vivado 界面如图 5-9 所示。

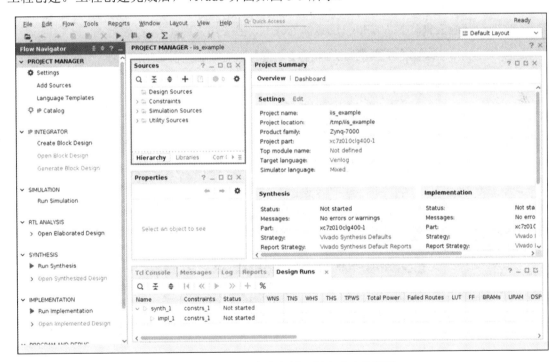

图 5-9　Vivado 中建立新工程完成时的界面

● 左侧为 "Flow Navigator"（流程导览），其中罗列了 Vivado FPGA 工程开发中的主要步骤；
● 下方为控制台、消息和报告等窗口；
● 中央为各步骤的主工作区。目前处于 "PROJECT MANAGER"（工程管理）步骤，在其主工作区中，又包含以下区域：

○ 左侧偏上的"Sources"（源文件）窗口，用于管理设计源文件，包括设计源文件、约束文件、仿真源文件等；

○ 左侧偏下的"Properties"（属性）窗口，用于实时显示和修改选中的对象的属性；

○ 中央偏右为主编辑区，目前显示了"Project Summary"（工程概览），以后打开源文件时，它会变为源文件的文本编辑区。

### 2. 添加 Verilog HDL 源文件

（1）在"PROJECT MANAGER"步骤下，单击"Sources"窗口的"Add Sources"（见图 5-10）。

图 5-10　Vivado 中添加源文件按钮

系统弹出"Add Sources"对话框（见图 5-11），选择"Add or create design sources"，这将用于添加设计源文件（如 Verilog HDL 文件等）。

图 5-11　Vivado 中添加源文件时选择源文件类型

（2）单击"Next >"按钮，在"Add or Create Design Sources"页面，单击"Add Files"按钮（见图 5-12）。

图 5-12　Vivado 中添加源文件对话框 1

（3）在弹出的"Add Source Files"对话框中，找到《FPGA 应用开发和仿真》源码中的"chapter5/iis.sv"，选中并单击"OK"按钮（见图 5-13）。

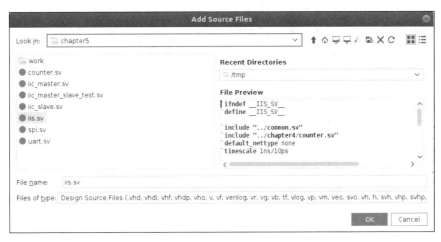

图 5-13　Vivado 中添加源文件对话框 2

（4）回到"Add or Create Design Sources"页面后，选中"Scan and add RTL include files into project"和"Copy sources into project"，Vivado 会自动找到被 iis.sv 文件包含的其他源文件，一并复制添加到工程中。然后单击"Finish"按钮（见图 5-14）。

图 5-14　Vivado 中添加源文件对话框 3

（5）Vivado 将自动分析文件中的 Verilog HDL 模块和模块间的实例化关系，并在"Sources"窗口的"Hierarchy"（层次）页面中给出模块的依赖关系（见图 5-15）。

此时，Vivado 找到了源文件中最为顶层的模块"TestIis"，不过这个是仿真用的 Testbench 模块，并不能被 Vivado 综合用于 FPGA，可暂时不理会它。

需要注意以下几点：

① 源文件中用"`include"关键字引用文件的行，因引用的文件会被 Vivado 添加进工程中，这些行中的被引文件路径可以删除，仅保留文件名即可，如 `include "../chapter4/counter.sv" 应修改为 `include "counter.sv"；

② 如果在添加源文件时，Vivado 并未正确搜索并复制所有依赖的源文件，在"Sources"窗口中，找不到源文件的模块前的小图标会显示问号，此时，还可以继续单击"Sources"窗口中的"Add Sources"，手动来找到包含这些模块的源文件；

③ "common.sv"中的"Fixedpoint"包中包含 let 表达式，是目前 Vivado 不支持的，因本案例不会用到它，可将整个 Fixedpoint 包用"//"注释掉。

图 5-15　Vivado 中源文件窗口的层次结构视图

### 3. 添加 Block Design 和 ZYNQ7 Processing System

Block Design（框图设计）是 Vivado 的设计源文件之一，它采用方框图的形式将 IP（一些或复杂或简单但常用的功能模块）、HDL 模块组织在一起。

ZYNQ7 Processing System 模块为 Zynq 系列 FPGA 中包含的 ARM-Cortex A9 处理器系统，即 PS 部分。

$I^2S$ 案例工程本身并不需要用到处理器，不过我们所用的 Zybo 开发板并未直接向 PL（FPGA 逻辑）部分提供时钟，所以，这里需要向 PS 借用其时钟和用于时钟频率变换的锁相环。Zynq 系列 APSoC 芯片的设计初衷就是以 PS 为主、以 PL 为辅，PL 部分的启动运作也是需要 PS 来控制的，因此无论如何 PS 是必须使用的——当然，如果只需要 PL，也可以在通过 PS 启动 PL 之后，让 PS 休眠。

（1）在"Flow Navigator"（流程导览）中，单击"IP INTEGRATOR"（IP 集成）流程中的"Create Block Design"（见图 5-16），这将创建新的空白 Block Design（框图设计）。

（2）在弹出的"Create Block Design"对话框中，全部保持默认设置（见图 5-17）。

图 5-16　Vivado 中创建框图设计

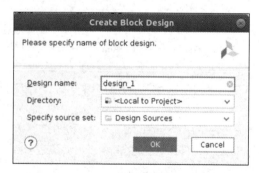

图 5-17　Vivado 中创建框图设计的对话框

（3）单击 "OK" 按钮，将打开 "BLOCK DESIGN" 流程，在其主编辑区将出现一个空白的 "Diagram"（见图 5-18）。

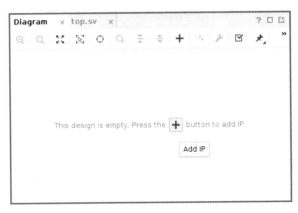

图 5-18　Vivado 中新建的空白框图设计源文件

（4）单击 "Add IP" 按钮，或者在选中 Diagram 页面时，按快捷键 Ctrl+I，将弹出添加 IP 对话框，在其中的 "Search" 搜索框中输入 "zynq"，可过滤掉所有无关的 IP（见图 5-19）。

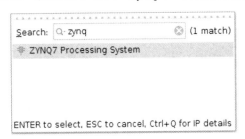

图 5-19　Vivado 中 IP 列表中的 ZYNQ7 PS

（5）双击其中的 "ZYNQ7 Processing System"，将在 Block Diagram 中添加一个名为 "processing_system7_0" 的 ZYNQ7 Processing System（见图 5-20）。

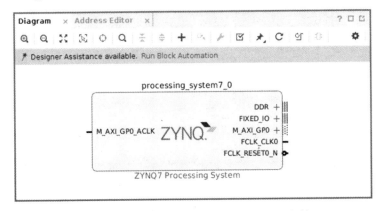

图 5-20　Vivado 中添加了 PS 的框图设计文件

（6）双击 "processing_system7_0"，将弹出 "Re-customize IP" 对话框，用于配置 "ZYNQ7 Processing System" 的细节（见图 5-21）。

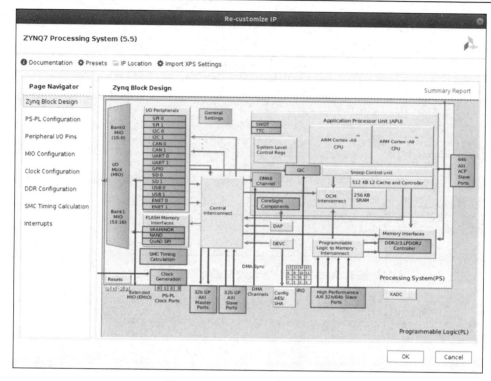

图 5-21　ZYNQ7 PS 配置对话框

（7）对于不同的开发板，PS 部分中哪些外设使用与否、与芯片外设备如何连接都是不一样的，需要根据开发板的电路设计对照设定，是一件烦琐细致的工作，对于成品开发板，比如我们所用的 Z-turn lite，生产厂商也会直接提供预设的脚本文件，用于自动快速地对 PS 部分的一些细节做出配置。这里，单击上方的"Presets"（预设）→"Apply Configuraion…"（应用配置），将弹出寻找配置脚本文件（.tcl 文件）的对话框，找到"zybo_z7_10_default.tcl"文件（可从 Digilent 网站下载），并单击"OK"按钮（见图 5-22）。

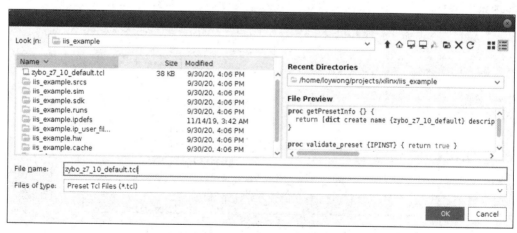

图 5-22　ZYNQ7 PS 预设文件对话框

（8）在"Clock Configuration"页面，展开"PL Fabric Clocks"，勾选"FCLK_CLK0"并将其频率设置为"24.576"（默认单位为 MHz），这将使得 PS 部分输出一个 24.576MHz 的时

钟到 PL 部分。注意，实际因 PLL 限制，能产生的时钟频率为 24.390244MHz，不过对于一个封闭系统来说，这一点误差并不重要（见图 5-23）。

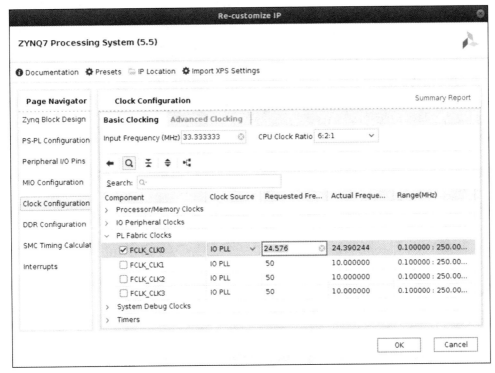

图 5-23　ZYNQ7 PS 配置对话框中的时钟配置页面

（9）在"PS-PL Configuration"页面，展开"AXI Non Secure Enablement"→"GP Master AXI Interface"，取消"M AXI GP0 Interface"的勾选（见图 5-24）。GP Master AXI 是 PS 提供的一个 AXI 主接口，可与 PL 中的 AXI 从接口连接以访问 PL 中的存储器映射类型的外设，本案例中不需要。

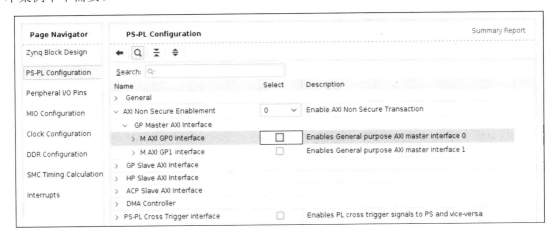

图 5-24　ZYNQ7 PS 配置对话框中的 PS-PL 配置页面

（10）在"Interrupts"页面，取消"Fabric Interrupts"的勾选（见图 5-25）。"Fabric Interrupts"选项为 PL 部分提供了向 PS 发起中断请求的渠道，本案例中不需要。

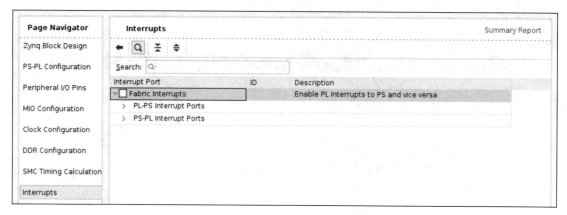

图 5-25　ZYNQ7 PS 配置对话框中的中断配置页面

（11）单击"OK"按钮，将回到 Diagram 主编辑区，右键单击"processing_system7_0"的"DDR"接口，在弹出的快捷菜单中，单击"Make External"，这将会把 DDR 接口内的所有端口连接至框图之外（见图 5-26）。

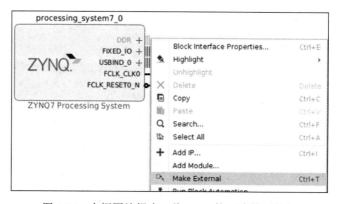

图 5-26　在框图编辑中，将 DDR 接口连接至外部

（12）对"FIXED_IO""FCLK_CLK0"做同样的操作，将它们也连接至框图之外，"USBIND_0"和"FCLK_RESET0_N"不必连接（见图 5-27）。

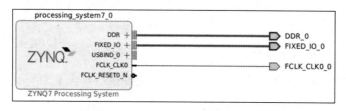

图 5-27　在框图编辑中，将几个所需的接口连接至外部

（13）右键单击"Sources"中的"design_1 (design_1.bd)"，在弹出的快捷菜单中单击"Create HDL Wrapper…"，这将为整个框图设计产生一个 Verilog"封套"，形成一个 Verilog 模块，以便通过其他 Verilog 模块来实例化它（见图 5-28）。

（14）在弹出的"Create HDL Wrapper"对话框中（见图 5-29），选择"Let Vivado manage wrapper and auto-updata"（由 Vivado 管理"封套"并自动更新）。

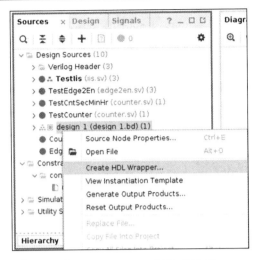

图 5-28　为 Block Diagram 创建 HDL Wrapper

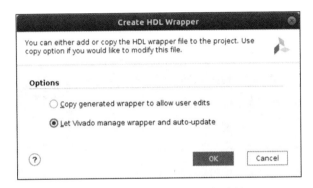

图 5-29　选择由 Vivado 管理和自动更新创建的 HDL Wrapper

（15）单击 "OK" 按钮，等待 Vivado 分析文件结构后，"Sources" 窗口出现一个新的 Verilog 模块 "design_1_wrapper"，将其展开可以看到，它实例化了刚刚做好的框图设计 "design_1"（见图 5-30）。

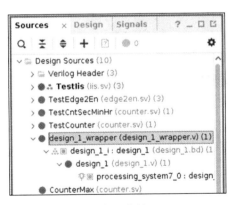

图 5-30　源文件窗口中的 HDL Wrapper

### 4．新建源文件并编辑顶层模块

（1）在图 5-16 所示的 "Flow Navigator"（流程导览）中，在 "PROJECT MANAGER"

下，单击"Sources"窗口的"Add Sources"，将弹出"Add Sources"对话框，在其中选择"Add or create design sources"（见图 5-31）。

（2）单击"Next >"，在"Add or Create Design Sources"页面单击"Create File"。

图 5-31 添加或创建源文件窗口

（3）在弹出的"Create Source File"（创建源文件）对话框中（见图 5-32）进行如下操作：

① 在"File type:"（文件类型）下拉框中选择"System Verilog"；

② 在"File name:"（文件名）文本框中填写"top.sv"；

③ 在"File location:"（文件位置）下拉框中选择"<Local to Project>"（工程本地）。

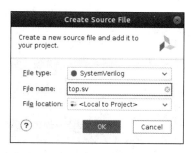

图 5-32 创建 SystemVerilog 源文件

这将在工程目录内创建名为"top.sv"的 SystemVerilog 源文件，我们将在其中编写整个工程的顶层模块（"top"模块）。顶层模块在层次结构上等同于整个 FPGA 芯片，顶层模块的端口将在后续流程中一一对应到 FPGA 芯片的引脚上。

（4）单击"OK"按钮，返回到"Add Sources"对话框的"Add or Create Design Sources"页面（见图 5-33）。

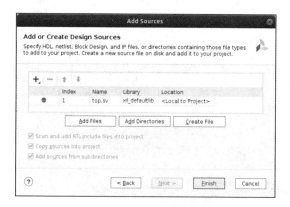

图 5-33 Vivado 的添加源文件对话框

（5）单击"Finish"按钮，弹出"Define Module"对话框（见图 5-34），执行如下操作：

① 保持"Module name"文本框中的模块名为"top"不变；

② 在"I/O Port Definitions"列表中，可以定义端口名而让 Vivado 自动生成代码模板，这里选择留空，后面自行编写代码。

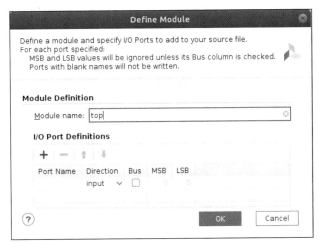

图 5-34　Vivado 添加源文件时的定义模块对话框

（6）单击"OK"按钮，在弹出的提示框中单击"YES"按钮。等待"Sources"窗口中更新文件依赖关系。然后在"Sources"窗口中双击"top.sv"，将在主编辑区打开 top.sv 文件，在其中输入代码 5-4 所示的代码。

代码 5-4　I²S 案例顶层模块

```
1    module top(
2        // PS dedicated IOs
3        inout wire [53:0] MIO       ,
4        inout wire        DDR_CAS_n, DDR_CKE , DDR_Clk_n, DDR_Clk_p,
5        inout wire        DDR_CS_n , DDR_DRSTB, DDR_ODT  , DDR_RAS_n,
6        inout wire        DDR_WE_n ,
7        inout wire [2:0]  DDR_BA   ,
8        inout wire [14:0] DDR_Addr ,
9        inout wire        DDR_VRN  , DDR_VRP  ,
10       inout wire [3:0]  DDR_DM   ,
11       inout wire [31:0] DDR_DQ   ,
12       inout wire [3:0]  DDR_DQS_n,
13       inout wire [3:0]  DDR_DQS_p,
14       inout wire        PS_SRSTB , PS_CLK  , PS_PORB ,
15       // ports for iis module
16       output wire mck, sck, ws0, ws1, da_sd,
17       input wire ad_sd
18   );
19       wire rst_n;
20       design_1_wrapper design_1(
21           .DDR_0_addr        (DDR_Addr  ),
```

```
22          .DDR_0_ba           (DDR_BA     ),
23          .DDR_0_cas_n        (DDR_CAS_n  ),
24          .DDR_0_ck_n         (DDR_Clk_n  ),
25          .DDR_0_ck_p         (DDR_Clk_p  ),
26          .DDR_0_cke          (DDR_CKE    ),
27          .DDR_0_cs_n         (DDR_CS_n   ),
28          .DDR_0_dm           (DDR_DM     ),
29          .DDR_0_dq           (DDR_DQ     ),
30          .DDR_0_dqs_n        (DDR_DQS_n  ),
31          .DDR_0_dqs_p        (DDR_DQS_p  ),
32          .DDR_0_odt          (DDR_ODT    ),
33          .DDR_0_ras_n        (DDR_RAS_n  ),
34          .DDR_0_reset_n      (DDR_DRSTB  ),
35          .DDR_0_we_n         (DDR_WE_n   ),
36          .FCLK_CLK0_0        (mck        ),
37          .FIXED_IO_0_ddr_vrn (DDR_VRN    ),
38          .FIXED_IO_0_ddr_vrp (DDR_VRP    ),
39          .FIXED_IO_0_mio     (MIO        ),
40          .FIXED_IO_0_ps_clk  (PS_CLK     ),
41          .FIXED_IO_0_ps_porb (PS_PORB    ),
42          .FIXED_IO_0_ps_srstb(PS_SRSTB   )
43      );
44      assign ws1 = ws0;
45      wire sck_fall, frame_sync;
46      wire signed [31:0] data[2];
47      wire data_valid;
48      IisClkGen #(.SCK_TO_WS(64), .MCK_TO_SCK(8))
49          theIisClkGen(
50              .mck(mck), .sck(sck), .ws(ws0),
51              .sck_fall(sck_fall), .frame_sync(frame_sync)
52          );
53      IisReceiver theIisRecvr(
54              .mck(mck), .iis_sck(sck), .iis_ws(ws0), .iis_sd(ad_sd),
55              .data(data), .data_valid(data_valid)
56          );
57      IisTransmitter theIisTrans(
58              .mck(mck), .sck_fall(sck_fall), .frame_sync(frame_sync),
59              .data(data), .data_rd(), .iis_sd(da_sd)
60          );
61  endmodule
```

这段代码实例化了 Block Diagram、IisClkGen、IisReceiver 和 IisTransmitter 模块，并将 PS 输出的 FCLK_CLK0 作为 $I^2S$ 系统的 mck。PS 部分的其他众多端口（如 DDR 相关端口、USB 相关端口等）均为专门的固定端口，这里直接将它们连接至顶层模块（芯片）外。mck、sck、ws0、ws1、da_sd 和 da_sd 这 6 个端口用于与 $I^2S$ 数据转换模块连接。

（7）在"Sources"窗口，右键单击"top(top.sv)"，在弹出的快捷菜单中，单击"Set as Top"，将"top"模块设置为工程的顶层模块（见图 5-35）。

图 5-35　在源文件窗口中设置顶层模块

（8）经过 Vivado 对源文件的短暂分析后，"Sources"窗口将显示工程的新层次结构，新的顶层模块也将以粗体显示（见图 5-36）。

图 5-36　设置完顶层模块后的源文件模块结构

### 5. 新建约束文件

约束文件用于告知 Vivado 引脚分配、I/O 电平、时钟和时序要求等，这里添加一个约束文件，用于保存稍后将编辑的引脚分配和 I/O 电平配置。

（1）单击"Sources"窗口中的"Add Sources"，弹出"Add Sources"对话框（见图 5-37），选择"Add or create constraints"（添加或创建约束文件）。

图 5-37　为工程添加源文件

（2）单击"Next"按钮，在"Add or Create Constraints"页面单击"Create File"（见图 5-38）。

图 5-38　为工程添加约束文件

（3）在弹出的"Create Constraints File"对话框中（见图 5-39）执行如下操作：

① 在"Filte type"下拉框中选择"XDC"（Xilinx Design Constrains）；

② 在"File name"文本框中填写"master.xdc"；

③ 在"File location"下拉框中选择"<Local to Project>"。

这将在工程本地目录创建名为"master.xdc"的约束文件。

图 5-39　新建约束文件

（4）单击"OK"按钮，回到"Add Sources"对话框的"Add or Create Constraints"页面，单击"Finish"按钮，将在"Sources"窗口出现新的"master.xdc"文件（见图 5-40）。

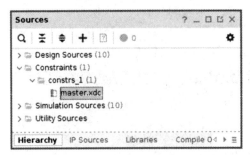

图 5-40　添加了"master.xdc"约束文件之后的源文件窗口

（5）选中"master.xdc"文件，在"Sources"窗口正下方的"Source File Properties"（源

文件属性）窗口中的"General"页面（见图 5-41）执行如下操作：取消勾选"Used In"分组
下的"Synthesis"（综合）。

我们将主要在该约束文件中添加引脚分配和 I/O 电平规范约束，这些内容只在整个工程
开发的 Implementation（实现）过程中有效，在 Synthesis（综合）过程中并不需要。

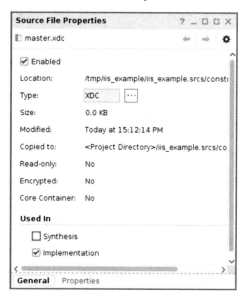

图 5-41　设置"master.xdc"的文件属性

（6）在"Sources"窗口中，右键单击"master.xdc"，在弹出的快捷菜单中单击"Set as Target
Constraint File"（见图 5-42），随后在"Sources"窗口中，"master.xdc"文件名右侧将出现"(target)"
字样（见图 5-43），表明目前它是目标约束文件。

图 5-42　设置目标约束文件　　　　　　　　图 5-43　设置完目标约束文件后的源文件窗口

约束文件本身是文本文件，可以自行按照规定的格式去编辑它，添加所需的内容，也可在 Vivado 的图形界面操作、修改想要的内容，然后让 Vivado 自动生成符合约束文件格式的文本内容，写进约束文件。如果要让 Vivado 自动生成和写入约束文件，则需要事先告诉 Vivado 能写哪个文件，这便是"Set as Target Constraint File"的作用。

### 6. 编辑引脚分配

（1）在"Flow Navigator"窗口，单击"RTL ANALYSIS"（RTL 分析）流程下的"Open Elaborated Design"（打开展述后的工程），在弹出的"Elaborate Design"提示框中单击"OK"按钮（见图 5-44）。

图 5-44　流程浏览窗口

（2）稍等片刻，将打开 Elaborated Design 流程（见图 5-45）。

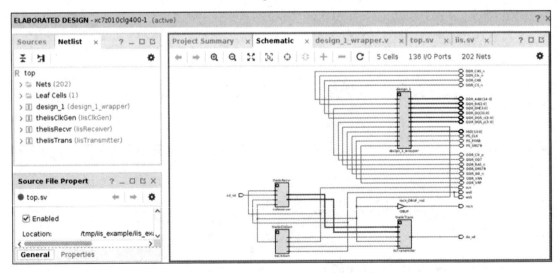

图 5-45　Elaborated Design 流程视图

（3）单击 Vivado 主菜单中的"Layout"（窗口布局）→ "I/O Planning"（见图 5-46）。

图 5-46　"Layout"菜单中的"I/O Planning"选项

（4）在出现的新界面布局中（见图 5-47）的主编辑区可以看到芯片的引脚示意图，下方
消息区将显示"I/O Ports"（I/O 端口）标签。在这里可以指定所需要的引脚分配。

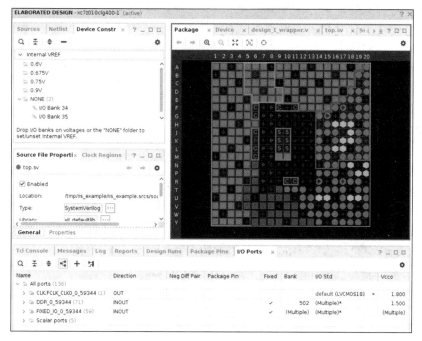

图 5-47　Elaborated Design 流程中的 I/O Planning 视图

（5）在"I/O Ports"页面中，可以看到"DDR_0_59344"（名字可能稍有不同）和
"FIXED_IO_0_59344"（名字可能稍有不同）两个分组中，PS 部分的固定 I/O，Vivado 已将
其分配好，而 Scalar ports 中的 5 个用于 $I^2S$ 接口的 I/O 及 mck（位于"CLK.FCLK_CLK0_0_
59344"分组中）尚未分配引脚，需要自行分配。这里拟将 $I^2S$ 数据转换板连接至 Zybo-Z7 板
上的 PMOD-E，根据 Zybo-Z7 开发板电路图和 $I^2S$ 数据转换板电路，可以知道其对应关系如
表 5-3 所示。

表 5-3　$I^2S$ 数据转换板信号与 FPGA 引脚对应关系

| FPGA 引脚 | $I^2S$ 数据转换板信号 | top 模块信号 |
|---|---|---|
| H15 | SDOUT | ad_sd |
| W16 | SDIN | da_sd |
| T17 | MCLK | mck |
| Y17 | SCLK | sck |

续表

| FPGA 引脚 | I²S 数据转换板信号 | top 模块信号 |
|---|---|---|
| J15 | LRCK1 | ws0 |
| U17 | LRCK2 | ws1 |

（6）单击"I/O Ports"页面中上部的"Group by Interface and Bus"，将下面的列表改为不分组的形式，然后单击列表的"Package Pin"（封装引脚）列标题，将 I/O 按 Package Pin 排序，可将全部未分配的引脚的端口排列在列表的最上面（见图 5-48）。根据表 5-3 中的对应关系，在 Package Pin 一列为这 6 个未分配引脚的端口指定引脚（可直接输入），并且在"I/O Std"一列将它们的 I/O 电平标准均改为"LVCMOS33"（3.3V LVCOMS 电平）。

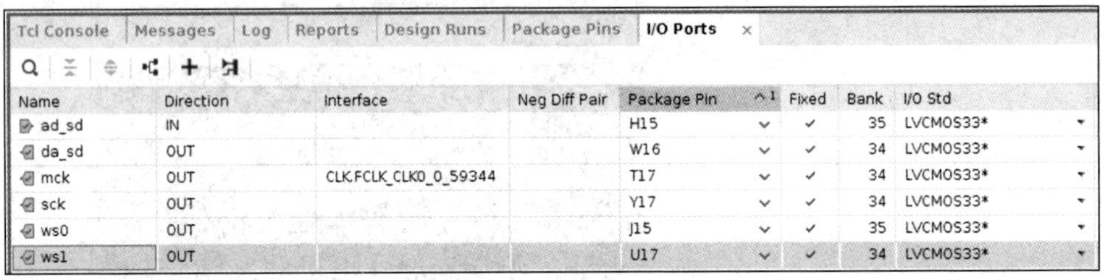

图 5-48　在 I/O Ports 窗口中分配引脚和指定电平规范

（7）此时，主工作区的标题"ELABORATED DESIGN"变为"ELABORATED DESIGN *"，结尾的"*"表示工程经过了更改，需要保存。单击 Vivado 主工具栏的"Save Constrains"，Vivado 会把修改后的引脚分配写入"master.xdc"文件中。此时从"Sources"窗口打开"master.xdc"文件，可以看到 Vivado 自动添加的内容（见图 5-49）。注意，如果在单击"Save Constrains"之前已经打开 master.xdc，那么"Save Constrains"之后，Vivado 将提示"reload"（重加载）master.xdc 文件，请选择"reload"，并且，如果后续需要关闭 master.xdc 文件，建议在弹出的保存提示中单击"No"。

```
 1  set_property PACKAGE_PIN H15 [get_ports ad_sd]
 2  set_property PACKAGE_PIN W16 [get_ports da_sd]
 3  set_property PACKAGE_PIN Y17 [get_ports sck]
 4  set_property PACKAGE_PIN T17 [get_ports mck]
 5  set_property PACKAGE_PIN J15 [get_ports ws0]
 6  set_property PACKAGE_PIN U17 [get_ports ws1]
 7  set_property IOSTANDARD LVCMOS33 [get_ports ad_sd]
 8  set_property IOSTANDARD LVCMOS33 [get_ports da_sd]
 9  set_property IOSTANDARD LVCMOS33 [get_ports sck]
10  set_property IOSTANDARD LVCMOS33 [get_ports mck]
11  set_property IOSTANDARD LVCMOS33 [get_ports ws0]
12  set_property IOSTANDARD LVCMOS33 [get_ports ws1]
```

图 5-49　保存修改之后的 master.xdc 文件内容

（8）单击主工作区标题栏最右侧的"Close"，可以关闭"ELABORATED DESIGN"流程。

**7. 综合、实现**

（1）单击"Flow Navigator"→"PROGRAM AND DEBUG"→"Generate Bitstream"，将弹出"No Implementation Results Available"的提示，提示尚未进行"Synthesis"（综合）和"Implementation"（实现），单击"Yes"按钮，将弹出"Launch Runs"（启动运行）对话框，保持默认设置，然后在"Number of jobs"中填写一个不大于所使用计算机的 CPU 物理核心数量的数（见图 5-50）。

（2）单击"OK"按钮，Vivado 将启动综合、实现及位流文件（PL 的启动配置文件）生成。耐心等待几分钟，将弹出编译完成对话框，询问下一步操作。这里单击"Cancel"，即暂时不需要进一步操作（见图 5-51）。

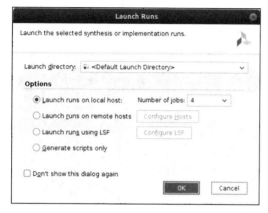
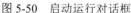

图 5-50　启动运行对话框

图 5-51　编译完成时的对话框

注意，如果在编译过程中出错，请仔细阅读 Vivado 界面下方的 Message 窗口给出的 Error 信息，自行查找问题并解决，同时仔细核对前述过程是否严格遵照本书。

### 8. 创建 PS 启动程序软件工程

注意，本案例本不需要 PS 软件，这部分所做的 PS 启动程序仅用来通过 PS 启动 PL。

在 ZYNQ 的 PS 系统内置一个 ROM，其中包含固化于芯片内的最初级的启动程序——s0bl（stage-0 boot loader），s0bl 将检查板上通过芯片引脚电平设定的启动方式（SD 卡或 QSPI Flash 等），然后从 SD 卡或 QSPI Flash 等设备读取 fsbl 并运行。fsbl 运行后，将检查设备内的启动文件（BOOT.bin，包含 fsbl 和其他内容）中是否还有其他内容，如 PL 部分的位流、运行于 PS 后一阶段的软件（一般为正式的功能软件或 Linux 等操作系统的启动程序），如果有 PL 位流，则 fsbl 会将 PL 位流传输至 PL 部分，PL 部分随之启动；如果有下一阶段软件，则会加载下一阶段软件并运行。

（1）单击 Vivado 主菜单中的"File"→"Export"→"Export Hardware"（见图 5-52）。

（2）在弹出的"Export Hardware"对话框中，勾选"Include bitstream"，"Export to"保持默认的"<Local to Project>"，然后单击"OK"按钮（见图 5-53）。

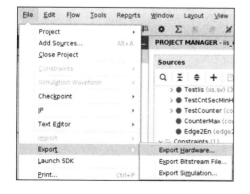

图 5-52　为 XSDK 导出硬件

图 5-53　导出硬件对话框

　　这一步会将在工程目录下建立软件开发目录"iis_example.sdk"，并导出 PS 的配置细节、PL 部分与 PS 相关的细节及位流文件到其中，以便后续软件开发工具"XSDK"使用。

　　（3）单击 Vivado 主菜单中的"File"→"Launch SDK"，在弹出的"Launch SDK"对话框中保持默认设置，并单击"OK"按钮，启动 XSDK（Xilinx SDK）。在"Project Explorer"面板，可以看到其中已经包含一个名为"top_hw_platform_0"的硬件平台工程（见图 5-54）。下面将创建一个启动程序工程——fsbl（First stage boot loader）。

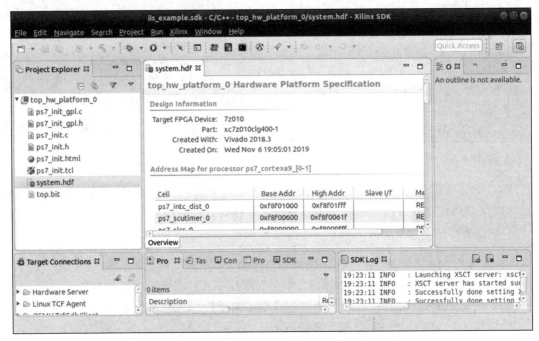

图 5-54　XSDK 窗口

　　（4）单击 XSDK 主菜单中的"File"→"New"→"Application Project"（见图 5-55）。

图 5-55　在 XSDK 中创建 Xilinx 应用工程

　　（5）在弹出的"New Project"对话框中（见图 5-56）执行以下操作：

　　① "Project name"填写"fsbl"，此时，下方的"Board Support Package:"→"Create New"也会自动更新为"fsbl_bsp"；

　　② 选中"Use default location"，将在默认位置（工程目录下的 iis_example.sdk）中创建 fsbl 工程目录；

　　③ "OS Platform"选择"standalone"；

　　④ 在"Target Harware"组中，"Hardware Platform"选择"top_hw_platform_0"，"Processor"选择"ps7_cortexa9_0"（事实上 ps7_cortexa9_1 也可，这即是 PS 的两个处理器核）；

　　⑤ 在"Target Software"组中，"Language"选择"C"。

图 5-56　新建 Xilinx 应用工程的对话框

（6）单击"Next"按钮，进入"Templates"页面，选择"Zynq FSBL"（见图 5-57）。

图 5-57　新建 Xilinx 应用工程时的模板选择

（7）单击"Finish"按钮，XSDK 将根据内置的 fsbl 模板（见图 5-58）创建 fsbl 工程和它所依赖的 fsbl_bsp 工程（board support package）。

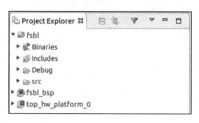

图 5-58　创建完成的 fsbl 工程

（8）创建完成的同时，XSDK 也会自动对它们进行编译，在"Project Explorer"中选中 fsbl 工程，即可在 XSDK 下方的"Console"面板看到编译的结果。如果未能自动编译，也可按快捷键 Ctrl+B 进行编译（见图 5-59）。

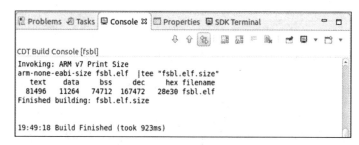

图 5-59　fsbl 工程编译完成时的控制台信息

### 9. 生成启动文件并启动开发板

（1）单击 XSDK 主菜单的"Xilinx"→"Create Boot Image"（创建启动镜像）。在弹出的"Create Boot Image"对话框中（见图 5-60）执行如下操作：

① 在"Architecture"下拉框中，选择"Zynq"；

② 勾选"Create new BIF file"。

说明：BIF 文件是 Boot Image 配置文件，这是第一次生成 Boot Image，所以选择创建新的文件，后续如果要重新生成启动镜像，可以选择"Import from existing BIF file"，而不必重新做这些设置。

在"Base"页面中，不要勾选"Split"，"Output format"选择"BIN"，"Output BIF file path"和"Output path"均保持默认设置。

需要说明以下几点：

① 留意"Output path"中的路径，以后需要去这些路径里找文件；

② BIN 格式文件用于从 SD 卡启动，这也是我们此次要用的，另一个 MCS 格式文件则用于 QSPI Flash 或 NAND Flash 启动。

在 Boot image partitions 列表中，依次添加"iis_example/iis_example.sdk/fsbl/Debug/fsbl.elf"（fsbl 软件）和"iis_example/iis_example.sdk/top_hw_platform_0/top.bit"（Vivado 编译生成的用于 PL 部分的位流）。

注意，通常第一次为一个工程打开"Create Boot Image"对话框时，它会自动添加这两个文件，不必手动添加，不过建议认真检查它们是否正确。

图 5-60　创建启动镜像窗口

（2）单击"Create Image"按钮，将在"Output path"指定的路径下生成 BOOT.bin 文件。

（3）将 TF 卡插入或通过读卡器插入计算机，检查它是否为 MBR 分区表，同时第一个主分区为 FAT32 文件系统。如果不确定，可按以下步骤格式化这张卡。

① 对于 Windows 系统。

以管理员权限运行 cmd（命令提示符），在其中依次运行代码 5-5 所示命令（加粗部分）。完成后，系统应会自动加载 TF 卡；如果没有，可以在 exit 之前使用"assign"命令，或拔出 TF 卡再插入。

注意，其中"sel disk 2"一句中的"2"，是根据"list disk"的结果列表找到的 TF 卡的磁盘编号，切勿弄错，否则后续操作会清除其他磁盘或分区的全部数据。

代码 5-5　在 Windows 操作系统中格式化 Micro SD 卡

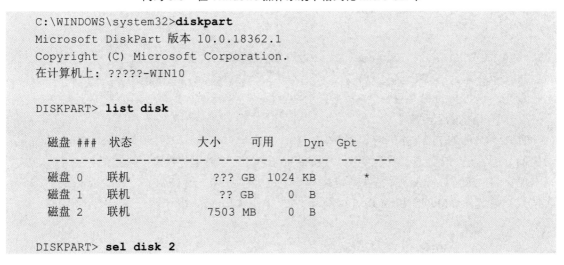

```
C:\WINDOWS\system32>diskpart
Microsoft DiskPart 版本 10.0.18362.1
Copyright (C) Microsoft Corporation.
在计算机上: ?????-WIN10

DISKPART> list disk

  磁盘 ###   状态           大小      可用    Dyn  Gpt
  --------  -------------  -------  -------  ---  ---
  磁盘 0    联机           ??? GB   1024 KB        *
  磁盘 1    联机           ?? GB    0 B
  磁盘 2    联机           7503 MB  0 B

DISKPART> sel disk 2
```

```
磁盘 2 现在是所选磁盘。
DISKPART> clean
DiskPart 成功地清除了磁盘。
DISKPART> convert mbr
DiskPart 已将所选磁盘成功地转更换为 MBR 格式。
DISKPART> create par primary
DiskPart 成功地创建了指定分区。
DISKPART> format fs=fat32 quick
  100 百分比已完成
DiskPart 成功格式化该卷。
DISKPART> exit
```

② 对于 Linux 系统。

在将 TF 卡插入计算机之前和之后分别使用 "ls /dev/sd*" 命令，找到 TF 卡的设备文件名，以下假定为 "/dev/sdc"。注意切勿弄错，否则后续操作会清除其他磁盘上的全部数据。

在 terminal 中使用代码 5-6 所示命令（加粗部分），运行 mkfs 命令之后，系统应会自动挂载它；如果没有，可自行挂载，或拔出 TF 卡再插入。

代码 5-6　在 Linux 操作系统中格式化 Micro SD 卡

```
you@your-linux-pc:~$ umount /media/<yourname>/<diskname>
                              #对于 centos、fedora 等可能是
                              # "/run/media/<yourname>/<diskname>"
you@your-linux-pc:~$ sudo parted /dev/sdc
                              #或者可以先用"su"命令，再用"parted/dev/sdc"


GNU Parted 3.2
Using /dev/sdc
Welcome to GNU Parted! Type 'help' to view a list of commands.
(parted) mklabel msdos
Warning: The existing disk label on /dev/sdc will be destroyed and all data
on this disk will be lost. Do you want to continue?
Yes/No? yes
(parted) mkpart primary fat32 1Mi -1Mi
(parted) quit

you@your-linux-pc:~$ sudo mkfs.vfat -F 32 /dev/sdc1
                              #或者可以先用"su"命令，再用"mkfs.vfat..."
mkfs.fat 4.1 (2017-01-24)
```

③ 对于 MacOS 系统。

打开 "Disk Utility.app" 应用，在选中整个 TF 卡的前提下（注意是整个 TF 卡，而不是卡内的分区），单击上方工具栏中的 "Erase"，在弹出的对话框中的 "Name" 栏中填入对这张卡的命名，在 "Format"（文件系统格式）中选择 "MS-DOS (FAT)"，在 "Scheme"（分区表格式）中选择 "Master Boot Record"。最后，单击 "Erase" 按钮即可（见图 5-61）。

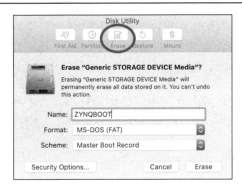

图 5-61　在 MacOS 操作系统中用 Disk Utility 应用格式化 Micro SD 卡

（4）将位于"iis_example/iis_example.sdk/fsbl/bootimage"目录下的"BOOT.bin"复制到刚刚格式化好的 TF 卡的根目录下。

（5）准备并启动开发板。

① 弹出 TF 卡，将 TF 卡插入 Zybo-Z7 开发板的 TF 卡插槽内，将启动选择跳线 JP5 跳至"SD"位置；

② 将 I²S ADDA PMOD 插入扩展底板的 PMOD-E 中；

③ 在 I²S ADDA PMOD 模块的 HEADPHONE 插座中插入耳机，或者用一条 3.5mm TRS 音频线连接有源音箱；

④ 在 I²S ADDA PMOD 模块的 LINEIN 插座用一条 3.5mm TRS 声音频线接入任何音频播放器或计算机的耳机或线路输出插座；

⑤ 连接并开通电源，PGOOD 指示 LED 立刻亮起，稍等片刻，DONE 指示 LED 亮起。用音频播放器播放乐曲，使用耳机应能听到。

## 5.1.4　Vivado ILS 应用

ILA（Integrated Logic Analyzer），即内嵌逻辑分析仪，是 Xilinx 开发的 IP，其配置过程集成在 Vivado 开发流程中，占用 FPGA 内部逻辑资源，并通过 JTAG 电缆与开发计算机连接，可用 Vivado 操作其运作，获取并显示它从 FPGA 内部采集的实时数据。

这里的 ILA 应用案例基于 5.1.3 节中的 Vivado 工作流程案例，使用 ILA 需要 JTAG 电缆，并正确连接计算机和开发板。具体步骤如下，读者可对照着逐步完成。

### 1. 添加用于保存调试设定的约束文件

（1）添加新约束文件：在"Sources"窗口单击"Add Sources"，在弹出的"Add Sources"对话框中，选择"Add or create constrains"，单击"Next"按钮，在"Add or Create Constrains"页面单击"Create Files"，在"Create Constrains File"对话框中为新文件命名为"debug.xdc"，单击"OK"按钮后，单击"Finish"按钮。

注意，一些流程的一些界面布局默认没有"Sources"窗口，如果找不到"Sources"窗口，可在"Flow Navigator"中选择"PROJECT MANAGER"流程。

（2）将新文件设为目标文件：右键单击"Sources"窗口中新出现的"debug.xdc"文件，在弹出的快捷菜单中，选择"Set as Target Constraint File"，将把 debug.xdc 文件设为目标文件，以便在后续操作中让 Vivado 将 ILA 及调试设定脚本写入其中。

（3）将"debug.xdc"设为仅用于 Implementation（实现）：在"Sources"窗口中选中"debug.xdc"
文件，在"Source File Properties"窗口的"General"页面取消勾选"Use In"分组里的"Synthesis"。

### 2. 在源代码中添加调试标记并编译

在源代码中的相关线网/变量上添加调试标记的作用是告诉 Vivado，我们将要查看这些节
点的数据，不要将它们优化掉，并且在后续添加 ILA 时，方便我们找到它们。

（1）添加调试标记：在"Sources"窗口中双击"top(top.sv)"，打开 top.sv 源代码，在其
中按照图 5-62 所示添加调试标记"(* mark_debug = "true" *)"。

```
47        output wire mck,
48        (* mark_debug = "true" *) output wire sck,
49        (* mark_debug = "true" *) output wire ws0,
50        (* mark_debug = "true" *) output wire ws1,
51        (* mark_debug = "true" *) input wire ad_sd,
52        (* mark_debug = "true" *) output wire da_sd
53      );
80        assign ws1 = ws0;
81        (* mark_debug = "true" *) wire sck_fall, frame_sync;
82        (* mark_debug = "true" *) wire signed [31:0] data[2];
83        (* mark_debug = "true" *) wire data_valid;
```

图 5-62　在源码中添加 mark_debug 标记

（2）编译并打开编译结果：在"SYNTHESIS"流程中，单击"Run Synthesis"，在弹出
的确认"Run Synthesis"对话框中，单击"OK"按钮，在弹出的"Launch Runs"设定对话
框中保持默认设置，并单击"OK"按钮，等待 Vivado 完成综合。完成综合后，在弹出的"Synthesis
Completed"对话框中选择"Open Synthesized Design"，然后单击"OK"按钮，这将在主工
作区打开综合完成后的内容（见图 5-63）。

图 5-63　编译完成后打开编译结果

注意，如果在完成综合后弹出的"Synthesis Completed"对话框中未选择"Open Synthesized
Design"或单击了"Cancel"按钮，那么也可在"Flow Navigator"中单击"SYNTHESIS"流
程下的"Open Synthesized Design"。

### 3. 添加 ILA 和调试信息

（1）应用调试布局：打开编译结果之后（主工作区标题为"SYNTHESIZED DESIGN"），
单击 Vivado 主菜单中的"Layout"→"Debug"，应用调试布局（见图 5-64）。

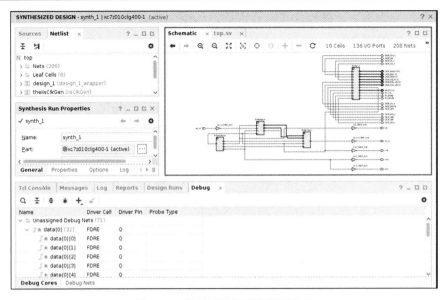

图 5-64　编译结果视图的调试布局

（2）设置调试：在主工作区下方的"Debug"窗口中（见图 5-65），单击"Set Up Debug"（设置调试）。

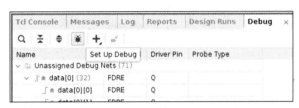

图 5-65　调试窗口中的设置调试按钮

在弹出的"Set Up Debug"的第一页，单击"Next"按钮，进入"Nets to Debug"页面（见图 5-66）。

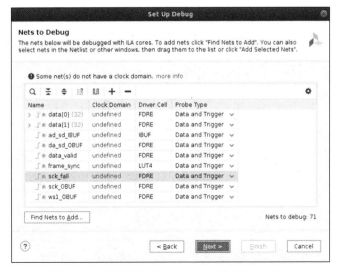

图 5-66　在设置调试窗口中添加待观察的网络

选中网络列表中的所有网络，并在其上单击右键，在弹出的快捷菜单中，选择"Select Clock Domain"（见图 5-67）。

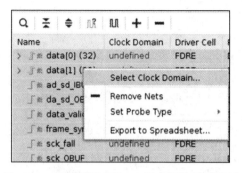

图 5-67    在设置调试窗口中指定网络的时钟域

在弹出的"Select Clock Domain"对话框中，在时钟域类型下拉列表中选择"ALL_CLOCK"，然后在时钟列表中选择"…/FCLK_CLK0"，最后，单击"OK"按钮（见图 5-68）。

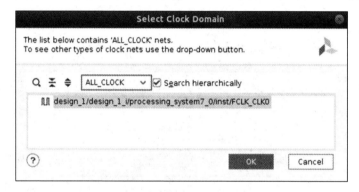

图 5-68    为指定的待观察网络指定时钟域

回到"Set Up Debug"对话框，单击"Next"按钮，在"Set Up Debug"对话框的"ILA Core Options"页，选择"Sample of Data Depth"为 1024，选择"Input pipe stages"为 2，并勾选"Capture control"，最后单击"Next"按钮（见图 5-69）。

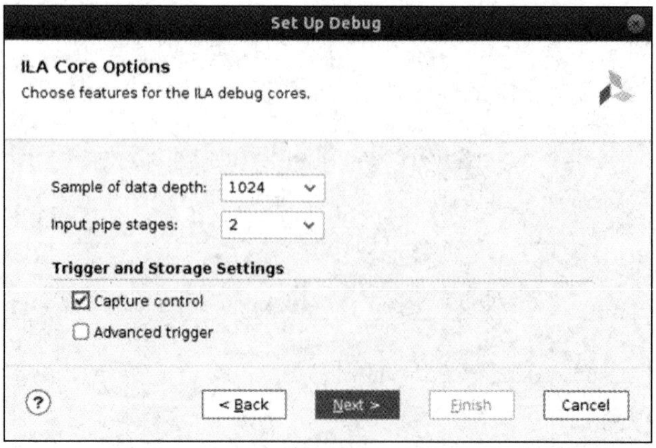

图 5-69    设定 ILA 核的采样深度、流水线级数等参数

在"Set Up Debug Summary"页面，单击"Finish"按钮，稍等片刻，Vivado 将完成 ILA 和调试设定。

（3）保存调试设定到约束文件：此时，主工作区标题栏的"SYNTHESIZED DESIGN"右侧应有"*"号，同时，Vivado 主工具栏的"Save Constraints"按钮有效，单击"Save Constraints"，再从"Sources"窗口打开"debug.xdc"文件，应看到 Vivado 在其中添加了用于设定调试信息的脚本语句（见图 5-70）。

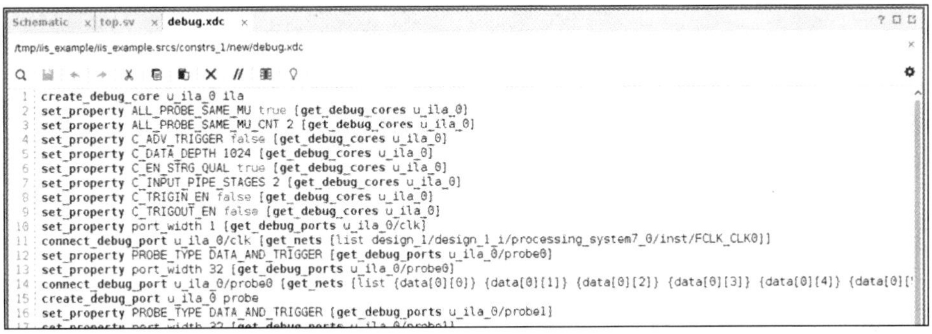

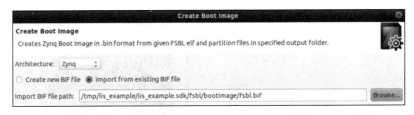

图 5-70　保存约束后的 debug.xdc 文件

### 4．生成 Bitstream 及后续操作

（1）生成 Bitstream：选择"Flow Navigator"→"Generate Bitstream"，并完成整个编译过程。

（2）导出硬件：选择主菜单"File"→"Export"→"Export Hardware…"，导出硬件信息到默认位置，注意勾选"Include bitstream"，并在"Overwrite"（覆盖）提示中选择"Yes"。

（3）打开 SDK：选择主菜单"File"→"Launch SDK"。打开 SDK 后，SDK 应能自动检测到硬件异动，并自动重新编译。如果未能重新编译，则：

- 在"Project Explorer"面板中，右键单击 bsp 工程（fsbl_bsp）名，在弹出的快捷菜单中选择"Re-generate BSP Sources"；
- 选择主菜单中的"Project"→"Build All"。

（4）重新创建启动镜像：选择主菜单"Xilinx"→"Create Boot Image"，这次可选择导入上一次生成的.bif 文件，检查路径和列表中的文件是否正确，最后单击"Create Image"（见图 5-71）。

图 5-71　在创建启动镜像窗口中选择导入上一次保存的 BIF 文件

### 5．准备 TF 卡，上电调试

（1）将生成的 BOOT.bin 文件复制到 TF 卡，可直接覆盖上一次的文件，不必重新格式化，将 TF 插回开发板。

（2）正确连接 JTAG 调试电缆和开发板。

注意，务必严格核对线序，即使插头与插座看起来是匹配的，也要核对。如果插头与插座不匹配，可用分散杜邦线按线序自行连接。

（3）连接 JTAG 调试电缆的 Micro-USB 接口到计算机。

（4）打开 Vivado 的调试流程：在"Flow Navigator"中，单击"PROGRAM AND DEBUG"流程下的"Open Hardware Manager"，将在主工作区打开"HARDWARE MANAGER"页（见图 5-72）。

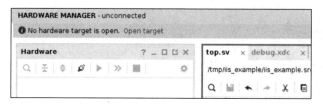

图 5-72　硬件管理流程视图

（5）给开发板上电。

（6）在 Vivado 中打开目标。单击工作区标题栏下方提示信息中的"Open target"链接，或单击"Flow Navigator"中"PROGRAM AND DEBUG"流程下的"Open target"。

在弹出的菜单中，单击"Auto Connect"（见图 5-73），Vivado 将自动检测到调试器、开发板上的 FPGA 芯片和芯片中配置的 ILA，并会在主编辑区自动打开一个 ILA 波形观察窗口（见图 5-74）。

图 5-73　硬件管理流程视图中的自动连接按钮

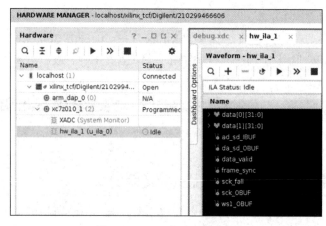

图 5-74　ILA 波形观察窗口

### 6．用 ILA 观察数据波形

直接采集数据：单击 ILA 波形观察窗口内工具栏中的"Run trigger for this ILA core"（见

图 5-75)，系统将立即采集 1024 组数据并在波形观察窗口绘制波形。如图 5-76 所示，这些数据波形是此刻 FPGA 内部的真实数据。

图 5-75　ILA 波形观察窗口中的单次触发按钮

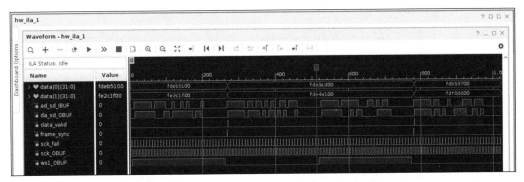

图 5-76　ILA 波形观察窗口中采集到的实时波形

1）触发采样

在波形观察窗口下方左侧的"Settings"窗口中，设置"Trigger position in window"为 128（见图 5-77）。

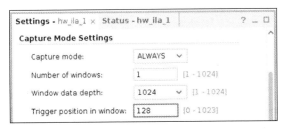

图 5-77　在 ILA 设定窗口中设置触发点的位置

在波形观察窗口下方右侧的"Trigger Setup"窗口中，单击"Add probe(s)"，选择"data_valid"信号（见图 5-78），单击"OK"按钮，这将在"Trigger Setup"窗口中添加"data_valid"信号。

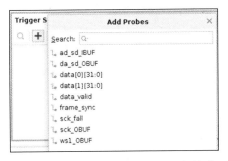

图 5-78　在 ILA 触发设定窗口中添加触发源

在"Trigger Setup"窗口中,"data_valid"行的"Value"列,选择"1 (logical...)"(见图 5-79),这样,在遇到 data_valid 信号等于 1 时,ILA 才会采集完一帧数据,并将 data_valid 等于 1 的时刻对齐在第 128 位置处(ILA 持续采集数据,在遇到触发条件后,继续采集 896 组数据)。

图 5-79　在 ILA 触发设定窗口为触发源设定触发条件

单击"Run trigger for this ILA core",观察数据(见图 5-80)。

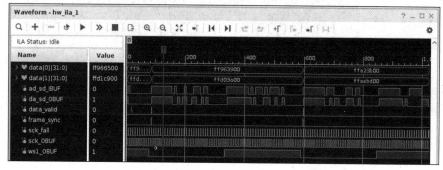

图 5-80　指定触发源和触发条件后采集的波形

2)条件采样

在"Settings"窗口中,将"Capture mode"改为"BASIC"(见图 5-81)。

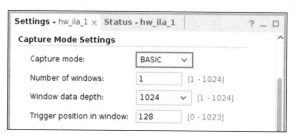

图 5-81　在 ILA 设定窗口中设置触发模式

在"Capture Setup"窗口中,添加"data_valid"信号,并将其"Value"改为 1(见图 5-82),这样,ILA 仅会采集当"data_valid"为 1 时的数据(即用 data_valid 作为采样使能),单击"Run trigger for this ILA core"采集数据,指定捕获条件后采集的波形见图 5-83。

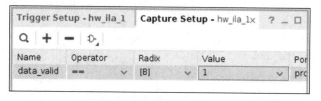

图 5-82　在 ILA 捕获设定窗口中设置捕获条件

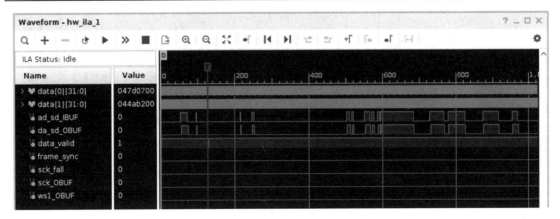

图 5-83　指定捕获条件后采集的波形

在波形窗口中的"data[0]"和"data[1]"信号名称上分别单击右键，在弹出的快捷菜单中，"Radix"选择"Signed Decimal"，"Waveform Style"选择"Analog"，可看到以模拟波形形式绘制的音频数据（见图 5-84）。

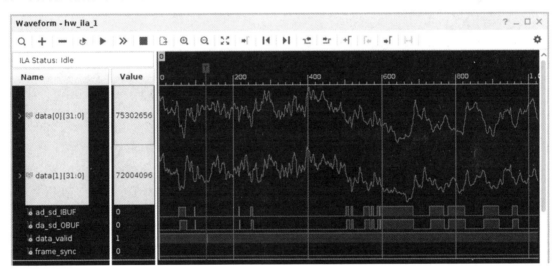

图 5-84　指定数据显示为模拟波形

如果在"Trigger Setup"窗口中删去原有的"data_valid"信号，添加"data[0]"信号，并将其 Value 设置为 0（见图 5-85），然后单击"Run trigger"，还可在 data[0]数据值为 0 时，触发采样（见图 5-86）。

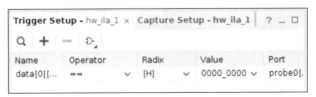

图 5-85　指定具体数据值为触发条件

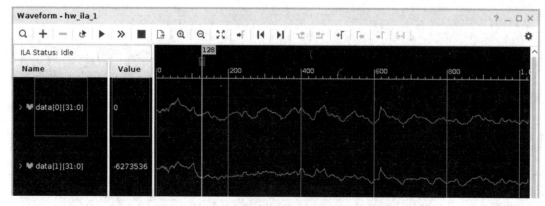

图 5-86　指定具体数据值为触发条件后采集的波形

注意，实际上 I²S 模块给出的是 24bit 数据，遇到的值为 0 的概率很小，将"Trigger Setup"窗口中"data[0]"信号的"Value"设置为"0x0000XXXX"，再次尝试。

# 5.2　串行 ADC 和 DAC

低转换速率的 ADC 或 DAC 通常采用串行接口，如 I²C、SPI 或类似的接口。本节将以 ADS7883 和 DAC8811 为例介绍串行 ADC、DAC 与 FPGA 的接口。

## 5.2.1　串行 ADC 模块

ADS7883 是一款 12 位、采样率最高为 3Msps 的逐次逼近型 ADC，内含采样保持电路，工作电压为 2.7～5.5V，功耗不大于 20mW，其数据手册可在 TI 官方网站搜索下载，建议读者下载阅读。

如图 5-87 所示是采用 ADS7883 设计的 ADC 模块电路，采用 PMOD 接口与 FPGA 连接，ADS7883 的电源引脚同时也是参考电压输入，因其耗电电流很小，这里直接使用 3.0V 输出的参考电源为其供电，输入电压范围为[0,3V)，将被线性映射到码字[0,4095]。

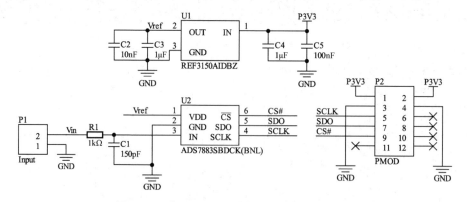

图 5-87　采用 ADS7883 设计的 ADC 模块电路

根据 ADS7883 的数据手册，其接口时序类似于 SPI 接口，具体如图 5-88 所示。

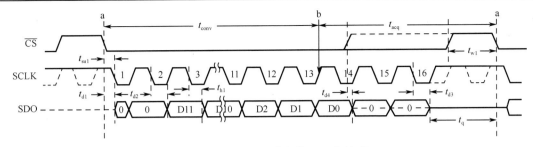

图 5-88　ADS7883 数据接口工作波形

代码 5-7 实现了为 ADS7883 设计的接口模块。该接口模块采用 AXI-Stream 接口作为输出。模块使用两个计数器 brCnt 和 hbCnt 产生 ADS7883 所需的时序，其中 brCnt 用主时钟 clk 计数得到 ADS7883 的 SCLK 的半周期，其模设定为 2，则 SCLK 为 clk 时钟频率的 1/4。hbCnt 用于计 SCLK 半周期的个数，对于一个数据帧，也就是 $\overline{CS}$ 从下跳到上跳的整个过程，将有 33 个半周期，其中 16 个对应 SCLK 的高电平，15 个对应 SCLK 的低电平。移位寄存器 sr 用于将 ADS7883 的 SDO 移入形成并行数据，将在获得最后一个数据 D0 后发送给 AXI-Stream 接口的数据输出 m_axis_tdata。注意，这里虽然应用了 AXI-Stream 的 ready 信号，但并未实现背压（back pressure）机制，下游如果持续不就绪，将丢弃采样数据，因为 ADC 输入的模拟信号是不可能"等待"的。

代码 5-7　AXI-Stream 输出的 ADS7883 接口模块

```
1    module Ads7883If
2    (
3        input wire clk, rst_n, start,
4        output logic busy,
5        //==== m_axis =====
6        output logic [15:0] m_axis_tdata,
7        output logic        m_axis_tvalid,
8        input wire          m_axis_tready,
9        //==== ads7883 ====
10       output logic        ads7883_cs_n, ads7883_sclk,
11       input  wire         ads7883_sdo
12   );
13       wire rst = ~rst_n;
14       logic br_co, hb_co;
15       logic [5:0] hb_cnt;
16       Counter #(2)  brCnt(clk, rst, busy, , br_co);
17       Counter #(33) hbCnt(clk, rst, br_co, hb_cnt, hb_co);
18       always_ff @(posedge clk) begin : proc_busy
19           if(rst) busy <= 1'b0;
20           else if(hb_co) busy <= 1'b0;
21           else if(start) busy <= 1'b1;
22       end
23       logic [11:0] sr;
24       always_ff @(posedge clk) begin : proc_sr
25           if(rst) sr <= 12'b0;
```

```
26          else if(br_co & ~hb_cnt[0]) sr <= (sr << 1) | ads7883_sdo;
27      end
28      always_ff @(posedge clk) begin : proc_tdata
29          if(rst) m_axis_tdata <= 16'b0;
30          else if(br_co & hb_cnt == 6'd28) m_axis_tdata <= {sr, 4'b0};
31      end
32      always_ff @(posedge clk) begin : proc_tvalid
33          if(rst) m_axis_tvalid <= 1'b0;
34          else if(hb_co) m_axis_tvalid <= 1'b1;
35          else if(m_axis_tvalid & m_axis_tready) m_axis_tvalid <= 1'b0;
36      end
37      // === ads7883 ===
38      assign ads7883_cs_n = ~busy;
39      // assign ads7883_sclk = ~hb_cnt[0] | ads7883_cs_n;
40      always_ff @(posedge clk) begin : proc_ads7883_sclk
41          if(rst) ads7883_sclk <= 1'b1;
42          else if(br_co) begin
43              if(hb_cnt[0] | hb_co) ads7883_sclk <= 1'b1;
44              else if(~hb_cnt[0]) ads7883_sclk <= 1'b0;
45          end
46      end
47  endmodule
```

关于 AXI-Stream 接口的相关知识，读者可通过以下两个文档学习：

● 《FPGA 应用开发和仿真》第 6 章；

● AMBA AXI4-Stream Protocol Specification（可在 developer.arm.com 搜索阅读）。

输入端口 start 用于启动一次转换，start 有效后，busy 信号将输出高电平，直到数据转换完成并由 AXI-Stream 接口输出后才转为低电平。如需按照固定采样率连续转换，则需要额外产生 start 信号。

如表 5-4 所示是该接口模块的端口说明，所有输入/输出信号与 clk 同步。AXI-Stream 规范要求 m_axis_tdata 必须为 8 的整数倍，这里用 16 位，并将 ADC 的 12 位有效数据对齐到高位。

表 5-4　AXI-Stream ADS7883 接口模块的端口说明

| 端口/参数名 | 方向特性 | 位宽 | 说　　明 |
|---|---|---|---|
| clk | 时钟输入 | 1 | 模块的工作时钟，与 brCnt 的模共同决定 ADS7883 的工作时钟 |
| rst_n | 复位输入 | 1 | 模块的复位输入，低电平有效，与 clk 同步 |
| start | 输入 | 1 | 高电平有效，busy 为低电平时 start 有效，将发起一次转换 |
| busy | 输出 | 1 | 状态指示，高电平表示模块正在工作 |
| m_axis_tdata | 输出 | 16 | AXI-Stream 接口的数据，ADC 数据将对齐到高位 |
| m_axis_tvalid | 输出 | 1 | AXI-Stream 接口的数据有效信号 |
| m_axis_tready | 输入 | 1 | AXI-Stream 接口来自下游的就绪信号，与 tvalid 组成握手 |
| ads7883_cs_n | 输出 | 1 | 连接 ADS7883 的 $\overline{\text{CS}}$ 引脚 |
| ads7883_sclk | 输出 | 1 | 连接 ADS7883 的 SCLK 引脚 |
| ads7883_sdo | 输入 | 1 | 连接 ADS7883 的 SDO 引脚 |

## 5.2.2  串行 DAC 模块

DAC8811 是一款 T 型权电阻网络结构的 16 位 DAC，受限于数据接口时钟速率和位宽，其最大转换速率约为 3Msps。其参考输入带宽可达 10MHz，通过与外部运算放大器配合以及对参考输入、电阻网络反馈输入和输出的不同接法，除了作为 DAC，它还可以形成程控增益放大器、衰减器、混合域乘法器等应用电路。DAC8811 的数据手册可在 TI 官方网站搜索下载，建议读者下载阅读以更好地理解本节内容。

如图 5-89 所示是使用 DAC8811 设计的双极性输出 DAC 模块的电路图，采用 PMOD 接口与 FPGA 连接。数字数据码字范围为 $[0, 4095]$，将对应输出电压范围为 $[-2.5\text{V}, 2.5\text{V})$。

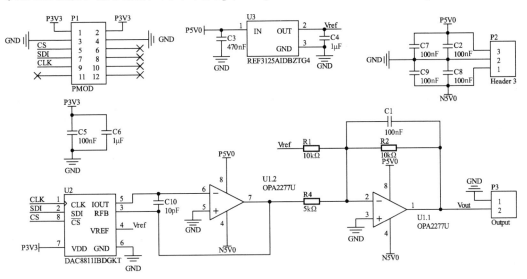

图 5-89  DAC8811 双极性输出模块电路

根据 DAC8811 的数据手册，其接口工作时序与 SPI 接口相同，具体如图 5-90 所示。

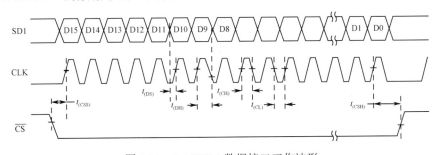

图 5-90  DAC8811 数据接口工作波形

代码 5-8 实现了根据 DAC8811 接口工作时序设计的接口模块，采用 AXI-Stream 接口作为数据输入，使用两个计数器 brCnt 和 hbCnt 产生 DAC8811 所需的时序，brCnt 的模 HBDIV 决定了 clk 半周期长度

$$f_{\text{clk,DAC8811}} = \frac{f_{\text{clk}}}{2 \cdot \text{HBDIV}}$$

参数 BITS 决定了发送数据的长度，也就是数据输入的位宽，将其改为 12，还可以用于 DAC7811。

代码 5-8　AXI-Stream 输入的 DAC8811 接口模块

```
1    module Dac8811If #(
2        parameter integer HBDIV = 1,     // half bit divider
3        parameter integer BITS = 16      // 16 for 8811, 12 for 7811
4    ) (
5        input wire clk, rst_n, s_axis_tvalid,
6        output wire s_axis_tready,
7        input wire [15 : 0] s_axis_tdata,
8        output logic busy = '0, sck, sdo, cs_n
9    );
10       wire rst = ~rst_n;
11       assign s_axis_tready = ~busy;
12       wire start = s_axis_tvalid & s_axis_tready;
13       logic br_co, hb_co;
14       logic [$clog2(BITS * 2 + 1) - 1 : 0] hb_cnt;
15       Counter #(HBDIV) brCnt(clk, rst, busy, , br_co);
16       Counter #(BITS * 2 + 1) hbCnt(clk, rst, br_co, hb_cnt, hb_co);
17       always_ff@(posedge clk)
18       begin
19           if(rst) busy <= 1'b0;
20           else if(start) busy <= 1'b1;
21           else if(hb_co) busy <= 1'b0;
22       end
23       logic [BITS - 1 : 0] shifter = '0;
24       always_ff@(posedge clk)
25       begin
26           if(rst) shifter <= '0;
27           else if(start) shifter <= s_axis_tdata[15-:BITS];
28           else if(br_co & hb_cnt[0]) shifter <= shifter << 1;
29       end
30       always_ff@(posedge clk)
31       begin
32           sck <= busy & hb_cnt[0];
33           cs_n <= ~busy;
34           sdo <= shifter[BITS - 1];
35       end
36   endmodule
```

如表 5-5 所示是该模块的端口和参数说明。

表 5-5　AXI-Stream DAC8811 接口模块的端口和参数说明

| 端口/参数名 | 方向特性 | 位　宽 | 说　　　明 |
|---|---|---|---|
| HBDIV | 整型参数 | 32 | 用于控制 DAC8811 的时钟频率，$f_{SCK} = f_{clk}/(2 \cdot HBDIV)$ |
| BITS | 整型参数 | 32 | 用于设定数据位宽，DAC8811 用 16，DAC7811 用 12 |
| clk | 时钟输入 | 1 | 模块的工作时钟 |
| rst_n | 复位输入 | 1 | 模块的复位输入，低电平有效，与 clk 同步 |

续表

| 端口/参数名 | 方 向 特 性 | 位　　宽 | 说　　　明 |
|---|---|---|---|
| busy | 输出 | 1 | 状态指示，高电平表示模块正在工作 |
| s_axis_tdata | 输出 | 16 | AXI-Stream 接口的数据，BITS 为 12 时，仅使用其高 12 位数据 |
| s_axis_tvalid | 输出 | 1 | AXI-Stream 接口来自上游的数据有效信号，在 busy 为低电平时，数据有效，将对 DAC8811 发起一次数据转换 |
| s_axis_tready | 输入 | 1 | AXI-Stream 接口的就绪信号，非 busy 时就绪 |
| sck | 输出 | 1 | 连接 DAC8811 的 SCK 引脚 |
| sdo | 输出 | 1 | 连接 DAC8811 的 SDO 引脚 |
| cs_n | 输入 | 1 | 连接 DAC8811 的 $\overline{\text{CS}}$ 引脚 |

## 5.2.3　应用案例和 Vivado IP 封装

在 5.1 节介绍的 $I^2S$ 数据直通案例中，$I^2S$ 的相关模块在 Vivado 的顶层模块中，以 Verilog 模块源码的形式直接与 Vivado 框图设计产生的 Verilog "封套" 模块连接。本节采用 IP 集成的设计模式，将 ADC 和 DAC 接口模块封装为 IP，直接在框图设计中实例化，并实现数据直通。

ADS7883 接口模块的 IP 封装步骤如下。

（1）与 5.1.3 节类似，新建名为 "ads7883_to_dac8811" 的 Vivado 工程，先不要添加源码。

（2）在工程目录或某个固定用于存放自定义 IP 的目录中，新建一个名为 axi4s_ads7883_if 的目录，并在 axi4s_ads7883_if 目录中再新建一个名为 hdl 的目录，将代码 5-7 和 Counter 模块源码（可从代码 5-1 中复制）保存成一个名为 axi4s_ads7883_if.sv 的 SystemVerilog 源文件。

（3）在 Vivado 中，选择主菜单中的 "Tools" → "Create and Package New IP…"，将弹出创建 IP 工具，单击 "Next" 按钮，在 "Packaging Options" 中选择 "Package a specified directory"，单击 "Next" 按钮（见图 5-91）。

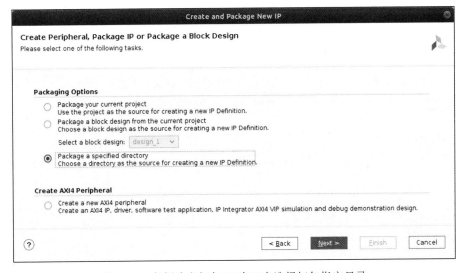

图 5-91　在创建和打包 IP 窗口中选择打包指定目录

（4）在目录选择框中填写或选择刚刚新建的 axi4s_ads7883_if 目录，单击 "Next" 按钮，将出现选择用于打包 IP 用的临时工程的位置，通常位于当前打开的工程（"ads7883_to_ dac8811")目录内，保持默认即可，单击"Next"按钮（见图 5-92）。

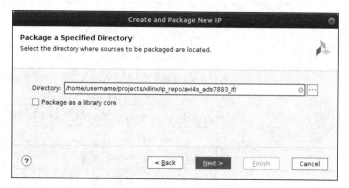

图 5-92　在创建和打包 IP 窗口中选择待打包的目录

（5）单击"Finish"按钮，Vivado 将新建一个用于打包 IP 的临时工程并打开它。在主编辑区的"Package IP"页面的"Identification"步骤中，填写合适的内容，如图 5-93 所示。

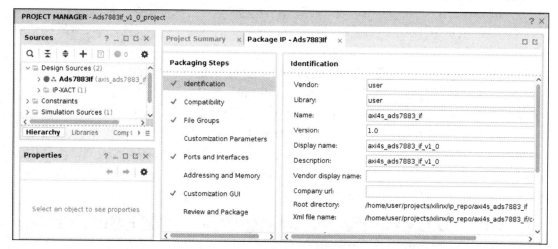

图 5-93　在 Package IP 页面 Identification 步骤中填写 IP 的识别信息

（6）在"Ports and Interfaces"中，检查并编辑接口定义（见图 5-94）。

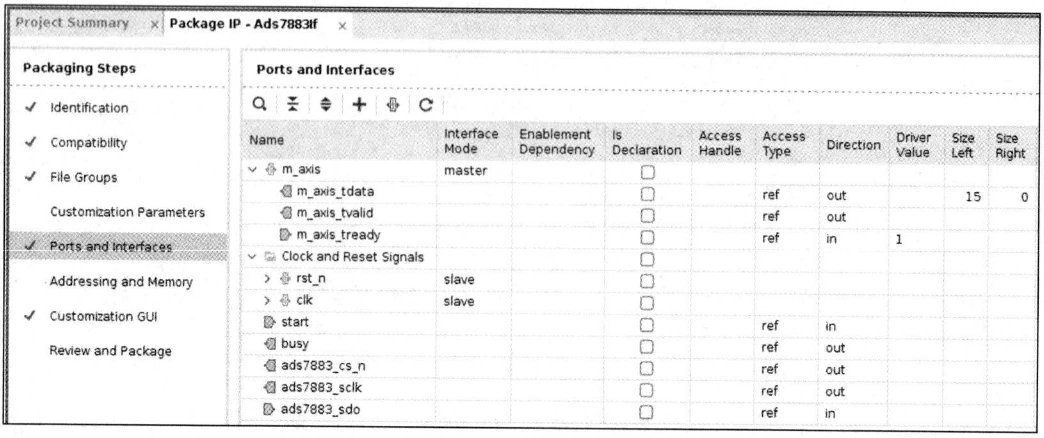

图 5-94　IP 打包工具自动识别出端口和接口

其中，m_axis_tdata、m_axis_tvalid 和 m_axis_tready 三个端口因符合 Vivado 自动推导接口的命名规范，已经被自动识别为名为"m_axis"的 AXI-Stream 接口，并将它们与 AXI-Stream 的逻辑端口正确地映射。双击"m_axis"接口将弹出接口编辑窗口，可以看到具体的 AXI-Stream 端口映射关系（见图 5-95）。

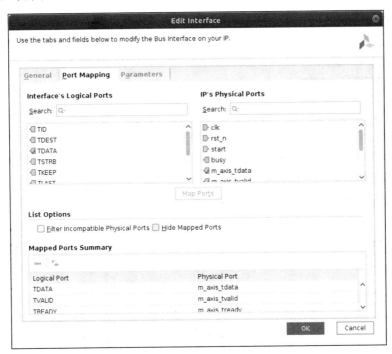

图 5-95　接口编辑窗口的端口映射页面

另外，端口 clk 和 rst_n 也被自动识别为同名的时钟接口和复位接口。注意检查 clk 接口的"ASSOCIATED_BUSIF"参数，确认其为"m_axis"（见图 5-96）。

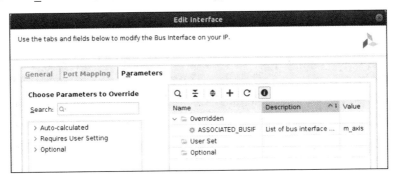

图 5-96　clk 接口的参数

rst_n 因符合低电平有效的命名规范（后缀"_n"），其有效电平也被自动识别，可以从其接口参数中看到（见图 5-97）。

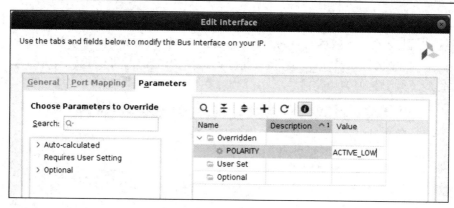

图 5-97　rst_n 接口的参数

（7）在"Review and Package"中的"After Packaging"部分，单击"edit"链接，可编辑 IP 打包文件的名称和路径，保持默认设置即可（见图 5-98）。

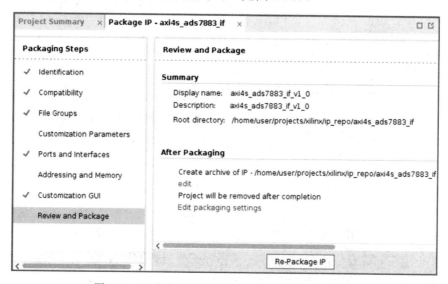

图 5-98　IP 打包工具中的 Review and Package 步骤

（8）单击"Edit packaging settings"链接，可更改打包设定。注意勾选其中的"Create archive of IP"（创建 IP 归档文件）、"Add IP to the IP Catalog of the current project"（将 IP 添加到当前工程的 IP 目录中）、"Close IP Packager window"（完成后关闭 IP 打包窗口）和"Delete project after packaging"（删除用于打包 IP 的临时工程）选项。然后，单击"OK"按钮（见图 5-99）。

（9）单击"Re-Package IP"，名为"axi4s_ads7883_if"的 IP 将被创建并打包。临时工程将被关闭并删除。至此创建和打包 IP 的流程已经完成。

（10）与"axi4s_ads7883_if"类似，为 DAC8811 接口模块创建名为"axi4s_dac8811_if"的 IP。在最终打包前，在"Customize GUI"中，为 HBDIV 和 BITS 两个参数添加 GUI 编辑控件（见图 5-100）。这样，可在框图设计中直接更改这两个参数而不必重新编辑 IP。其余设定与"axi4s_ads7883_if"类似。

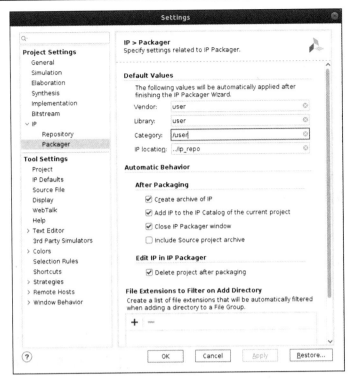

图 5-99　IP 打包的设定

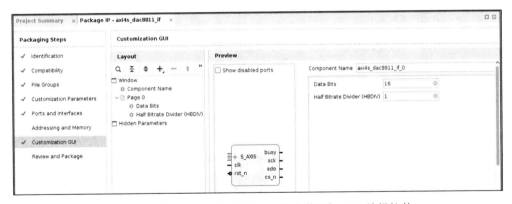

图 5-100　在自定义 GUI 步骤中，为参数添加 GUI 编辑控件

（11）"axi4s_dac8811_if" IP 创建打包完成后。在 "ads7883_to_dac8811" 工程中，与 5.1.3 节类似，新建名为 "design_1" 的框图设计，并依次添加：

- "ZYNQ7 Processing System"，并按 5.1.3 节所述来设定它，但应注意，将 "Clock Configuration" 页面中 "PL Fabric Clocks" 中的 "FCLK_CLK0" 频率设定为 100MHz；
- "Processor System Reset"，用于产生可靠的复位；
- "Binary Counter"，按图 5-101 所示，将其计数上限设定为 0x63（99），即模为 100，并开启同步阈值输出，产生同步进位信号，为 axi4s_ads7883_if 产生 1MHz 的 start 信号。
- 刚刚创建的 "axi4s_ads7883_if" 和 "axi4s_dac8811_if" 两个 IP。

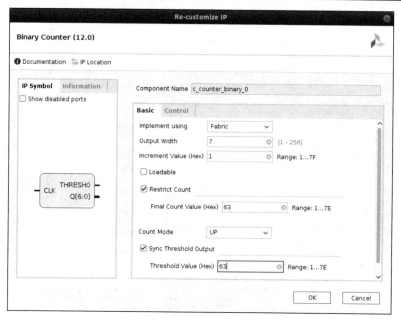

图 5-101　用于为 ads7883 接口 IP 产生 start 信号的计数器的设定

（12）将刚刚添加到框图设计中的 IP 按图 5-102 所示连接并创建端口。右键单击 axi4s_ads7883_if_0 的 m_axis 和 axi4s_dac8811_if_0 的 s_axis 接口连线，选择"Debug"，为其添加调试标记；另外，在 ads7883 和 dac8811 的各 3 个端口上也添加调试标记，便于后续配置 ILA 时添加待观测的网络。

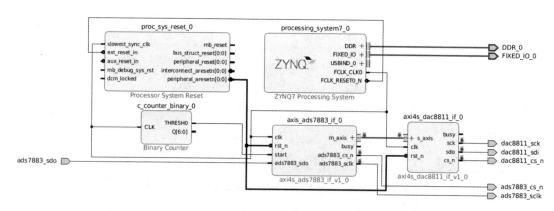

图 5-102　ADC 和 DAC 直通案例的整体连接

（13）为工程添加名为"master.xdc"的约束文件，在其中添加代码 5-9 的内容并保存。

代码 5-9　ads7883_to_dac8811 工程的引脚分配约束

```
1   set_property PACKAGE_PIN W15 [get_ports ads7883_cs_n]
2   set_property PACKAGE_PIN T10 [get_ports ads7883_sclk]
3   set_property PACKAGE_PIN T11 [get_ports ads7883_sdo]
4   set_property PACKAGE_PIN R14 [get_ports dac8811_cs_n]
5   set_property PACKAGE_PIN T15 [get_ports dac8811_sck]
6   set_property PACKAGE_PIN P14 [get_ports dac8811_sdi]
```

```
7   set_property IOSTANDARD LVCMOS33 [get_ports ads7883_*]
8   set_property IOSTANDARD LVCMOS33 [get_ports dac8811_*]
```

（14）为工程添加名为 "debug.xdc" 的约束文件，并设置为目标约束文件。

（15）单击流程窗口中 "SYNTHESIS" 中的 "Run Synthesis"，综合工程，然后单击 "Open Synthesis Design" 打开综合完成的工程，切换至 Debug 视图布局。

（16）与 5.1.4 节类似，在 Debug 窗口中新建 ILA 核，并添加所有添加了调试标记的信号。注意，Vivado 会提示 m_axis_tdata 的低 4 位没有时钟域，因为 axi4s_ads7883_if 模块中将其低 4 位直接赋值为 0，可以自行为其指定与高 12 位相同的时钟 "FCLK_CLK0"。

（17）在 ILA 核选项中，将采样数据深度设置为 4096，输入流水线级数设为 2，并勾选 "Capture Control"。

（18）保存并关闭 "SYNTHESISED DESIGN"，Vivado 将会把 ILA 的配置信息保存到 debug.xdc 文件中。

（19）生成位流文件，导出硬件，打开 XSDK，创建 fsbl 工程，制作 SD 卡启动镜像。

（20）将启动镜像写入 SD 卡，将 Zybo-Z7 开发板配置为 SD 卡启动模式，插入 SD 卡，上电，此时，用信号源给 ADS7883 模块输入信号，DAC8811 模块的输出将会复现同样的信号（当然会有一点延迟及肉眼基本不可见的噪声和失真），并有 5V/3V 的增益。

（21）打开 "Hardware Manager"，可以观察 ILA 采集到的信号。如图 5-103 所示是串行 ADC 和 DAC 直通案例中一次转换的波形细节，可以看到与两者数据手册上描述的接口时序一致的波形。如图 5-104 所示是使用 AXI-Stream 握手信号（tvalid 和 tready 两者为 1）作为捕获条件时采集到的波形，此时从信号源输入的是一个接近 ADC 满输入范围的 1kHz 的正弦信号。

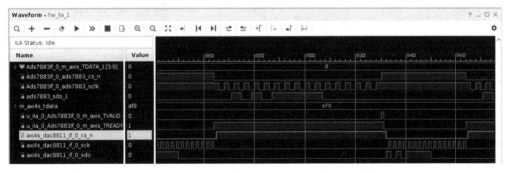

图 5-103　串行 ADC 和 DAC 直通案例中一次转换的波形细节

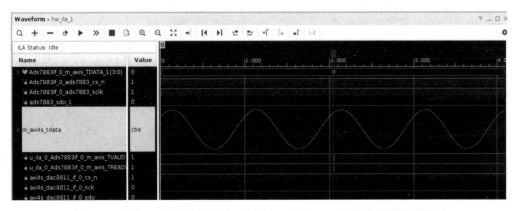

图 5-104　以 tvalid 为捕获条件，串行 ADC 和 DAC 直通案例的数据波形

## 5.3 高速 ADC 和 DAC

高速 ADC 和 DAC 通常采用并行接口、高速串行接口或高速串行收发器。并行接口通常是 LVCMOS-3.3 或 LVCMOS-2.5 电平，并由外部时钟同时供给 ADC/DAC 和 FPGA。

高速串行接口通常采用 LVDS 电平规范，是一种差分电平规范，采用一对差分信号对传输数据，较并行接口使用的 I/O 口数量少。高速 ADC 和 DAC 的串行 LVDS 接口通常也采用 DDR 技术，即每个时钟周期传递两位数据，上升沿和下降沿各一次，以降低位时钟频率、提高信号完整性。除位时钟外，另有帧时钟，它的每个周期对应一个数据帧，通常一个数据帧包含 4～16 个数据位，不同的 ADC/DAC 可能有不同数量的数据差分对，数据在多对差分数据帧中的排列也不尽相同，每对差分数据的位速率从 200Mbps 到 1Gbps 不等，需要参考具体的数据手册。

如图 5-105 所示是 DDR LVDS 接口数据传输的波形示意图。其中的串行器和解串器往往需要工作在几百兆至几吉赫兹的频率，一般由 FPGA 中的专用单元完成，可由框图设计文件或 Verilog HDL 实例化，但不能在通用逻辑单元内用 Verilog HDL 描述实现。因为当前主流的 FPGA 均由内置锁相环，可以实现不同频率时钟的合成，所以 ADC 的实际应用中，位时钟通常不需要连接至 FPGA，有帧时钟即可恢复出位时钟。

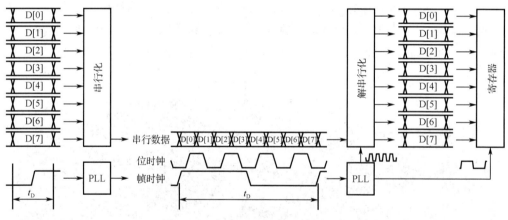

图 5-105    DDR LVDS 接口波形示意

高速串行收发器在高速串行接口的基础上进一步提高了频率，并且通过特定编码将时钟嵌入数据内，仅需传送高速数据即可。目前，越来越多的高速 ADC 和 DAC 使用高速收发器（JESD204 规范）。

本节将采用 AD9287 和 AD9714，以 Xilinx Artix-7 系列 FPGA 为主控，介绍它们的接口技术和案例，AD9287 是 DDR LVDS 接口的 4 路 8 位 100Msps 的 ADC，AD9714 是 DDR 并行 LVCOMS 接口的 2 路 8 位 125Msps 的 DAC。主要接口功能均由 SelectIO 实现。

关于 SelectIO 的特性和应用，读者可通过以下两个文档学习：

● 7 Series FPGAs SelectIO Resources User Guide（Xilinx UG471）；
● SelectIO Interface Wizard v5.1 LogiCORE IP Product Guide（Xilinx PG070）。

## 5.3.1　高速 ADC 和 DAC 模块

AD9287 包含 4 路（标记为 A、B、C 和 D）8 位 ADC，4 路同时采样，采样率最高为 100Msps，每一路 ADC 的数据由一对差分通道输出，共计 4 个差分数据通道。除数据通道外，另有位时钟（DCO）和帧时钟（FCO）输出，也都是差分信号。采样率由一对差分时钟输入控制，输入 100MHz 时，4 路 ADC 将工作在 100Msps 采样率下，此时，每对数据通道的数据率均为 800Mbps，位时钟频率则为 400MHz，帧时钟为 100MHz。如图 5-106 所示是它的工作波形，它输出的位时钟边沿对齐到数据眼图的中央，帧时钟边沿则对齐到数据的边沿。

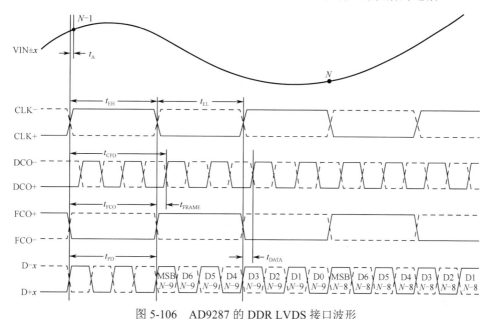

图 5-106　AD9287 的 DDR LVDS 接口波形

AD9287 还包含一个用于配置芯片功能和工作状态的串行接口（兼容 SPI），可以配置 ADC 单元的启停、输出数据格式、时钟相位关系和控制测试模板数据输出等。其上电默认工作状态是 4 个 ADC 正常工作，并输出二进制偏移格式的数据。

如图 5-107 所示是采用 AD9287 和 AD9714 设计的高速数据转换底板中的 ADC 部分电路。其中 A、B 两个输入通道采用型号为 ETC1-1 的变压器耦合并完成单端-差分转换，仅可用于 100kHz 以上信号，满幅 2$V_{PP}$；C、D 两个通道采用全差分运算放大器完成单端-差分转换，直流耦合，输入范围为 –500mV～500mV，4 路输入阻抗均为 50Ω。4 路数据和帧时钟通过板对板连接器连接至配套核心板上的 FPGA I/O 口（需差分配对），位时钟并不引出，FPGA 中的位时钟将由锁相环产生。4 路数据和帧时钟在 PCB 上的走线必须是差分阻抗 100Ω 左右的差分对。

AD9714 包含 2 路（标记为 I 和 Q）8 位 DAC，最高采样率 100Msps，两路数据通过同一组 8 位 LVCMOS 电平的并行接口输入，它包含两个输入时钟 CLKIN 和 DCLKIO，前者是其工作时钟，后者则是数据接口的时钟，两个 DAC 单元的数据以 DCLKIO 为参考以 DDR 形式输入，在上电默认状态下，I 路在先并由 DCLKIO 的上升沿锁存，Q 路在后并由 DCLKIO 的下降沿锁存。输入数据为二进制偏移格式。其工作波形如图 5-108 所示，其中 I DATA 和 Q DATA 分别代表给到两个 DAC 单元的数据。

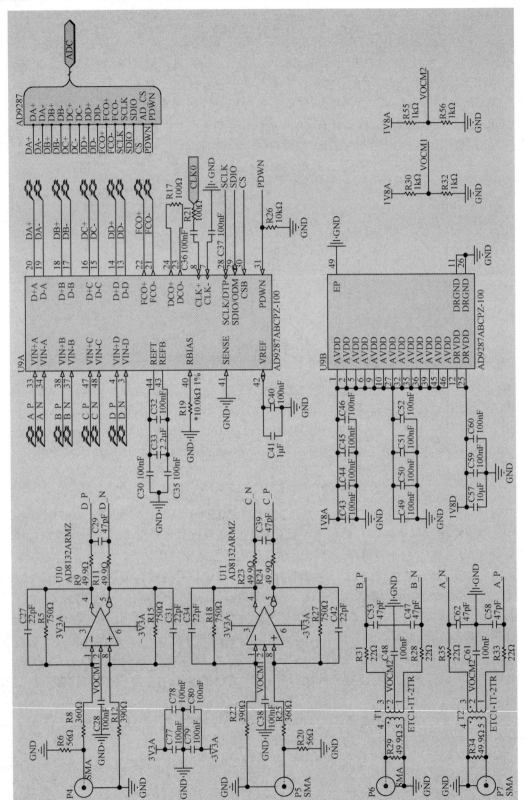

图 5-107 高速数据转换底板中的 ADC 部分

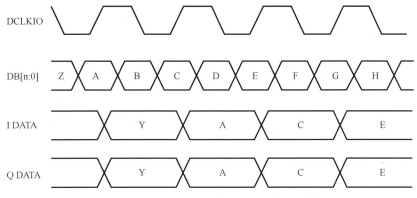

图 5-108　AD9714 I 路在先由上升沿锁存的波形

AD9714 还包含一个用于配置芯片功能和工作状态的串行接口（兼容 SPI），可以配置 DAC 单元的启停、输入数据格式、时钟相位关系等。其上电默认工作状态是 2 个 DAC 正常工作，输入为二进制偏移格式，I 路在先和上升沿锁存。

如图 5-109 所示是采用 AD9287 和 AD9714 设计的高速数据转换底板的 DAC 部分，8 位输入数据通过板对板连接器直接连接到配套核心板的 FPGA I/O 口，这部分 I/O 与 ADC 的 I/O 同处一组，为实现 LVDS 接收，FPGA 要求该组为 2.5V 供电，这也限制了 AD9714 的 I/O 口必须采用 LVCMOS-2.5 电平，因而单独给 DVDDIO 提供了 2.5V 电压。

AD9714 的输出为差分电流形式，图 5-109 中采用了双运放 OPA2690 分别对两路差分电流做 I-V 变换和差分-单端变换，并实现了二阶低通滤波以重构输出波形，输出阻抗为 50Ω。

AD9287 和 AD9714 所需的时钟由型号为 Si5351A 的时钟合成器配合晶体振荡器产生，电路如图 5-110 所示。其中 CLK0 提供给 AD9287，CLK1 提供给 AD9714，而 CLK2 提供给 FPGA 用于额外用途。

## 5.3.2　应用案例

ADC 的 DDR 串行 LVDS 接口和 DAC 的 DDR 并行 LVCMOS 接口均可使用 Xilinx 的 SelectIO IP 连接，SelectIO 可配置为不同形式以适应输入、输出、DDR、并行或串行。这里将使用一个配置为 DDR LVDS 输入的 SelectIO 获取 ADC 的数据，再通过一个简单的 Verilog 模块将数据重组为 4 通道分离的格式，之后再由另一个配置为 DDR 并行输出的 SelectIO 将数据送至 DAC。包含时钟关系的整个结构如图 5-111 所示，其中还注明了各个时钟的相位设定，因为 PCB 上的布线，FPGA 内部布线均有延迟，所以这些相位都不能预先确定，需要实际调试后确定。不过，对于 ADC 部分，有以下几点关系和调试原则可以遵循。

（1）编写测试用例可根据 AD9287 的输出时序和估算的 PCB 布线延迟来设定进入 FPGA 的 FCO 和数据的延迟。

（2）通过后综合时序（Post-Implementation Timing）仿真，基本可以确定到达 SelectIO 1 的 DCLK、FCLK 与数据之间的真实相位关系，可通过调节 PLL 的输出时钟相位，使得：

a）DCLK 的上升沿位于帧头数据位眼图的中央；

b）FCLK 的上升沿位于帧头的数据跳沿处。

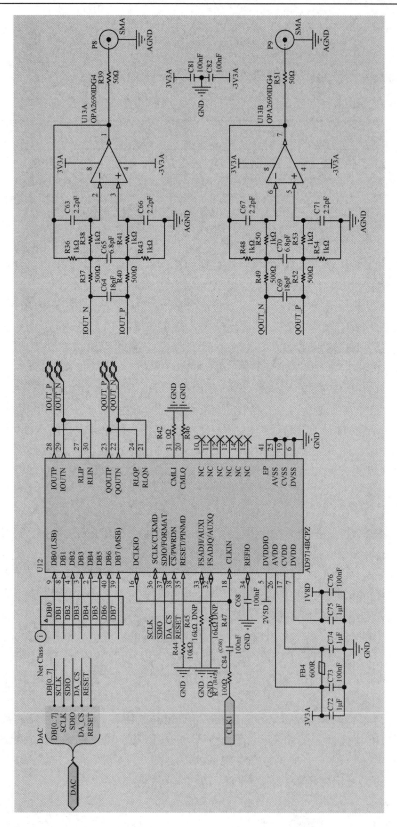

图 5-109　高速数据转换底板中的 DAC 部分

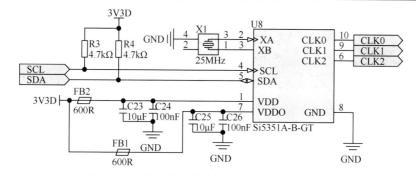

图 5-110　高速数据转换底板中的时钟生成部分

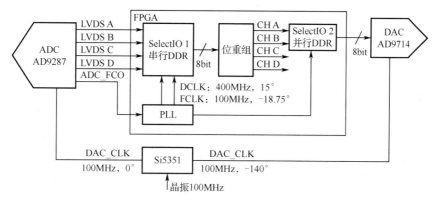

图 5-111　高速 ADC 和 DAC 数据直通案例的整体结构

（3）实际运行，采用 ILA 观察位重组之后的数据，如果：

a）存在偶发数据错乱，则同步微调 DCLK 和 FCLK 的相位（注意，FCLK 的相位调整步长应为 DCLK 相位调整步长的 1/4），找到一段数据的稳定区间，然后取中央值；

b）存在分帧错误，则调整 FCLK 相位，每次调整 $\pm180°/4$。

对于 DAC 部分，则需要通过 Si5351 的控制接口（$I^2C$）来调整 DAC_CLK 的延迟，根据 Si5351 的数据手册和寄存器配置应用笔记（均可在 silabs.com 搜索下载），它可以以 5/18 ns（对于 100MHz，即 10°）的步进调节。在给 SelectIO 2 输入两个不同波形序列数据的前提下，调节该延迟使得 DAC 输出稳定波形并且通道关系正确，找到一个稳定的延迟区间并取中央值。如果有双通道高带宽示波器，还可以直接观察 AD9714 芯片引脚上的波形，然后计算设定，注意需要使用高输入电阻低输入电容的探头。

与前面介绍的高速 ADC 和 DAC 底板配套的核心板为 LL7A35EK，采用 Artix-7 系列 FPGA。引脚分配和电平约束如代码 5-10 所示。

代码 5-10　高速数据转换案例中的引脚分配和电平约束

```
1    set_property IOSTANDARD LVDS_25 [get_ports adc_fclk_clk_p]
2    set_property DIFF_TERM TRUE [get_ports adc_fclk_clk_p]
3    set_property PACKAGE_PIN D4 [get_ports adc_fclk_clk_p]
4    set_property IOSTANDARD LVDS_25 [get_ports {adc_dp[*]}]
5    set_property DIFF_TERM TRUE [get_ports {adc_dp[*]}]
6    set_property PACKAGE_PIN B6 [get_ports {adc_dp[0]}]
7    set_property PACKAGE_PIN A5 [get_ports {adc_dp[1]}]
8    set_property PACKAGE_PIN B4 [get_ports {adc_dp[2]}]
```

```
9    set_property PACKAGE_PIN B2 [get_ports {adc_dp[3]}]
10   set_property IOSTANDARD LVCMOS25 [get_ports {dac_data[*]}]
11   set_property PACKAGE_PIN D1 [get_ports {dac_data[0]}]
12   set_property PACKAGE_PIN E2 [get_ports {dac_data[1]}]
13   set_property PACKAGE_PIN E1 [get_ports {dac_data[2]}]
14   set_property PACKAGE_PIN F2 [get_ports {dac_data[3]}]
15   set_property PACKAGE_PIN G1 [get_ports {dac_data[4]}]
16   set_property PACKAGE_PIN G2 [get_ports {dac_data[5]}]
17   set_property PACKAGE_PIN H1 [get_ports {dac_data[6]}]
18   set_property PACKAGE_PIN H2 [get_ports {dac_data[7]}]
19   set_property IOSTANDARD LVCMOS25 [get_ports Res_0]
20   set_property PACKAGE_PIN E6 [get_ports Res_0]
```

如图 5-112 所示是整个 FPGA 工程的顶层设计框图，其中 pll_0 内部实例化了产生 DCLK 和 FCLK 所需的锁相环，它的锁定输出（locked）还被用作系统的复位源，ADC 部分被封装于 hier_adc 子层次中，selectio_dac 用于产生 DAC 所需的 DDR 数据。

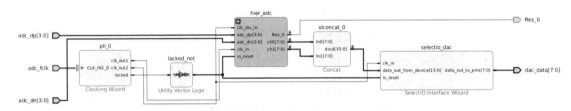

图 5-112　高速 ADC 和 DAC 数据直通案例的整体框图

如图 5-113 所示是 hier_adc 的内部结构。其中，selectio_adc 用于接收 ADC DDR LVDS 数据，data_reorder 将交织组合的数据重组为 ADC 的 4 通道数据。hier_reduce_xor 部分将通道 2 和通道 3 数据进行位缩减异或，仅用于防止编译器将未用的通道 2 和通道 3 部分优化掉，便于我们通过 ILA 观察数据，其输出连接到未用的 FPGA 引脚上。

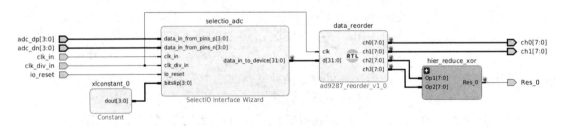

图 5-113　高速 ADC 和 DAC 数据直通案例中的 hier_adc 部分

代码 5-11 是 data_reorder 的内部代码，SelectIO 将 4 路差分通道的数据交错按低位在先的方式整合成一个 32 位数据，该模块将它们重组为 4 路数据。

代码 5-11　AD9287 数据重组模块

```
1    module ad9287_reorder(
2        input wire clk,
3        input wire [31:0] d,
4        output reg [7:0] ch0,
5        output reg [7:0] ch1,
```

```
6        output reg [7:0] ch2,
7        output reg [7:0] ch3
8    );
9    always@(posedge clk) begin
10       ch0 <= {d[0],d[4],d[ 8],d[12],d[16],d[20],d[24],d[28]};
11       ch1 <= {d[1],d[5],d[ 9],d[13],d[17],d[21],d[25],d[29]};
12       ch2 <= {d[2],d[6],d[10],d[14],d[18],d[22],d[26],d[30]};
13       ch3 <= {d[3],d[7],d[11],d[15],d[19],d[23],d[27],d[31]};
14   end
15   endmodule
```

如图 5-114 所示是 pll_0 配置中的时钟选项页面。

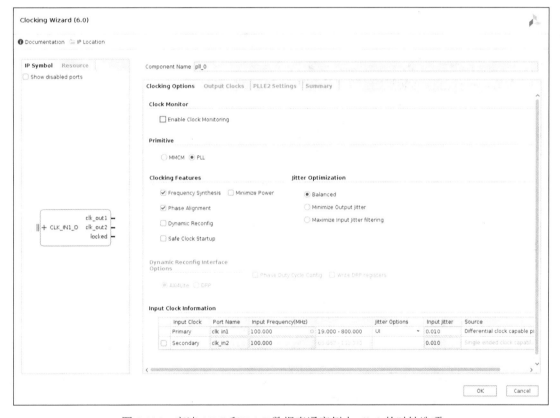

图 5-114　高速 ADC 和 DAC 数据直通案例中 pll_0 的时钟选项

如图 5-115 所示是输出时钟页面，clk_out1 用作位时钟（DCLK），频率为 400MHz，是数据率的一半；clk_out2 用作帧时钟（FCLK），频率为 100MHz，它们的相位是根据前述的方法仿真和调试获得到的。

如图 5-116 所示是 selectio_dac 配置中的数据总线设定页面。接口模板（Interface Template）选择自定义（Custom），数据总线方向（Data Bus Direction）选择为输入（Input），数据率（Data Rate）选择 DDR（双倍数据率），勾选串行化率（Serialization Factor）并填写为 8，外部总线宽度（External Data Width）设为 4，I/O 信号（I/O Signaling）选择类型（Type）为差分（Differential）、电平规范（Standard）为 LVDS 25。

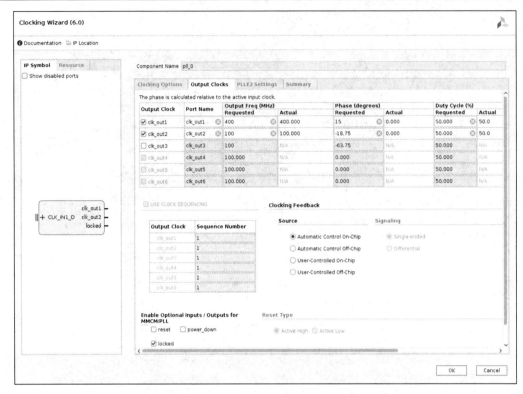

图 5-115　高速 ADC 和 DAC 数据直通案例中 pll_0 的时钟输出选项

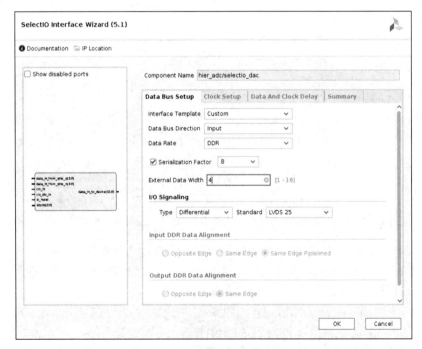

图 5-116　高速 ADC 和 DAC 数据直通案例中 selectio_dac 的数据总线设置

　　如图 5-117 所示是 selectio_dac 配置中的时钟设定页面，在时钟选项（Clocking Options）中勾选内部时钟（Internal Clock），即使用 FPGA 芯片内部 PLL 产生的时钟。

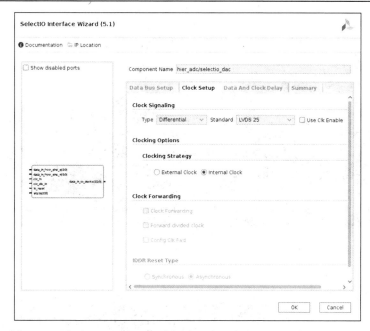

图 5-117　高速 ADC 和 DAC 数据直通案例中 selectio_dac 的时钟设置

如图 5-118 所示是 selectio_dac 配置中的数据总线设定页面。接口模板（Interface Template）选择自定义（Custom），数据总线方向（Data Bus Direction）选择为输出（Output），数据率（Data Rate）选择 DDR（双倍数据率），不勾选串行化率（Serialization Factor），外部总线宽度（External Data Width）填写 8，I/O 信号（I/O Signaling）选择类型（Type）为单端（Single-ended）、电平规范（Standard）为 LVCMOS 25。

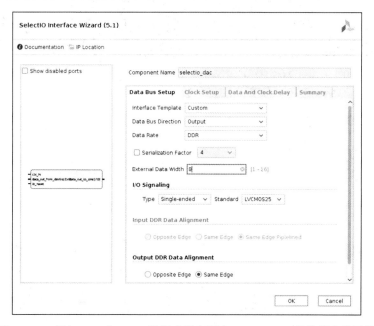

图 5-118　高速 ADC 和 DAC 数据直通案例中 selectio_dac 的数据总线设置

如图 5-119 所示是实际运行中使用 ILA 观测到的从 AD9287 的通道 A 和通道 B 获取的信号

波形，此时，从通道 A 输入的是频率为 3.125MHz、峰值电压为 2V 的正弦信号，从通道 B 输入的是同频率、峰值电压为 2V 的三角波信号。如图 5-120 所示是送入 selectio_dac 的信号波形。

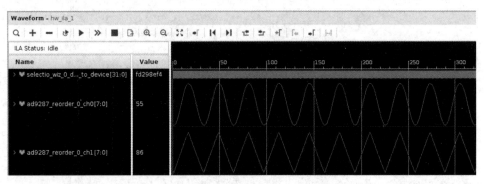

图 5-119    输入正弦波和三角波时，高速 ADC 和 DAC 直通案例中 ILA 采集到的波形

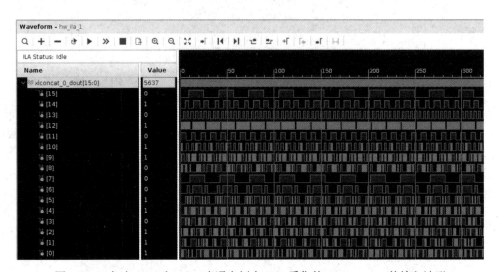

图 5-120    高速 ADC 和 DAC 直通案例中 ILA 采集的 selectio_dac 的输入波形

## 5.4    数字频率合成

### 5.4.1    数字频率合成简介

直接数字频率合成（DDS 或 DDFS）用于在数字域产生正弦信号，如图 5-121 所示，由相位累加器和正弦查找表两部分组成。其中，相位累加器接收频率控制字 $k$ 作为输入，输出相位值 $\phi$，它们的位宽均为 PW；正弦查找表由存储器或数组构成，存储器地址位宽 AW，或者数组长度为 $2^{AW}$，顺次存储一个周期的正弦信号的采样值。

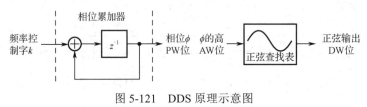

图 5-121    DDS 原理示意图

正弦查找表的地址（或索引）位宽通常小于相位累加器的位宽，它们的高位对齐，这样相位累加器的输出 $\phi \in [0, 2^{PW})$，正好对应输出正弦信号的相位 $[0, 2\pi)$。如果相位累加器的工作频率，即输出数据的采样率为 $f_s$，则单位周期 $T_s = 1/f_s$ 内，正弦信号的相变为

$$\Delta\phi = \frac{2\pi}{2^{PW}} \cdot k$$

输出正弦信号的频率为

$$f = \frac{\omega}{2\pi} = \frac{\Delta\phi}{2\pi T} = k \cdot \frac{f_s}{2^{PW}}$$

代码 5-12 是使用 Verilog 编写的 DDS 模块代码。其中使用了 initial 过程完成正弦查找表的初始化，initial 过程是不可综合的，但其中的语句仅涉及常量运算，Vivado 可在编译期处理它并对正弦查找表初始化。

代码 5-12　DDS 模块代码

```
1   module DDS #(
2       parameter PW = 32, DW = 10, AW = 13
3   ) (
4       input wire clk, rst, en,
5       input wire signed [PW - 1 : 0] freq, phase,
6       output logic signed [DW - 1 : 0] dds_out
7   );
8       localparam LEN = 2**AW;
9       localparam real TWO_PI = 6.2831853072;
10      logic signed [DW-1 : 0] sine[LEN];
11      initial begin
12        for(int i = 0; i < LEN; i++) begin
13            sine[i] = $sin(TWO_PI * i / LEN) * (2.0**(DW-1) - 1.0);
14        end
15      end
16      logic [PW-1 : 0] phaseAcc;
17      always_ff@(posedge clk) begin
18        if(rst) phaseAcc <= '0;
19        else if(en) phaseAcc <= phaseAcc + freq;
20      end
21      wire [PW-1 : 0] phaseSum = phaseAcc + phase;
22      always_ff@(posedge clk) begin
23        if(rst) dds_out <= '0;
24        else if(en) dds_out <= sine[phaseSum[PW-1 -: AW]];
25      end
26  endmodule
```

## 5.4.2　应用案例

本节将介绍一个在 Zybo-Z7 开发板上实现的 DDS，涉及简单的软硬件协同概念，使用 PS 部分软件控制 DDS 的输出频率和相位，工作采样率为 100MHz，输出为 8 位并行，可驱动 8 位源同步接口的并行 DAC。

新建工程，将代码 5-12 保存为 dds.sv 文件，封装为自定义 IP，在自定义 GUI 页面中可按图 5-122 设定参数的显示名称和取值范围。

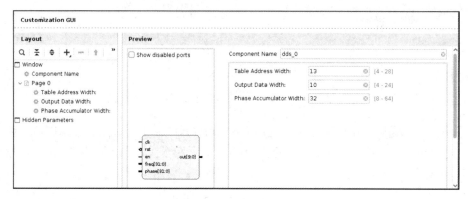

图 5-122　自定义 DDS IP 时，自定义 GUI 页面的设置

在端口和接口（Ports and Interfaces）页面，双击 rst 接口打开其编辑窗口，在参数（Parameters）页面，将左侧自动计算（Auto-calculated）分类中的极性（POLARITY）参数添加至右侧，并修改其值为 "ACTIVE_HIGH"，如图 5-123 所示。

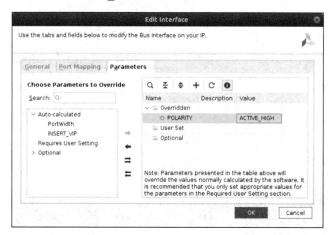

图 5-123　自定义 DDS IP 中，rst 接口的参数设置

IP 打包完成后，新建框图设计，按图 5-124、图 5-125 和图 5-128 添加 IP 并连接系统。

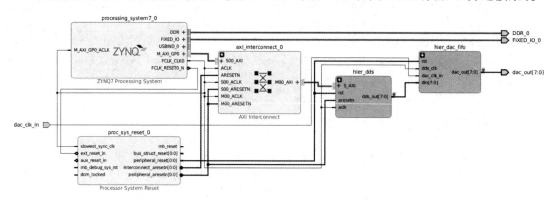

图 5-124　数字频率合成案例的整体框图

在图 5-124 中,

- processing_system7_0 的 FCLK_CLK0 被设置为 100MHz,另外在"PS-PL Configuration" 页面中,勾选"AXI Non Secure Enhancement-GP Master AXI Interface"中的"M AXI GP0 Interface",将引出 PS 部分的通用 AXI 主接口,可通过 AXI 总线,在 PL 部分扩展各 类外设;
- proc_sys_reset_0 用于产生各类需要的复位信号并使其与特定的时钟同步;
- axi_interconnect_0 是 AXI 总线的互连,可包含多个从接口和主接口,用于将多个主接 口和从接口互连起来,虽然本例中只需要一个从接口连接 PS 和一个主接口连接用于 控制 DDS 的 GPIO,本可以不用它,但这里用它是为了方便以后增加其他外设;
- 端口 dac_clk_in 是从外部 DAC 部分送来的时钟,hier_dds 内包含了有关新建 DDS IP 的部分,如图 5-125 所示。

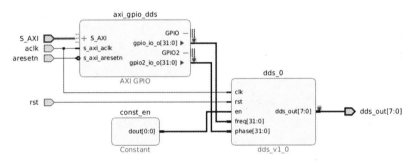

图 5-125　数字频率合成案例中的 hier_dds 部分

在图 5-125 中,axi_gpio_dds 被配置为两通道输出,每通道 32 位,如图 5-126 所示,两 个 32 位输出分别用于控制 DDS 的频率控制字和相位控制字。

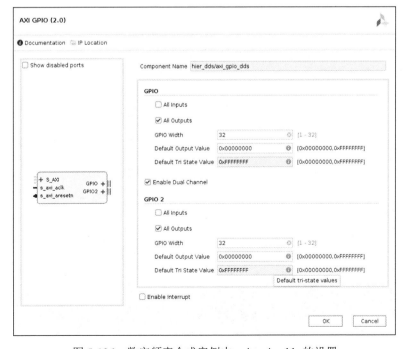

图 5-126　数字频率合成案例中 axi_gpio_dds 的设置

图 5-127 中的 dds_0 为刚刚新建的自定义 IP，在其配置页面将 AW 设置为 12，DW 设置为 8，PW 设置为 32，这样，其正弦查找表长度为 4096，在 100MHz 下，频率分辨率为 $100\mathrm{MHz}/2^{32} \approx 0.02328\mathrm{Hz}$ 。

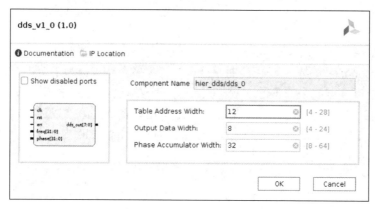

图 5-127　数字频率合成案例中 dds_0 的设置

图 5-124 中的 hier_dac_fifo 部分如图 5-128 所示。为了使得 DAC 数据与外部 DAC 送来的时钟（dac_clk_in）同步，并可以调节相位以便满足外部 DAC 芯片的数据建立和保持时间，这里采用时钟管理单元（clk_dac）调节时钟相位后再驱动 fifo_dac 的读时钟，并先将相位设置为 0，根据后续 Vivado 静态时序分析结果和实际调试情况再调整。fifo_dac 是一个双时钟先入先出存储器(FIFO)，它用于在两个时钟域(PS 的 FCLK_CLK0 和 clk_dac 输出的 clk_out1)之间传递数据。因仅用于传递数据，其写端口的写使能（wr_en）由满指示（full）取反后驱动，不满即写入；读端口的读使能（rd_en）由空指示（empty）取反后驱动，不空即读出。

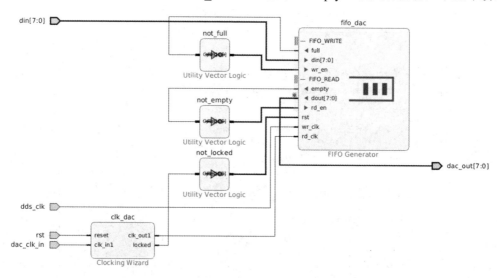

图 5-128　数字频率合成案例中的 hier_dac_fifo 部分

在 fifo_dac 的配置中，基础（Basic）页面按图 5-129 所示配置，原生接口（Native Ports）页面按图 5-130 所示配置。因仅用于传递数据，FIFO 深度不需要很大。

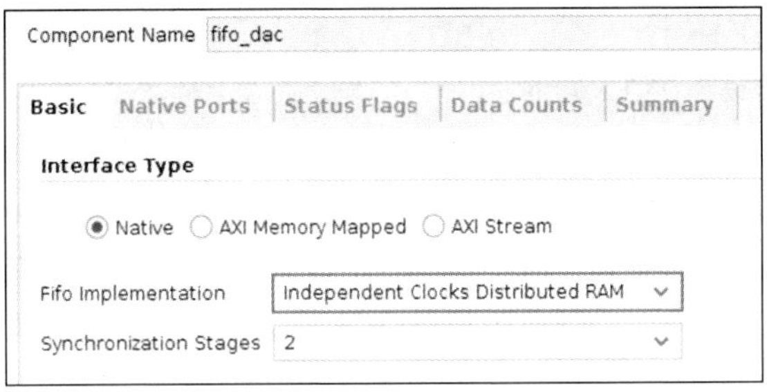

图 5-129　数字频率合成案例中 fifo_dac 的基础设置

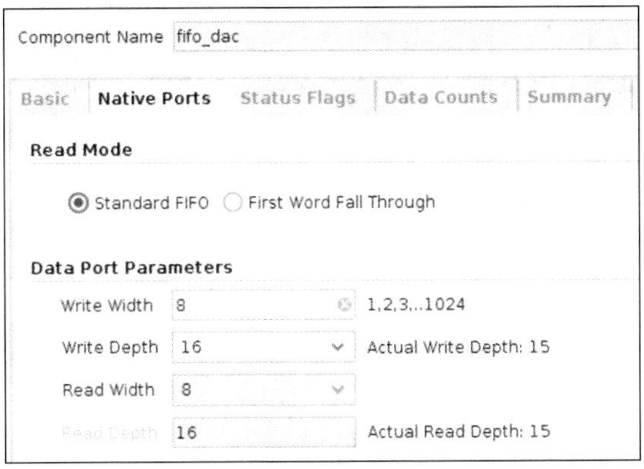

图 5-130　数字频率合成案例中 fifo_dac 的端口设置

最后，需要在 Address Editor 中为 GPIO 外设分配地址，以便 PS CPU 能够访问，如图 5-131 所示。

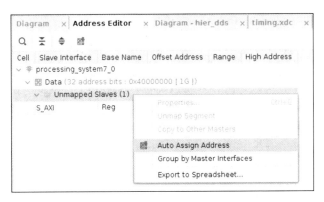

图 5-131　数字频率合成案例中的地址空间分配

根据 DAC 芯片的数据建立时间和保持时间、PCB 的信号传递延迟，可以为 dac_out 端口设定输出延迟，以便 Vivado 分析静态时序并驱动实现过程。若 DAC 的建立时间和保持时间要求分别为 1.5ns 和 1.0ns，则可编写时序约束如代码 5-13 所示，为工程新建约束文件，并填入此内容。

代码 5-13　高速并行 DAC 源同步接口的输出延迟约束

```
1   set_output_delay -clock [get_clocks dac_clk_in] -max 2.200 [get_ports
{dac_out[*]}]
```

```
2    set_output_delay -clock [get_clocks dac_clk_in] -min -1.700 [get_ports
{dac_out[*]}]
```

代码 5-13 中，-max 部分的 2.2ns 等于从 FPGA 到 DAC 的数据延迟最大值，加上 DAC 的数据建立时间要求，再减去从 FPGA 到 DAC 的时钟等效延迟的最小值；-min 部分的-1.7ns 等于从 FPGA 到 DAC 的数据延迟最小值，减去 DAC 的保持时间要求，再减去从 FPGA 到 DAC 的时钟等效延迟的最大值。编译和测试结果表明，clk_dac 的输入时钟相位为零，即可满足此要求。

有关时序约束的内容，读者可通过以下两个文档学习：

● Vivado Design Suite User Guide Using Constraints（Xilinx UG903）；
● Vivado Design Suite Tutorial Using Constraints（Xiliinx UG945）。

引脚分配约束如代码 5-14 所示，为工程新建约束文件，并填入此内容，实际使用的 DAC 模块连接了 PMOD-C 和 PMOD-D 的 PIN7（时钟输入）。

**代码 5-14　DDS 应用案例的引脚分配**

```
1    set_property PACKAGE_PIN U14 [get_ports dac_clk_in]
2    set_property IOSTANDARD LVCMOS33 [get_ports dac_clk_in]
3    set_property PACKAGE_PIN V15 [get_ports {dac_out[0]}]
4    set_property PACKAGE_PIN W14 [get_ports {dac_out[1]}]
5    set_property PACKAGE_PIN W15 [get_ports {dac_out[2]}]
6    set_property PACKAGE_PIN Y14 [get_ports {dac_out[3]}]
7    set_property PACKAGE_PIN T11 [get_ports {dac_out[4]}]
8    set_property PACKAGE_PIN T12 [get_ports {dac_out[5]}]
9    set_property PACKAGE_PIN T10 [get_ports {dac_out[6]}]
10   set_property PACKAGE_PIN U12 [get_ports {dac_out[7]}]
11   set_property IOSTANDARD LVCMOS33 [get_ports {dac_out[*]}]
```

为工程添加 ILA，并添加 GPIO 的两个通道输出、DDS 的输出和 fifo_dac 读端口的数据输出作为待观察信号，编译后导出硬件，启动 XSDK。创建名为 test_dds 的空应用工程。之后，在 test_dds_bsp 工程的板级支持包设置（Board Support Package Settings）中，将 stdin 和 stdout 均设置为 ps7_coresight_comp_0，如图 5-132 所示，这将使软件的标准输入/输出定向到调试器上，可使用 XSDK 的控制台窗口通过调试电缆与软件中的标准输入/输出函数交互。

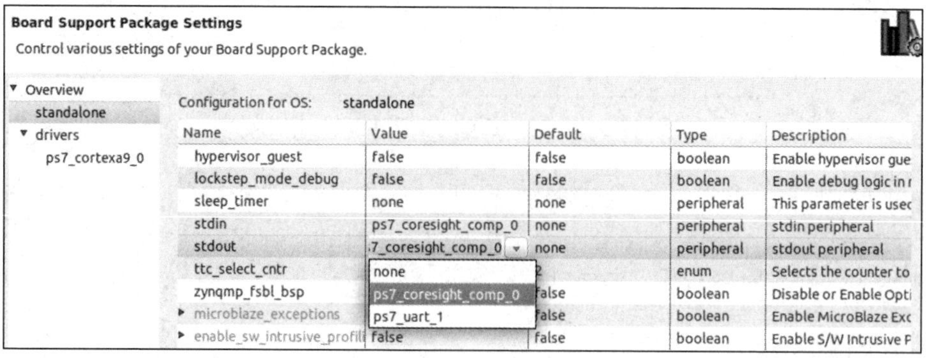

图 5-132　数字频率合成案例，XSDK 中 BSP 的相关设置

为工程新建 main.c 文件，添加代码 5-15，并编译。

**代码 5-15　DDS 应用案例的软件程序**

```
1   #include <stdio.h>
2   #include <xparameters.h>
3   #include <xgpio.h>
4   #include <math.h>
5   XGpio GpioDds;
6   int main() {
7       float freq, phase;
8       unsigned int freqWord, phaseWord;
9       XGpio_Initialize(&GpioDds, XPAR_HIER_DDS_AXI_GPIO_DDS_DEVICE_ID);
10      while(1) {
11          printf("Enter frequency(Hz) and phase(deg): ");
12          scanf("%f %f", &freq, &phase);
13          freqWord = lroundf(freq * 4294967296.f / 100.e6f);
14          phaseWord = lroundf(phase * 4294967296.f / 360.f);
15          XGpio_DiscreteWrite(&GpioDds, 1, freqWord);
16          XGpio_DiscreteWrite(&GpioDds, 2, phaseWord);
17      }
18      return 0;
19  }
```

在 XSDK 的菜单中选择"Run"→"Debug Configurations…",在弹出的调试配置（Debug Configurations）窗口中,右键单击左侧的"Xilinx C/C++ application (System Debugger)",在弹出的快捷菜单中选择新建（New）,将新建一个调试配置。然后将其名称改为"test_dds",在目标设置（Target Setup）页面中,按图 5-133 所示设置。

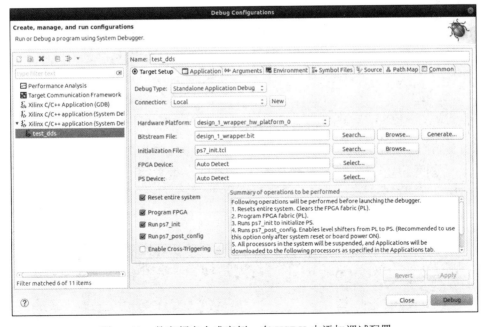

图 5-133　数字频率合成案例,在 XSDK 中添加调试配置

在应用（Application）页面中,按图 5-134 所示设置。

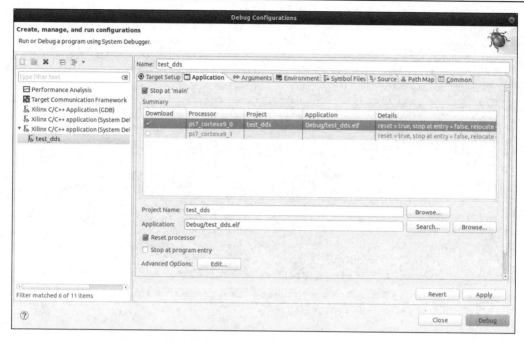

图 5-134　数字频率合成案例，调试配置中的应用程序页面

之后，单击"Debug"按钮，XSDK 将复位芯片，为 PL 下载位流文件，执行 PS 部分的初始化，启动调试，下载软件工程，并停在 main 函数内的第一条可执行语句上。在"Console"窗口右侧单击切换显示控制台按钮右侧的下拉按钮，选择"TCF Debug Virtual Terminal-ARM Cortex-A9 MPCore #0"，如图 5-135 所示。然后按键盘上的 F8 键，运行程序。在控制台出现"Enter frequency(Hz) and phase(deg):"提示后，可以通过键盘输入"5000000　0"，这将通过软件将 DDS 的输出频率设定为 5MHz 并将相移设定为 0°。

图 5-135　数字频率合成案例，在 XSDK 中选择显示的控制台

此时，回到 Vivado 并打开硬件管理，单击"Open Target"→"Auto Connect"，将打开两个 ILA 核，在 hw_ila_1 中，可设置触发条件为 dds_0_out 等于 0，然后采集一帧波形，如图 5-136 所示。在 DAC 的输出端也可通过示波器观察到 5MHz 正弦信号。

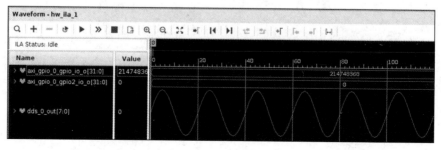

图 5-136　数字频率合成案例，ILA 观察到的 DDS 输出波形

## 5.5　FIR 滤波器

### 5.5.1　FIR 滤波器简介

FIR 滤波器直接将输入信号序列与滤波器的单位冲激响应的采样序列做卷积以实现滤波，如果滤波器的单位冲激响应为 $h[k]$，则 FIR 滤波器的传输函数为

$$H(z) = \sum_{k=0}^{L} h[k] \cdot z^{-k}$$

其中，$L$ 为其阶数，滤波器共有 $L+1$ 个系数。$h[i]$ 的设计方法读者可参考数字信号处理相关书籍，并使用 MATLAB、Mathematica 等工程或数学工具来辅助设计。在 FPGA 中，常以图 5-137 所示的结构来实现，图中以 4 阶为例，其中单位延迟可用触发器实现，增益 $h$ 为常系数乘法器。

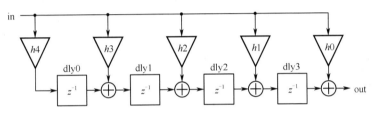

图 5-137　4 阶 FIR 滤波器（转置型）

代码 5-16 是用 Verilog 描述的 FIR 滤波器模块。模块使用参数和参数数组定义滤波器的系数个数和具体系数，高度可重用，直接传入的浮点系数将在第 14 行转换为 DW−1 位小数的定点数，第 15 行则实现输入数据与系数的定点小数乘法。从第 18 行开始的生成块则描述了存储输入数据的延迟链。

代码 5-16　FIR 滤波器模块代码

```
1    module FIR #(
2        parameter integer DW = 10, TAPS = 8,
3        parameter real COEF[TAPS] = '{TAPS{0.124}}
4    )(
5        input wire clk, rst, en,
6        input wire signed [DW-1 : 0] in,
7        output logic signed [DW-1 : 0] out
8    );
9        localparam N = TAPS - 1;
10       logic signed [DW-1 : 0] coef[TAPS];
11       logic signed [DW-1 : 0] prod[TAPS];
12       logic signed [DW-1 : 0] delay[TAPS];
13       generate for(genvar t = 0; t < TAPS; t++) begin
14           assign coef[t] = COEF[t] * 2.0**(DW-1.0);
15           assign prod[t] = ((2*DW)'(in)*(2*DW)'(coef[t])) >>> (DW-1);
16       end endgenerate
17       generate for(genvar t = 0; t < TAPS; t++) begin
```

```
18          always_ff@(posedge clk) begin
19              if(rst) delay[t] <= '0;
20              else if(en) begin
21                  if(t == 0) delay[0] <= prod[N - t];
22                  else delay[t] <= prod[N - t] + delay[t - 1];
23              end
24          end
25      end endgenerate
26      assign out = delay[N];
27  endmodule
```

## 5.5.2  应用案例

本节将在 5.3 节高速 ADC 和 DAC 案例的基础上增加 FIR 滤波器，对其中一个通道的数据进行带通滤波，带通频率范围为 10～12MHz，两边阻带频率为 6MHz 和 16MHz，带内波动 0.2dB，带外衰减 48dB，使用 MATLAB 的 filterDesigner 工具的等纹波方法设计滤波器系数，如图 5-138 所示。实例化代码 5-16 得到的滤波器如代码 5-17 所示，因 8 位字长有限，对系数量化误差较大，所以实际滤波器被实例化为 12 位。另外，因为 ADC 和 DAC 的数据为二进制偏移格式（偏移量 128 的无符号数据），而 FIR 滤波器为无偏的有符号格式，需要进行转换，在第 6 行和第 22 行分别做了输入和输出数据位宽和格式的转换。

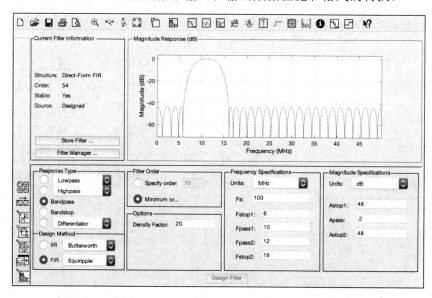

图 5-138　使用 MATLAB 的 filterDesigner 工具设计 FIR 滤波器

代码 5-17　100MHz 采样率下的 10MHz 至 12MHz 带通滤波器

```
1   module FIR_Bandpass (
2       input wire clk, rst, input wire [7 : 0] fir_in,
3       output logic [7 : 0] fir_out
4   );
5       // shift fir_in to signed range, and extend to 12-bit
6       wire signed [11 : 0] signed_in = ($signed(fir_in)-8'sh80) <<< 4;
```

```
7      wire signed [11 : 0] signed_out;
8      FIR #(12, 55, '{
9        -0.0050, -0.0026,  0.0001,  0.0043,  0.0075,  0.0072,  0.0033,
10       -0.0017, -0.0043, -0.0028,  0.0004,  0.0005, -0.0057, -0.0160,
11       -0.0220, -0.0143,  0.0097,  0.0408,  0.0606,  0.0519,  0.0108,
12       -0.0470, -0.0921, -0.0970, -0.0533,  0.0211,  0.0898,  0.1176,
13        0.0898,  0.0211, -0.0533, -0.0970, -0.0921, -0.0470,  0.0108,
14        0.0519,  0.0606,  0.0408,  0.0097, -0.0143, -0.0220, -0.0160,
15       -0.0057,  0.0005,  0.0004, -0.0028, -0.0043, -0.0017,  0.0033,
16        0.0072,  0.0075,  0.0043,  0.0001, -0.0026, -0.0050
17     }) the_fir_bp (
18         .clk(clk), .rst(rst), .en(1'b1),
19         .in(signed_in), .out(signed_out)
20     );
21     // get higher 8 bits and shift to unsigned range
22     assign fir_out = 8'h80 + (signed_out >>> 4);
23 endmodule
```

将代码 5-17 打包成 IP 后，添加至原高速 ADC 至 DAC 直通案例的框图设计中，如图 5-139 所示，并添加调试标记到待观测的信号上。

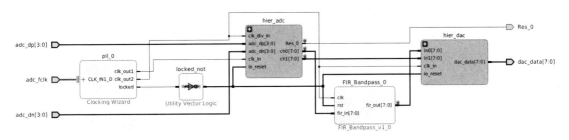

图 5-139　FIR 滤波器案例的总体框图

图 5-139 中，hier_dac 内是原工程中的位拼接和用于输出 DAC 数据的 selectio_dac，未经更改，如图 5-140 所示。

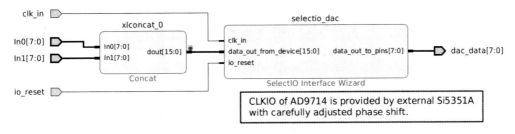

图 5-140　FIR 滤波器案例中的 hier_dac 部分

综合后添加 ILA，实现和生成位流文件，并下载到开发板上，给 ADC 部分的通道 A 输入正弦信号。在 Vivado 中，可观察到 ILA 采集的数据如图 5-141～图 5-146 所示，它们依次显示输入 6MHz、8MHz、10MHz、12MHz、14MHz 和 16MHz 的情况，可以看到与滤波器设计预期相符；同时，在 DAC 的输出 I 通道上，也可通过示波器观察到相应的波形。

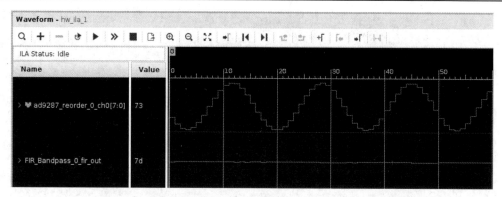

图 5-141　FIR 滤波器案例在输入 6MHz 信号时，ILA 采集到的波形

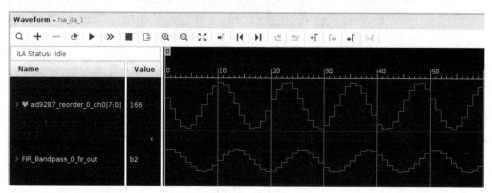

图 5-142　FIR 滤波器案例在输入 8MHz 信号时，ILA 采集到的波形

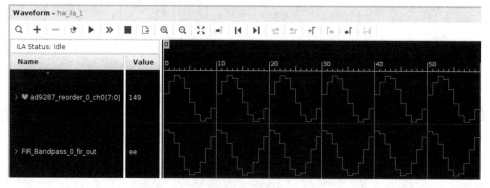

图 5-143　FIR 滤波器案例在输入 10MHz 信号时，ILA 采集到的波形

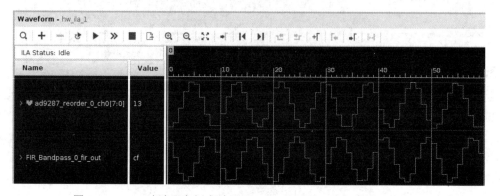

图 5-144　FIR 滤波器案例在输入 12MHz 信号时，ILA 采集到的波形

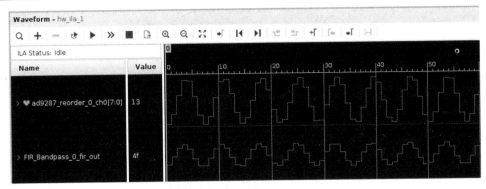

图 5-145　FIR 滤波器案例在输入 14MHz 信号时，ILA 采集到的波形

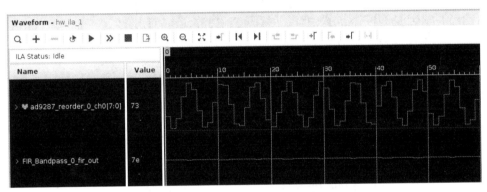

图 5-146　FIR 滤波器案例在输入 16MHz 信号时，ILA 采集到的波形

## 5.6　IIR 滤波器

### 5.6.1　IIR 滤波器简介

　　IIR 滤波器，即无限冲激响应滤波器，可实现与模拟滤波器类似的响应，设计方法也往往基于模拟滤波器，传输函数的一般形式为

$$H(z) = \frac{\sum_{i=0}^{N} n_i z^{-i}}{1 + \sum_{j=1}^{D} d_j z^{-j}}$$

其中，分子中共有 $N+1$ 个系数，分母中共有 $D$ 个系数（除 0 次方项系数 1 以外），其阶数定义为 $D$。与模拟滤波器类似，IIR 滤波器总可以变换为多个二阶滤波器的级联，或者多个二阶滤波器和一个一阶滤波器的级联。在工程中，IIR 滤波器也可用 MATLAB、Mathematica 等软件工具辅助设计。在 FPGA 中实现二阶 IIR 滤波器通常使用如图 5-147所示的结构，如果 $n_2$ 和 $d_2$ 为零，则退化为一阶滤波器。其传输函数由二阶 IIR 滤波器的一般形式变换而来

$$H(z) = \frac{n_0 + n_1 z^{-1} + n_2 z^{-2}}{1 + d_1 z^{-1} + d_2 z^{-2}} = g \frac{n_0' + n_1' z^{-1} + n_2' z^{-2}}{1 + d_1 z^{-1} + d_2 z^{-2}}$$

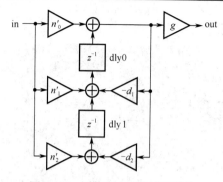

图 5-147　IIR 滤波器的转置结构

如果 $n_0 \neq 0$，可从分子中提出系数 $g = n_0$，使得 $n_0' = 1$ 和 $n_{1,2}' = n_{1,2}/g$，一般 $n_0$ 的绝对值小于 1，能使得 $|n_1'| > |n_1|$ 和 $|n_2'| > |n_2|$，有助于降低有限字长造成的误差。

使用 Verilog 描述的二阶 IIR 滤波器如代码 5-18 所示。

代码 5-18　Verilog 描述的二阶 IIR 滤波器模块

```
1   module IIR2nd #(
2       parameter integer DW = 14, FW = 9,
3       parameter real GAIN, real NUM[3], real DEN[2]
4   ) (
5       input wire clk, rst, en,
6       input wire signed [DW-1 : 0] in,    // Q(DW-FW).FW
7       output logic signed [DW-1 : 0] out  // Q(DW-FW).FW
8   );
9       wire signed [DW-1:0] n0 = (NUM[0] * 2.0**FW);
10      wire signed [DW-1:0] n1 = (NUM[1] * 2.0**FW);
11      wire signed [DW-1:0] n2 = (NUM[2] * 2.0**FW);
12      wire signed [DW-1:0] d1 = (DEN[0] * 2.0**FW);
13      wire signed [DW-1:0] d2 = (DEN[1] * 2.0**FW);
14      wire signed [DW-1:0] g  = (GAIN   * 2.0**FW);
15      logic signed [DW-1:0] z1, z0;
16      wire signed [DW-1:0] pn0 = ((2*DW)'(in) * n0) >>> FW;
17      wire signed [DW-1:0] pn1 = ((2*DW)'(in) * n1) >>> FW;
18      wire signed [DW-1:0] pn2 = ((2*DW)'(in) * n2) >>> FW;
19      wire signed [DW-1:0] pd1 = ((2*DW)'(o ) * d1) >>> FW;
20      wire signed [DW-1:0] pd2 = ((2*DW)'(o ) * d2) >>> FW;
21      wire signed [DW-1:0] o = pn0 + z0;
22      always_ff@(posedge clk) begin
23          if(rst) begin z0 <= '0; z1 <= '0; out <= '0; end
24          else if(en) begin
25              z1 <= pn2 - pd2; z0 <= pn1 - pd1 + z1;
26              out <= ((2*DW)'(o) * g) >>> FW;
27          end
28      end
29  endmodule
```

## 5.6.2　应用案例

本节在 5.3 节高速 ADC 和 DAC 案例的基础上增加一个四阶椭圆带通 IIR 滤波器，对其中一个通道的数据进行滤波，带通频率范围为 10～12MHz，带内波动 0.2dB，阻带衰减 48dB。使用 MATLAB 的 filterDesigner 工具设计，如图 5-148 所示。实例化两次代码 5-18 作为两级，得到的滤波器如代码 5-19 所示。因 8 位字长有限，对系数量化误差较大，所以实际滤波器被实例化为 12 位（11 位小数位的定点小数）。另外，因为这个滤波器的中间级存在较大增益，总位数被扩展为 18 位（7 位整数和 11 位小数的定点小数）。ADC 和 DAC 的数据是二进制偏移格式（偏移量 128 的无符号数据），而 FIR 滤波器是无偏的有符号格式，需要进行转换，在第 6 行和第 22 行分别做了输入和输出数据位宽和格式的转换。

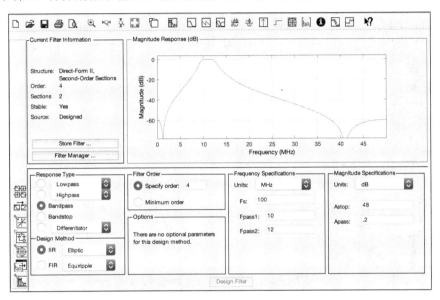

图 5-148　使用 MATLAB 的 filterDesigner 工具设计 IIR 滤波器

代码 5-19　100MHz 采样率下的四阶椭圆 10MHz 至 12MHz 带通 IIR 滤波器

```
1    module IIR_Bandpass (
2        input wire clk, rst, input wire [7:0] iir_in,
3        output logic [7:0] iir_out
4    );
5        // shift fir_in to signed range, and extend to 12-bit
6        wire signed [11 : 0] signed_in = ($signed(iir_in)-8'sh80) <<< 4;
7        // 18-bit for large inner stage gain
8        wire signed [17 : 0] stg1_out, signed_out;
9        IIR2nd #(18, 11, 0.0946,
10           '{ 1.0000, 1.6892, 1.0000}, '{-1.3503, 0.8766}
11       ) the_iir_stg1(
12           .clk(clk), .rst(rst), .en(1'b1),
13           .in(signed_in), .out(stg1_out)
14       );
15       IIR2nd #(18, 11, 0.0946,
```

```
16        '{ 1.0000, -1.9944, 1.0000}, '{-1.5468, 0.8962}
17   ) the_iir_stg2(
18        .clk(clk), .rst(rst), .en(1'b1),
19        .in(stg1_out), .out(signed_out)
20   );
21   // get higher 8 bits and shift to unsigned range
22   assign iir_out = 8'h80 + (signed_out >>> 4);
23 endmodule
```

将代码 5-19 打包成 IP 后,添加至原高速 ADC 至 DAC 直通案例的框图设计中,如图 5-149
所示,并添加调试标记到待观测的信号上。

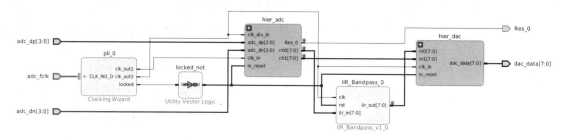

图 5-149　IIR 滤波器案例的总体框图

综合后添加 ILA,实现和生成位流文件,并下载到开发板上,给 ADC 部分的通道 A 输
入正弦信号。在 Vivado 中,可观察到 ILA 采集的数据如图 5-150~图 5-155 所示,它们依次
显示输入 6MHz、8MHz、10MHz、12MHz、14MHz 和 16MHz 的情况,可以看到与滤波器设
计预期相符;同时,在 DAC 的输出 I 通道上,也可通过示波器观察到相应的波形。

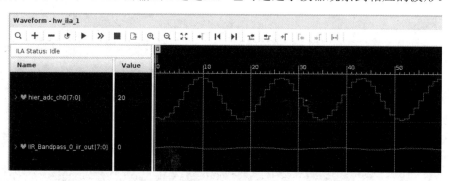

图 5-150　IIR 滤波器案例在输入 6MHz 时,ILA 采集到的波形

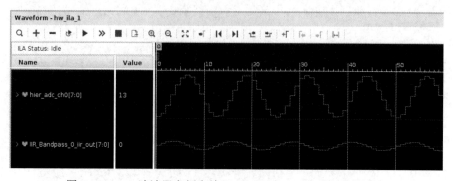

图 5-151　IIR 滤波器案例在输入 8MHz 时,ILA 采集到的波形

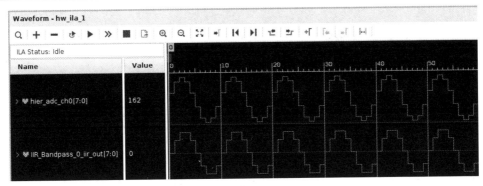

图 5-152　IIR 滤波器案例在输入 10MHz 时，ILA 采集到的波形

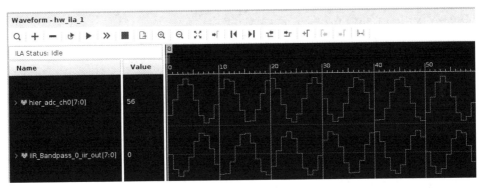

图 5-153　IIR 滤波器案例在输入 12MHz 时，ILA 采集到的波形

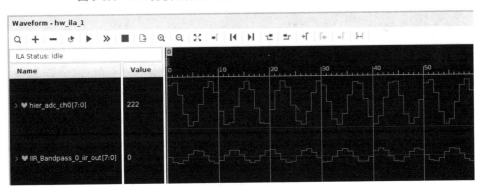

图 5-154　IIR 滤波器案例在输入 14MHz 时，ILA 采集到的波形

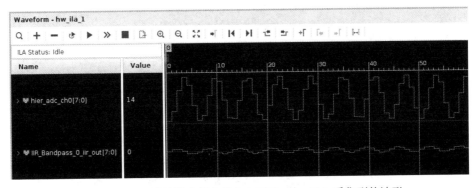

图 5-155　IIR 滤波器案例在输入 16MHz 时，ILA 采集到的波形

## 5.7 AXI4-Lite 通用外设

### 5.7.1 通用外设简介

在 5.4 节中，DDS 的两个控制字是通过 GPIO 口来控制的，事实上，可以直接将这两个控制字映射到 AXI4 总线的地址上，本节介绍一个通用的 AXI4-Lite 接口的外设模块，并将其封装为 IP。它包含可配置数量的 32 位输出、输入和单周期使能输出，如代码 5-20 所示，其中省略了一些重复的内容。

关于 AXI4-Lite 总线协议实现的部分，读者可通过以下两个文档学习：

- 《FPGA 应用开发和仿真》第 6 章；
- AMBA AXI and ACE Protocol Specification AXI3, AXI4, and AXI4-Lite ACE and ACE-Lite（可在 developer.arm.com 搜索阅读）。

代码 5-20　Verilog 描述的通用 AXI4-Lite 接口外设模块

```verilog
1   module Axi4l_General_IO (
2       input wire clk, rst_n,
3       // --- s_axi ---
4       (* mark_debug = "true" *) input  wire [5 : 0] s_axi_awaddr,
5       input  wire [2 : 0]    s_axi_awprot,
6       (* mark_debug = "true" *) input  wire          s_axi_awvalid,
7       (* mark_debug = "true" *) output logic         s_axi_awready,
8       (* mark_debug = "true" *) input  wire [31: 0] s_axi_wdata,
9       input  wire [3 : 0]    s_axi_wstrb,
10      (* mark_debug = "true" *) input  wire          s_axi_wvalid,
11      (* mark_debug = "true" *) output logic         s_axi_wready,
12      output logic [1 : 0] s_axi_bresp,
13      (* mark_debug = "true" *) output logic         s_axi_bvalid,
14      (* mark_debug = "true" *) input  wire          s_axi_bready,
15      (* mark_debug = "true" *) input  wire [5 : 0] s_axi_araddr,
16      input  wire [2 : 0]    s_axi_arprot,
17      (* mark_debug = "true" *) input  wire          s_axi_arvalid,
18      (* mark_debug = "true" *) output logic         s_axi_arready,
19      (* mark_debug = "true" *) output logic [31: 0] s_axi_rdata,
20      output logic [1 : 0]  s_axi_rresp,
21      (* mark_debug = "true" *) output logic         s_axi_rvalid,
22      (* mark_debug = "true" *) input  wire          s_axi_rready,
23      // --- user ports ---
24      input  wire [31 : 0] in00, in01, in02, in03, ... in15,
25      output logic [31 : 0] out00, out01, out02, out03, ... out15,
26      output logic iready00, iready01, iready02, ... iready15,
27      output logic ovalid00, ovalid01, ovalid02, ... ovalid15
28  );
29      localparam integer RAW = 4;
30      wire rst = ~rst_n;
```

```
31      (* mark_debug = "true" *) logic regs_wr, regs_rd;
32      // ==== aw channel ====
33      assign s_axi_awready = 1'b1;     // always ready
34      (* mark_debug = "true" *) logic [RAW-1 : 0] waddr_reg;
35      always_ff@(posedge clk) begin
36          if(rst) waddr_reg <= '0;
37          else if(s_axi_awvalid) waddr_reg <= s_axi_awaddr[2+:RAW];
38      end
39      // === w channel ===
40      assign regs_wr = s_axi_wvalid & s_axi_wready;
41      always_ff@(posedge clk) begin
42          if(rst) s_axi_wready <= 1'b0;
43          else if(s_axi_awvalid) s_axi_wready <= 1'b1;
44          else if(s_axi_wvalid & s_axi_wready) s_axi_wready <= 1'b0;
45      end
46      // === b ch ===
47      assign s_axi_bresp = 2'b00;      // always ok
48      always_ff@(posedge clk) begin
49          if(rst) s_axi_bvalid <= 1'b0;
50          else if(s_axi_wvalid & s_axi_wready) s_axi_bvalid <= 1'b1;
51          else if(s_axi_bvalid & s_axi_bready) s_axi_bvalid <= 1'b0;
52      end
53      // === ar ch ===
54      (* mark_debug = "true" *) logic [RAW-1 : 0] raddr_reg;
55      always_ff@(posedge clk) begin
56          if(rst) raddr_reg <= 1'b0;
57          else if(s_axi_arvalid) raddr_reg <= s_axi_araddr[2+:RAW];
58      end
59      always_ff@(posedge clk) begin
60          if(rst) s_axi_arready <= 1'b0;
61          else if(s_axi_arvalid & ~s_axi_arready) s_axi_arready<=1'b1;
62          else if(s_axi_arvalid &  s_axi_arready) s_axi_arready<=1'b0;
63      end
64      assign regs_rd = s_axi_arvalid & s_axi_arready;
65      // === r ch ===
66      assign s_axi_rresp = 2'b00;      // always ok
67      always_ff@(posedge clk) begin
68          if(rst) s_axi_rvalid <= 1'b0;
69          else if(regs_rd) s_axi_rvalid <= 1'b1;
70          else if(s_axi_rvalid & s_axi_rready) s_axi_rvalid <= 1'b0;
71      end
72      // user ports
73      always_ff@(posedge clk) begin
74          if(rst) s_axi_rdata <= 32'b0;
75          else if(regs_rd) begin
76              case(raddr_reg)
77              4'd0 : s_axi_rdata <= in00;
```

```
78          ... // in01 ~ in15
79          4'd15: s_axi_rdata <= in15;
80          default: s_axi_rdata <= 32'b0;
81          endcase
82       end
83    end
84    // user logics
85    always_ff@(posedge clk) begin
86       if(rst) out00 <= 32'b0;
87       else if(regs_wr && waddr_reg == 4'd00) out00 <= s_axi_wdata;
88    end
89    ... // out01 ~ out15 略
90    always_ff@(posedge clk) begin
91       iready00 <= regs_rd & raddr_reg == 4'd00;
92    end
93    ... // iready01 ~ iready15 略
94    always_ff@(posedge clk) begin
95       ovalid00 <= regs_wr & waddr_reg == 4'd00;
96    end
97    ... // ovalid01 ~ ovalid 15 略
98 endmodule
```

虽然 SystemVerilog 支持端口数组，相当于可以参数化配置端口的数量，但是 Vivado 的 IP 打包工具目前还不支持参数化配置端口数组，所以这里直接声明 16 组 I/O 并编写 16 组 I/O 的全部代码，参数化端口数量，则需要在 IP 打包工具的端口和接口页面另外配置。

代码 5-20 中，写地址通道和读地址通道的地址位宽均为 6 位，共计可实现 16 个 32 位寄存器。这 16 个寄存器分别对应 16 组 I/O，每组 I/O 包含：

● 一个 32 位输入端口 in##（##为 00～15），读寄存器时，此端口的数据将被读入。
● 一个 32 位输出端口 out##（##为 00～15），写寄存器时，写入的值将更新到此端口。
● 一个读操作指示输出端口 iready##（##为 00～15），读寄存器时，读操作完成后，将立即输出一个单周期高电平。典型的应用场景是，与 in##配合，连接 "First Word Fall Through" 模式的 FIFO 的读使能和数据输出，可实现 FIFO 数据读取。
● 一个写操作指示输出端口 ovalid##（##为 00～15），写寄存器时，写操作完成后（out## 更新后），将立即输出一个单周期高电平。典型的应用场景是，与 in##配合，连接 FIFO 的写使能和数据输入，可实现 FIFO 数据写入。

iready 和 ovalid 还可用于任何需要单周期使能信号触发工作的数字逻辑。

在 IP 打包过程中，如图 5-156 所示，在 "Customization Parameters" 页面新增一个名为 "PORT_NUM" 的参数，为其指定取值范围为 1～16，并在 "Customization GUI" 页面中将其添加到自定义 GUI 中。

然后，在 "Ports and Interfaces" 页面中，为除 in00、out00、iready00 和 ovalid00 端口外的所有端口设置使能条件。以 in01 为例，如图 5-157 所示，将 Port Presence（端口显现）选择为 Optional（有条件的），并在下方的脚本编辑框中输入 "$PORT_NUM > 1"，使得在 PORT_NUM 大于 1 时，in01 端口才出现。对于其他编号的端口，以此类推，如 in02 应设置为 "$PORT_NUM > 2"，最终设置完成后的 "Ports and Interfaces" 页面如图 5-158 所示。最后，在"Customization GUI"页面，设置不同"PORT NUM"值，左侧 IP 框图预览应可看到端口数量相应地变化。

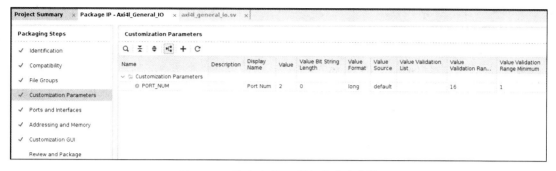

图 5-156　为自定义 IP 添加自定义参数

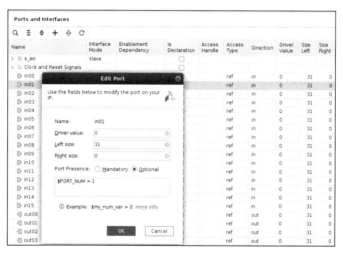

图 5-157　为自定义 IP 的端口设置使能条件

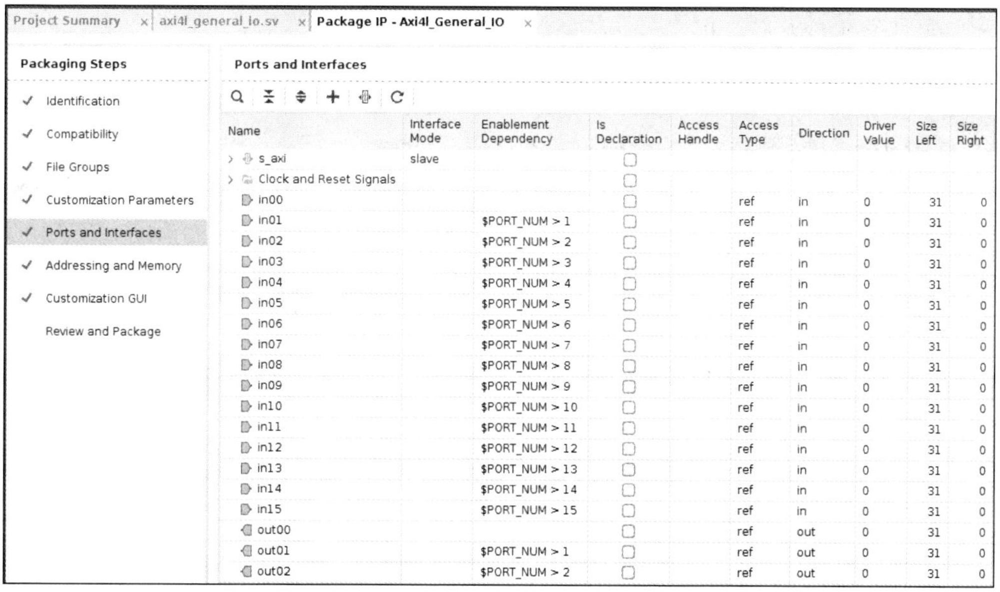

图 5-158　自定义 AXI4-Lite 通用 I/O 外设的端口使能条件

### 5.7.2　应用案例

在 5.4 节介绍的 DDS 案例工程中，将 hier_dds 中的 axi_gpio_dds 替换为 5.7.1 节打包的通用外设 IP，将 "PORT NUM" 参数设置为 3，如图 5-159 所示，并在 "Address Editor" 中为其分配地址，这样，将有 3 个 32 位寄存器可用于控制它。

● 寄存器 0，地址偏移 0，对应 out00，写入 32 位数据将直接更新到 dds_0 的频率控制字，同时 out00 也直连到 in00，这样读取该寄存器，也将读到 dds_0 的当前频率控制字。

● 寄存器 1，地址偏移 4，对应 out01，写入 32 位数据将直接更新到 dds_0 的相位控制字，同时 out01 也直连到 in01，这样读取该寄存器，也将读到 dds_0 的当前相位控制字。

● 寄存器 2，地址偏移 8，对应 ovalid02，写入任意数据将使得 ovalid02 输出一个单周期高电平。它与输入的 rst 做 "或" 运算后，送到 dds_0 的复位输入，这样，写入任意数据到寄存器 2，将使得 dds_0 复位，如果有多个 DDS 模块同时输出多路正弦信号，此复位可使得多个 DDS 的输出相位同步。

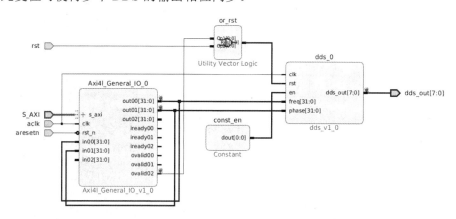

图 5-159　使用自定义通用 I/O 外设连接 DDS

Vivado 工程编译并产生位流文件之后，需重新导出包含位流文件的硬件描述文件，才能将更改同步到 XSDK 中。在 XSDK 中，将原有主循环替换为代码 5-21，其中，第 7、8 行用于写入频率控制字和相位控制字；第 9 行将使 ovalid02 输出一个单周期高电平，使 dds_0 复位；第 10、11 行则测试频率和相位控制字的读取。

代码 5-21　AXI4-Lite 通用外设在 XSDK 中的应用代码

```
1    while(1)
2    {
3        printf("Enter frequency(Hz) and phase(deg): \r\n");
4        scanf("%f %f", &freq, &phase);
5        freqWord = lroundf(freq * 4294967296.f / 100.e6f);
6        phaseWord = lroundf(phase * 4294967296.f / 360.f);
7        Xil_Out32(XPAR_HIER_DDS_AXI4L_GENERAL_IO_0_BASEADDR + 4 * 0, freqWord);
8        Xil_Out32(XPAR_HIER_DDS_AXI4L_GENERAL_IO_0_BASEADDR + 4 * 1,
phaseWord);
         // write any value to reg #2, issue a single cycle valid sig.
9        Xil_Out32(XPAR_HIER_DDS_AXI4L_GENERAL_IO_0_BASEADDR + 4 * 2, 0);
```

```
10        freqWord = Xil_In32(XPAR_HIER_DDS_AXI4L_GENERAL_IO_0_BASEADDR + 4 * 0);
11        phaseWord = Xil_In32(XPAR_HIER_DDS_AXI4L_GENERAL_IO_0_BASEADDR + 4 * 1);
12    }
```

在 XSDK 中，启动调试，程序运行停在 main 函数入口时，可在 Vivado 中打开 Hardware Manager，连接开发板，因 XSDK 启动调试会复位系统并下载位流文件，Hardware Manager 会直接打开 ILA 调试界面。

在 ILA 中，设置 awvalid=1 作为触发采集条件，开始采集，此时 AXI4 总线端口上没有动作，ILA 将持续等待。此时，在 XSDK 中，运行程序并完成一次主循环，ILA 将被触发并采集一帧数据，可在 ILA 窗口中观察到如图 5-160 所示的波形。图中可以看到 AXI4-Lite 总线上的 5 次操作，第一次操作从第 0 个时钟周期开始，写入频率控制字，可看到频率控制字被更新为 0x0cccccd0（频率约 5MHz）；第二次操作从第 22 个时钟周期开始，写入相位控制字 0x40000000（相位为 90°），可看到 DDS 输出相位在第 25 个时钟周期发生 90° 变化；第三次操作从第 46 个时钟周期开始，可以看到 DDS 输出在第 47 个时钟周期被复位，并在第 48 个时钟周期重新从 90° 相位开始输出；第四次、第五次操作则分别开始于第 54 和第 64 个时钟周期，分别读取了频率控制字和相位控制字。

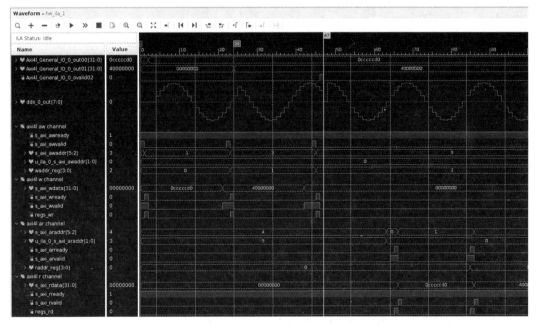

图 5-160　自定义通用 I/O 外设与 DDS 连接实例中，ILA 采集到的波形

## 5.8　多功能数字信号源

### 5.8.1　原理简介

本节介绍的信号源由 DDS 和乘法器构成，可产生幅度调制信号、频率调制信号、相位调制信号和正交幅度调制信号，并自带正弦调制信号源。可通过软件设置各项参数，也可通过软件写入调制信号或数字基带。图 5-161 是其原理框图，参数设置由 5.7 节介绍的 AXI4-Lite

通用外设实现，并由 ovalid14 控制一级 D 触发器同步锁存写入的参数，避免逐个更改参数的过程中出现不必要的输出。

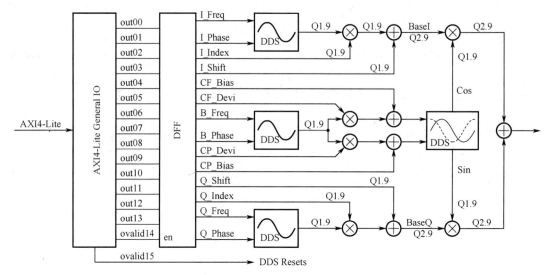

图 5-161　多功能数字信号源的原理框图

图 5-161 中，各个控制参数的意义如表 5-6 所示。

**表 5-6　多功能数字信号源的控制参数**

| 参　数　名 | 格　　式 | 有　效　范　围 | 意　　义 |
| --- | --- | --- | --- |
| [IQB]_Freq | 32 位 | $[-2^{31}+1, 2^{31}-1]$ | I/Q/B 路调制信号 DDS 的频率控制字 |
| [IQB]_Phase | 32 位 | $[-2^{31}+1, 2^{31}-1]$ | I/Q/B 路调制信号 DDS 的相位控制字 |
| [IQ]_Index | Q1.9 | $(-1, 1)$ | I/Q 路调幅的调制度 |
| [IQ]_Shift | Q1.9 | $(-1, 1)$ | I/Q 路调幅的调制信号偏移 |
| C[FP]_Bias | 32 位 | $-2^{31}+1, 2^{31}-1$ | 频率/相位调制的中心频率/相位 |
| C[FP]_Devi | 32 位 | $[-2^{31}+1, 2^{31}-1]$ | 频率/相位调制的频偏/相偏 |

下面以调幅、调频和正交调幅三种模式为例，介绍其原理。

当多功能数字信号源用作调幅信号源时，工作原理如图 5-162 所示，其中粗线部分表示应按需设置的参数和主要的信号路径，细线部分应写入 0。此时，

- I_Freq 用于设定调制信号的频率，I_Freq = $f_{mod} \cdot 2^{32} / 100\text{MHz}$，其中 $f_{mod}$ 为所需的调制信号频率；
- I_Index 用于设定调制度，在 Q1.9 定点小数格式下，其值即为调制度，当对齐到 32 位数据高位时，I_Index = $[m \cdot 2^{31}]$，其中 $m \in (0,1)$ 为所需的调制度；
- I_Shift 需设置为 1（Q1.9 格式，实际最大值为 $511/512$），在对齐到 32 位数据高位时，应设置为 $511 \times 2^{22}$；
- CF_Bias 用于设定载波频率，CF_Bias = $f_{car} \cdot 2^{32} / 100\text{MHz}$，其中 $f_{car}$ 为所需的载波频率。

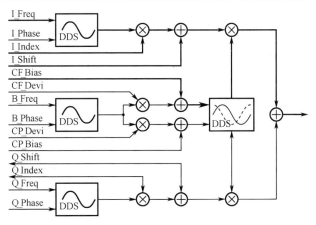

图 5-162　多功能数字信号源输出调幅信号时的原理

当多功能数字信号源用作调频信号源时，其工作原理如图 5-163 所示，其中粗线部分表示应按需设置的参数和主要的信号路径，细线部分应写入 0。此时，

- I_Shift 需设置为 1（Q1.9 格式，实际最大值为 511/512），当对齐到 32 位数据高位时，应设置为 $511 \times 2^{22}$；
- CF_Bias 用于设定载波中心频率，CF_Bias $= f_{car} \cdot 2^{32} / 100\text{MHz}$，其中 $f_{car}$ 为所需的载波频率；
- CF_Devi 用于设定调制频偏，CF_Devi $= \Delta f \cdot 2^{32} / 100\text{MHz}$，其中 $\Delta f$ 为所需的频偏；
- B_Freq 用于设定调制信号的频率，B_Freq $= f_{mod} \cdot 2^{32} / 100\text{MHz}$，其中 $f_{mod}$ 为所需的调制信号频率。

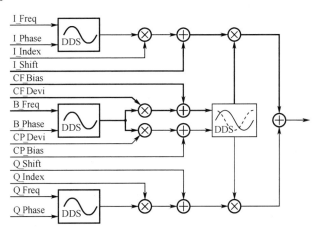

图 5-163　多功能数字信号源输出调频信号时的原理

当多功能数字信号源用作正交调幅信号源时，其工作原理如图 5-164 所示，其中粗线部分表示应按需设置的参数和主要的信号路径，细线部分应写入 0。此时，

- I_Shift 和 Q_Shift 为所需的 I 路和 Q 路的幅值（即星座坐标），取值范围为 $(-1, 1)$（Q1.9 格式），当对齐到 32 位数据高位时，应设置为 $x \cdot 2^{31}$，其中 $x$ 为所需的幅值；
- CF_Bias 用于设定载波中心频率，CF_Bias $= f_{car} \cdot 2^{32} / 100\text{MHz}$，其中 $f_{car}$ 为所需的载波频率。

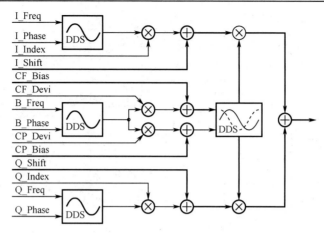

图 5-164　多功能数字信号源输出正交调幅信号时的原理

代码 5-22 描述了图 5-161。10 位的参数均取自 AXI4-Lite 通用外设传入的 32 位数据的高位。

代码 5-22　Verilog 描述的多功能数字信号源模块

```verilog
1   module SigGen (
2       input wire clk, rst,
3       input wire [31:0] cf_devi_in, cf_bias_in, cp_devi_in, cp_bias_in,
4       input wire [31:0] b_freq_in , b_phase_in,
5       input wire [31:0] i_freq_in , i_phase_in, q_freq_in , q_phase_in,
6       input wire [31:0] i_index_in, i_shift_in, q_index_in, q_shift_in,
7       input wire update,
8       output logic signed [7:0] sig_out
9   );
10      logic signed [31:0] cf_devi, cf_bias, cp_devi, cp_bias;
11      logic [31:0] b_freq, b_phase, i_freq, i_phase, q_freq, q_phase;
12      logic signed [9:0] i_index, i_shift, q_index, q_shift;
13      always_ff@(posedge clk) begin
14          if(rst) begin
15              cf_devi <= 'b0; cf_bias <= 'b0;
16              cp_devi <= 'b0; cp_bias <= 'b0;
17              b_freq <= 'b0; b_phase <= 'b0;
18              i_freq <= 'b0; i_phase <= 'b0;
19              q_freq <= 'b0; q_phase <= 'b0;
20              i_index <= 'b0; i_shift <= 'b0;
21              q_index <= 'b0; q_shift <= 'b0;
22          end
23          else if(update) begin
24              cf_devi <= cf_devi_in; cf_bias <= cf_bias_in;
25              cp_devi <= cp_devi_in; cp_bias <= cp_bias_in;
26              b_freq <= b_freq_in ; b_phase <= b_phase_in;
27              i_freq <= i_freq_in ; i_phase <= i_phase_in;
28              q_freq <= q_freq_in ; q_phase <= q_phase_in;
29              i_index <= i_index_in [31-:10];
30              i_shift <= i_shift_in [31-:10];
```

```
31              q_index <= q_index_in [31-:10];
32              q_shift <= q_shift_in [31-:10];
33          end
34      end
35      logic signed [9:0] dds_i_out, dds_q_out, dds_b_out;
36      DDS #(32, 10, 13)
37          dds_i(clk, rst, 1'b1, i_freq, i_phase, dds_i_out),
38          dds_q(clk, rst, 1'b1, q_freq, q_phase, dds_q_out),
39          dds_b(clk, rst, 1'b1, b_freq, b_phase, dds_b_out);
40      (*mark_debug = "true"*) logic signed [ 9 : 0] i_mul, q_mul;
41      (*mark_debug = "true"*) logic signed [10 : 0] base_i, base_q;
42      (*mark_debug = "true"*) logic signed [31 : 0] cf_mul, cp_mul;
43      (*mark_debug = "true"*) logic signed [31 : 0] c_freq, c_phase;
44      always_ff@(posedge clk) begin
45          if(rst) begin
46              i_mul   <= 'b0; q_mul   <= 'b0;
47              base_i  <= 'b0; base_q  <= 'b0;
48              cf_mul  <= 'b0; cp_mul  <= 'b0;
49              c_freq  <= 'b0; c_phase <= 'b0;
50          end else begin
51              i_mul  <= 20'(dds_i_out) * i_index >>> 9;
52              q_mul  <= 20'(dds_q_out) * q_index >>> 9;
53              base_i <= i_mul + i_shift;
54              base_q <= q_mul + q_shift;
55              cf_mul  <= 42'(dds_b_out) * cf_devi >>> 9;
56              cp_mul  <= 42'(dds_b_out) * cp_devi >>> 9;
57              c_freq  <= cf_mul + cf_bias;
58              c_phase <= cp_mul + cp_bias;
59          end
60      end
61      (*mark_debug = "true"*) logic signed [ 9 : 0] carr_cos, carr_sin;
62      (*mark_debug = "true"*) logic signed [10 : 0] cc_mul, cs_mul;
63      OrthDDS #(32, 10, 13)
64          dds_carr(clk, rst, 'b1, c_freq, c_phase, carr_sin, carr_cos);
65      always_ff @(posedge clk) begin
66          if(rst) begin
67              cc_mul <= 'b0; cs_mul <= 'b0; sig_out <= 'b0;
68          end else begin
69              cc_mul <= 21'(carr_cos) * base_i >>> 9;
70              cs_mul <= 21'(carr_sin) * base_q >>> 9;
71              sig_out <= (cc_mul + cs_mul) >>> 3;
72          end
73      end
74  endmodule
```

其中，用于产生正交信号的 OrthDDS 模块如代码 5-23 所示，在该模块中描述了一个双口 RAM，用于同时输出正弦和余弦。

**代码 5-23　正交输出的 DDS**

```systemverilog
module OrthDDS #(parameter PW = 32, DW = 10, AW = 13)(
    input wire clk, rst, en,
    input wire signed [PW - 1 : 0] freq, phase,
    output logic signed [DW - 1 : 0] sin, cos
);
    localparam LEN = 2**AW;
    localparam real PI = 3.1415926535897932;
    logic signed [DW-1 : 0] sine[LEN];
    initial begin
        for(int i = 0; i < LEN; i++) begin
            sine[i] = $sin(2.0*PI * i / LEN) * (2.0**(DW-1) - 1.0);
        end
    end
    logic [PW-1 : 0] phaseAcc, phSum0, phSum1;
    always_ff@(posedge clk) begin
        if(rst) phaseAcc <= '0;
        else if(en) phaseAcc <= phaseAcc + freq;
    end
    always_ff@(posedge clk) begin
        if(rst) begin
            phSum0 <= '0;
            phSum1 <= PW'(1) <<< (PW-2); // 90deg
        end
        else if(en) begin
            phSum0 <= phaseAcc + phase;
            phSum1 <= phaseAcc + phase + (PW'(1) <<< (PW-2));
        end
    end
    always_ff@(posedge clk) begin
        if(rst) sin <= '0;
        else if(en) sin <= sine[phSum0[PW-1 -: AW]];
    end
    always_ff@(posedge clk) begin
        if(rst) cos <= '0;
        else if(en) cos <= sine[phSum1[PW-1 -: AW]];
    end
endmodule
```

## 5.8.2　应用案例

本节将在 5.4 节中介绍的数字频率合成案例的基础上进行修改，首先将代码 5-22 封装为自定义 IP，将原 hier_dds 子图改名为 hier_siggen 并删除其中的内容，替换为如图 5-165 所示的内容。

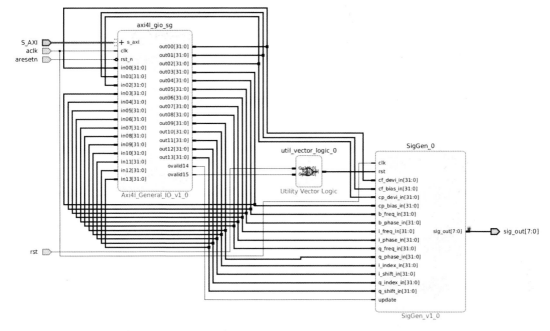

图 5-165　多功能数字信号源案例中 hier_siggen 部分的框图

图 5-165 中的 axi4l_gio_sg 较 5.6 节有所改动，删除了原有的 PORT_NUM 参数，增加了如图 5-166 所示的多个参数。其端口使能条件按图 5-167 所示进行修改，这样可以控制 out、in、ovalid 和 iready 四组端口中任意起止范围的端口使能。

**Customization Parameters**

| Name | Display Name | Value | Value Bit String Length | Value Format | Value Source | Value Validation List | Value Validation Ran... | Value Validation Range Minimum |
|------|--------------|-------|------------------------|--------------|--------------|----------------------|------------------------|-------------------------------|
| ∨ ⚙ Customization Parameters | | | | | | | | |
| ⚙ OUT_IDX_START | Out Index Start | 0 | 0 | long | default | | 15 | 0 |
| ⚙ OUT_IDX_END | Out Index End | 1 | 0 | long | default | | 15 | 0 |
| ⚙ IN_IDX_START | In Index Start | 0 | 0 | long | default | | 15 | 0 |
| ⚙ IN_IDX_END | In Index End | 1 | 0 | long | default | | 15 | 0 |
| ⚙ OV_IDX_START | OutValid Index Start | 0 | 0 | long | default | | 15 | 0 |
| ⚙ OV_IDX_END | OutValid Index End | 1 | 0 | long | default | | 15 | 0 |
| ⚙ IR_IDX_START | InReady Index Start | 0 | 0 | long | default | | 15 | 0 |
| ⚙ IR_IDX_END | InReady Index End | 1 | 0 | long | default | | 15 | 0 |

图 5-166　为 AXI4-Lite General I/O 外设增加参数

**Ports and Interfaces**

| Name | Interface Mode | Enablement Dependency |
|------|----------------|----------------------|
| ▷ in00 | | $IN_IDX_START <= 0 && $IN_IDX_END >= 0 |
| ▷ in01 | | $IN_IDX_START <= 1 && $IN_IDX_END >= 1 |
| ▷ in02 | | $IN_IDX_START <= 2 && $IN_IDX_END >= 2 |
| ▷ in03 | | $IN_IDX_START <= 3 && $IN_IDX_END >= 3 |
| ▷ in04 | | $IN_IDX_START <= 4 && $IN_IDX_END >= 4 |
| ▷ in05 | | $IN_IDX_START <= 5 && $IN_IDX_END >= 5 |
| ▷ in06 | | $IN_IDX_START <= 6 && $IN_IDX_END >= 6 |
| ▷ in07 | | $IN_IDX_START <= 7 && $IN_IDX_END >= 7 |

图 5-167　为 AXI4-Lite General I/O 外设设定端口使能条件

综合、添加 ILA，实现并生成位流文件后，导出硬件信息到 XSDK。在 XSDK 中，添加代码 5-24 和代码 5-25 的内容，前者是用于向信号源写入参数的基本函数，后者可依次让信号源产生：

- 5MHz 正弦信号；
- 载波 5MHz，调制信号 500kHz，调制度为 0.75 的调幅信号；
- 载波 5MHz，调制信号 500kHz 的双边带调幅信号；
- 载波 5MHz，调制信号 500kHz，频偏 2MHz 的调频信号；
- 载波 5MHz，调制信号 500kHz，相位偏移 90° 的调相信号；
- 载波 5MHz，I、Q 均为 0.9 的正交调幅信号。

**代码 5-24　多功能数字信号源的驱动函数**

```
1   s32 q31(float a) { return lroundf(a * 2147483648.f); }
2   s32 fWord(float freqHz) {
3       return lroundf(freqHz * 4294967296.f / 100.e6f);
4   }
5   s32 pWord(float phaseDeg) {
6       return lroundf(phaseDeg * 4294967296.f / 360.f);
7   }
8   void SGSetCarrFreqDeviBias(float devi, float bias) {
9       Xil_Out32(XPAR_HIER_SIGGEN_AXI4L_GIO_SG_BASEADDR+0, fWord(devi));
10      Xil_Out32(XPAR_HIER_SIGGEN_AXI4L_GIO_SG_BASEADDR+4, fWord(bias));
11  }
12  void SGSetCarrPhaseDeviBias(float devi, float bias) {
13      Xil_Out32(XPAR_HIER_SIGGEN_AXI4L_GIO_SG_BASEADDR+8, pWord(devi));
14      Xil_Out32(XPAR_HIER_SIGGEN_AXI4L_GIO_SG_BASEADDR+12, pWord(bias));
15  }
16  void SGSetBFreqPhase(float freq, float phase) {
17      Xil_Out32(XPAR_HIER_SIGGEN_AXI4L_GIO_SG_BASEADDR+16, fWord(freq));
18      Xil_Out32(XPAR_HIER_SIGGEN_AXI4L_GIO_SG_BASEADDR+20, pWord(phase));
19  }
20  void SGSetIFreqPhase(float freq, float phase) {
21      Xil_Out32(XPAR_HIER_SIGGEN_AXI4L_GIO_SG_BASEADDR+24, fWord(freq));
22      Xil_Out32(XPAR_HIER_SIGGEN_AXI4L_GIO_SG_BASEADDR+28, pWord(phase));
23  }
24  void SGSetQFreqPhase(float freq, float phase) {
25      Xil_Out32(XPAR_HIER_SIGGEN_AXI4L_GIO_SG_BASEADDR+32, fWord(freq));
26      Xil_Out32(XPAR_HIER_SIGGEN_AXI4L_GIO_SG_BASEADDR+36, pWord(phase));
27  }
28  void SGSetIIndexShift(float index, float shift) {
29      Xil_Out32(XPAR_HIER_SIGGEN_AXI4L_GIO_SG_BASEADDR+40, q31(index));
30      Xil_Out32(XPAR_HIER_SIGGEN_AXI4L_GIO_SG_BASEADDR+44, q31(shift));
31  }
32  void SGSetQIndexShift(float index, float shift) {
```

```
33      Xil_Out32(XPAR_HIER_SIGGEN_AXI4L_GIO_SG_BASEADDR+48, q31(index));
34      Xil_Out32(XPAR_HIER_SIGGEN_AXI4L_GIO_SG_BASEADDR+52, q31(shift));
35  }
36  void SGUpdate() {
37      Xil_Out32(XPAR_HIER_SIGGEN_AXI4L_GIO_SG_BASEADDR+56, 0);
38  }
39  void SGReset() {
40      Xil_Out32(XPAR_HIER_SIGGEN_AXI4L_GIO_SG_BASEADDR+60, 0);
41  }
```

代码 5-25　多功能数字信号源的应用软件例子

```
1       // output pure sinusoid 5MHz
2       SGSetIIndexShift(0.f, 1.f);
3       SGSetQIndexShift(0.f, 0.f);
4       SGSetCarrFreqDeviBias(0.f, 5.e6f);
5       SGSetCarrPhaseDeviBias(0.f, 0.f);
6       SGUpdate();
7       // output am, f_mod=500k, index=0.75
8       SGSetIFreqPhase(500.e3f, 0.f);
9       SGSetIIndexShift(.75f, 1.f);
10      SGUpdate();
11      // output am-dsb, f_mod=500k, index=0.75
12      SGSetIFreqPhase(500.e3f, 0.f);
13      SGSetIIndexShift(.75f, 0.f);
14      SGUpdate();
15      // output fm, f_mod=500k, f_deviation=2M
16      SGSetBFreqPhase(500.e3f, 0.f);
17      SGSetIIndexShift(0.f, 1.f);
18      SGSetCarrFreqDeviBias(2.e6f, 5.e6f);
19      SGUpdate();
20      // output pm, f_mod=500k, p_deviation=90deg
21      SGSetBFreqPhase(500.e3f, 0.f);
22      SGSetIIndexShift(0.f, 1.f);
23      SGSetCarrFreqDeviBias(0.f, 5.e6f);
24      SGSetCarrPhaseDeviBias(90.f, 0.f);
25      SGUpdate();
26      // output qam (i, q) = (0.9, 0.9);
27      SGSetCarrFreqDeviBias(0.f, 5.e6f);
28      SGSetCarrPhaseDeviBias(0.f, 0.f);
29      SGSetIIndexShift(0.f, .9f);
30      SGSetQIndexShift(0.f, .9f);
31      SGUpdate();
```

图 5-168～图 5-171 分别显示了输出单频正弦、调幅信号、双边带调幅信号和调频信号时通过 ILA 观察到的波形。

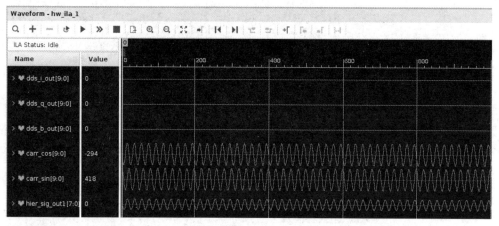

图 5-168　多功能数字信号源输出单频信号时，ILA 采集到的波形

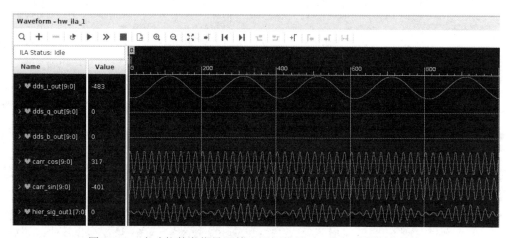

图 5-169　多功能数字信号源输出调幅信号时，ILA 采集到的波形

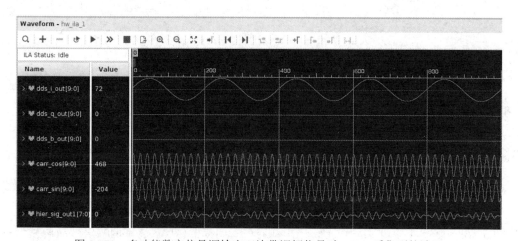

图 5-170　多功能数字信号源输出双边带调幅信号时，ILA 采集到的波形

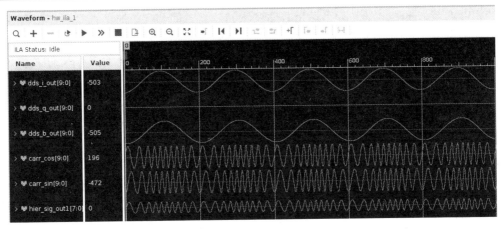

图 5-171　多功能数字信号源输出调频信号时，ILA 采集到的波形

## 5.9　小结

本章首先带领读者了解了 FPGA 应用开发的基本流程，并且介绍了几个在电子设计竞赛中实用的 FPGA 应用案例。随着 FPGA 器件的发展，FPGA 已经从早年仅用于接口逻辑发展到了可以用来设计和实现数字信号处理系统甚至复杂的处理器系统，本章的内容虽然并不复杂，但章节安排正是沿着从接口逻辑到数字信号处理，再到处理器拓展这样一个线索。5.1 节从简到繁介绍了几类 FPGA 与外部器件的接口，5.2 节、5.3 节的 ADC 和 DAC 案例也是数字信号处理和实际模拟世界的桥梁，5.4~5.6 节则是 FPGA 在数字信号处理中最为基础的几个应用，5.7 节则是处理器拓展与软硬件协同概念的入门，5.8 节融合了前面几节的内容形成了一个具备实用功能的完整设计，可直接作为电子设计竞赛中某些赛题的组成部分。

当然，FPGA 本身也只是一个用于实现数字电路功能的工具，承载的是设计者对于数字电路系统设计的思想，本章仅能帮助读者简单地了解 FPGA 的使用，想要用好 FPGA，数字电路系统设计本身涉及的数字电路、数字信号处理、计算机系统组成等众多学科知识都需要读者系统地去学习。

## 习题与思考

1. CS5343 的 $I^2S$ 接口有主、从两种模式，在端口信号方向上有什么区别？5.1 节的案例采用了从模式，如果使用主模式，FPGA 内的 $I^2S$ 接口逻辑应如何设计？尝试重绘图 5-3。

2. ILA 的 Capture 条件和 Trigger 条件的作用分别是什么？如果希望捕获某个条件发生前后的波形，应用哪个实现？如果希望 ILA 以比 ILA 工作时钟低的频率采集波形，使用哪个可以实现？

3. 5.2 节中的 ADC 接口逻辑和 DAC 接口逻辑本质上都是由计数器驱动的，这也是 FPGA 应用设计中的一个惯用方法，能否在充分理解这两个接口的 Verilog 描述代码的前提下，仿写出 ADS8867 和 DAC7811 的接口逻辑？

4. 从 5.3 节中获知，FPGA 中的 PLL 单元有哪些具体功能？

5. 在 5.3 节中，无论是对 FPGA 片内 PLL 输出时钟的相位调节，还是对 Si5351 的输出时钟的相位调节，本质上都是为了满足时序逻辑的建立时间和保持时间，是否还记得数字电路中的这两个概念？能否描述它们对时序逻辑电路的重要意义？

6．如果将 5.3 节中的 AD9287 替换为 ADC3224 并工作在 2 通道 125Msps 的状态下，其帧时钟频率应是多少？PLL 应合成什么频率的位时钟？能否自行写出位重组逻辑？

7．默写 DDS 的工作频率、频率控制字和输出正弦信号频率的关系式。代码 5-12 描述的 DDS 模块中，输入端口 en 的作用是什么？如果在 100MHz 时钟频率和一定的频率控制字下，输出正弦信号的频率为 1MHz，那么将同一个 100MHz 时钟驱动的模为 10 的计数器的进位输出连接至 en，输出正弦信号的频率将变为多少？信号输出的更新频率（采样率）将变为多少？

8．与第 7 题类似，FIR 滤波器的 en 有什么作用？IIR 滤波器的 en 有什么作用？

9．代码 5-18 描述的 IIR 滤波模块中的参数 DW 和 FW 分别有什么作用？在数字信号处理中，通常认定数据值域为 $(-1,1)$，并采用定点小数表达，那么，FW 与数据位宽的关系是什么？DW 为什么需要比 FW 大一些，如何确定具体要大多少？

10．Zynq-7000 器件中，硬核处理器系统与 FPGA 逻辑之间的数据交互接口主要有哪些？5.7 节使用的是哪一种？

11．5.7 节中自定义的 Axi4l_General_IO 外设连接至 Zynq 处理器系统后，它在 CPU 寻址空间中的地址是在哪里分配的？在软件程序中可以使用什么 API 函数或宏来访问它？

12．对照图 5-165，在已知图中 axi4l_gio_sg 的基地址的前提下，能否列出图 5-161 中各个控制数据映射到 CPU 寻址空间中的地址？

13．在代码 5-22 中，SigGen 模块的 update 端口的作用是什么？为什么要使用 update 同步更新实际有效的各个控制数据？

# 第6章　滤波器设计及实例解析

## 6.1　滤波器设计基础

所谓滤波器（Filter），就是能够过滤波动信号的电路。在电子线路中，滤波器的作用是从具有各种不同频率成分的信号中，取出（即过滤出）具有特定频率成分的信号，同时极大地衰减或抑制其他频率成分，利用滤波器的这种选频作用，可以滤除干扰噪声或进行频谱分析。

### 6.1.1　滤波器的原理

广义地讲，任何一种信息传输的通道（媒质）都可以被视为一种滤波器。因为，任何装置的响应特性都是激励频率的函数，都可用频域函数描述其传输特性。所以，构成测试系统的任何一个环节，如机械系统、电气网络、仪器仪表甚至连接导线等，都将在一定频率范围内，按其频域特性，对所通过的信号进行变换与处理。

滤波器是一种二端口网络。它具有选择频率的特性，是射频系统中必不可少的关键部件之一，主要用于频率选择，让需要的频率信号通过而反射不需要的干扰频率信号。目前由于在雷达、微波、通信等领域中，多频率工作越来越普遍，对分隔频率的要求也相应提高，所以需要用到大量的滤波器。此外，微波固体器件的应用对滤波器的发展也有推动作用，如参数放大器、微波固体倍频器、微波固体混频器等器件都是多频率工作的，都需用相应的滤波器。随着集成电路的迅速发展，近几年来，电子电路的构成完全改变了，电子设备日趋小型化。原来为处理模拟信号所不可缺少的 LC 型滤波器，在低频部分将逐渐被有源滤波器和陶瓷滤波器所替代；在高频部分也出现了许多新型的滤波器，如螺旋振子滤波器、微带滤波器、交指型滤波器等。虽然它们的设计方法各有特殊之处，但是这些设计方法仍以滤波器的基本原理构架（见图6-1）为基础，再从中演变而成。

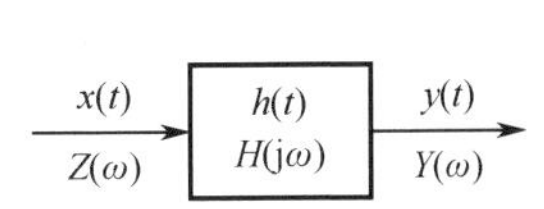

图 6-1　滤波器基本原理构架

只要改变 $H(j\omega)$（滤波器的特性），就可以得到不同的输出

$$y(t) = x(t) \cdot h(t) \tag{6-1}$$

$$Y(\omega) = Z(\omega) \cdot H(j\omega) \tag{6-2}$$

滤波器的传输函数 $h(t)$ 表达了滤波器的输入与输出之间的传递关系。$H(j\omega)$ 表示在单位信号输入情况下的输出信号随频率变化的关系，称为滤波器的频率特性函数，简称频率特性。

频率特性 $H(j\omega)$ 是一个复函数，其幅值 $A(\omega)$ 称为幅频特性，幅角 $\phi(\omega)$ 表示输出信号的相位相对于输入信号相位的变化，称为相频特性。

实际滤波器设计的目标有三点：

（1）通带的增益要尽可能不变；

（2）截止频率附近的增益特性（截止特性）曲线的倾斜度要尽可能陡峭；

（3）阻带的增益要尽可能小（等同于尽可能扩大衰减量）。

## 6.1.2 　滤波器的分类

滤波器可按以下几种方式分类。

- 按处理信号形式分为：模拟滤波器、数字滤波器；
- 按功能分为：低通滤波器、高通滤波器、带通滤波器、带阻滤波器；
- 按电路组成分为：无源 LC 滤波器、无源 RC 滤波器、由特殊元件构成的无源滤波器、RC 有源滤波器；
- 按传递函数的微分方程阶数分为：一阶滤波器、二阶滤波器、高阶滤波器。

（1）低通滤波器

如图 6-2 所示，通带为 $0 \sim \omega_c$，上截止频率为 $\omega_c$，在频率范围 $0 \sim \omega_c$ 内，幅频特性平直，它可以使信号中低于 $\omega_c$ 的频率成分几乎不受衰减地通过，而高于 $\omega_c$ 的频率成分受到极大的衰减。

（2）高通滤波器

如图 6-3 所示，通带为 $\omega_c \sim \infty$，下截止频率为 $\omega_c$，与低通滤波相反，在频率范围 $\omega_c \sim \infty$ 内，其幅频特性平直。它使信号中高于 $\omega_c$ 的频率成分几乎不受衰减地通过，而低于 $\omega_c$ 的频率成分将受到极大的衰减。

（3）带通滤波器

如图 6-4 所示，通带为 $\omega_{c1} \sim \omega_{c2}$，上、下截止频率分别为 $\omega_{c2}$、$\omega_{c1}$，它使信号中高于 $\omega_{c1}$ 而低于 $\omega_{c2}$ 的频率成分几乎不受衰减地通过，而其他频率成分受到衰减。

（4）带阻滤波器

如图 6-5 所示，通带为 $0 \sim \omega_{c1}$、$\omega_{c2} \sim \infty$，上、下截止频率分别为 $\omega_{c2}$、$\omega_{c1}$，它使信号中低于 $\omega_{c1}$ 或高于 $\omega_{c2}$ 的频率成分几乎不受衰减地通过，其余频率成分受到衰减。

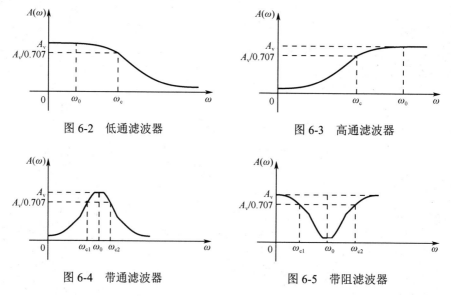

图 6-2 　低通滤波器　　　　　　　　　　图 6-3 　高通滤波器

图 6-4 　带通滤波器　　　　　　　　　　图 6-5 　带阻滤波器

低通滤波器和高通滤波器是滤波器的两种最基本的形式，其他的滤波器都可以分解为这两种类型的滤波器。例如，低通滤波器与高通滤波器的串联为带通滤波器，低通滤波器与高通滤波器的并联为带阻滤波器。

由于理想滤波器的特性难以实现，因而设计当中都是按某个函数形式来设计的，所以称其为函数型滤波器。函数形式都是某种低通、高通或带通滤波器名称中的一部分，它决定着实际滤波器的特性。由这些函数所决定的实际滤波特性各有其突出特点，有的衰减特性在截止区很陡峭，有的相位特性（即时延特性）较为规律，应用当中可以根据实际需要来选用，下面介绍几种常见的函数滤波器。

（1）巴特沃思滤波器

巴特沃思滤波器的特点是通带内放大倍数平整，如图 6-6 所示，随着频率的变化，滤波器放大倍数基本维持不变，具有最大平坦幅度特性。但缺点是通带向截止段的过渡较为平缓，如果有用频率和干扰频率离得很近，那么这种滤波器的作用就有很大的问题。

（2）切比雪夫滤波器

切比雪夫滤波器可以很好地解决巴特沃思过渡带平缓的缺点，如图 6-7 所示，在这种形式的滤波器中，过渡带很陡峭，即使有用频率和干扰频率很近，因为过渡带很陡峭，所以其截止频率点前后两个频段放大倍数的差别很大。一个优点必然伴随着一个缺点，切比雪夫滤波器的缺点是在通带频率的末端部分，放大倍数会有较强的波动，即在通带内，随着频率的变化，放大倍数虽然比滤除频段大了很多，但对通带内的频率，其放大倍数并不是保持稳定不变的。

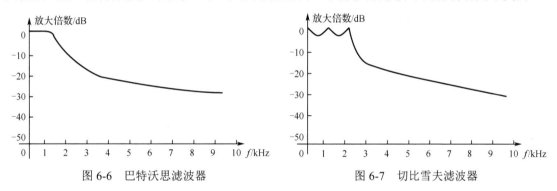

图 6-6　巴特沃思滤波器　　　　　　　　　　图 6-7　切比雪夫滤波器

（3）椭圆滤波器

如图 6-8 所示，通带内有起伏，阻带内有零点；截止特性比其他滤波器都好，但是对器件要求高。

（4）贝塞尔滤波器

此种滤波器不是很通用，因为它的特性是相位线性，只满足相频特性而不关心幅频特性，如图 6-9 所示。贝塞尔滤波器又称最平时延或恒时延滤波器。其相移和频率成正比（呈线性关系）。但是由于它的幅频特性欠佳，因此限制了其应用。

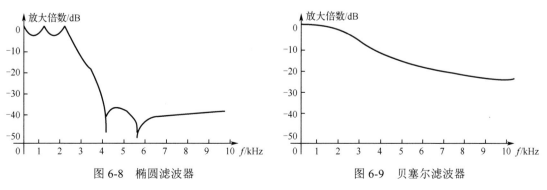

图 6-8　椭圆滤波器　　　　　　　　　　　图 6-9　贝塞尔滤波器

### 6.1.3　滤波器的作用

滤波器的主要作用包括：

（1）将有用的信号与噪声分离，提高信号的抗干扰性及信噪比；

（2）滤掉不感兴趣的频率成分，提高分析精度；

（3）从复杂频率成分中分离出单一的频率分量。

# 6.2　滤波器设计中的关键技术参数

滤波器的设计主要涉及以下关键技术参数。

（1）插入损耗：用分贝（dB）来表示，分贝值越大，说明抑制噪声干扰的能力越强。插入损耗与频率有直接的关系。

$$L_i = 20\lg(U_1/U_2) \tag{6-3}$$

其中，$U_1$ 为信号源输出电压，$U_2$ 为接入滤波器后，在其输出端测得的信号源电压。

（2）截止频率：滤波器的插入损耗等于 3dB 的频率点称为滤波器的截止频率，当频率超过截止频率时，滤波器就进入了阻带，在阻带内干扰信号会受到较大的衰减。

（3）中心频率：

$$\omega_0 = \sqrt{\omega_{c1} \cdot \omega_{c2}} \tag{6-4}$$

（4）带宽：

$$B = \omega_{c2} - \omega_{c1} \tag{6-5}$$

（5）阻尼系数：表征滤波器对角频率为 $\omega_0$ 信号的阻尼作用，是滤波器中表示能量衰耗的一项指标。阻尼系数的倒数称为品质因数。

（6）品质因数：反映滤波器的分辨率

$$Q = \omega_0/B \tag{6-6}$$

（7）频率通带：指能通过滤波器的频率范围。

（8）频率阻带：指被滤波器抑制或极大地衰减的信号频率范围。

（9）阶数：对于高通滤波器和低通滤波器而言，阶数是滤波器中电容、电感的个数总和；对于带通滤波器而言，阶数是并联谐振器的总数；对于带阻滤波器而言，阶数是串联谐振器与并联谐振器的总数。

（10）驻波：即矢网测得的 S11，表示滤波器端口阻抗与系统所需阻抗的匹配程度。表示输入信号有多少未能进入滤波器而被反射回输入端。

（11）通带平坦度：滤波器通带范围内损耗最大值与损耗最小值之差的绝对值。表征滤波器对不同频率信号的能量损耗的区别。

（12）纹波：指滤波器通带内 S21 曲线起伏的波峰与波谷之间的差值。

（13）额定电压：指滤波器正常工作时能长时间承受的电压。要区分交流和直流！

（14）额定电流：指滤波器在正常工作时能够长时间承受的电流。

（15）工作温度范围：滤波器按用户需求指标能正常工作的温度范围。表征滤波器对温度环境的适应性。

（16）漏电流：选择容值和耐压值要非常慎重。

（17）承受电压：指能承受的瞬间最高电压。

（18）带外抑制：指滤波器在工作频段以外的频点处对信号的衰减。

# 6.3　无源 LC 滤波器设计实例

无源 LC 滤波器主要由电容器、电抗器组合而成，构成串联 LC 谐振电路的滤波装置。若将无源滤波器的谐振频率设定为与需要滤除的某次谐波频率接近，则该次谐波将大部分流入无源滤波器，从而起到滤除谐波的目的。

无源 LC 滤波器的优点是体积小、成本低、寄生通带远；其缺点是相对损耗大、带外选择性能较差、功率容量小。另外，无源 LC 滤波器中电感采用绕制线圈的方式，较难实现高频滤波的电感。因此，无源 LC 滤波器通常只能来设计制作频率在 4GHz 以下的滤波器。

无源 LC 滤波器在滤除非线性用户用电设备所产生的高次谐波，改善电流和电压波形，提高电能质量，解决谐波源对电网及用户的污染，确保电网用户的设备安全运行的同时，还可补偿用户无功电力，提高功率因数和设备的安全性、稳定性和可靠性。

无源 LC 滤波器还能减少因谐波电流所造成的有功及无功电能损耗，在节约能源、充分利用设备容量等方面均有明显的经济效益。

在高频应用中，需要使用高品质的无源 LC 滤波器，最简单的一种滤波器是仅由串联电感和并联电容组成的低通梯形电路。因为这种电路只在无穷远处出现传输零点，它的电压转移函数是一个多项式的倒数，因此，称为"多项式滤波器"或"全极点滤波器"。这种梯形低通滤波器成为在高频应用中的一种标准电路，其余的高通、带通、带阻全极点滤波器都可以由它变换而来。

谐波具有以下危害。

（1）大大增加了系统谐振的可能。谐波容易使电网与补偿电容器之间发生并联谐振或串联谐振。使谐波电流放大几倍甚至几十倍，造成过电流，引起电容器及与之相连的电抗器和电阻器的损坏。

（2）谐波会产生额外的热效应，从而引起用电设备（旋转电机、电容器、变压器）发热，使绝缘老化，降低设备的使用寿命。

（3）谐波会引起一些保护设备误动作，如继电保护、熔断器熔断等。

（4）谐波会导致电气测量仪表计量不准确。

（5）谐波会通过电磁感应和传导耦合等方式对邻近的电子设备和通信系统产生干扰，降低信号的传输质量，破坏信号的正常传递，甚至损坏通信设备。

## 6.3.1　FilterSolutions 软件应用

打开软件后，在 FilterSolutions 设置界面（见图 6-10），根据滤波器的设计要求进行设置。

（1）在 Filter Type 中选择滤波器的类型：Caussian（高斯滤波器）、Bessel（贝塞尔滤波器）、Butterworth（巴特沃斯）、Legendre（勒让德滤波器）、Chebyshev I（切比雪夫 I）、Chebyshev II（切比雪夫 II）、Hourglass（对三角滤波器）、Elliptic（椭圆滤波器）、Custom（自定义滤波器）、Raised Cos（升余弦滤波器）、Matched（匹配滤波器）、Delay（延迟滤波器）。

（2）在 Filter Class 中选择滤波器的种类（低通、高通、带通、带阻）。

（3）在 Filter Attributes 中设置滤波器的阶数（Order）、通频带频率（Pass Band Freq）。

（4）在 Implementation 中选择集成滤波器（Lumped）。

（5）在 Freq Scale 中选择 Hertz 和 Log，如果选择了 Rad/Sec，则要注意 Rad/Sec=6.28×Hertz；

（6）在 Graph Limits 中设置图像的最大频率和最小频率，最大频率要大于通频带的截止频率；在 Passive Design/Ideal Filter Response 中观察传输函数（Transfer Function）、时间响应（Time Response）、零极点图（Pole Zero Plots）、频率响应（Frequency Response）的图像。

（7）在 S Parameters 中设置源电阻（Source Res）和负载电阻（Load Res）；最后单击 Synthesize Filter，观察滤波器电路图。

（8）在设计有源滤波器时还要注意，在 Active Implementation 中选择滤波器的电路布局形式，一般有源滤波器选择 Pos SAB 型，在 S Paramaters 中设置增益大小（Gain）。

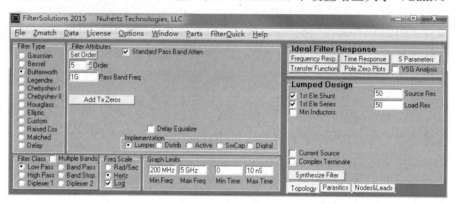

图 6-10　FilterSolutions 设置界面

## 6.3.2　无源 LC 低通滤波器设计实例

设置一个 8 阶无源椭圆低通滤波器，截止频率为 1.5MHz，纹波系数为 0.05dB，阻带衰减 40dB。

打开软件后，根据滤波器的设计要求，进行如下设置（见图 6-11）。

（1）在 Filter Type 中选择滤波器的类型 Elliptic（椭圆滤波器）。

（2）在 Filter Class 中选择滤波器的种类为低通（Low Pass）。

（3）在 Filter Attributes 中设置滤波器的阶数（Order）为 8 阶。

（4）在 Implementation 中选择集成滤波器（Lumped）。

（5）在 Freq Scale 中选择 Hertz 和 Log，如果选择了 Rad/Sec，则要注意 Rad/Sec=6.28×Hertz；选择 Atten（dB），表示阻带衰减大小，根据设计要求这里设为 40dB。

（6）在 Graph Limits 中设置好图像的最大频率和最小频率，最大频率要大于通频带的截止频率，设置为 10MHz；在 Passive Design/Ideal Filter Response 中观察传输函数（Transfer Function）、时间响应（Time Response）、零极点图（Pole Zero Plots）、频率响应（Frequency Response）的图像（见图 6-12～图 6-14）。

（7）在 S Parameters 中设置源电阻（Source Res）为 50Ω，负载电阻（Load Res）同样为 50Ω；最后单击 Synthesize Filter，观察滤波器电路图（见图 6-15）。

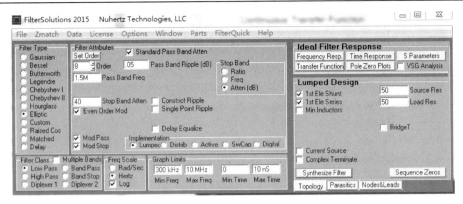

图 6-11 低通滤波器设置界面

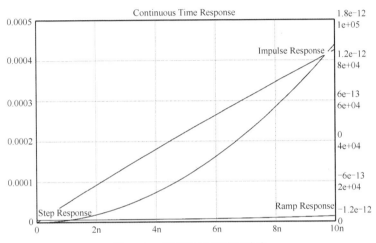

图 6-12 低通滤波器时间响应

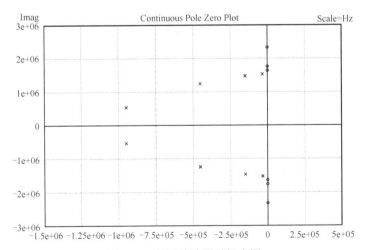

图 6-13 低通滤波器零极点图

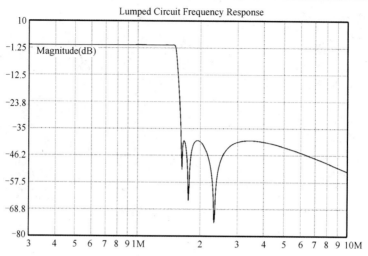

图 6-14　低通滤波器频率响应

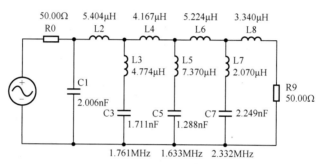

图 6-15　低通滤波器电路图

低通滤波器的实测效果图如图 6-16 所示，成品样板如图 6-17 所示。

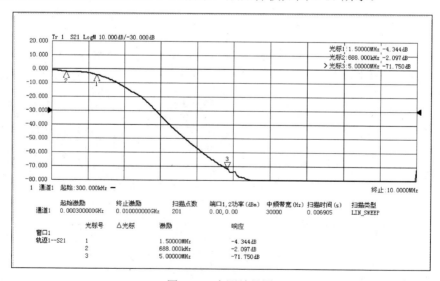

图 6-16　实测效果图

图 6-17　成品样板

### 6.3.3　无源 LC 高通滤波器设计实例

设置一个 8 阶无源椭圆高通滤波器，截止频率为 88MHz，纹波系数为 0.05dB，阻带衰减 40dB。

打开软件后，根据滤波器的设计要求，进行如下设置（见图 6-18）。

（1）在 Filter Type 中选择滤波器的类型 Elliptic（椭圆滤波器）。

（2）在 Filter Class 中选择滤波器的种类为高通（High Pass）。

（3）在 Filter Attributes 中设置滤波器的阶数（Order）为 8 阶。

（4）在 Implementation 中选择集成滤波器（Lumped）。

（5）在 Freq Scale 中选择 Hertz 和 Log。

（6）在 Graph Limits 中设置好图像的最大频率和最小频率，最大频率要大于通频带的截止频率，这里设置为 500MHz；在 Passive Design/Ideal Filter Response 中观察传输函数（Transfer Function）、时间响应（Time Response）、零极点图（Pole Zero Plots）、频率响应（Frequency Response）的图像（见图 6-19～图 6-21）。

（7）在 S Parameters 中设置源电阻（Source Res）为 50Ω，负载电阻（Load Res）也为 50Ω；最后单击 Synthesize Filter，观察滤波器电路图（见图 6-22）。

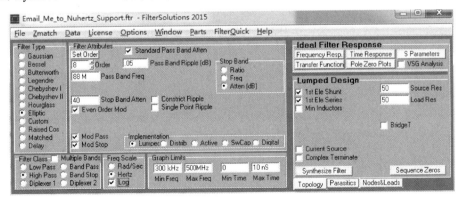

图 6-18　高通滤波器设置界面

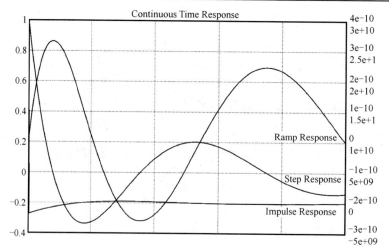

图 6-19　高通滤波器时间响应

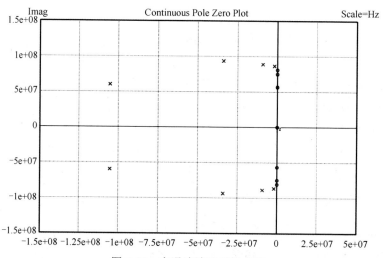

图 6-20　高通滤波器零极点图

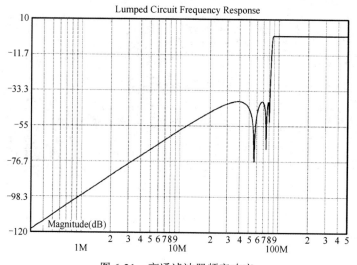

图 6-21　高通滤波器频率响应

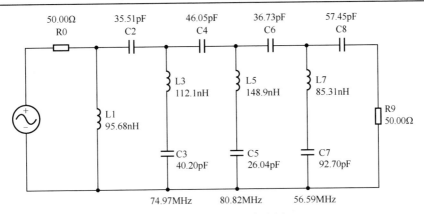

图 6-22　高通滤波器电路图

高通滤波器的实测效果图如图 6-23 所示，成品样板如图 6-24 所示。

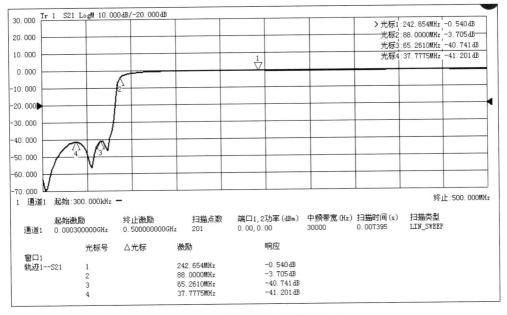

图 6-23　高通滤波器实测效果图

图 6-24　成品样板

## 6.3.4　无源 LC 带通滤波器设计实例

设置一个 8 阶无源椭圆带通滤波器，截止频率为 70MHz、200MHz，纹波系数为 0.05dB，阻带衰减 40dB。

（1）打开软件后，根据滤波器的设计要求，在 Filter Type 中选择滤波器的类型 Elliptic（椭圆滤波器），如图 6-25 所示。

（2）在 Filter Class 中选择滤波器的种类为带通（Band Pass）。

（3）在 Filter Attributes 中设置滤波器的阶数（Order）为 8 阶。

（4）在 Implementation 中选择集成滤波器（Lumped）。

（5）在 Freq Scale 中选择 Hertz 和 Log，如果选择了 Rad/Sec，则要注意 Rad/Sec=6.28×Hertz；选择 Atten（dB），表示阻带衰减大小，根据设计要求衰减 40dB。

（6）在 Graph Limits 中设置好图像的最大频率和最小频率，最大频率要大于通频带的截止频率，这里设置为 300MHz；在 Passive Design/Ideal Filter Response 中观察传输函数（Transfer Function）、时间响应（Time Response）、零极点图（Pole Zero Plots）、频率响应（Frequency Response）的图像（见图 6-26～图 6-28）。

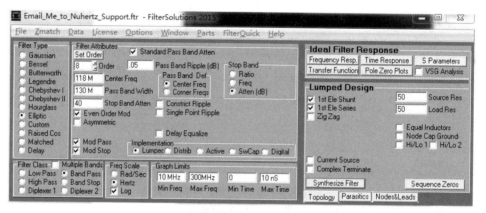

图 6-25　带通滤波器设置界面

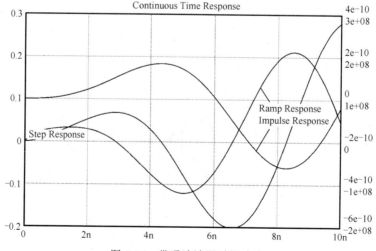

图 6-26　带通滤波器时间响应

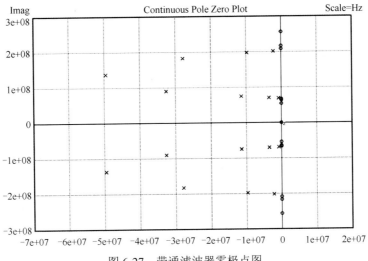

图 6-27　带通滤波器零极点图

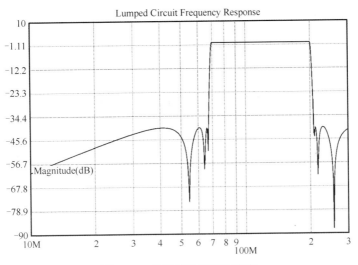

图 6-28　带通滤波器频率响应

（7）在 S Parameters 中设置源电阻（Source Res）为 50Ω，负载电阻（Load Res）同样为 50Ω；最后单击 Synthesize Filter 观察滤波器电路图（见图 6-29）。

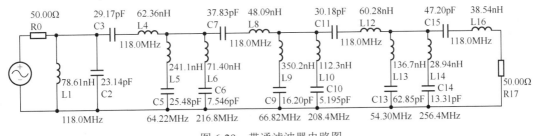

图 6-29　带通滤波器电路图

带通滤波器的实测效果图如图 6-30 所示，成品样板如图 6-31 所示。

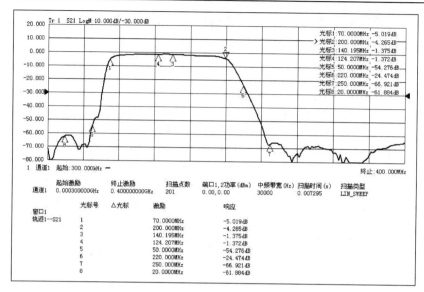

图 6-30　带通滤波器实测效果图

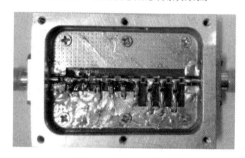

图 6-31　成品样板

# 6.4　有源程控滤波器 MAX262 设计实例

有源滤波器广泛应用于数字信号处理、通信、自动控制领域，一般由运算放大器和 R、C 元件组成，对元器件的参数精度要求较高，设计和调试也较麻烦。美国 Maxim 公司生产的可编程滤波器芯片 MAX262 是利用单片机控制参数可编程的双二阶通用开关电容有源滤波器，精确设置有源滤波器的中心频率 $f_0$、品质因数 $Q$ 及有源滤波器的工作方式，可实现低通、高通、带通、带阻及全通滤波处理。

可编程滤波器芯片 MAX262 利用开关电容滤波原理，可以通过编程对各种低频信号实现低通、高通、带通、带阻及全通滤波处理，其内部含有两个相同的滤波单元 A、B，每个单元包含两节滤波，故一片 MAX262 可以构成 4 阶滤波器，且滤波的特性参数（如中心频率、品质因数等）可通过编程进行设置。电路的外围器件很少，用单片机对 MAX262 进行过程控制，还可以同时对两路输入信号进行二阶低通、高通、带通、带阻及全通滤波处理。这使得滤波器的中心频率可以在 1Hz～140kHz 范围内实现 64 级程控调节，其 $Q$ 值可在 0.707～90.5 范围内实现 128 级程控调节。

使用时要用到 4 个参数：中心频率 $f_0$、$Q$ 值、时钟频率、工作模式。

（1）滤波器的类型（LP/HP/BP）通过引脚连接确定；

（2）滤波器的中心频率 $f_0$ 由 $f_{clk}$ 和参数 FN 共同决定；

（3）滤波器的 $Q$ 值通过参数 QN 决定。

参数测定较精确，但因为是开关电容滤波，故输出波形呈阶梯状。

## 6.4.1　MAX262 性能指标

MAX262 的性能指标如下：

（1）配有滤波器设计软件，带有微处理器接口；

（2）可控制 64 个不同的中心频率 $f_0$、128 个不同的品质因数 $Q$ 及 4 种工作模式；

（3）对中心频率 $f_0$ 和品质因数 $Q$ 可独立编程；

（4）可提供 3 种时钟输入（外部时钟输入、RC 振荡器和晶振器件方式）

（5）中心频率 $f_0$ 的范围为 1Hz～140kHz，输入时钟最大为 4MHz；

（6）滤波器电路结构简单、外围器件少、体积小；

（7）可实现低通、高通、带通、带阻及全通滤波处理；

（8）可 A、B 单级输入/输出，也可 A、B 两级级联输入/输出。

## 6.4.2　工作模式及设定参数

（1）4 种模式

模式 1：带通、低通。

模式 2：全极点带通、低通。

模式 3：椭圆带通、低通、高通。

模式 4：全通、带通、低通。

（2）滤波器的时钟 $f_{clk}$

$f_{clk}$ 通过引脚 CLKA/CLKB 输入，可以同参数 FN 一起改变滤波器的中心频率。

（3）频率控制字

FN 值是针对 $f_0$ 的二进制数值的十进制表示。

中心频率范围 1Hz～100kHz，MAX262 中心频率最大可到 140kHz。

中心频率或拐点频率计算方法如下。

① 模式 1、3、4：

$$\frac{f_{clk}}{f_0} = \frac{(26+N)\pi}{2}；\ 转换得\ f_0 = \frac{2f_{clk}}{\pi(26+N)}$$

② 模式 2：

$$\frac{f_{clk}}{f_0} = 1.11072(26+N)；\ 转换得\ f_0 = \frac{f_{clk}}{1.11072(26+N)}$$

（4）品质因数控制字

QN 值为 0.5～64.0，最大模式时可达 90.5。

$Q$ 值控制字计算方法如下。

① 模式 1、3、4：

$$Q = 64/(128-N)；\ 转换得\ N = 128 - 64/Q$$

② 模式 2：

$$Q = 90.51/(128-N)；\ 转换得\ N = 128 - 90.51/Q$$

## 6.4.3 硬件设计

主芯片（MAX262）引脚说明如图 6-32 及表 6-1 所示。

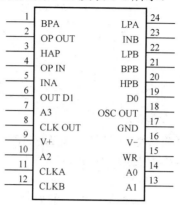

图 6-32　MAX262 芯片引脚图

表 6-1　MAX262 引脚说明

| 引 脚 号 | 引 脚 名 称 | 引 脚 功 能 |
|---|---|---|
| 9 | V+ | 正电源输入端 |
| 16 | V- | 负电源输入端 |
| 17 | GND | 模拟地 |
| 11 | CLKA | 外接晶体振荡器和滤波器 A 部分的时钟输入端，在滤波器内部，时钟频率被 2 分频 |
| 12 | CLKB | 滤波器 B 部分的时钟输入端，同样在滤波器内部，时钟频率被 2 分频 |
| 8 | CLKOUT | 晶体振荡器和 RC 振荡器的时钟输出端 |
| 18 | OSCOUT | 与晶体振荡器或 RC 振荡器相连，用于自同步 |
| 5、23 | INA、INB | 滤波器的信号输入端 |
| 1、21 | BPA、BPB | 带通滤波器输出端 |
| 24、22 | LPA、LPB | 低通滤波器输出端 |
| 3、20 | HPA、HPB | 高通、带阻、全通滤波器输出端 |
| 15 | $\overline{WR}$ | 写入有效输入端。接 V+时，输入数据不起作用；接 V-时，数据可通过逻辑接口进入一个可编程的内存之中，以完成滤波器的工作模式、$f_0$ 及 $Q$ 的设置。此外，还可以接收 TTL 电平信号，并上升沿锁存输入数据 |
| 14、13、10、7 | A0、A1、A2、A3 | 地址输入端，可用来完成对滤波器工作模式、$f_0$ 和 $Q$ 的相应设置 |
| 19、6 | D0、D1 | 数据输入端，可用来对 $f_0$ 和 $Q$ 的相应位进行设置 |
| 2 | OP OUT | MAX262 的放大器输出端 |
| 4 | OP IN | MAX262 的放大器反向输入端 |

硬件设计工具采用立创 EDA，设计的原理图如图 6-33 所示。

其中 SMA2 是 A 通道输入，SMA1 是 B 通道输入，SMA4 是 A 通道输出，SMA5 是 B 通道输出，通过 P2 可以选择性地级联 A、B 通道的低通、高通、带通。

时钟输入有三种方式：J1 短路、J2 断开，表示焊接晶振时钟；J1 短路、J2 断开，表示焊接 RC 振荡时钟；J1 断开、J2 短路，表示接外部输入时钟。

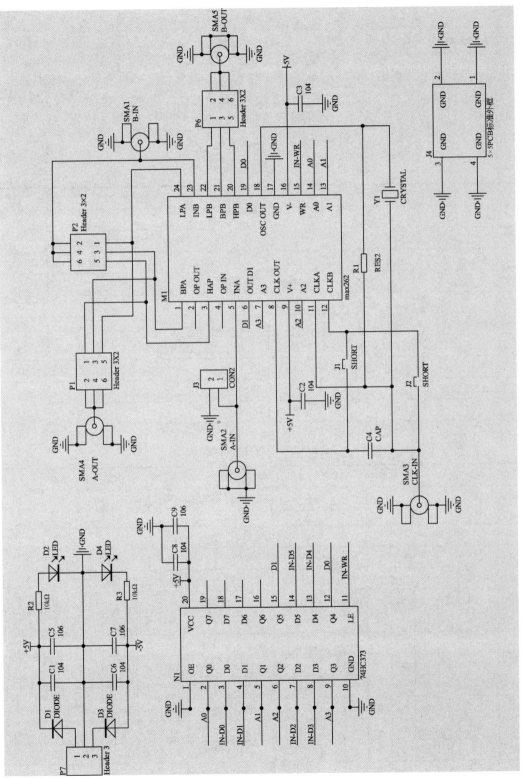

图 6-33　MAX262 原理图设计

锁存器 74HC373 的 $Q_0 \sim Q_7$ 对应 $D_0 \sim D_7$，$Q_0 \sim Q_5$ 对应 $A_0 \sim A_3$、$D_0$、$D_1$，电源采用+5V 供电。

### 6.4.4 软件设计

F 和 Q 方式的选择是通过两个数据位 $D_0$、$D_1$ 和地址端 $A_0 \sim A_3$ 来确定的，其中地址用于确定写入的数据是频率字、品质因数字还是方式字。两个数据位用于设定具体的数值或方式。存储器内容通过写入由 $A_0 \sim A_3$ 选中的地址来更新，存储器地址单元的划分如表 6-2 所示，$Q$ 值对应的 $N$ 值如表 6-3 所示，$F$ 值对应的 $N$ 值如表 6-4 所示。

表 6-2 编程地址位置

| 滤波器 A | | | 滤波器 B | | |
|---|---|---|---|---|---|
| 数 据 位 | 地 址 | 键 值 | 数 据 位 | 地 址 | 键 值 |
| $D_0$ $D_1$ | $A_3$ $A_2$ $A_1$ $A_0$ | | $D_0$ $D_1$ | $A_3$ $A_2$ $A_1$ $A_0$ | |
| $M_{0A}$ $M_{1A}$ | 0 0 0 0 | 0 | $M_{0B}$ $M_{1B}$ | 1 0 0 0 | 8 |
| $F_{0A}$ $F_{1A}$ | 0 0 0 1 | 1 | $F_{0B}$ $F_{1B}$ | 1 0 0 1 | 9 |
| $F_{2A}$ $F_{3A}$ | 0 0 1 0 | 2 | $F_{2B}$ $F_{3B}$ | 1 0 1 0 | 10 |
| $F_{4A}$ $F_{5A}$ | 0 0 1 1 | 3 | $F_{4B}$ $F_{5B}$ | 1 0 1 1 | 11 |
| $Q_{0A}$ $Q_{1A}$ | 0 1 0 0 | 4 | $Q_{0B}$ $Q_{1B}$ | 1 1 0 0 | 12 |
| $Q_{2A}$ $Q_{3A}$ | 0 1 0 1 | 5 | $Q_{2B}$ $Q_{3B}$ | 1 1 0 1 | 13 |
| $Q_{4A}$ $Q_{5A}$ | 0 1 1 0 | 6 | $Q_{4B}$ $Q_{5B}$ | 1 1 1 0 | 14 |
| $Q_{6A}$ | 0 1 1 1 | 7 | $Q_{6B}$ | 1 1 1 1 | 15 |

表 6-3 Q 值程序选择表

| PROGRAMMED Q | | PROGRAM CODE | | | | | | | | PROGRAMMED Q | | PROGRAM CODE | | | | | | | |
|---|---|---|---|---|---|---|---|---|---|---|---|---|---|---|---|---|---|---|---|
| MODES 1,3,4 | MODE 2 | N | Q6 | Q5 | Q4 | Q3 | Q2 | Q1 | Q0 | MODES 1,3,4 | MODE 2 | N | Q6 | Q5 | Q4 | Q3 | Q2 | Q1 | Q0 |
| 0.500 | 0.707 | 0 | 0 | 0 | 0 | 0 | 0 | 0 | 0 | 0.556 | 0.787 | 13 | 0 | 0 | 0 | 1 | 1 | 0 | 1 |
| 0.504 | 0.713 | 1 | 0 | 0 | 0 | 0 | 0 | 0 | 1 | 0.561 | 0.794 | 14 | 0 | 0 | 0 | 1 | 1 | 1 | 0 |
| 0.508 | 0.718 | 2 | 0 | 0 | 0 | 0 | 0 | 1 | 0 | 0.566 | 0.801 | 15 | 0 | 0 | 0 | 1 | 1 | 1 | 1 |
| 0.512 | 0.724 | 3 | 0 | 0 | 0 | 0 | 0 | 1 | 1 | 0.571 | 0.808 | 16 | 0 | 0 | 1 | 0 | 0 | 0 | 0 |
| 0.516 | 0.730 | 4 | 0 | 0 | 0 | 0 | 1 | 0 | 0 | 0.5777 | 0.815 | 17 | 0 | 0 | 1 | 0 | 0 | 0 | 1 |
| 0.520 | 0.736 | 5 | 0 | 0 | 0 | 0 | 1 | 0 | 1 | 0.582 | 0.823 | 18 | 0 | 0 | 1 | 0 | 0 | 1 | 0 |
| 0.525 | 0.742 | 6 | 0 | 0 | 0 | 0 | 1 | 1 | 0 | 0.587 | 0.830 | 19 | 0 | 0 | 1 | 0 | 0 | 1 | 1 |
| 0.529 | 0.748 | 7 | 0 | 0 | 0 | 0 | 1 | 1 | 1 | 0.593 | 0.838 | 20 | 0 | 0 | 1 | 0 | 1 | 0 | 0 |
| 0.533 | 0.754 | 8 | 0 | 0 | 0 | 1 | 0 | 0 | 0 | 0.598 | 0.846 | 21 | 0 | 0 | 1 | 0 | 1 | 0 | 1 |
| 0.538 | 0.761 | 9 | 0 | 0 | 0 | 1 | 0 | 0 | 1 | 0.604 | 0.854 | 22 | 0 | 0 | 1 | 0 | 1 | 1 | 0 |
| 0.542 | 0.767 | 10 | 0 | 0 | 0 | 1 | 0 | 1 | 0 | 0.609 | 0.862 | 23 | 0 | 0 | 1 | 0 | 1 | 1 | 1 |
| 0.547 | 0.774 | 11 | 0 | 0 | 0 | 1 | 0 | 1 | 1 | 0.615 | 0.870 | 24 | 0 | 0 | 1 | 1 | 0 | 0 | 0 |
| 0.552 | 0.780 | 12 | 0 | 0 | 0 | 1 | 1 | 0 | 0 | 0.621 | 0.879 | 25 | 0 | 0 | 1 | 1 | 0 | 0 | 1 |

续表

| PROGRAMMED Q MODES 1,3,4 | MODE 2 | N | Q6 | Q5 | Q4 | Q3 | Q2 | Q1 | Q0 | PROGRAMMED Q MODES 1,3,4 | MODE 2 | N | Q6 | Q5 | Q4 | Q3 | Q2 | Q1 | Q0 |
|---|---|---|---|---|---|---|---|---|---|---|---|---|---|---|---|---|---|---|---|
| 0.627 | 0.887 | 26 | 0 | 0 | 1 | 1 | 0 | 1 | 0 | 0.941 | 1.33 | 60 | 0 | 1 | 1 | 1 | 1 | 0 | 0 |
| 0.634 | 0.896 | 27 | 0 | 0 | 1 | 1 | 0 | 1 | 1 | 0.955 | 1.35 | 61 | 0 | 1 | 1 | 1 | 1 | 0 | 1 |
| 0.640 | 0.905 | 28 | 0 | 0 | 1 | 1 | 1 | 0 | 0 | 0.969 | 1.37 | 62 | 0 | 1 | 1 | 1 | 1 | 1 | 0 |
| 0.646 | 0.914 | 29 | 0 | 0 | 1 | 1 | 1 | 0 | 1 | 0.985 | 1.39 | 63 | 0 | 1 | 1 | 1 | 1 | 1 | 1 |
| 0.653 | 0.924 | 30 | 0 | 0 | 1 | 1 | 1 | 1 | 0 | 1.00 | 1.41 | 64 | 1 | 0 | 0 | 0 | 0 | 0 | 0 |
| 0.660 | 0.933 | 31 | 0 | 0 | 1 | 1 | 1 | 1 | 1 | 1.02 | 1.44 | 65 | 1 | 0 | 0 | 0 | 0 | 0 | 1 |
| 0.667 | 0.943 | 32 | 0 | 1 | 0 | 0 | 0 | 0 | 0 | 1.03 | 1.46 | 66 | 1 | 0 | 0 | 0 | 0 | 1 | 0 |
| 0.674 | 0.953 | 33 | 0 | 1 | 0 | 0 | 0 | 0 | 1 | 1.05 | 1.48 | 67 | 1 | 0 | 0 | 0 | 0 | 1 | 1 |
| 0.681 | 0.963 | 34 | 0 | 1 | 0 | 0 | 0 | 1 | 0 | 1.07 | 1.51 | 68 | 1 | 0 | 0 | 0 | 1 | 0 | 0 |
| 0.688 | 0.973 | 35 | 0 | 1 | 0 | 0 | 0 | 1 | 1 | 1.08 | 1.53 | 69 | 1 | 0 | 0 | 0 | 1 | 0 | 1 |
| 0.696 | 0.984 | 36 | 0 | 1 | 0 | 0 | 1 | 0 | 0 | 1.10 | 1.56 | 70 | 1 | 0 | 0 | 0 | 1 | 1 | 0 |
| 0.703 | 0.995 | 37 | 0 | 1 | 0 | 0 | 1 | 0 | 1 | 1.12 | 1.59 | 71 | 1 | 0 | 0 | 0 | 1 | 1 | 1 |
| 0.711 | 1.01 | 38 | 0 | 1 | 0 | 0 | 1 | 1 | 0 | 1.14 | 1.62 | 72 | 1 | 0 | 0 | 1 | 0 | 0 | 0 |
| 0.719 | 1.02 | 39 | 0 | 1 | 0 | 0 | 1 | 1 | 1 | 1.16 | 1.65 | 73 | 1 | 0 | 0 | 1 | 0 | 0 | 1 |
| 0.727 | 1.03 | 40 | 0 | 1 | 0 | 1 | 0 | 0 | 0 | 1.19 | 1.68 | 74 | 1 | 0 | 0 | 1 | 0 | 1 | 0 |
| 0.736 | 1.04 | 41 | 0 | 1 | 0 | 1 | 0 | 0 | 1 | 1.21 | 1.71 | 75 | 1 | 0 | 0 | 1 | 0 | 1 | 1 |
| 0.744 | 1.05 | 42 | 0 | 1 | 0 | 1 | 0 | 1 | 0 | 1.23 | 1.74 | 76 | 1 | 0 | 0 | 1 | 1 | 0 | 0 |
| 0.753 | 1.06 | 43 | 0 | 1 | 0 | 1 | 0 | 1 | 1 | 1.25 | 1.77 | 77 | 1 | 0 | 0 | 1 | 1 | 0 | 1 |
| 0.762 | 1.08 | 44 | 0 | 1 | 0 | 1 | 1 | 0 | 0 | 1.28 | 1.81 | 78 | 1 | 0 | 0 | 1 | 1 | 1 | 0 |
| 0.771 | 1.09 | 45 | 0 | 1 | 0 | 1 | 1 | 0 | 1 | 1.31 | 1.85 | 79 | 1 | 0 | 0 | 1 | 1 | 1 | 1 |
| 0.780 | 1.10 | 46 | 0 | 1 | 0 | 1 | 1 | 1 | 0 | 1.33 | 1.89 | 80 | 1 | 0 | 1 | 0 | 0 | 0 | 0 |
| 0.790 | 1.12 | 47 | 0 | 1 | 0 | 1 | 1 | 1 | 1 | 1.36 | 1.93 | 81 | 1 | 0 | 1 | 0 | 0 | 0 | 1 |
| 0.800 | 1.13 | 48 | 0 | 1 | 1 | 0 | 0 | 0 | 0 | 1.39 | 1.97 | 82 | 1 | 0 | 1 | 0 | 0 | 1 | 0 |
| 0.810 | 1.15 | 49 | 0 | 1 | 1 | 0 | 0 | 0 | 1 | 1.42 | 2.01 | 83 | 1 | 0 | 1 | 0 | 0 | 1 | 1 |
| 0.821 | 1.16 | 50 | 0 | 1 | 1 | 0 | 0 | 1 | 0 | 1.45 | 2.06 | 84 | 1 | 0 | 1 | 0 | 1 | 0 | 0 |
| 0.831 | 1.18 | 51 | 0 | 1 | 1 | 0 | 0 | 1 | 1 | 1.49 | 2.10 | 85 | 1 | 0 | 1 | 0 | 1 | 0 | 1 |
| 0.842 | 1.19 | 52 | 0 | 1 | 1 | 0 | 1 | 0 | 0 | 1.52 | 2.16 | 86 | 1 | 0 | 1 | 0 | 1 | 1 | 0 |
| 0.853 | 1.21 | 53 | 0 | 1 | 1 | 0 | 1 | 0 | 1 | 1.56 | 2.21 | 87 | 1 | 0 | 1 | 0 | 1 | 1 | 1 |
| 0.865 | 1.22 | 54 | 0 | 1 | 1 | 0 | 1 | 1 | 0 | 1.60 | 2.26 | 88 | 1 | 0 | 1 | 1 | 0 | 0 | 0 |
| 0.877 | 1.24 | 55 | 0 | 1 | 1 | 0 | 1 | 1 | 1 | 1.64 | 2.32 | 89 | 1 | 0 | 1 | 1 | 0 | 0 | 1 |
| 0.889 | 1.26 | 56 | 0 | 1 | 1 | 1 | 0 | 0 | 0 | 1.68 | 2.40 | 90 | 1 | 0 | 1 | 1 | 0 | 1 | 0 |
| 0.901 | 1.27 | 57 | 0 | 1 | 1 | 1 | 0 | 0 | 1 | 1.73 | 2.45 | 91 | 1 | 0 | 1 | 1 | 0 | 1 | 1 |
| 0.914 | 1.29 | 58 | 0 | 1 | 1 | 1 | 0 | 1 | 0 | 1.78 | 2.51 | 92 | 1 | 0 | 1 | 1 | 1 | 0 | 0 |
| 0.928 | 1.31 | 59 | 0 | 1 | 1 | 1 | 0 | 1 | 1 | 1.83 | 2.59 | 93 | 1 | 0 | 1 | 1 | 1 | 0 | 1 |

续表

| PROGRAMMED Q | | PROGRAM CODE | | | | | | | | PROGRAMMED Q | | PROGRAM CODE | | | | | | | |
|---|---|---|---|---|---|---|---|---|---|---|---|---|---|---|---|---|---|---|---|
| MODES 1,3,4 | MODE 2 | N | Q6 | Q5 | Q4 | Q3 | Q2 | Q1 | Q0 | MODES 1,3,4 | MODE 2 | N | Q6 | Q5 | Q4 | Q3 | Q2 | Q1 | Q0 |
| 1.88 | 2.66 | 94 | 1 | 0 | 1 | 1 | 1 | 1 | 0 | 3.76 | 5.32 | 111 | 1 | 1 | 0 | 1 | 1 | 1 | 1 |
| 1.94 | 2.74 | 95 | 1 | 0 | 1 | 1 | 1 | 1 | 1 | 4.00 | 5.66 | 112 | 1 | 1 | 1 | 0 | 0 | 0 | 0 |
| 2.00 | 2.83 | 96 | 1 | 1 | 0 | 0 | 0 | 0 | 0 | 4.27 | 6.03 | 113 | 1 | 1 | 1 | 0 | 0 | 0 | 1 |
| 2.06 | 2.92 | 97 | 1 | 1 | 0 | 0 | 0 | 0 | 1 | 4.57 | 6.46 | 114 | 1 | 1 | 1 | 0 | 0 | 1 | 0 |
| 2.13 | 3.02 | 98 | 1 | 1 | 0 | 0 | 0 | 1 | 0 | 4.92 | 6.96 | 115 | 1 | 1 | 1 | 0 | 0 | 1 | 1 |
| 2.21 | 3.12 | 99 | 1 | 1 | 0 | 0 | 0 | 1 | 1 | 5.33 | 7.54 | 116 | 1 | 1 | 1 | 0 | 1 | 0 | 0 |
| 2.29 | 3.23 | 100 | 1 | 1 | 0 | 0 | 1 | 0 | 0 | 5.82 | 8.23 | 117 | 1 | 1 | 1 | 0 | 1 | 0 | 1 |
| 2.37 | 3.35 | 101 | 1 | 1 | 0 | 0 | 1 | 0 | 1 | 6.40 | 9.05 | 118 | 1 | 1 | 1 | 0 | 1 | 1 | 0 |
| 2.46 | 3.48 | 102 | 1 | 1 | 0 | 0 | 1 | 1 | 0 | 7.11 | 10.1 | 119 | 1 | 1 | 1 | 0 | 1 | 1 | 1 |
| 2.56 | 3.62 | 103 | 1 | 1 | 0 | 0 | 1 | 1 | 1 | 8.00 | 11.3 | 120 | 1 | 1 | 1 | 1 | 0 | 0 | 0 |
| 2.67 | 3.77 | 104 | 1 | 1 | 0 | 1 | 0 | 0 | 0 | 9.14 | 12.9 | 121 | 1 | 1 | 1 | 1 | 0 | 0 | 1 |
| 2.78 | 3.96 | 105 | 1 | 1 | 0 | 1 | 0 | 0 | 1 | 10.7 | 15.1 | 122 | 1 | 1 | 1 | 1 | 0 | 1 | 0 |
| 2.91 | 4.11 | 106 | 1 | 1 | 0 | 1 | 0 | 1 | 0 | 12.8 | 18.1 | 123 | 1 | 1 | 1 | 1 | 0 | 1 | 1 |
| 3.05 | 4.31 | 107 | 1 | 1 | 0 | 1 | 0 | 1 | 1 | 16.0 | 22.6 | 124 | 1 | 1 | 1 | 1 | 1 | 0 | 0 |
| 3.20 | 4.53 | 108 | 1 | 1 | 0 | 1 | 1 | 0 | 0 | 21.3 | 30.2 | 125 | 1 | 1 | 1 | 1 | 1 | 0 | 1 |
| 3.37 | 4.76 | 109 | 1 | 1 | 0 | 1 | 1 | 0 | 1 | 32.0 | 45.3 | 126 | 1 | 1 | 1 | 1 | 1 | 1 | 0 |
| 3.56 | 5.03 | 110 | 1 | 1 | 0 | 1 | 1 | 1 | 0 | 64.0 | 90.5 | 127 | 1 | 1 | 1 | 1 | 1 | 1 | 1 |

表 6-4　$F$ 值程序选择表

| $f_{clk}/f_0$ RATIO | | PROGRAM CODE | | | | | | | | $f_{clk}/f_0$ RATIO | | PROGRAM CODE | | | | | | | |
|---|---|---|---|---|---|---|---|---|---|---|---|---|---|---|---|---|---|---|---|
| MODES 1,3,4 | MODE 2 | N | F5 | F4 | F3 | F2 | F1 | F0 | | MODES 1,3,4 | MODE 2 | N | F5 | F4 | F3 | F2 | F1 | F0 | |
| 40.84 | 28.88 | 0 | 0 | 0 | 0 | 0 | 0 | 0 | | 61.26 | 43.32 | 13 | 0 | 0 | 1 | 1 | 0 | 1 | |
| 42.41 | 29.99 | 1 | 0 | 0 | 0 | 0 | 0 | 1 | | 62.83 | 44.43 | 14 | 0 | 0 | 1 | 1 | 1 | 0 | |
| 43.98 | 31.10 | 2 | 0 | 0 | 0 | 0 | 1 | 0 | | 64.40 | 45.54 | 15 | 0 | 0 | 1 | 1 | 1 | 1 | |
| 45.55 | 32.21 | 3 | 0 | 0 | 0 | 0 | 1 | 1 | | 65.97 | 46.65 | 16 | 0 | 1 | 0 | 0 | 0 | 0 | |
| 47.12 | 33.32 | 4 | 0 | 0 | 0 | 1 | 0 | 0 | | 67.54 | 47.76 | 17 | 0 | 1 | 0 | 0 | 0 | 1 | |
| 48.69 | 34.43 | 5 | 0 | 0 | 0 | 1 | 0 | 1 | | 69.12 | 48.87 | 18 | 0 | 1 | 0 | 0 | 1 | 0 | |
| 50.27 | 35.54 | 6 | 0 | 0 | 0 | 1 | 1 | 0 | | 70.69 | 49.98 | 19 | 0 | 1 | 0 | 0 | 1 | 1 | |
| 51.84 | 36.65 | 7 | 0 | 0 | 0 | 1 | 1 | 1 | | 72.26 | 51.10 | 20 | 0 | 1 | 0 | 1 | 0 | 0 | |
| 53.41 | 37.76 | 8 | 0 | 0 | 1 | 0 | 0 | 0 | | 73.83 | 52.20 | 21 | 0 | 1 | 0 | 1 | 0 | 1 | |
| 54.98 | 38.87 | 9 | 0 | 0 | 1 | 0 | 0 | 1 | | 75.40 | 53.31 | 22 | 0 | 1 | 0 | 1 | 1 | 0 | |
| 56.55 | 39.99 | 10 | 0 | 0 | 1 | 0 | 1 | 0 | | 76.97 | 54.43 | 23 | 0 | 1 | 0 | 1 | 1 | 1 | |
| 58.12 | 41.10 | 11 | 0 | 0 | 1 | 0 | 1 | 1 | | 78.53 | 55.54 | 24 | 0 | 1 | 1 | 0 | 0 | 0 | |
| 59.69 | 42.21 | 12 | 0 | 0 | 1 | 1 | 0 | 0 | | 80.11 | 56.65 | 25 | 0 | 1 | 1 | 0 | 0 | 1 | |

续表

| $f_{clk}/f_0$ RATIO | | PROGRAM CODE | | | | | | | $f_{clk}/f_0$ RATIO | | PROGRAM CODE | | | | | | |
|---|---|---|---|---|---|---|---|---|---|---|---|---|---|---|---|---|---|
| MODES 1,3,4 | MODE 2 | N | F5 | F4 | F3 | F2 | F1 | F0 | MODES 1,3,4 | MODE 2 | N | F5 | F4 | F3 | F2 | F1 | F0 |
| 81.68 | 57.76 | 26 | 0 | 1 | 1 | 0 | 1 | 0 | 111.53 | 78.86 | 45 | 1 | 0 | 1 | 1 | 0 | 1 |
| 83.25 | 58.87 | 27 | 0 | 1 | 1 | 0 | 1 | 1 | 113.10 | 79.97 | 46 | 1 | 0 | 1 | 1 | 1 | 0 |
| 84.82 | 59.98 | 28 | 0 | 1 | 1 | 1 | 0 | 0 | 114.66 | 81.08 | 47 | 1 | 0 | 1 | 1 | 1 | 1 |
| 86.39 | 61.09 | 29 | 0 | 1 | 1 | 1 | 0 | 1 | 116.24 | 82.19 | 48 | 1 | 1 | 0 | 0 | 0 | 0 |
| 87.96 | 62.20 | 30 | 0 | 1 | 1 | 1 | 1 | 0 | 117.81 | 83.30 | 49 | 1 | 1 | 0 | 0 | 0 | 1 |
| 89.54 | 63.31 | 31 | 0 | 1 | 1 | 1 | 1 | 1 | 119.81 | 84.41 | 50 | 1 | 1 | 0 | 0 | 1 | 0 |
| 91.11 | 64.42 | 32 | 1 | 0 | 0 | 0 | 0 | 0 | 120.95 | 85.53 | 51 | 1 | 1 | 0 | 0 | 1 | 1 |
| 92.68 | 65.53 | 33 | 1 | 0 | 0 | 0 | 0 | 1 | 122.52 | 86.64 | 52 | 1 | 1 | 0 | 1 | 0 | 0 |
| 94.25 | 66.64 | 34 | 1 | 0 | 0 | 0 | 1 | 0 | 124.09 | 87.75 | 53 | 1 | 1 | 0 | 1 | 0 | 1 |
| 95.82 | 67.75 | 35 | 1 | 0 | 0 | 0 | 1 | 1 | 125.66 | 88.86 | 54 | 1 | 1 | 0 | 1 | 1 | 0 |
| 97.39 | 68.86 | 36 | 1 | 0 | 0 | 1 | 0 | 0 | 127.23 | 89.97 | 55 | 1 | 1 | 0 | 1 | 1 | 1 |
| 98.96 | 69.98 | 37 | 1 | 0 | 0 | 1 | 0 | 1 | 128.81 | 91.08 | 56 | 1 | 1 | 1 | 0 | 0 | 0 |
| 100.53 | 71.09 | 38 | 1 | 0 | 0 | 1 | 1 | 0 | 130.38 | 92.19 | 57 | 1 | 1 | 1 | 0 | 0 | 1 |
| 102.10 | 72.20 | 39 | 1 | 0 | 0 | 1 | 1 | 1 | 131.95 | 93.30 | 58 | 1 | 1 | 1 | 0 | 1 | 0 |
| 102.67 | 73.31 | 40 | 1 | 0 | 1 | 0 | 0 | 0 | 133.52 | 94.41 | 59 | 1 | 1 | 1 | 0 | 1 | 1 |
| 105.24 | 74.42 | 41 | 1 | 0 | 1 | 0 | 0 | 1 | 135.09 | 95.52 | 60 | 1 | 1 | 1 | 1 | 0 | 0 |
| 106.81 | 75.53 | 42 | 1 | 0 | 1 | 0 | 1 | 0 | 136.66 | 96.63 | 61 | 1 | 1 | 1 | 1 | 0 | 1 |
| 108.38 | 76.64 | 43 | 1 | 0 | 1 | 0 | 1 | 1 | 138.23 | 97.74 | 62 | 1 | 1 | 1 | 1 | 1 | 0 |
| 109.96 | 77.75 | 44 | 1 | 0 | 1 | 1 | 0 | 0 | 139.80 | 98.85 | 63 | 1 | 1 | 1 | 1 | 1 | 1 |

## 1．低通滤波器

设计一个中心频率为 20kHz 的低通滤波器，设定 FN 的值为 63，选择工作模式为 2，通过公式 $f_{clk}/f_0 = 1.11072(26+N)$ 计算出输入时钟为 1.977MHz，确定滤波器的品质因数 $Q$，这里设定为 1，通过查表 6-3 得到对应的十进制数及二进制代码，程序由模式 2 选择决定公式 $Q=90.51/(128-N)$ 计算出 QN 对应的十进制数为 37，再转换成二进制代码写入程序，再把 $Q$ 及中心频率 $f_0$ 代入公式 $f_c = f_0 \times \sqrt{\left(1-\dfrac{1}{2Q^2}\right)+\sqrt{\left(1-\dfrac{1}{2Q^2}\right)^2+1}}$ ，计算出截止频率 $f_c = 25.44\text{kHz}$ ，效果图可参见 6.4.5 节中的图 6-36。

## 2．高通滤波器

设计一个中心频率为 10kHz 的高通滤波器，设定 FN 的值为 34，选择工作模式为 3，通过公式 $f_{clk}/f_0 = \dfrac{(26+N)\pi}{2}$ 计算出输入时钟为 0.942MHz，确定滤波器的品质因数 $Q$，这里设定为 2，通过查表 6-3 得到对应的十进制数及二进制代码，程序由模式 3 选择决定公式 $Q=64/(128-N)$ 计算出 QN 对应的十进制数为 96，再转换成二进制代码写入程序，效果图可参见 6.4.5 节中的图 6-37。

### 3．带通滤波器

设计一个中心频率为 15kHz 的带通滤波器，设定 FN 的值为 14，选择工作模式为 2，通过公式 $f_{clk}/f_0 = 1.11072(26 + N)$ 计算出输入时钟为 0.666MHz，确定滤波器的品质因数 $Q$，这里设定为 1，通过查表 6-3 得到对应的十进制数及二进制代码，程序由模式 2 选择决定公式 $Q=90.51/(128-N)$ 计算出 QN 对应的十进制数为 37，再转换成二进制代码写入程序，效果图可参见 6.4.5 节中的图 6-38。

图 6-34 是控制数据输入时序，可在 $\overline{\text{WR}}$ 下降沿经逻辑接口给滤波器 A、B 中的 $f_{clk}/f_0$、$Q$ 及工作模式控制字分别赋予不同的值，从而实现各种功能的滤波。

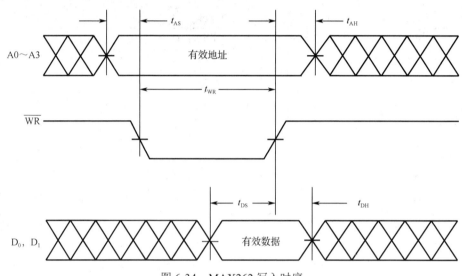

图 6-34　MAX262 写入时序

### 4．程序源码

以下提供的参考代码包括：写入时序代码，A 通道的工作模式、$F$ 值、$Q$ 值代码，B 通道的工作模式、$F$ 值、$Q$ 值代码，以及截止频率代码。

设计时注意事项如下。

（1）单片机向 MAX262 连接时中间加上锁存器 74HC373 可显著降低干扰。

（2）设置频率 $f_0$ 有两种方法：

① $f_{clk}$ 固定，改变 FN 的值。因为 FN 的范围仅为[0, 63]，故步进值很小且精度低。

② FN 固定，改变 $f_{clk}$。调节 $f_{clk}$ 可以得到满意的截止频率。

```
//写入时序
void write(uchar add,uchar dat2bit)
{
    P_262=(P_262&0x0f)|(add<<4);
    P_262=(P_262&0xf3)|((dat2bit<<2)&0x0c);
    P_wr=0;
    delay_262();
    P_wr=1;
```

```
        delay_262();
}
//设置 A 通道工作模式
void Set_AM(uchar mod)
{
    write(0,mod);
}
//设置 A 通道 F 值
void Set_AF(uchar datF)
{
    write(1,datF);
    datF=datF>>2;
    write(2,datF);
    datF=datF>>2;
    write(3,datF);
}
//设置 A 通道 Q 值
void Set_AQ(uchar datQ)
{
    write(4,datQ);
    datQ=datQ>>2;
    write(5,datQ);
    datQ=datQ>>2;
    write(6,datQ);
    datQ=(datQ>>2)&1;
    write(7,datQ);
}
//设置 B 通道工作模式
void Set_BM(uchar mod)
{
    write(8,mod);
}
//设置 B 通道 F 值
void Set_BF(uchar datF)
{
    write(9,datF);
    datF=datF>>2;
    write(10,datF);
    datF=datF>>2;
    write(11,datF);
}
//设置 B 通道 Q 值
void Set_BQ(uchar datQ)
{
```

```
    write(12,datQ);
    datQ=datQ>>2;
    write(13,datQ);
    datQ=datQ>>2;
    write(14,datQ);
    datQ=(datQ>>2)&1;
    write(15,datQ);
}
//根据 F 求设定值 N
float CopFn(uchar mod, float f0)
{
    if (2==mod)
      {
          return ((float)(FLCK*1.11072/f0)-26);
      }
    else
      {
          return ((float)((FLCK*2/f0)/PI)-26);
      }
}
//根据 Q 求设定值 N
float CopQn(uchar mod, float q)
{
    if (2==mod)
      {
          return (128-(float)(90.51/q));
      }
    else
      {
          return (128-(float)(64/q));
      }
}
//根据中心频率 f0 计算截止频率 fc
float CopF0(float q, float f0)
{
        q = pow(q, 2);
        q = (float)q*2;
        q = (float)(q-1)/q;//1-(1/q)
        fc = (float)f0 * sqrt(sqrt(1+pow(q,2))+q);
}
```

## 6.4.5  实物及参数测量

根据 MAX262 的电路图制作电路板，PCB 布局如图 6-35 所示。

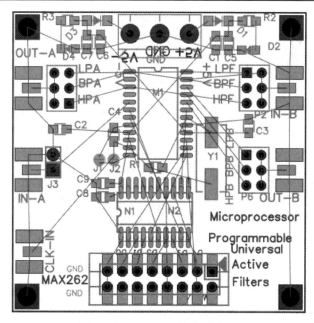

图 6-35　MAX262 的 PCB 布局

测量仪器设备如表 6-5 所示。

表 6-5　测量仪器设备

| 测量仪器设备 | 型　　号 |
| --- | --- |
| 稳压直流电源 | 固纬 GPD-3303S |
| 扫频仪 | SP30120（120MHz 数字式扫频仪） |
| 信号源 | 普源 DG4202（双通道 200MHz） |
| 万用表 | 泰克 DMM4050 6 位半数字万用表 |
| 示波器 | 泰克 MDO4104C |

不同时钟、不同滤波器模式下的滤波器数据如表 6-6 所示。

表 6-6　滤波器数据

| 滤波器类型 | 低通滤波器 | 高通滤波器 | 带通滤波器 |
| --- | --- | --- | --- |
| 工作模式 | 2 | 3 | 2 |
| $f_0$ | 20kHz | 10kHz | 15kHz |
| FN | 63 | 34 | 14 |
| Q | 1 | 2 | 1 |
| QN | 37 | 96 | 37 |
| $f_{clk}$ | 1.977MHz | 0.942MHz | 0.666MHz |
| 效果图 | 图 6-36 | 图 6-37 | 图 6-38 |

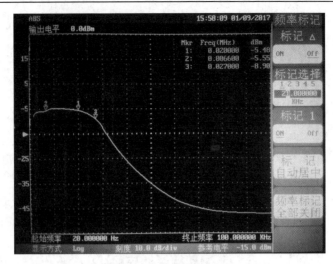

图 6-36　低通滤波器

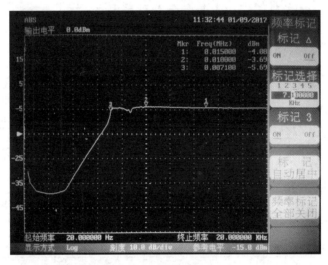

图 6-37　高通滤波器

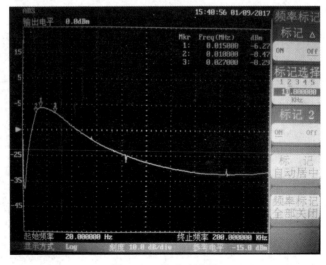

图 6-38　带通滤波器

# 6.5　可编程谐波滤波器 HMC1044LP3E 设计实例

　　HMC1044LP3E 是一款可编程带宽低通滤波器（LPF），适合所有采用正交调制器和解调器的应用。HMC1044LP3E 可滤除本振（LO）谐波，从而确保 LO 谐波对调制器边带抑制或解调器镜像抑制性能的影响非常小或为零。虽然 HMC1044LP3E 针对的是 LO 谐波滤波应用，但它也可用于滤除所有 RF 谐波，如放大器产生的谐波。HMC1044LP3E 提供 16 种可编程频段选择，针对频段范围为 1～3GHz 的高低蜂窝频段进行优化，是一款与集成 VCO、宽带正交调制器和解调器的宽带 PLL 兼容的真正宽带器件。它支持宽带多标准、多载波设计，可针对各种具体应用在现场即时配置。HMC1044LP3E 是采用正交调制器和/或解调器的宽带应用的理想 LO 谐波滤波器。HMC1044LP3E 有 16 个用户可编程频段，允许用户以最佳方式衰减二次和/或三次 LO 谐波，从而最大限度地提高正交调制器/解调器的边带/镜像抑制性能。

　　HMC1044LP3E 非常适合宽带收发器谐波滤波应用，包括：

- 滤除 LO 谐波以降低调制器边带抑制和解调器镜像抑制要求；
- 放大器谐波滤波；
- RF 滤波。

## 6.5.1　HMC1044LP3E 性能指标

　　HMC1044LP3E 的性能指标如下。

　　（1）提供 16 种可编程频段选择；

　　（2）针对频段范围为 1～3GHz 的高低蜂窝频段进行优化；

　　（3）LO 谐波抑制：约 20dB；

　　（4）单端或差分选项；

　　（5）一款与集成 VCO、宽带正交调制器和解调器的宽带 PLL 兼容的真正宽带器件；

　　（6）支持宽带多标准、多载波设计，可针对各种具体应用在现场即时配置；

　　（7）兼容窄带和宽带：

- 集成 VCO 的 PLL；
- 调制器；
- 解调器；

　　（8）改善调制器/解调器边带/镜像抑制性能：20dB（典型值）；

　　（9）尺寸比目前的分立式固定带宽解决方案最多缩小 90%；

　　（10）HMC1044LP3E 采用紧凑型 3mm×3mm QFN 无引脚封装。

## 6.5.2　硬件设计

　　HMC1044LP3E 芯片引脚图及引脚功能分别如图 6-39、表 6-7 所示。

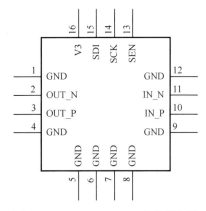

图 6-39　HMC1044LP3E 芯片引脚图

表 6-7　HMC1044LP3E 引脚功能说明

| 引脚编号 | 名　称 | 功　能 |
|---|---|---|
| 1、4、5、6、7、8、9、12 | GND | 模拟地 |
| 2 | OUT_N | 直流耦合并且匹配 50Ω 电阻，不得将外部电压施加于此引脚 |
| 3 | OUT_P | 直流耦合并且匹配 50Ω 电阻，不得将外部电压施加于此引脚 |
| 10 | IN_P | 直流耦合并且匹配 50Ω 电阻，不得将外部电压施加于此引脚 |
| 11 | IN_N | 直流耦合并且匹配 50Ω 电阻，不得将外部电压施加于此引脚 |
| 13 | SEN | 串行端口使能 |
| 14 | SCK | 串行端口时钟 |
| 15 | SDI | 串行端口数据 |
| 16 | V3 | 直流电源 |

电路原理图采用立创 EDA 绘制，如图 6-40 所示。其中，SMA1 为输出端，SMA2 为输入端，电源采用±5V 转+3.3V 带保护功能直流电。

电源输入方式有两种，一种采用外部输入，另一种采用单片机提供。J3 闭合，J2 断开，采用的是外部电源供电；J3 断开，J2 闭合，采用的是单片机供电。

## 6.5.3　软件设计

HMC1044LP3E 的频段选择如表 6-8 所示。

表 6-8　HMC1044LP3E 的频段选择

| HMC1044LP3E 频段设置 | 相对于 500MHz 的典型 3dB 截止频率 | |
|---|---|---|
| | 单端/MHz | 差分/MHz |
| 0 | 1025 | 970 |
| 1 | 1050 | 1000 |
| 2 | 175 | 1030 |
| 3 | 1105 | 1055 |
| 4 | 1130 | 1085 |
| 5 | 1160 | 1120 |
| 6 | 1195 | 1155 |
| 7 | 1225 | 1195 |
| 8 | 2230 | 2335 |
| 9 | 2300 | 2430 |
| 10 | 2380 | 2530 |
| 11 | 2465 | 2655 |
| 12 | 2550 | 2770 |
| 13 | 2675 | 2940 |
| 14 | 2805 | 3145 |
| 15 | 3060 | 3400 |

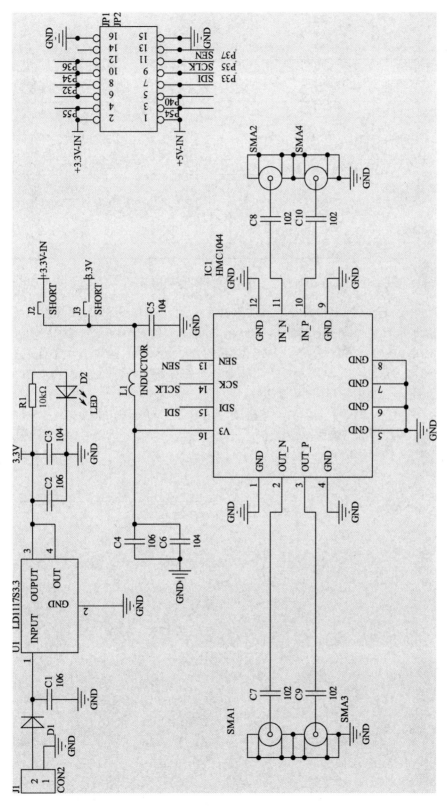

图 6-40　HMC1044LP3E 原理图设计

串行端口写操作时序图如图 6-41 所示。

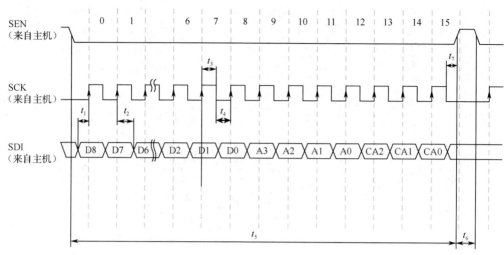

图 6-41　串行端口写操作时序图

（1）主机置位 SEN（低电平有效串行端口使能），然后出现 SCK 上升沿；

（2）在 SEN 低电平有效之后的 SCK 第一个上升沿，HMC1044LP3E 读取 SDI（MSB）；

（3）在 SCK 的后续 8 个上升沿，HMC1044LP3E 登记数据位（共 9 个数据位）；

（4）在 SCK 的后续 4 个下降沿，主机放上 4 个寄存器地址位（MSB 到 LSB），同时在 SCK 的对应上升沿，HMC1044LP3E 读取地址位；

（5）在 SCK 的后续 3 个下降沿，主机放上 3 个芯片地址位（MSB 到 LSB）。注意，HMC144LP3E 芯片地址固定值为 6 或 110。

下面给出基于 STC15W4KXXS4 单片机的完整的参考程序代码，包括对寄存器时序的写入，引脚的配置、定义等。

```
#include "STC15W4KXXS4.h"
sbit SEN=P3^7; //串行使能
sbit SCK =P3^5;//时钟
sbit SDI =P3^3;//数据
#define SEN_Clr()  SEN=0
#define SEN_Set()  SEN=1
#define SCK_Clr()  SCK=0
#define SCK_Set()  SCK=1
#define SDI_Clr()  SDI=0
#define SDI_Set()  SDI=1
//写入时序
void SPI_Write(int dat)
{
    int i;
    SEN_Clr();
    for(i=0;i<16;i++)
    {
        SCK_Clr();
        if(dat&0x8000)
```

```
        { SDI_Set();   }
        else
        { SDI_Clr(); }
        SCK_Set();
        dat<<=1;
    }
    SEN_Set();
        }
void main()
{
    P3M0 = 0x00;
    P3M1 = 0x00;     //P3 口设置成准双向口
    SEN_Set();
    SPI_Write(0xE);//频段数据选择
    SEN_Set();
    while(1);
}
```

## 6.5.4    实物及参数测量

根据 HMC1044LP3E 的电路图制作电路板，PCB 布局如图 6-42 所示。

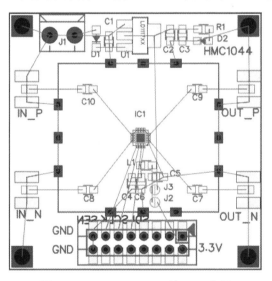

图 6-42    HMC1044LP3E 的 PCB 布局

测量仪器设备如表 6-9 所示。

表 6-9    测量仪器设备

| 测量仪器设备 | 型　　号 |
|---|---|
| 稳压直流电源 | 固纬 GPD-3303S |
| 频谱仪 | CETC-41 所（AV4037A） |
| 信号源 | 普源 DG4202（双通道 200MHz） |
| 万用表 | 泰克 DMM4050 6 位半数字万用表 |

1GHz 低通滤波器实测如图 6-43 所示。

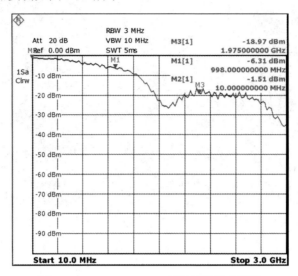

图 6-43　HMC1044LP3E 低通滤波器实测图

# 第 7 章　射频放大器设计及实例解析

## 7.1　射频放大器设计基础

在无线通信系统中，到达接收机的射频信号电平多在微伏数量级。因此，需要将微弱的射频信号进行放大。射频小信号放大器电路是无线通信接收机的重要组成部分。在多数情况下，信号不是单一频率的，而是占有一定频谱宽度的频带信号。另外，在同一信道中，可能同时存在许多偏离有用信号频率的各种干扰信号，因此射频小信号放大电路除了有放大功能，还必须有选择功能。

射频小信号放大器电路分为窄频带放大电路和宽频带放大电路两大类。由于窄频带放大电路要对中心频率在几千赫兹到几百兆赫兹（甚至几吉赫兹）、频带宽度在几千赫兹到几十兆赫兹内的微弱信号进行不失真的放大，因此不仅需要有一定的电压增益，而且需要有选频的能力。窄频带放大电路由双极型晶体管、场效应管或射频集成电路等有源器件提供电压增益，由 LC 谐振回路、陶瓷滤波器、石英晶体滤波器或声表面波滤波器等器件实现选频功能。

宽频带放大电路对几兆赫兹至几百兆赫兹（甚至几吉赫兹）较宽频带内的微弱信号进行不失真的放大，因此要求放大电路具有很低的下限截止频率（有些要求零频，即直流）和很高的上限截止频率。宽频带放大电路也是由双极型晶体管、场效应管或射频集成电路提供电压增益。为了展宽工作频率，不但要求有源器件具有良好的高频特性，而且在电路结构上也会采取一些改进措施，如采用共射-共基组合电路和负反馈。

射频小信号放大器电路模型如图 7-1 所示，由有源放大器件和无源选频网络组成。有源放大器件可以是晶体管、场效应管或射频集成电路，无源选频网络可以是 LC 谐振回路，也可以是声表面波滤波器、陶瓷滤波器、晶体滤波器。不同的组合方法，构成了不同的电路形式。按谐振回路区分，有源放大器件有单调谐放大器、双调谐放大器和参差调谐放大器；按晶体管连接形式区分，有源放大器件有共基极、共集电极、共发射极单调谐放大器等。

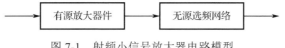

图 7-1　射频小信号放大器电路模型

## 7.2　射频放大器设计中的关键技术参数

对于小信号放大器电路，要求具有低的噪声系数，足够宽的线性范围，合适的增益，输入/输出的阻抗匹配，输入/输出之间良好的隔离。在移动通信设备中还要求具有低的工作电源电压和低的功率消耗。特别强调的是，所有这些指标都是相互联系的，甚至是矛盾的，在设计中如何采用折中的原则兼顾各项指标是很重要的。

### 7.2.1 增益

增益表示放大器对有用信号的放大能力，定义为放大器的输入信号与输出信号的比值。对于选频放大器电路，通常用中心频率 $f_0$（或 $\omega_0$）上的电压增益和功率增益两种方法表示。

电压增益：
$$A_{u_o} = \frac{u_o}{u_i} \tag{7-1}$$

功率增益：
$$A_{P_o} = \frac{P_o}{P_i} \tag{7-2}$$

式中，$u_o$、$u_i$ 分别为放大器中心频率上输出、输入的电压有效值；$P_o$、$P_i$ 分别为放大器中心频率上输出、输入的功率，通常用分贝（dB）表示。

射频小信号放大器电路的增益要适中，过大会使下级混频器的输入太大，产生失真，太小则不利于抑制后面各级的噪声对系统的影响。射频小信号放大器的增益与器件的技术特性、工作状态和负载有关，需要选择合适的工作频率、电流偏置、输入/输出匹配网络。一般要求电路的增益是可控的，以改变放大器的工作点。负反馈量、谐振回路的 $Q$ 值等参数可以控制电路的增益，通常采用自动增益控制电路实现。

### 7.2.2 通频带

为保证频带信号无失真地通过放大器电路，要求其增益频率响应特性必须有与信号带宽相适应的平坦宽度。通频带定义为放大器的增益下降 3dB 时的上限截止频率与下限截止频率之差，即放大器电路电压增益频率响应特性由最大值下降到 3dB 时对应的频带宽度为放大电路的通频带，通常以 $BW_{0.7}$ 表示，如图 7-2 所示。

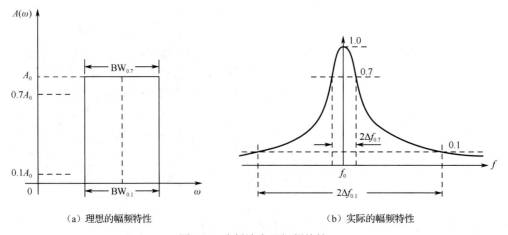

（a）理想的幅频特性　　　　　　　（b）实际的幅频特性

图 7-2　选频放大器幅频特性

### 7.2.3 选择性

选择性表示放大器对通频带外的干扰信号的滤除能力，即指对通频带之外干扰信号的衰减抑制能力。选择性有两种描述方法：一种是用矩形系数来说明临近信道选择性的好坏；另一种是用抑制比（或称抗拒比）来说明对带外某一特定干扰频率 $f_N$ 信号的抑制能力的大小。

矩形系数用 $K_{0.1}$ 来表示，其定义为

$$K_{0.1} = \frac{\text{BW}_{0.1}}{\text{BW}_{0.7}} f_N \qquad (7\text{-}3)$$

式中，$\text{BW}_{0.1}$ 是增益下降到最大值的 0.1 倍时的频带宽度。$\text{BW}_{0.1}$ 和 $\text{BW}_{0.7}$ 之间的频率范围称为过渡带。$K_{0.1}$ 间接反映了过渡带与通频带的频宽比。$K_{0.1}$ 越小，过渡带越小，选择性越好。理想情况的 $K_{0.1}$ 等于 1，实际的 $K_{0.1}$ 总大于 1。

在工程中，放大器的带宽范围往往被通信系统预先确定。因此，对于满足带宽要求的选频放大电路，可以采用 $S$ 参数的方法来表示图 7-2（b）所示的选择性。$S$ 参数定义为：过渡带内的某特定频率条件下的增益 $A(\omega_1)$ 与通频带内的最大增益 $A_0$ 的比值，即

$$S = \frac{A(\omega_1)}{A_0} \qquad (7\text{-}4)$$

显然，$S$ 值越小的电路选择性越好。

若选用谐振回路作为选频电路，则过渡带的宽窄与谐振回路的 $Q$ 值有直接关系，$Q$ 值越大，过渡带越窄，电路的选择性越好。放大电路的通频带与选择性是相互制约的，即通频带大必然使选择性差。抑制比用 $\alpha$ 表示，其定义为

$$\alpha = \frac{A_P(f_0)}{A_P(f_N)} \qquad (7\text{-}5)$$

式中，$A_P(f_0)$ 是中心频率上的功率增益；$A_P(f_N)$ 是某一特定干扰频率 $f_N$ 上的功率增益。

抑制比用分贝表示则为

$$\alpha(\text{dB}) = 10 \lg \frac{A_P(f_0)}{A_P(f_N)} \qquad (7\text{-}6)$$

## 7.2.4　线性范围

线性范围主要由 1dB 压缩点和三阶互调阻断点 IP3（Third-order Intercept Point）来度量。在射频小信号放大器电路中，器件的跨导随输入信号幅度的增加而减小，此现象称为增益压缩。对应于输入信号幅度 $U_{\text{in}}$，增益比线性放大增益下降 1dB 的点称为 1dB 压缩点，如图 7-3 所示。1dB 压缩点常用来度量放大器的线性特性。

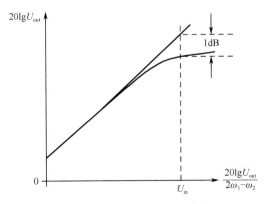

图 7-3　放大器的 1dB 压缩点

当两个频率接近的信号输入射频小信号放大器时，由于器件的非线性会产生许多组合频

率分量，这些组合频率分量有可能落在放大器频带内，即放大器频带内的频率分量除了基波，还可能有组合频率 $2\omega_2-\omega_1$ 和 $2\omega_1-\omega_2$。这些组合频率分量形成对有用信号的干扰。这种干扰并不是由两输入信号的谐波产生的，而是这两个输入信号的相互调制（相乘）引起的，所以称为互调（Intermodulation，IM）失真。由非线性器件的三次方项引起的互调失真称为三阶互调失真，由五次方项引起的互调失真称为五阶互调失真。可以在互调失真比和三阶互调阻断点两个指标中选一个来衡量放大器的互调失真程度，更常用三阶互调阻断点 IP3 来说明三阶互调失真的程度。三阶互调阻断点 IP3 定义为三阶互调功率达到基波功率相等的点，此点所对应的输入功率表示为 $\text{IIP}_3$，此点所对应的输出功率表示为 $\text{OIP}_3$（一般在放大器中常用 $\text{OIP}_3$ 作为参考，在混频器中常用 $\text{IIP}_3$ 作为参考）。

输出有用功率 $P_\text{o}$ 与输入功率 $P_\text{i}$ 成正比，而三阶互调输出功率与输入功率 $P_\text{i}$ 的三次方成正比。三阶互调阻断点 IP3 示意图如图 7-4（a）所示，它们的相交点即为三阶互调阻断点 IP3。用对数坐标表示为

$$P_\text{o1}(\text{dB})=10\lg G_{P1}+10\lg P_\text{i} \tag{7-7}$$

$$P_\text{o3}(\text{dB})=10\lg G_{P3}+30\lg P_\text{i} \tag{7-8}$$

式中，$G_{P1}$ 为放大器的功率增益；$P_\text{i}$ 为放大器的输入功率；$G_{P3}$ 为放大器的三阶互调增益；$P_\text{o1}$ 为基波功率；$P_\text{o3}$ 为三阶互调功率。

在以对数形式表示的坐标上，它们是两条直线，如图 7-4（b）所示，图中分别标出了 $\text{IIP}_3$ 和 $\text{OIP}_3$ 的值。

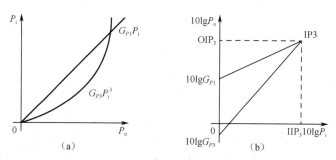

图 7-4　三阶互调阻断点 IP3 示意图

在讨论射频小信号放大器电路中的线性范围时要注意三个问题：一是线性范围与器件有关，场效应管由于具有平方率特性，因此它的线性要比双极型晶体管好；二是线性范围还与电路结构有关，例如，加负反馈、将单管放大改为差分放大等均能改善线性范围；三是输入端的匹配网络也会影响放大器的线性范围。

射频小信号放大器电路与其信号源的匹配是很重要的。放大器与源的匹配有两种方式：一是以获得噪声系数最小为目的的噪声匹配；二是以获得最大传输和最小反射损耗为目的的共轭匹配。一般来说，现在绝大多数的射频小信号放大器均采用后一种匹配方法，这样可以避免不匹配而引起的射频小信号放大器向天线的能量反射，同时，力求两种匹配接近。匹配网络可以用纯电阻网络，也可以用电抗网络。电阻匹配网络适合宽带放大，但它们要消耗功率，并增加噪声。采用无损耗的电抗匹配网络不会增加噪声，但只适合窄带放大。

## 7.2.5　隔离度和稳定性

增大射频小信号放大器的反向隔离度可以降低本振信号从混频器向天线的泄漏程度。在

超外差式接收机中，由于射频小信号放大器和混频器之间一般接有抑制镜像干扰的滤波器，且在第一中频的数值较高，本振信号频率位于滤波器通带以外，因此本振信号向天线的泄漏较小。但在零中频方案中，本振信号泄漏则完全取决于射频小信号放大器的隔离性能。同时，射频小信号放大器的反向隔离度好，可以减小输出负载变化对输入阻抗的影响，简化其输入、输出端的匹配网络的调试过程。

引起反向传输的原因在于器件极间的极间电容及电路中寄生参数的影响，它们也是造成放大器不稳定的原因。例如，在某些频率点上，由于源阻抗和负载阻抗设计不合理，形成正反馈，引起不稳定，甚至振荡。放大器的稳定性是随着反向传输的减少，即隔离性能的增加而改善的。

当放大电路的工作状态（如偏置）、交流参数，以及其他电路元件参数发生变化时，放大器的主要性能会发生变化，造成不稳定现象。不稳定现象表现在增益变化、中心频率偏移、通频带变窄、谐振曲线变形等方面。不稳定状态的极端情况是放大器自激振荡，它可导致放大器完全不能工作。

一般来说，可以采用稳定工作点、限制放大器的增益、选择反馈较小的放大元器件等方法来解决稳定性问题。寄生反馈是引起不稳定的主要原因，必须尽力找出寄生反馈的途径，力图消除一切可能产生反馈的因素。

### 7.2.6　噪声系数

射频小信号放大器的输出噪声来源于输入端和放大电路本身。噪声系数是用来描述放大器本身产生噪声电平大小的一个参数。放大器本身产生的噪声电平对所传输信号，特别是对微弱信号的影响较大。为了减小放大器电路的内部噪声，在设计与制作放大器电路时，应采用低噪声放大元器件，以及正确选择工作状态和适当的电路结构。

射频小信号放大器电路的主要技术指标之间既有联系又有矛盾，如增益和稳定性、通频带和选择性等，需根据实际情况决定主次，进行合理设计与调整。

## 7.3　低噪声放大器 TQP3M9008 设计实例

### 7.3.1　TQP3M9008 性能指标

TQP3M9008 是一种级联、高线性增益、在低成本表面贴装封装模块放大器。在 1.9GHz 时，放大器通常提供 20.6dB 增益，+36dBm 的 OIP$_3$ 和 1.3dB 的噪声，静态电流为 85mA。该芯片具有高增益，且具有较宽的频率范围，同时还提供了非常低的噪声。主要应用在接收器和发射器链路中。该放大器在内部使用高性能的 E-pHEMT 工艺匹配并且只需要一个外部 RF 扼流圈和旁路电容器。采用单一的 +5V 电源。内部有源偏置电路能够有效地抑制偏移和温漂。

（1）芯片特点

① 频率范围：50～4000MHz；

② 增益：20.6dB@1.9GHz；

③ OIP$_3$：+36dBm；

④ 噪声系数：1.3dB@1.9GHz；

⑤ 输入/输出阻抗：50Ω；

⑥ 供电：+5V DC，85mA。

（2）产品应用

① 中继器；

② 移动基础设施；

③ LTE/WCDMA/EDGE/CDMA；

④ 通用无线。

## 7.3.2　硬件设计

### 1．原理图设计

图 7-5 给出了典型的应用电路，J1 为射频输入接口，J2 为射频输出接口，$V_{DD}$ 供电电压为+5V。其中 $C_1$、$C_2$、$C_6$ 及 $L_2$ 大小的选择与频率有关，如表 7-1 所示。

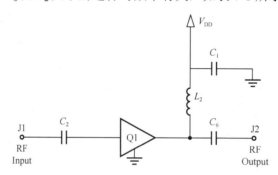

图 7-5　TQP3M9008 典型应用电路

表 7-1　$C_1$、$C_2$、$C_6$ 及 $L_2$ 大小的选择

| 元 件 标 号 | 频　率 | | | |
| --- | --- | --- | --- | --- |
| | 500MHz | 2000MHz | 2500MHz | 3500MHz |
| $C_1$ | 1000pF | 100pF | 100pF | 100pF |
| $C_2$、$C_6$ | 100pF | 22pF | 22pF | 22pF |
| $L_2$ | 82nH | 22nH | 18nH | 15nH |

### 2．PCB 版图设计

在 TQP3M9008-EVAL 电路板制作中，为了更好地降低信号的干扰，将整个电路板全部装入 CNC 铝合金墙体内，输入/输出射频接口均采用 SMA-KFD 接口，+5V DC 电源采用穿心电容（10nF）接入，如图 7-6（a）所示。整体装配完成后的实物图如图 7-6（b）所示。铝合金外壳机械尺寸图如图 7-7 所示。

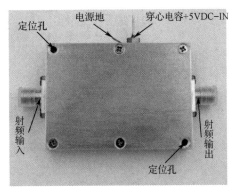

（a）TQP3M9008铝合金外壳内部　　　　（b）TQP3M9008铝合金外壳整体

图 7-6　TQP3M9008 实物图

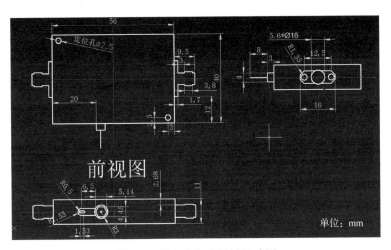

图 7-7　铝合金外壳机械尺寸图

## 7.3.3　测试结果分析

TQP3M9008 实测数据采用的测量仪器设备如表 7-2 所示。

表 7-2　测量仪器设备

| 稳压直流电源 | 固纬 GPD-3303S |
| --- | --- |
| 频谱仪 | CETC-41 所（AV4037A） |
| 射频噪声系数分析仪 | CETC-41 所（AV3984A） |
| 矢量网络分析仪 | CETC-41 所（AV36580A） |
| 万用表 | 泰克 DMM4050 6 位半数字万用表 |

低噪声小信号前级宽带放大器采用+5V 电源供电，利用射频噪声系数分析仪（AV3984A）进行噪声系数计增益实测，测量结果如图 7-8 所示。从曲线上分析，在 250MHz 到 3GHz 范围内，噪声系数约为 0.7～1.7dB，增益约为 20～17dB。其他参数如表 7-3 所示（测试条件：室温 25℃，阻抗 50Ω，+5V DC）。

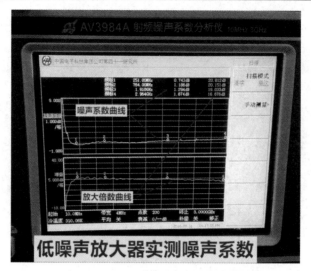

图 7-8　低噪声放大器实测曲线

表 7-3　低噪声放大器实测参数

| 指 标 参 数 | 条　件 | 最　小　值 | 典　型　值 | 最　大　值 | 单　位 |
|---|---|---|---|---|---|
| 频率范围 | — | 0.05 | — | 3.0 | GHz |
| P1dB | 在整个频率范围内 | — | 10 | — | dBm |
| OIP$_3$ | — | — | 30 | — | dBm |
| 噪声系数 | — | — | 2.0 | — | dB |
| 输入驻波 | — | — | 1.5 | — | :1 |
| 输出驻波 | — | — | 1.5 | — | :1 |
| 电压 | — | 4.5 | 5.0 | 5.25 | V |
| 电流 | — | — | 85 | — | mA |

# 7.4　可变增益放大器 AD8367 设计实例

## 7.4.1　AD8367 性能指标

AD8367 是一款高性能可变增益放大器，设计用于在最高 500MHz 的中频频率下工作。从外部施加 0~1V 的模拟增益控制电压，可调整 45dB 增益控制范围，以提供 20mV/dB 输出。精确的线性 dB 增益控制通过 ADI 公司的专有 X-AMP 架构实现，该架构含有一个可变衰减器网络，由高斯插值器提供输入，从而实现精确的线性增益调整。

此外，AD8367 集成一个平方律检测器，使该器件可用作 AGC 解决方案，并提供检测到的接收信号强度指示（RSSI）输出电压。

（1）芯片特点

① 宽带宽（-3dB 带宽）：500MHz；

② 线性 dB 连续模拟增益控制；

③ 片内集成平方律检测器用于 AGC 操作；

④ 高线性度输出 IP3：36.5dBm（70MHz）；

⑤ 高输出压缩 P1dB：8.5dBm（70MHz）；

⑥ 单端 200Ω 输入阻抗；

⑦ 增益控制范围：45dB（最大增益 42.5dB）。

（2）应用

① 蜂窝基站；

② 宽带接入；

③ 功率放大器控制回路；

④ 自动增益控制放大器线性；

⑤ I/O 高速数据。

## 7.4.2　硬件设计

### 1. 原理图设计

AD8367 引脚功能说明如表 7-4 所示，该芯片的典型工作频率范围为 500MHz 以内，有两种工作模式——正增益模式（MODE 端接高电平）和负增益模式（MODE 端接低电平），模拟增益控制电压范围为 50～950mV，控制灵敏度为 20mV/dB，通过增益控制端 MODE 可设置 AGC 为正增益控制模式或负增益控制模式，以配合对数放大器的特性，构成性能稳定的负反馈 AGC 电路。当工作于正、负增益控制模式下时，AD8367 的对数增益与线性控制电压之间的关系分别为

正增益模式：$\qquad G = 50V_c - 5$（dB）

负增益模式：$\qquad G = 45 - 50V_c$（dB）

式中，$G$ 是增益，单位为 dB；$V_c$ 是控制电压，单位为 V。

表 7-4　AD8367 的引脚功能说明

| 引　脚 | 名　　称 | 功　　能 | 引　脚 | 名　　称 | 功　　能 |
|---|---|---|---|---|---|
| 1 | ICOM | 信号公共端、接地 | 8 | OCOM | 电源公共脚、接地 |
| 2 | ENBL | 芯片使能 | 9 | DECL | 耦合引脚 |
| 3 | INPT | 信号输入 | 10 | VOUT | 信号输出 |
| 4 | MODE | 增益控制模式 | 11 | VPSO | 正电压输出 |
| 5 | GAIN | 增益控制电压输入 | 12 | VPSI | 正电压输入 |
| 6 | DETO | 检波输出 | 13 | HPFL | 高通滤波器连接 |
| 7 | ICOM | 信号公共端、接地 | 14 | ICOM | 信号公共端、接地 |

电压控制增益模式（VCA）典型电路配置如图 7-9（a）所示，自动增益控制模式（AGC）电路配置如图 7-9（b）所示。

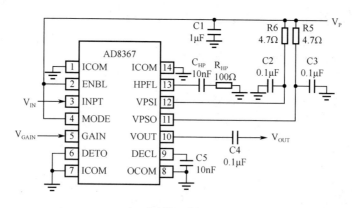

（a）电压控制增益模式（VCA）

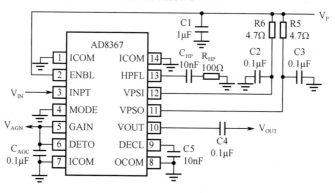

（b）自动增益控制模式（AGC）

图 7-9　VCA 与 AGC 电路配置

为了更好地兼容电压控制增益模式和自动增益控制模式，硬件原理图设计过程中采用短路/开路节点进行切换，具体原理图如图 7-10 所示。其中 J18 为+5V DC 电源输入接口，S6 为信号输入 SMA 接口，考虑到 AD8367 输入阻抗为 200Ω，为了使输入阻抗匹配到 50Ω，并联电阻 R20，阻值为 57.6Ω；S5 为信号输出 SMA 接口，考虑到 AD8367 输出阻抗为 200Ω，为了使输出阻抗匹配到 50Ω，并联电阻 R15，阻值为 57.6Ω；控制电压信号可以通过 S4 接口或 RP2 电阻分压得到 0～1V 电压控制信号，控制芯片增益。在图 7-10 中，各跳线设置如下。

（1）VCA 模式（电压控制）

正斜率控制方式（J14、J16、J11、J12、J10 短路，J13、J15 开路时，为 VCA 控制（正斜率））；

负斜率控制方式（J16、J15、J11、J12、J10 短路，J14、J13 开路时，为 VCA 控制（负斜率））；

（2）AGC 模式（自动增益）

跳线设置（J15、J16、J11、J13 短路，断开 J14、J12、J10 时，为 AGC 控制）。

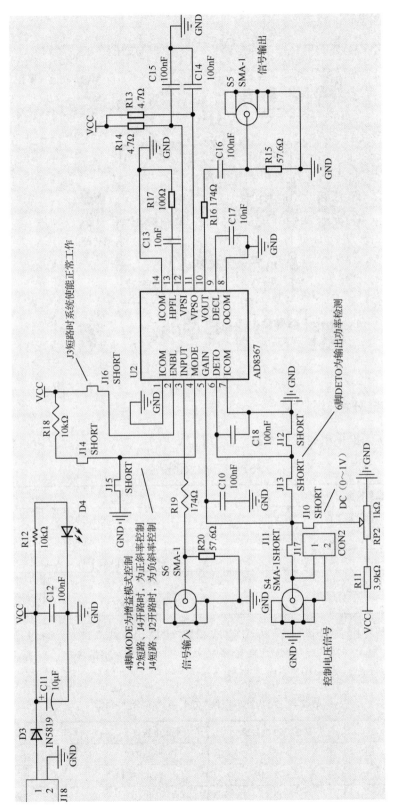

图 7-10　AD8367 原理图设计

### 2. PCB 版图设计

根据 AD8367-EVAL 的电路图制作电路板，PCB 布局如图 7-11 所示。

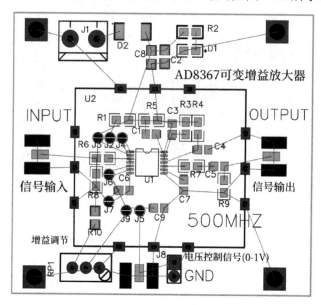

图 7-11    AD8367 的 PCB 布局

## 7.4.3    测试结果分析

AD8367 实测数据采用的测量仪器设备如表 7-5 所示。

表 7-5    测量仪器设备

| 测量仪器设备 | 型 号 |
| --- | --- |
| 稳压直流电源 | 固纬 GPD-3303S |
| 频谱仪 | CETC-41 所（AV4037A） |
| 示波器 | 泰克 MDO4104C（1GHz 5Gsps） |
| 矢量网络分析仪 | CETC-41 所（AV36580A） |
| 万用表 | 泰克 DMM4050 6 位半数字万用表 |

将模块的输入接矢量网络分析仪的端口 1，输出接端口 2，通过改变电压控制 AD8367-EVAL 模块电压增益，测量其传输参数 S21。在不同电压情况下，设置成正斜率模式，增益曲线与电压对应关系如表 7-6 所示及图 7-12。

表 7-6    AD8367 模块 VCA 模式下 S21 参数

| 输入电压值（$V_{DC}$） | 输出 S21 曲线图 | 输入电压值（$V_{DC}$） | 输出 S21 曲线图 |
| --- | --- | --- | --- |
| 0.05V | 图 7-12（a） | 0.55V | 图 7-12（d） |
| 0.16V | 图 7-12（b） | 0.75V | 图 7-12（e） |
| 0.35V | 图 7-12（c） | 0.85V | 图 7-12（f） |

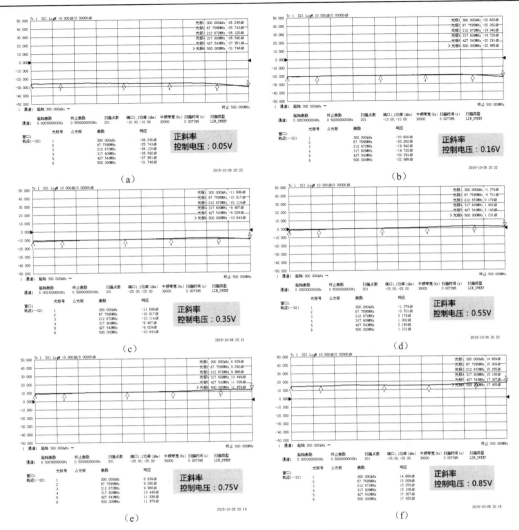

图 7-12 AD8367 模块 S21 参数

# 7.5 宽带电压可变放大器 ADL5330 设计实例

## 7.5.1 ADL5330 性能指标

ADL5330 是一款宽带电压可变增益放大器，额定工作频率范围为 10MHz～3GHz。该器件可以在 60dB 范围内提供精密线性 dB 增益控制，衰减约为-40dB，增益约为+20dB。在 60dB 范围内设置增益或衰减时，需要 0～1.4V 的增益控制输入电压。

ADL5330 可提供高线性度输出功率，因而是无线基础设施发射信号路径的理想解决方案。

（1）芯片特点

① 信号单端输入或差分输入可由用户选择，现在流行的 A/D 转换器和有源混频器很多为差分输入，差分输入有较好的抗干扰性能；

② 输入、输出阻抗为 50Ω，在射频系统中，信号传输特性阻抗一般都为 50Ω，传统 VGC 芯片中有很大一部分为非 50Ω 特性阻抗，使用到 50Ω 特性阻抗系统中要进行阻抗变换，电路显得复杂；

③ 工作频率范围很宽，为 10MHz～3GHz，使得调试工作量大大降低；

④ 宽增益控制范围，−34dB～+22dB@900MHz，首次在单片 VGA 芯片上实现了如此大的动态范围，系统中只需一片芯片就可以完成 AGC 环路的要求，改变了以往多级芯片级联的工作方式，极大地简化了设计；

⑤ 以 dB 为单位呈线性的控制接口功能；

⑥ 1dB 压缩点达到+22dBm，在实际使用中信号不容易失真；

⑦ 1GHz 频率和 8dB 噪声系数（$N_F$）下具有+31dBm 的输出三阶互调阻断点输出功率（OIP$_3$），可以将输出功率控制在更高的水平上，减小后面设备的压力；

⑧ 体积小，具有 24 引脚 4mm×4mm 芯片封装。

（2）应用

在发射或接收系统中，用于功率信号大小的控制。

### 7.5.2 硬件设计

#### 1．原理图设计

ADL5330 引脚功能说明如表 7-7 所示，ADL5330 的输入有两种方式，一种方式为单端输入，在单端输入方式下工作，射频信号通过耦合电容接在 INHI 端口，INLO 端口通过耦合电容接在地上；另一种方式为差分输入，在差分输入方式下工作，ADL5330 的输入端使用一个 1∶1 的巴伦（balun），射频信号通过巴伦完成单端到差分的变换。无论使用单端输入还是差分输入，信号都呈 50Ω 的阻抗特性。ADL5330 为差分输出，在输出端口同样要求匹配一个 1∶1 的巴伦，通过巴伦完成射频信号的差分到单端的变换，输出端信号同样要求有 50Ω 的阻抗特性。信号采用单端输入或差分输入的工作差别不大，与单端输入相比，差分输入的抗干扰能力更强。

表 7-7　ADL5330 的引脚功能说明

| 引　脚 | 名　　称 | 功　　能 | 引　脚 | 名　　称 | 功　　能 |
|---|---|---|---|---|---|
| 1 | VPS1 | 正电源供电，+5V | 13 | VPS2 | 正电源供电，+5V |
| 2 | COM1 | 公共地 | 14 | COM2 | 公共地 |
| 3 | INHI | 高端差分输入 | 15 | OPLO | 低端差分输出 |
| 4 | INLO | 低端差分输入 | 16 | OPHI | 高端差分输出 |
| 5 | COM1 | 公共地 | 17 | COM2 | 公共地 |
| 6 | VPS1 | 正电源供电，+5V | 18 | VPS2 | 正电源供电，+5V |
| 7 | VREF | 参考输出 1.5V | 19 | VPS2 | 正电源供电，+5V |
| 8 | IPBS | 输入偏置 | 20 | VPS2 | 正电源供电，+5V |
| 9 | OPBS | 输出偏置 | 21 | VPS2 | 正电源供电，+5V |
| 10 | COM1 | 公共地 | 22 | VPS2 | 正电源供电，+5V |
| 11 | GNLO | 增益控制公共端、接地 | 23 | ENBL | 芯片使能引脚，高电平有效 |
| 12 | COM2 | 公共地 | 24 | GAIN | 增益控制引脚（0～1.4V） |

实际电路设计过程中，输入、输出均采用型号为 ETC1-1-13TR 的 1∶1 巴伦实现单端信号到差分信号的匹配输入/输出。图 7-14 为 ADL5330 设计原理图，SMA2 为射频信号输入 SMA 接口，SMA1 为射频信号输出 SMA 接口。增益控制端通过芯片 24 引脚（GAIN）进行控制，J3 短路时，模块电路可以通过可调电位器 R2 进行调节，也可以断开 J3 直接由 DA 进行程控增益控制，两种控制电压均在 0～1.4VCC 范围内。LS2 和 LS4 电感为输出提供偏置电源。

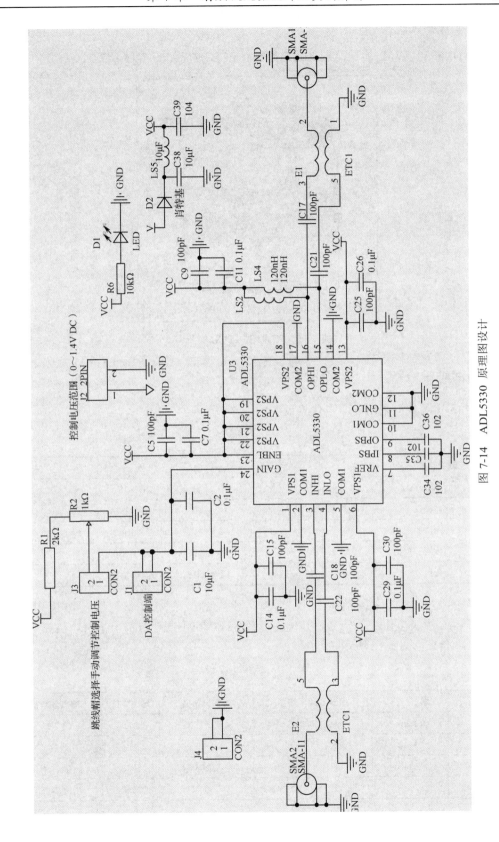

图 7-14 ADL5330 原理图设计

## 2．PCB 版图设计

根据 ADL5330-EVAL 的电路图制作电路板，PCB 布局如图 7-15 所示。

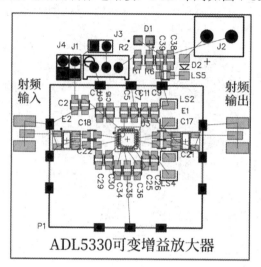

图 7-15　ADL5330 PCB 布局

## 7.5.3　测试结果分析

ADL5330 实测数据采用的测量仪器设备如表 7-8 所示。

表 7-8　测量仪器设备

| 测量仪器设备 | 型 号 |
|---|---|
| 稳压直流电源 | 固纬 GPD-3303S |
| 频谱仪 | CETC-41 所（AV4037A） |
| 示波器 | 泰克 MDO4104C（1GHz 5Gsps） |
| 矢量网络分析仪 | CETC-41 所（AV36580A） |
| 万用表 | 泰克 DMM4050 6 位半数字万用表 |

将模块的输入接矢量网络分析仪的端口 1，输出接端口 2，通过改变电压控制 ADL5330-EVAL 模块电压增益，测量其传输参数 S21。在不同电压情况下，增益曲线与电压对应关系如表 7-9 及图 7-16 所示。

表 7-9　ADL5330 模块 VCA 模式下 S21 参数

| 输入电压值 | 增 益 | 输出 S21 曲线图 | 输入电压值 | 增 益 | 输出 S21 曲线图 |
|---|---|---|---|---|---|
| 0V | −38dB | 图 7-16（a） | 0.683V | −10dB | 图 7-16（e） |
| 0.147V | −34dB | 图 7-16（b） | 0.887V | 0dB | 图 7-16（f） |
| 0.252V | −30dB | 图 7-16（c） | 1.084V | 10dB | 图 7-16（g） |
| 0.475V | −20dB | 图 7-16（d） | 1.400V | 22dB | 图 7-16（h） |

通过实测，增益控制端的控制电压范围为 0～1.4V，增益可变范围为-38～+22dB，达到了 60dB 动态范围。

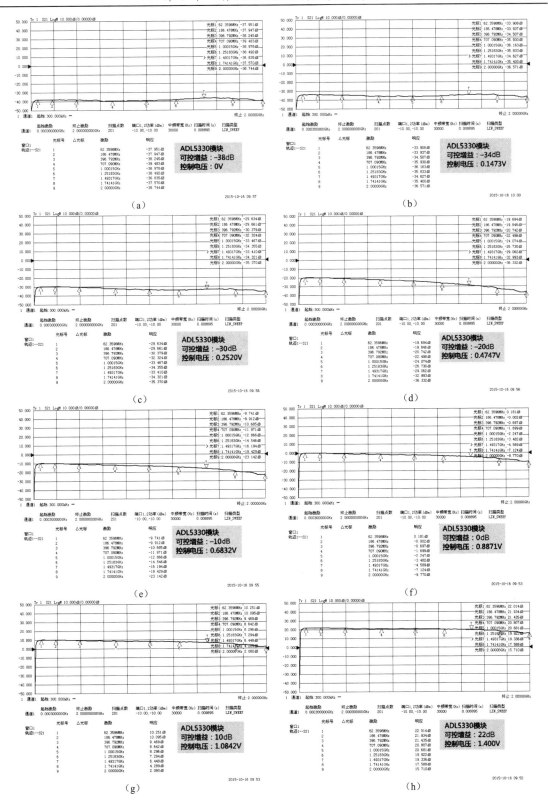

图 7-16　ADL5330 模块 S21 参数

# 第8章　混频器设计及实例解析

## 8.1　混频器设计基础

### 8.1.1　混频器简介

混频（或变频），是将信号频率由一个量值变换为另一个量值的过程。具有这种功能的电路称为混频器（或变频器）。

混频器（Mixer）是通信系统的重要组成部分，用于在所有的射频和微波系统中进行频率变换。这种频率变换应该是不失真的，原载频已调波的调制方式和所携带的信息不变。在发射系统中，混频器用于上变频；在接收系统中一般用于下变频，如图 8-1 所示。

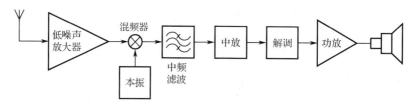

图 8-1　混频器在下变频系统中的应用

一般用混频器产生中频信号：混频器将天线上接收到的信号与本振产生的信号混频，

$$A\cos\alpha \cdot B\cos\beta = \frac{AB}{2}[\cos(\alpha+\beta)+\cos(\alpha-\beta)] \tag{8-1}$$

式中，$\alpha$ 为信号频率量；$\beta$ 为本振频率量，产生和差频。当混频的频率等于中频时，信号通过中频放大器被放大后，进行峰值检波。检波后的信号被视频放大器进行放大，然后显示出来。由于本振电路的振荡频率随着时间变化，因此频谱分析仪在不同的时间接收的频率是不同的。当本振振荡器的频率随着时间进行扫描时，屏幕上就显示出被测信号在不同频率上的幅度，将不同频率上信号的幅度记录下来，就得到了被测信号的频谱。

### 8.1.2　混频器的应用

（1）频率变换：这是混频器的一个众所周知的用途。常用的有双平衡混频器和三平衡混频器。三平衡混频器由于采用了两个二极管电桥，三端口都有变压器，因此其本振、射频及中频带宽可达几个倍频程，且动态范围大，失真小，隔离度高；但其制造成本高，工艺复杂，因而价格较高。

（2）鉴相：理论上所有中频直流耦合的混频器均可作为鉴相器使用。将两个频率相同、幅度一致的射频信号加到混频器的本振和射频端口，中频端口将输出随两信号相差而变的直流电压。当两信号是正弦信号时，鉴相输出随相差变化为正弦；当两输入信号是方波时，鉴相输出为三角波。使用功率推荐在标准本振功率附近，输入功率太大，会增加直流偏差电压太小则使输出电平太低。

（3）可变衰减器/开关：此类混频器也要求中频直流耦合。信号在混频器本振端口和射频端口间的传输损耗是由中频电流大小控制的。当控制电流为零时，传输损耗即为本振到射频的隔离，当控制电流在 20mA 以上时，传输损耗即为混频器的插入损耗。这样，就可以用正或负电流连续控制以形成约 30dB 变化范围的可变衰减器，且在整个变化范围内端口驻波变化很小。同理，用方波控制就可形成开关。

（4）相位调制器（BPSK）：此类混频器也要求中频直流耦合。信号在混频器本振端口和射频端口间传输相位是由中频电流的极性控制的。在中频端口交替地改变控制电流极性，输出射频信号的相位会随之在 0° 和 180° 两种状态下交替变化。

（5）正交相移键控调制（QPSK）：QPSK 由两个 BPSK、一个 90° 电桥和一个 0° 功率分配器构成。I/Q 调制/解调器的调制与解调实为互逆的过程，在系统中是可逆的。这里主要介绍 I/Q 解调器，I/Q 解调器由两个混频器、一个 90° 电桥和一个同相功率分配器构成。

（6）镜像抑制混频器：抑制镜像频率的滤波器一般都是固定带宽的。但当信号频率改变时，镜像频率也随之改变，可能移出滤波器的抑制频带。在多信道接收系统或频率捷变系统中，这种滤波器将失去作用。这时采用镜像抑制混频器，当本振频率变化时，由于混频器电路内部相位配合关系，被抑制的镜像频率范围也将随之改变，使其仍能起到抑制镜像频率的作用。由于电路不是完全理想的，存在幅度不平衡和相位不平衡，可能使镜像抑制混频器的电性能发生恶化。

（7）单边带调制器：在多信道发射系统中，由于基带频率很低，若采用普通混频器用于频谱搬移，则在信道带宽内将有两个边带，从而影响频谱资源的利用。这时可采用单边带调制器来抑制不需要的边带，其基本结构为两个混频器、一个 90° 功率分配器和一个同相功率分配器。将基带信号分解为正交两路，与本振的正交两路信号混频，采用相位抵消技术来抑制不需要的边带，本振由于混频器自身的隔离而得到抑制。

## 8.2  混频器设计中的关键技术参数

混频器电路的主要技术参数包括噪声系数、变频损耗、1dB 压缩点、动态范围、三阶互调、隔离度、本振功率、端口驻波比、中频剩余直流偏差电压、镜像频率和变频增益等。

### 8.2.1  噪声系数

混频器的噪声系数 $N_F$ 可以用输入信号功率、输出信号功率和噪声功率比值的对数来定义

$$N_F = 10\lg\frac{P_{Si}/P_{Ni}}{P_{So}/P_{No}} = 10\lg F \tag{8-2}$$

式中，

$$F = \frac{P_{Si}/P_{Ni}}{P_{So}/P_{No}} W \tag{8-3}$$

式中，$N_F$ 是噪声系数，单位为 dB；$F$ 也是噪声系数，它是 $N_F$ 的反对数；$P_{Si}$ 是输入信号功率，单位为 W；$P_{Ni}$ 是输入噪声功率，单位为 W；$P_{So}$ 是输出信号功率，单位为 W；$P_{No}$ 是输出噪声功率，单位为 W。由式（8-3）可知，$F$ 是无量纲单位的数值。

$n$ 个噪声网络级联时，总的噪声系数可以用如下关系式表示：

$$F = F_1 + \frac{F_2 - 1}{G_1} + \frac{F_3 - 1}{F_1 \times G_2} + \cdots + \frac{F_n - 1}{G_1 \times G_2 \times \cdots \times G_{n-1}} \qquad (8\text{-}4)$$

式中，$G_1$ 到 $G_{n-1}$ 为第 1 级到第 $n-1$ 级的功率增益；$F_1$ 到 $F_n$ 为第 1 级到第 $n$ 级的噪声系数。

混频器噪声系数的主要来源有信号源热噪声、内部损耗电阻热噪声、混频器电流散弹噪声及本振相位噪声。接收机的噪声系数主要取决于它的前端电路。目前集成混频器都标明了 $N_F$ 这个指标。

### 8.2.2　变频损耗

混频器的变频损耗定义为混频器射频输入端口的微波信号功率与中频输出端口的信号功率之比。主要由电路失配损耗、二极管的固有结损耗及非线性电导净变频损耗等引起。

### 8.2.3　1dB 压缩点

正常工作情况下，射频输入电平远低于本振电平，此时中频输出将随射频输入线性变化，当射频电平增加到一定程度时，中频输出随射频输入增加的速度减慢，混频器出现饱和。当中频输出偏离线性 1dB 时的射频输入功率为混频器的 1dB 压缩点。对于结构相同的混频器，1dB 压缩点取决于本振功率大小和二极管特性，一般比本振功率低 6dB。

由图 8-2 可知，$P_{RF}$ 为射频输入功率，$P_{IF}$ 为混频输出功率，变频压缩点是中频输出功率电平偏离（低于）线性变化功率值 1dB 处的交点。显然，变频压缩点间接地表示了混频器的非线性失真程度。对于低噪声放大器（LNA），也可以 1dB 压缩点来表示线性放大范围。

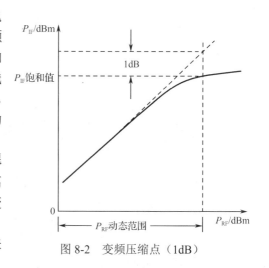

图 8-2　变频压缩点（1dB）

### 8.2.4　动态范围

动态范围是指混频器正常工作时的微波输入功率范围。其下限因混频器的应用环境不同而异，其上限受射频输入功率饱和所限，通常对应混频器的 1dB 压缩点。

### 8.2.5　三阶互调

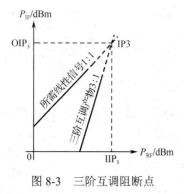

图 8-3　三阶互调阻断点

三阶互调阻断点是一个理论上的外推值，是表征混频器线性性能的重要指标。

它是由混频器非线性特性中的三次方项产生的 $2f_1 - f_2$ 或 $2f_2 - f_1$ 组合干扰频率信号，与本振混频后，位于中频带内的干扰。当三阶互调干扰分量增大到与中频基波分量相等时，混频器输入信号称为混频器的输入 IP3。

IP3 越大，表明混频器的线性动态范围越宽，本振功率不同，IP3 的值也不同。通常混频器产品的 IP3 指标是规定在标准本振功率下的参数。图 8-3 描述了本振输入信号 $P_{IF}$ 与射频输

入信号 $P_{\mathrm{RF}}$ 所产生的 IP3 值。

## 8.2.6　隔离度

混频器隔离度是指各频率端口间的相互隔离，包括本振与射频、本振与中频，以及射频与中频之间的隔离。隔离度定义为本振或射频信号泄漏到其他端口的功率与输入功率之比，单位为 dB。

如果混频器的各端口之间的隔离度低，会直接产生以下几个方面的影响：本振（LO）信号端口向射频（RF）端口的泄漏，会影响 LNA 的工作，将直接通过天线辐射出去。其中特别是二极管环形混频器，与本振信号通过本振端口窜入射频输入端口时，将会通过天线将本振信号发射出去，干扰邻近电台。射频端口向本振端口的窜通，会影响本机振荡器的工作，如产生频率牵引等，影响本振输出频率。本振端口向中频端口窜通，本振大信号会使以后的中频放大器各级过载。

例如，假设进入 LNA 的信号中存在两个邻道干扰，设它们分别是

$$u_1(t) = U_1 \cos \omega_1 t, \quad u_2(t) = U_2 \cos \omega_2 t \tag{8-5}$$

这时射频总输入为

$$u(t) = u_s(t) + u_1(t) + u_2(t) = U_2 \cos \omega_2 t \tag{8-6}$$

若 LNA 的传输特性 $i = f(u)$ 中存在偶次方项，即

$$i(t) = a_0 + a_1 u(t) + a_2 u^2(t) + \cdots \tag{8-7}$$

则两个干扰信号经 LNA 中偶次方项的差拍，产生频率很低的信号分量 $a_2 U_1 U_2 \cos(\omega_1 - \omega_2)$。这些低频小信号由于射频端口与中频端口之间的隔离度性能不好，不经过混频而直接窜通到达混频器的中频输出端口，干扰有用信号。

随着集成混频器的发展，目前混频器的隔离度都能符合工程需求。

## 8.2.7　本振功率

混频器的本振功率是指最佳工作状态时所需的本振功率。原则上本振功率越大，动态范围越大，线性度得到改善（1dB 压缩点上升，三阶互调系数改善）。

## 8.2.8　端口驻波比

端口驻波比直接影响混频器在系统中的使用，它是一个随功率、频率变化的参数。

## 8.2.9　中频剩余直流偏差电压

当混频器作鉴相器使用时，即只有一个输入时，输出应为零。但由于混频管配对不理想或巴伦不平衡等，将在中频端口输出一个直流电压，即中频剩余直流偏差电压。这一剩余直流偏差电压将影响鉴相精度。

## 8.2.10　镜像频率

即使是理想的下混频器，若有一个射频输入信号 $f_R$ 和一个干扰信号 $f_{\mathrm{IMG}} = f_R + 2f_I$，与本振混频后可能产生频率相同的中频信号

$$f_L - f_R = f_I = f_{\mathrm{IMG}} - f_L \tag{8-8}$$

上式中产生两个中频信号，由干扰信号所产生的中频信号称为镜像频率（镜频），用 $f_{IMG}$ 表示。

### 8.2.11　变频增益

混频器的变频增益定义为输出中频信号的大小与输入射频信号的大小之比（本振信号保持为常数），包括电压增益 $A_U$ 和功率增益 $G_P$。电压增益 $A_U$ 为射频输入电压与混频器中频输出电压之比；功率增益 $G_P$ 为混频器中频输出功率 $P_{IF}$ 与射频输入功率 $P_{RF}$ 之比，即

$$G_P = 10\lg\frac{P_{IF}}{P_{RF}} \quad (P_{LO}=常数)(dB) \tag{8-9}$$

其中，射频输入功率 $P_{RF}$ 和中频输出功率 $P_{IF}$ 均以 dBm 为单位。$P(dBm)=10\lg P(mW)$，例如，$0dBm=1mW$，$3dBm=2mW$，$10dBm=10mW$，$20dBm=100mW$ 等。

对于无源二极管混频器，变频增益 $G_P<1$，此时存在变频损耗，对于有源混频器，$G_P>1$。

# 8.3　四象限 250MHz 模拟乘法器 AD835 设计实例

## 8.3.1　AD835 性能指标

（1）特点

① 250MHz 电压输出，四象限放大器，基本功能是 W=XY+Z；

② 0.1%建立时间为 20ns；

③ 直流耦合输出电压简化使用，差分输入阻抗高，XYZ 输入；

④ 低放大噪声：$50nV/\sqrt{Hz}$。

（2）应用

① 高速乘法、除法、平方运算；

② 宽带调制和解调；

③ 相位检测和测量；

④ 正弦波频率加倍；

⑤ 视频增益控制和键控；

⑥ 电压控制放大器和滤波器。

## 8.3.2　硬件设计

### 1. 原理图设计

AD835 是一个完备的四象限电压输出模拟放大器，其良好的绝缘性组装基于先进的双极工艺，其引脚分布如表 8-1 所示。产生线性的 X 与 Y 电压输入的结果，有用输出为 250MHz 的 3dB 带宽（小信号上升时间为 1ns）。满量程（−1V 至+1V）上升至下降时间为 2.5ns（采用 150Ω 标准 $R_L$），0.1%建立时间通常为 20ns。它的微分乘法输入 X 与 Y，它的做加法的输入 Z 都为高阻抗。低阻抗输出 W 能提供±2.5V 电压，驱动的负载最小为 25Ω。正常的操作由±5V 供电。

表 8-1　AD835 的引脚功能说明

| 引　脚 | 名　　称 | 功　　能 | 引　脚 | 名　　称 | 功　　能 |
|---|---|---|---|---|---|
| 1 | Y1 | 同相被乘数 Y 输入端 | 5 | W | 运算输出 |
| 2 | Y2 | 反相被乘数 Y 输入端 | 6 | VP | 正电源输入 |
| 3 | VN | 负电源输入 | 7 | X2 | 反相被乘数 X 输入端 |
| 4 | Z | 加法输入 | 8 | X1 | 同相被乘数 X 输入端 |

AD835 不仅具有出众的速度性能，而且易于使用，功能丰富。例如，除允许在输出端添加信号外，Z 输入端还能使 AD835 的工作电压放大约 10 倍。因此，该乘法器的乘积噪声非常低（$50\text{nV}/\sqrt{\text{Hz}}$），硬件设计原理图如图 8-4 所示。

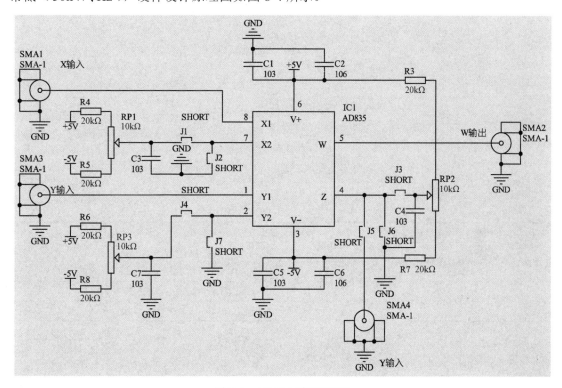

图 8-4　AD835 原理图设计

其中 SMA1 为 X1 输入，SMA3 为 Y1 输入，SMA4 为 Z 输入，SMA2 为 W 信号输出。由于 AD835 为四象限模拟乘法器，运算公式为 W=(X1-X2)×(Y1-Y2)+Z，J8 为±5V 电源输入接口。

X2 的选择有两种：短路 J2、断开 J1 时，X2=0；短路 J1、断开 J2 时，X2=RP1 电位器所调的电压值，在这种情况下可以通过 X1-X2 减去 X2 信号中所含的直流信号，也可以为 X2 信号添加直流分量。

Y2 的选择有两种：短路 J7、断开 J4 时，Y2=0；短路 J4、断开 J7 时，Y2=RP3 电位器所调的电压值，在这种情况下可以通过 Y1-Y2 减去 Y2 信号中所含的直流信号，也可以为 Y2 信号添加直流分量。

Z 信号输入有三种模式：短路 J5，断开 J3、J6 时，Z 是从外部输入的 Z 信号；短路 J3，断开 J5、J6 时，Z 是由 RP2 电位器所调的电压值；短路 J6，断开 J5、J3 时，Z 信号为 0。

### 2．PCB 版图设计

根据 AD835-EVAL 的电路图制作电路板，元器件的 PCB 布局如图 8-5 所示。

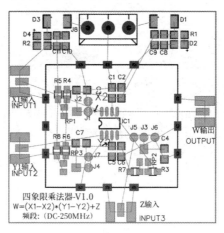

图 8-5　AD835 的元器件 PCB 布局

## 8.3.3　测试结果分析

AD835 实测数据测量仪器设备如表 8-2 所示。

表 8-2　测量仪器设备

| 测量仪器设备 | 型　　号 |
|---|---|
| 稳压直流电源 | 固纬 GPD-3303S |
| 示波器 | 泰克 MDO4104C（1GHz 5Gsps） |
| 信号源 | 普源 DG4202（双通道 200MHz） |
| 万用表 | 泰克 DMM4050 6 位半数字万用表 |

通过双通道信号源，输入 X1 和 Y1 信号，经过 AD835 模块电路后从 W 口输出信号，输入信号类型及输出波形对应关系如表 8-3 所示，输出波形图如图 8-6 所示。

表 8-3　AD835 输入信号类型及输出波形对应关系

| 输入信号类型 | W 输出波形图 | 输入信号类型 | W 输出波形图 |
|---|---|---|---|
| X1=10kHz(1V$_{PP}$) | 图 8-6（a）AM 调制波形 | X1=50kHz(1V$_{PP}$) | 图 8-6（d）AM 调制波形 |
| Y1=1kHz(1V$_{PP}$) | | Y1=1kHz(1V$_{PP}$) | |
| X2=Y2=Z2=0 | | X2=Z2=0，Y2=1V$_{DC}$ | |
| X1=10kHz(1V$_{PP}$) | 图 8-6（b）AM 调制波形 | X1=100MHz(1V$_{PP}$) | 图 8-6（e）AM 调制波形 |
| Y1=1kHz(1V$_{PP}$) | | Y1=1MHz(1V$_{PP}$) | |
| X2=Z2=0，Y2=1V$_{DC}$ | | X2=Y2=Z2=0 | |
| X1=50kHz(1V$_{PP}$) | 图 8-6（c）AM 调制波形 | X1=100MHz(1V$_{PP}$) | 图 8-6（f）AM 调制波形 |
| Y1=1kHz(1V$_{PP}$) | | Y1=1MHz(1V$_{PP}$) | |
| X2=Y2=Z2=0 | | X2=Z2=0，Y2=1V$_{DC}$ | |

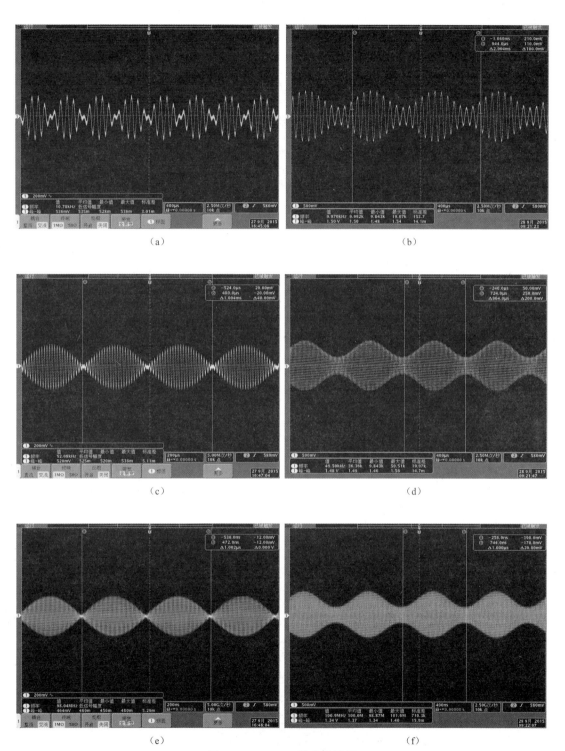

图 8-6　AD835W 输出波形图

# 8.4　高性能、低失真混频器 AD831 设计实例

## 8.4.1　AD831 性能指标

AD831 是 ADI 公司生产的低失真、宽动态范围的单片有源混频器，它的输入/输出方式多样，使用灵活方便。芯片主要由混频器、限幅放大器、低噪声输出放大器和偏置电路等组成，主要用于 HF 和 VHF 接收机中射频到中频的频率转换等场合。采用双差分模拟乘法器混频电路，具有+24dBm 三阶交叉点，且三阶互调失真小，同时有+10dBm 的 1dB 压缩点，线性动态范围大，它的本振输入信号仅需要-10dBm。与没有放大器的混频器相比，它不仅省去了对大功率本振驱动器的要求，而且避免了由大功率本振带来的屏蔽、隔离等问题，因而大大降低了系统费用；AD831 的本振和射频输入频率均可达到 500MHz，中频输出方式有两种，即差分电流输出和单端电压输出，在采用差分电流输出时，输出频率可达 250MHz；采用单端电压输出时，输出频率大于 200MHz。AD831 既可以用双电源供电，也可以用单电源供电，双电源供电时所有端口均可采用直流耦合，因而可由用户根据需要通过外围电路控制电源功耗。

## 8.4.2　硬件设计

### 1. 原理图设计

AD831 引脚功能说明如表 8-4 所示。

表 8-4　AD831 的引脚功能说明

| 引　脚 | 名　称 | 功　能 | 引　脚 | 名　称 | 功　能 |
|---|---|---|---|---|---|
| 1 | VP | 正电源 | 11 | LOP | 本振输入 |
| 2 | IFN | 混频级电流输出 | 12 | VP | 正电源 |
| 3 | AN | 输出放大器负输入端 | 13 | GND | 地 |
| 4 | GND | 地 | 14 | BIAS | 偏置输入 |
| 5 | VN | 负电源 | 15 | VN | 负电源 |
| 6 | RFP | 射频输入 | 16 | OUT | 输出放大器输出 |
| 7 | RFN | 射频输入 | 17 | VFB | 输出放大器反馈输入 |
| 8 | VN | 负电源 | 18 | COM | 输出放大器输出公共端 |
| 9 | VP | 正电源 | 19 | AP | 输出放大器正输入端 |
| 10 | LON | 本振输入 | 20 | IFP | 混频级电流输出 |

图 8-7 是 AD831 模块典型电路。J1 为电源电压，应在±4.5～±5.5V 范围内；J2 为射频信号输入；J4 为本振信号输入；J3 为中频信号输出。图中用 C13、C14、R4 组成高通滤波网络，以保证射频信号的输入；C2、C7 为 82pF 的电容，跨接在 IFN、IFP 与 VP 端作低通滤波器。当本振频率低于 100MHz 时，其电平应为-20dBm 以保证 AD831 安全工作；而当本振频率高于 100MHz 时，电平应为-10dBm。

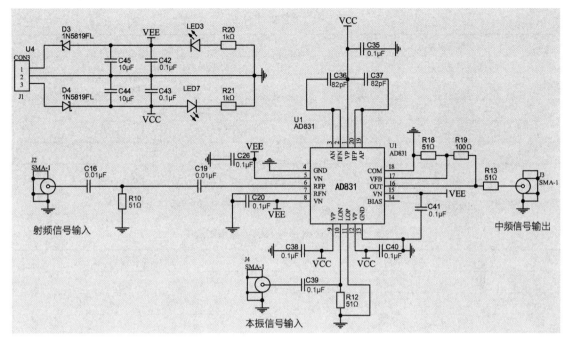

图 8-7 AD831 原理图设计

## 2. PCB 版图设计

根据 AD831 的电路图制作电路板，元器件的 PCB 布局如图 8-8 所示。

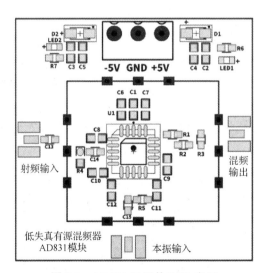

图 8-8 AD831 元器件 PCB 布局

## 8.4.3 测试结果分析

测量仪器设备如表 8-5 所示。

表 8-5　测量仪器设备

| 测量仪器设备 | 型　号 |
|---|---|
| 稳压直流电源 | 固纬 GPD-3303S |
| 频谱仪 | CETC-41 所（AV4037A） |
| 信号源 | 普源 DG4202（双通道 200MHz） |
| 射频信号源 | CETC-41 所（AV144A） |
| 万用表 | 泰克 DMM4050 6 位半数字万用表 |

将射频信号及本振信号输入到 AD831 模块电路，混频后的输出接频谱仪，输入信号类型及输出频谱对应关系如表 8-6 所示，混频输出频谱图如图 8-9 所示。

表 8-6　AD831 输入信号及输出频谱对应关系

| 输入信号类型 | 混频输出频谱图 |
|---|---|
| 本振信号 100MHz(-20dBm) | 图 8-9（a） |
| 射频信号 5MHz(-20dBm) | |
| 本振信号 100MHz(-20dBm) | 图 8-9（b） |
| 射频信号 20MHz(-20dBm) | |
| 本振信号 100MHz(-20dBm) | 图 8-9（c） |
| 射频信号 5MHz(-20dBm) | |

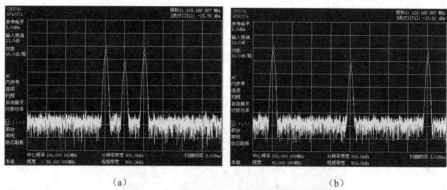

（a）　　　　　　　　　　　　　　（b）

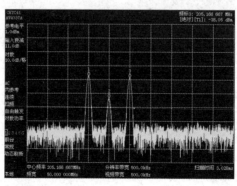

（c）

图 8-9　混频输出频谱图

# 8.5　高 IP3、10MHz 至 6GHz 有源混频器 ADL5801 设计实例

## 8.5.1　ADL5801 性能指标

ADL5801 利用一个高线性度双平衡有源混频器内核及集成的本振缓冲放大器来提供 10MHz 至 6GHz 的高动态范围频率转换。专有的线性化架构使混频器能在高输入电平下提供增强的 IP3 性能。偏置调整特性可通过单一控制引脚实现输入线性度、单边带噪声指数，以及直流电流的最优化。在手机应用中，带内阻塞信号可能会导致动态性能下降，ADL5801 的高输入线性度使其能够满足这一应用的严苛要求。自适应偏置功能使得该器件能够在出现强阻塞信号时实现高 IP3 性能。当强干扰不再出现时，ADL5801 会自动偏置以实现低噪声指数和低功耗。

平衡的有源混频器可提供出色的本振至射频与本振至中频泄漏，其典型值优于-40dBm。IF 的输出内部连接至 200Ω 的源阻抗，当负载为 200Ω 时，电压转换增益为 7.5dB（典型值）。开集 IF 输出的宽频率范围使得 ADL5801 适合用作各种传输应用中的上变频器。

（1）芯片特点

① 功率转换增益：1.5dB；

② 边带噪声指数：10dB；

③ 输入 IP3：27dBm；

④ 输入 P1dB：12dBm；

⑤ 本振驱动：0dBm（典型值）；

⑥ RF 输出端的本振泄漏：-40dBm；

⑦ 单电源供电：5V@80mA。

（2）应用

① 手机基站接收机；

② 无线链路下变频器；

③ 宽带模块转换；

④ 仪器仪表。

## 8.5.2　硬件设计

### 1. 原理图设计

在图 8-10 所示的原理图中，J1 为本振信号输入，J2 为射频信号输入，J3 为混频后中频信号输出。RF 和 LO 输入端口设计用于约 50Ω 的差分输入阻抗，为实现最佳性能，采用 6GHz 巴伦（TCM1-63AX）驱动各 RF 和 LO 差分端口，降低了插入损耗。IF 端口为开集差分输出端口，采用中心抽头阻抗变压器 TC4-1WG2。该变压器的匝数比为 4：1，实现了 IF 输出引脚上的 200Ω 差分负载到 50Ω 负载阻抗的转换。

ADL5801 设计用于提供射频（RF）与中频（IF）频率的相互转换。对于上变频和下变频应用，RFIP（引脚 16）和 RFIN（引脚 15）均必须配置为输入端口。IFOP（引脚 20）和 IFON（引脚 21）必须配置为输出端口。各电源引脚（引脚 7、引脚 13、引脚 18 和引脚 24）、VSET

控制引脚（引脚 10）和 DETO 检波器输出引脚（引脚 11）附近均需要有一个旁路电容。当
选择片内检波器形成一个闭环以自动控制 VSET 引脚时，R7 可以使用 0Ω 电阻。

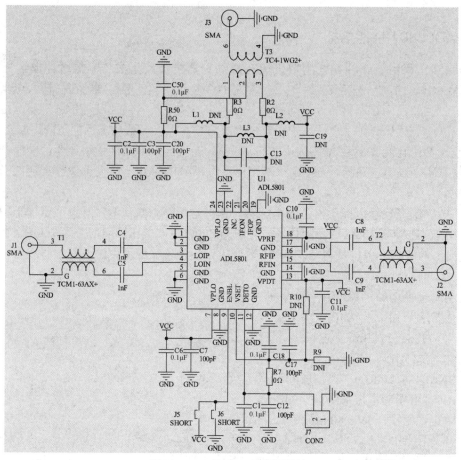

图 8-10　ADL5801 原理图设计

## 2. PCB 版图设计

根据 ADL5801 的电路图制作电路板，元器件的 PCB 布局如图 8-11 所示。

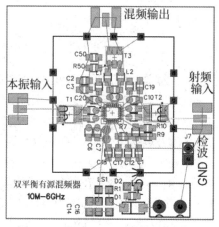

图 8-11　ADL5801 元器件 PCB 布局

### 8.5.3 测试结果分析

测量仪器设备如表 8-7 所示。

表 8-7 测量仪器设备

| 测量仪器设备 | 型 号 |
| --- | --- |
| 稳压直流电源 | 固纬 GPD-3303S |
| 频谱仪 | CETC-41 所（AV4037A） |
| 信号源 | 普源 DG4202（双通道 200MHz） |
| 射频信号源 | CETC-41 所（AV144A） |
| 万用表 | 泰克 DMM4050 6 位半数字万用表 |

采用信号源（DG4202）产生射频信号为 50MHz、功率为 0dBm 的信号，送入 ADL5801 模块的射频输入端口。本振信号采用射频信号源（AV144A）产生的射频信号为 1GHz、功率为 0dBm 的信号，送入 ADL5801 模块的本振输入端口，混频后输出信号如图 8-12 所示。

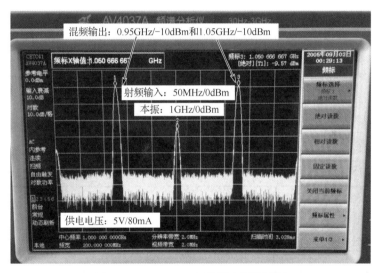

图 8-12 ADL5801 混频器实测频谱图

## 8.6 高线性度 Y 型混频器 ADL5350 设计实例

### 8.6.1 ADL5350 性能指标

ADL5350 是一款高线性度、上/下变频混频器，能够在较宽的输入频率范围内工作，非常适合要求高灵敏度和高抗扰度的蜂窝基站混频器设计。这款器件基于 GaAsPHEMT、单端混频器架构，能提供出色的输入线性度和低噪声系数，而无须高功耗本机振荡器（LO）驱动。

在 850MHz/900MHz 接收应用中，ADL5350 的典型变频损耗仅为 6.8dB。集成的 LO 放大器只需一个低 LO 驱动电平，对于大多数应用，其典型值仅为 4dBm。输入 IP3 典型值大于 25dBm，输入压缩点为 19dBm。该器件具有高输入线性度，因而是适合 GSM850/900 和 800MHz cdma2000 等要求具有高抗扰度的通信系统的出色混频器。在 2GHz 时，需要一个略微较高的电源电流才能获得类似的性能。

借助单端宽带 RF/IF 端口，该器件能够利用简单的外部滤波器网络，针对所需工作频带进行定制。LO 至 RF 隔离基于 RF 端口滤波器网络的 LO 抑制。采用更高阶滤波器网络可以实现更大的隔离。

（1）芯片特点

① 变频损耗：6.8dB；

② 噪声系数：6.5dB；

③ 高输入 IP3：25dBm；

④ 高输入 P1dB：19dBm；

⑤ 低 LO 驱动电平；

⑥ 单端设计：无须平衡–非平衡变换器；

⑦ 单电源供电：3V（19mA）。

（2）应用

① 蜂窝基站；

② 点对点无线电链路；

③ RF 仪器仪表。

## 8.6.2　硬件设计

### 1．原理图设计

ADL5350 的引脚功能说明如表 8-8 所示。

表 8-8　ADL5350 的引脚功能说明

| 引　　脚 | 名　　称 | 功　　　　能 |
| --- | --- | --- |
| 1、8 | RF/IF | 射频输入、输出引脚 |
| 2、5 | GND2/GND1 | 接地引脚 |
| 3 | LOIN | 本振信号输入信号 |
| 4、7 | NIC | 悬空引脚，直接接地 |
| 6 | VPOS | 本振电源馈电端，输入接一个电感至+3.3V |

图 8-13 中 J4 为电源输入端，输入+5V 直流供电。J1 为射频输入端口，L2、C2 用来匹配射频输入阻抗；J3 为本振输入，C4、L3 用来匹配本振输入阻抗，LS2 为本振放大器电源偏置电感，不同频率下推荐的配置如表 8-9 所示；J2 为混频输出接口，L1、C5 用来匹配输出阻抗，不同频率下 RF、IF 和 LO 输入端电感电容配置如表 8-10 所示。

表 8-9　本振馈电偏置电感 LS2 选择

| 本振输入信号频率/MHz | 偏置电感 LS2 值/nH |
| --- | --- |
| 380 | 68 |
| 750 | 24 |
| 1000 | 18 |

续表

| 本振输入信号频率/MHz | 偏置电感 LS2 值/nH |
|---|---|
| 1750 | 3.8 |
| 2000 | 2.1 |

表 8-10　不同频率下 RF、IF 和 LO 输入端电感电容值

| 射频频率/MHz | L2/nH | C2/pF | L1/nH | C5/pF | L3/nH | C4/pF |
|---|---|---|---|---|---|---|
| 450 | 8.3 | 10 | 10 | 10 | 10 | 100 |
| 850 | 6.8 | 4.7 | 4.7 | 5.6 | 8.2 | 100 |
| 1950 | 1.7 | 1.5 | 1.7 | 1.2 | 3.5 | 100 |
| 2400 | 0.67 | 1 | 1.5 | 0.7 | 3.0 | 100 |

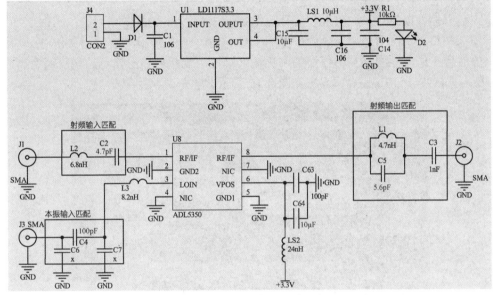

图 8-13　ADL5350 电路原理图

## 2. PCB 版图设计

根据 ADL5350 的电路图制作电路板，元器件的 PCB 布局如图 8-14 所示。

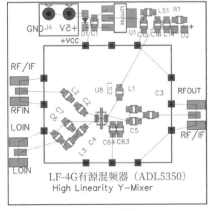

图 8-14　ADL5350 元器件 PCB 布局

## 8.6.3 测试结果分析

测量仪器设备如表 8-11 所示。

表 8-11　测量仪器仪表

| 测量仪器设备 | 型　　　号 |
| --- | --- |
| 稳压直流电源 | 固纬 GPD-3303S |
| 频谱仪 | CETC-41 所（AV4037A） |
| 信号源 | 普源 DG830 |
| 射频信号源 | CETC-41 所（AV144A） |
| 万用表 | 泰克 DMM4050 6 位半数字万用表 |

采用信号源（DG830）产生射频信号为 1GHz、功率为 0dBm 的信号送入 ADL5350 模块的射频输入端口，本振信号采用射频信号源（AV144A）产生的射频信号为 900MHz、功率为 0dBm 的信号，送入 ADL5350 模块的本振输入端口。混频后输出信号，观察到差频信号为 100MHz、功率为-16dBm，具体实测如图 8-15 所示。

图 8-15　ADL5350 混频后实测频谱图

# 第9章 直接数字频率合成器设计及实例解析

## 9.1 直接数字频率合成器设计基础

DDS（Direct Digital Synthesis）即直接数字频率合成，其工作过程是先生成一系列离散的数字信号，然后通过 DAC 将其转换成连续的模拟信号。它的产生和发展得益于数字信号理论、计算机技术、DSP 技术及微电子技术的发展，是频率合成领域的一项革命性的技术，为频率合成技术注入了新的活力。它独特的优点（相位连续、频率分辨率高、频率转换速度快等）使其获得了极其广泛的应用。在阐述其定理之前，先来复习一下正弦信号的产生与时间抽样定理。

### 9.1.1 正弦信号的产生与时间抽样定理

直接数字频率合成根据正弦函数的产生机理，从相位出发，以不同的相位给出不同的电压幅度，最后通过平滑滤波输出所需要的频率信号。为了更好地理解直接数字频率合成，有必要先回顾一下正弦函数产生的机理，然后在此基础上建立直接数字频率合成的概念。单一频率的正弦信号可以表示为

$$v(t) = V_0 \sin(\omega_0 t + \phi_0) = \mathrm{Re}[V_0 \mathrm{e}^{\mathrm{j}\omega_0 t + \phi_0}] \tag{9-1}$$

若假设 $V_0 = 1$，$\phi_0 = 0$，则 $\mathrm{Re}[V_0 \mathrm{e}^{\mathrm{j}\omega_0 t + \phi_0}] = \mathrm{Re}[\mathrm{e}^{\mathrm{j}\omega_0 t}]$ 可以用一个单位圆表示，如图 9-1 所示。

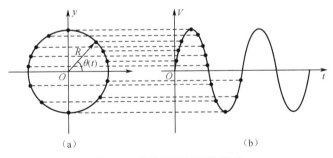

图 9-1 单位圆表示正弦信号

图 9-1 表示了半径 $R$ 为 1 的单位圆，半径 $R$ 绕圆心旋转与 $x$ 轴的正方向夹角为 $\theta(t) = \omega_0 t$（见图 9-1（a））。令 $R$ 在 $y$ 轴上的投影为电压的瞬时振幅，当半径 $R$ 连续不断地绕圆心旋转时，电压的瞬时振幅将在 $+1 \sim -1$ 之间取值，$\theta(t)$ 在 $0° \sim 360°$ 范围内变化，在时间轴上形成正弦电压信号（见图 9-1（b））。如果半径 $R$ 不是连续不断地绕圆旋转，而是以等步长的相位增量阶跃式旋转，那么旋转一周则会形成阶梯式的电压信号，此时相位变化 $360°$，如图 9-2 所示。若步长增加（也就是相位增量减少），阶梯式的电压信号就更接近正弦电压信号。

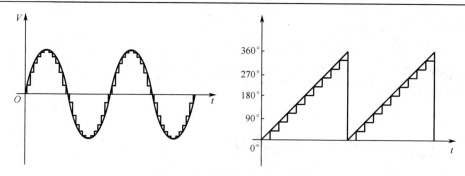

图 9-2　阶梯波信号和相位变化

由以上的讨论可知，在时间间隔一定的条件下，改变相位增量（改变步长），就可以改变相位变化曲线的斜率，也就是说改变输出的频率。如果相位增量为180°，那么输出就变成方波输出了。由时间抽样定理得知，一个频带限制在 $0\sim f_s$ 以内的低通信号 $x(t)$，如果以 $f_c \geq 2f_s$ 的抽样速率进行均匀抽样，则 $x(t)$ 可以由抽样后的信号 $x_c(t)$ 完全地确定（这里指 $x_c(t)$ 包含了 $x(t)$ 的成分，可以通过适当的理想低通滤波器不失真地恢复 $x(t)$）。而最小的抽样速率 $f_c = 2f_s$ 称为奈奎斯特速率，而 $\dfrac{1}{2f_s} = \dfrac{1}{2}T_s = T_c$ 这个最大的抽样时间间隔称为奈奎斯特间隔。也就是说，在一个周期内有两个采样值就可以恢复一个正弦信号的波形，如图 9-3 所示。

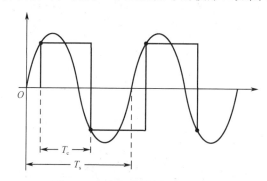

图 9-3　奈奎斯特抽样定理示意图

## 9.1.2　直接数字频率合成基本原理

一个角频率为 $\omega_0$，幅度为 1V 且初始相位 $\theta_0 = 0°$ 的正弦信号可以表示为

$$v(t) = \sin \omega_0 t = \sin 2\pi f_0 t = \sin \theta(t) \tag{9-2}$$

相位对时间的导数等于角频率

$$\frac{\mathrm{d}\theta(t)}{\mathrm{d}t} = \omega_0 = 2\pi f_0 \tag{9-3}$$

如果对信号进行采样，采样周期为 $T_c$（$T_c = 1/f_c$），则可得离散的波形序列 $v_n^*(t_n)$，令 $t = nT_c = n\dfrac{1}{f_c}$，则 $v_n^* = \sin 2n\pi \dfrac{f_0}{f_c}$（$n$ 为采样次数。$n=1$，$v_1^* = \sin 2\pi \dfrac{f_0}{f_c}$；$n=2$，$v_2^* = \sin 2\pi \dfrac{2f_0}{f_c}$；$n=3$，$v_3^* = \sin 2\pi \dfrac{3f_0}{f_c}$；…；$n=n$，$v_n^* = \sin 2\pi \dfrac{nf_0}{f_c}$）。离散的相位序列为 $\theta_n^* = nT_c = 2\pi \dfrac{nf_0}{f_c}$，$n\Delta\theta$（$\Delta\theta = 2\pi f_0/f_c$），即相位序列为 $\Delta\theta$，$2\Delta\theta$，$3\Delta\theta$，…，$n\Delta\theta$。由此可以看出，相位序列函

数 $\theta(t) = n\Delta\theta$ 的斜率决定了信号的频率，相位序列函数的斜率为 $\Delta\theta$，因此只要控制最小相位增量 $\Delta\theta$，就可以控制信号的频率。

若将一个周期的相位 $2\pi$ 分成 $M$ 等份（$M = 2^N$），则最小相位增量为

$$\Delta\theta_{\min} = \delta = \frac{2\pi}{M} = 2\pi\frac{f_{0\text{out}}}{f_{\text{c}}} \tag{9-4}$$

那么最低输出频率为

$$f_{0\min} = \frac{\delta}{2\pi}f_{\text{c}} = \frac{f_{\text{c}}}{M} \tag{9-5}$$

输出信号为

$$v(t) = \sin\left(2\pi\frac{f_{\text{c}}}{M}t\right) \tag{9-6}$$

若相位增量为 $\Delta\theta = K\delta$，则输出信号为 $v(t) = \sin\left(2\pi K\frac{f_{\text{c}}}{M}t\right)$，$K$ 称为频率控制字。输出

频率为 $f_{0\text{out}} = \frac{K}{M}f_{\text{c}}$，若 $N = 4$，则 $M = 2^N = 2^4 = 16$。根据时间抽样定理，理论上频率控制字

$K \leqslant 2^{N-1}$，输出频率 $f_{0\text{out}} \leqslant \frac{1}{2}f_{\text{c}}$。

## 9.1.3　直接数字频率合成器的组成及各部分作用

根据上述原理，若合成一个所需频率的模拟正弦信号，该合成器必须具备以下几个功能：①控制每次的相位增量并累加输出一个相位序列码，采用寄存器与累加器完成；②将相位序列码转换为幅度序列码，用查表形式完成；③将幅度序列码转换成具有正弦波包络的阶梯波形，用数-模转换器（DAC）来完成；④将阶梯波形转换成正弦波，用滤波器来完成；⑤时钟信号，控制采样的时间间隔。也就是说，每一个直接数字频率合成器必须由如图 9-4 所示的几部分组成。

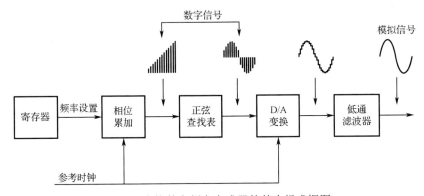

图 9-4　直接数字频率合成器的基本组成框图

各部分的主要作用如下。

（1）寄存器：存放频率控制字，即 $K$，给定 $K$，输出频率为

$$f_{\text{out}} = \frac{K}{2^N}f_{\text{c}} \tag{9-7}$$

式中，$N$ 为相位累加器的字长。

（2）相位累加器：产生行为序列码 $\Delta\theta = K\delta = 2\pi\dfrac{K}{2^N}$，即 $0$、$\Delta\theta$、$2\Delta\theta$、$3\Delta\theta$……

（3）正弦查找表：正弦查找表本身是一个存储器，用于存放相位序列码的地址，改变相位序列地址就可以改变对应的幅度序列码。

（4）数-模转换器（DAC）：将幅度序列码转换成具有正弦包络的阶梯波。

（5）滤波器：将阶梯波转换为正弦波。

（6）时钟：控制采样的时间间隔。

### 1. 相位累加器

相位累加可用一个累加器来完成。用一个 $N$ 位字长的累加器（则 $M = 2^N$），将一整个周期的相位分割成最小增量 $\delta = 2\pi/2^N$ 的 $M$ 个离散的相位，它们的地址代码位为 $0 \sim 2^{N-1}$。累加器的基本结构如图 9-5 所示，它由二进制加法器（也可为 $M$ 进制）和并行数据寄存器组成，在时钟频率 $f_c$ 的作用下可对输入数据 $K$ 进行累加。若累加器的字长 $N = 4$，则最小相位间隔 $\delta = \Delta\theta_{\min} = 2\pi/2^4 = 2\pi/16$，那么相位累加器有 16 种状态，即

$$0000，0001，0010，0011，0100，0101，0110，0111$$
$$1000，1001，1010，1011，1100，1101，1110，1111$$

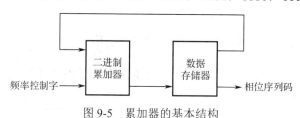

图 9-5　累加器的基本结构

$0000$ 状态可以表示为 $0°$，也可以表示为 $\pi/16$，还可以表示为 $2\pi/16$，这是人为规定的。可以规定 $0000$ 状态为 $\pi/16$，也就是说，起始状态为 $\pi/16$，那么 ROM 存储器的地址所对应表示的相位值则如表 9-1 所示。

表 9-1　ROM 存储器地址与相位值对应关系

| ROM 地址 | 0000 | 0001 | 0010 | 0011 | 0100 | 0101 | 0110 | 0111 |
|---|---|---|---|---|---|---|---|---|
| 表示相位 | $\dfrac{\pi}{16}$ | $\dfrac{3\pi}{16}$ | $\dfrac{5\pi}{16}$ | $\dfrac{7\pi}{16}$ | $\dfrac{9\pi}{16}$ | $\dfrac{11\pi}{16}$ | $\dfrac{13\pi}{16}$ | $\dfrac{15\pi}{16}$ |
| ROM 地址 | 1000 | 1001 | 1010 | 1011 | 1100 | 1101 | 1110 | 1111 |
| 表示相位 | $\dfrac{17\pi}{16}$ | $\dfrac{19\pi}{16}$ | $\dfrac{21\pi}{16}$ | $\dfrac{23\pi}{16}$ | $\dfrac{25\pi}{16}$ | $\dfrac{27\pi}{16}$ | $\dfrac{29\pi}{16}$ | $\dfrac{31\pi}{16}$ |

频率控制字表示相位增量，即 $K \leq 2^{N-1}$。

① 当 $K = 1$ 时，表示相位增量为 $\Delta\theta = \Delta\theta_{\min}$，若 $N = 4$，$\Delta\theta = \dfrac{2\pi}{16}$；

② 当 $K = 2$ 时，表示相位增量为 $\Delta\theta = 2\Delta\theta_{\min}$，若 $N = 4$，$\Delta\theta = \dfrac{4\pi}{16}$；

③ 当 $K = 8$ 时，表示相位增量为 $\Delta\theta = 8\Delta\theta_{\min}$，若 $N = 4$，$\Delta\theta = \dfrac{16\pi}{16} = \pi$。

当 $K = 1$ 时，ROM 存储器 16 个地址表示的相位如表 9-1 所示，此时输出信号的频率为

$$f_{\text{out}} = K\frac{f_{\text{c}}}{2^4} = \frac{1}{16}f_{\text{c}} \tag{9-8}$$

再如，当 $K=2$ 时，$\Delta\theta = 2\Delta\theta_{\min}$，取 ROM 存储器的 8 个地址，即

0000，0010，0100，0110，1000，1010，1100，1110

此地址所对应表示的相位可由表 9-1 查出。其输出信号频率为

$$f_{\text{out}} = K\frac{f_{\text{c}}}{2^4} = \frac{2}{16}f_{\text{c}} = \frac{1}{8}f_{\text{c}} \tag{9-9}$$

当 $K=3$ 时，$\Delta\theta = 3\Delta\theta_{\min}$，取 ROM 存储器的 7 个地址，其输出信号频率为

$$f_{\text{out}} = K\frac{f_{\text{c}}}{2^4} = \frac{3}{16}f_{\text{c}} \tag{9-10}$$

当 $K=4$ 时，$\Delta\theta = 4\Delta\theta_{\min}$，取 ROM 存储器的 6 个地址，其输出信号频率为

$$f_{\text{out}} = K\frac{f_{\text{c}}}{2^4} = \frac{4}{16}f_{\text{c}} \tag{9-11}$$

当 $K=5$ 时，$\Delta\theta = 5\Delta\theta_{\min}$，取 ROM 存储器的 5 个地址，其输出信号频率为

$$f_{\text{out}} = K\frac{f_{\text{c}}}{2^4} = \frac{5}{16}f_{\text{c}} \tag{9-12}$$

当 $K=6$ 时，$\Delta\theta = 6\Delta\theta_{\min}$，取 ROM 存储器的 4 个地址，其输出信号频率为

$$f_{\text{out}} = K\frac{f_{\text{c}}}{2^4} = \frac{6}{16}f_{\text{c}} \tag{9-13}$$

当 $K=7$ 时，$\Delta\theta = 7\Delta\theta_{\min}$，取 ROM 存储器的 3 个地址，其输出信号频率为

$$f_{\text{out}} = K\frac{f_{\text{c}}}{2^4} = \frac{7}{16}f_{\text{c}} \tag{9-14}$$

当 $K=8$ 时，$\Delta\theta = 8\Delta\theta_{\min}$，取 ROM 存储器的 2 个地址，其输出信号频率为

$$f_{\text{out}} = K\frac{f_{\text{c}}}{2^4} = \frac{6}{16}f_{\text{c}} = \frac{1}{2}f_{\text{c}} \tag{9-15}$$

由上面的内容可以看出，当 $K=8$ 时，对应应用只有两个地址，若地址 0000 表示相位 $0°$，则在该地址存放正弦函数的幅度值为 $\sin 0° = 0$；而地址 1000 表示相位 $\pi$，则在该地址存放正弦函数的幅度值为 $\sin \pi = 0$。根据奈奎斯特抽样定理，两个 $0°$ 是恢复不了波形的，因此 0000 不能表示为 $0°$，而表示为 $\pi/16$。

由以上分析还可以看出，相位累加器的字长决定了 DDS 的频率分辨率，当 $N=4$ 时，DDS 的频率分辨率为 $\Delta f = \frac{1}{16}f_{\text{c}}$，能够输出 8 个频率。因此，DDS 频率分辨率取决于相位累加器的字长的时钟频率。

① 若 $N=8$，频率分辨率为 $\Delta f = \frac{1}{2^8}f_{\text{c}} = \frac{1}{256}f_{\text{c}}$，理论上可以输出 128 个频率；

② 若 $N=32$，频率分辨率为 $\Delta f = \frac{1}{2^{32}}f_{\text{c}} = \frac{1}{4294867296}f_{\text{c}}$，理论上可以输出 $4.294967296 \times 0.5 \times 10^9$ 个频率；

③ 若 $f_{\text{c}} = 20\text{MHz}$，则 $\Delta f = 2.65 \times 10^{-3}\text{Hz}$；

④ 若 $f_{\text{c}} = 10\text{MHz}$，则 $\Delta f = 2.328 \times 10^{-2}\text{Hz}$。

### 2. 正弦查找表

相位累加器输出的是相位序列码，需要经过一个相位序列码到幅度序列码的变换装置，再经过数-模转换才能生成阶梯波形。相位序列码到幅度序列码的变换装置就是利用只读存储器 ROM 来完成的。

在数字电路中常用二进制数来表示十进制的数，下面分析二进制数与十进制数的关系。仍以 $N=4$ 来分析，二进制位数 $N=4$ 有 16 个状态。对于十进制数，其幅度值最大为 1.0000，最小为 0.0000。将 0.0000 与 1.0000 之间 16 等分，其关系如表 9-2 所示。

表 9-2　用二进制数表示十进制幅度

| 二进制数 | 0000 | 0001 | 0010 | 0011 | 0100 | 0101 | 0110 | 0111 |
|---|---|---|---|---|---|---|---|---|
| 十进制数 | 0.0000 | 0.0625 | 0.1250 | 0.1875 | 0.2500 | 0.3125 | 0.3750 | 0.4375 |
| 二进制数 | 1000 | 1001 | 1010 | 1011 | 1100 | 1101 | 1110 | 1111 |
| 十进制数 | 0.5000 | 0.5625 | 0.6250 | 0.6875 | 0.7500 | 0.8125 | 0.8750 | 0.9375 |

相位序列码与幅度序列码的对应关系如表 9-3 所示。

表 9-3　相位序列码与幅度序列码的对应关系

| 相位序列码 | 所对应的相位 | 相位对应的正弦值 | 十进制对应的幅度值 | 二进制对应的幅度序列码 | 量化误差 | 相位序列码第一位数字 | 相位序列码第二位数字 | 所在象限 |
|---|---|---|---|---|---|---|---|---|
| 0000 | $\pi/16$ | +0.1951 | +0.1875 | 0011 | 0.0076 | 0 | 0 | 00 表示第一象限 |
| 0001 | $3\pi/16$ | +0.5556 | +0.5625 | 1001 | 0.0069 | 0 | 0 | |
| 0010 | $5\pi/16$ | +0.8315 | +0.8125 | 1101 | 0.0190 | 0 | 0 | |
| 0011 | $7\pi/16$ | +0.9808 | +0.9375 | 1111 | 0.0433 | 0 | 0 | |
| 0100 | $9\pi/16$ | +0.9808 | +0.9375 | 1111 | 0.0433 | 0 | 1 | 01 表示第二象限 |
| 0101 | $11\pi/16$ | +0.8315 | +0.8125 | 1101 | 0.0190 | 0 | 1 | |
| 0110 | $13\pi/16$ | +0.5556 | +0.5625 | 1001 | 0.0069 | 0 | 1 | |
| 0111 | $15\pi/16$ | +0.1951 | +0.1875 | 0011 | 0.0076 | 0 | 1 | |
| 1000 | $17\pi/16$ | -0.1951 | -0.1875 | 0011 | 0.0076 | 1 | 0 | 10 表示第三象限 |
| 1001 | $19\pi/16$ | -0.5556 | -0.5625 | 1001 | 0.0069 | 1 | 0 | |
| 1010 | $21\pi/16$ | -0.8315 | -0.8125 | 1101 | 0.0190 | 1 | 0 | |
| 1011 | $23\pi/16$ | -0.9808 | -0.9375 | 1111 | 0.0433 | 1 | 0 | |
| 1100 | $25\pi/16$ | -0.9808 | -0.9375 | 1111 | 0.0433 | 1 | 1 | 11 表示第四象限 |
| 1101 | $27\pi/16$ | -0.8315 | -0.8125 | 1101 | 0.0190 | 1 | 1 | |
| 1110 | $29\pi/16$ | -0.5556 | -0.5625 | 1001 | 0.0069 | 1 | 1 | |
| 1111 | $31\pi/16$ | -0.1951 | -0.1875 | 0011 | 0.0076 | 1 | 1 | |

由表 9-3 可以看出，在 ROM 中以相位序列码作为地址，存储相位序列码所对应的幅度序列码。在相位序列码到幅度序列码的转换中，相位序列码所对应的实际相位的正弦值与二

进制的幅度序列码所对应的实际数值是不同的，产生了误差，该误差是由量化所引起的，所以称为量化误差。相位累加器的位数越多，量化误差就越小。相位累加器的字长越大，存储量就越大。为了解决存储量的问题，只存储 1/4 周期的数据量，而其余 3/4 的数据通过求补电路来完成。

### 3．数–模转换器（DAC）

DAC 是将幅度序列码转换为阶梯波。注意，DAC 的位数不可能等于相位累加器的位数，否则将会引入舍位误差。

### 4．模拟滤波器

利用模拟滤波器的射频特性滤除高频分量，得到最低频率（基频）的正弦信号。

## 9.2　直接数字频率合成器的性能

直接数字频率合成器的工作原理及实现方法与间接频率合成器有本质上的差别，其性能也存在独特之处。下面加以讨论。

### 9.2.1　相对带宽

当频率控制字 $K=1$ 时，直接数字频率合成器输出频率为最低输出频率，$f_{out} = \dfrac{f_c}{2^N}$，当相位累加器的字长很大时，最低输出频率可达到微赫兹。直接数字频率合成器输出最高频率受到时钟频率和抽样定理的限制。也就是说，$f_{0max} < \dfrac{1}{2}f_c$。在实际应用中，考虑到模拟滤波器的非理想特性，一般认为直接数字频率合成器最高输出频率为 $f_{0max} = 0.4f_c$。直接数字频率合成器输出频率取决于相位累加器的字长 $N$、频率控制字 $K$ 及时钟频率 $f_c$。其相对带宽为

$$2\frac{f_{0max} - f_{0min}}{f_{0max} + f_{0min}} \approx 2\frac{f_{0max}}{f_{0max}} = 200\% \quad (f_{0min} \text{ 很小，趋于零})。$$

### 9.2.2　频率分辨率

直接数字频率合成器的频率分辨率就是直接数字频率合成器的最小频率步进，也就是它的最小输出频率，即 $\Delta f = f_{0min} = \dfrac{f_c}{2^N} = \dfrac{f_c}{M}$。表 9-4 给出了常用的相位累加器的字长 $N$、时钟频率 $f_c$ 与频率分辨率的关系。从表中可以看出，直接数字频率合成器的频率分辨率可以做到十分精细，输出频率可以逼近频率的连续变换，再加上超宽的相对带宽，这对于用于高性能信号发生器是十分方便的。

表 9-4　常用的相位累加器的字长 $N$、时钟频率 $f_c$ 与频率分辨率的关系

| 时钟频率 $f_c$/MHz | 25 | 50 | 300 | 20 | 50 | 60 | 1000 |
|---|---|---|---|---|---|---|---|
| 累加器位数 $N$/bit | 16 | 24 | 28 | 32 | 48 | 32 | 32 |
| 频率分辨率$\Delta f$/Hz | $\geqslant 63$ | 1.5 | 1.12 | $5 \times 10^{-3}$ | $179 \times 10^{-9}$ | $14 \times 10^{-3}$ | 0.233 |

### 9.2.3 频率转换时间

直接数字频率合成器的频率转换时间可以近似认为是实时的。这是因为它的相位序列在时间上是离散的，在频率控制字改变以后，要经过一个时钟周期才能按照新的相位增量累加，也就是说，它的频率转换时间就是频率控制字的传输时间，即一个时钟周期。若时钟频率为100MHz，则频率转换时间为100ns。时钟频率越高，转换时间就越短，但再短也不能小于数字门电路的延迟时间。

### 9.2.4 频率变化输出信号相位连续

由直接数字频率合成器的工作原理可知，改变直接数字频率合成器的输出频率，实际上是改变每次的相位增量，以及改变相位函数的增长速率。当频率控制字由 $K_1$ 变为 $K_2$ 后，它是在已有的累积相位 $nK_1\delta$ 之上再每次累积 $K_2\delta$，相位函数曲线是连续的，只是在改变频率的瞬间其斜率发生了突变，因而保持了输出信号相位的连续性。直接频率合成器（模拟）输出信号的相位是不连续的，而间接频率合成器虽然输出信号的相位是连续的，但频率转换时间较长。在有些场合对信号的相位连续性有严格要求，这是因为信号的相位不连续，会导致频谱扩散，不利于频谱资源的有效利用。由于其频率捷变相位连续特性，在对信号的相位连续性有严格要求的场合，直接数字频率合成器得到广泛应用

### 9.2.5 正交信号同时输出

在某些系统中既要求输出 $v_1 = V_0\sin(\omega_0 t + \phi_0)$，也要求输出它的正交信号 $v_2 = V_0\cos(\omega_0 t + \phi_0)$，这时只需在 ROM 中做一个正弦表和一个余弦表即可。

### 9.2.6 任意波形的输出

由直接数字频率合成器的工作原理得知，输出信号的波形取决于在 ROM 中存放的函数表格。如果在 ROM 中存放正弦函数或余弦函数，即可输出正弦波形或余弦波形。若在 ROM 中存放三角波、锯齿波、方波等函数，则可以输出对应的波形。目前已有基于直接数字频率合成技术的"任意波形发生器"。

### 9.2.7 调制性能

由于直接数字频率合成器是全数字的，利用频率控制字可以调整频率，同样经过适当的变换也可以调整相位，因此能够很容易地在有直接数字频率合成器上实现数字调频和数字调相。利用直接数字频率合成器还可以实现数字移相器。所以说，直接数字频率合成器的数字调制功能是很强大的。

### 9.2.8 噪声与杂散

直接数字频率合成器是采用数字技术先构成离散信号，然后再变换成模拟信号输出的，因而噪声和杂散是不可避免的。杂散是影响直接数字频率合成器应用的主要因素，近年来的研究成果使得直接数字频率合成器的杂散电平降到-70dB 以下，才使得它能够应用到众多领域中。

# 9.3　AD9833 DDS 设计实例

## 9.3.1　AD9833 性能指标

AD9833 是一款低功耗、可编程波形发生器，能够产生正弦波、三角波和方波输出。各种类型的检测、致动和时域反射（TDR）应用都需要波形发生器。输出频率和相位可通过软件进行编程，调整简单，无须外部元件。频率寄存器为 28 位；时钟速率为 25MHz，可以实现 0.1Hz 的分辨率。同样，时钟速率为 1MHz 时，AD9833 可以实现 0.004Hz 的分辨率。

（1）优势和特点

① 输出频率范围：0～12.5MHz；

② 28 位频率分辨率：0.1Hz（25MHz 参考时钟）；

③ 正弦波/三角波/方波输出；

④ DAC 分辨率：10 位；

⑤ DAC 采样率：25Msps；

⑥ 信噪比：60dB（典型值）；

⑦ 宽带 SFDR（奈奎斯特带宽）：–60dBc；

⑧ 窄带 SFDR（±200kHz）：–78dBc；

⑨ 唤醒时间：1ms。

（2）应用

① 频率刺激/波形产生；

② 液流和气流测量；

③ 传感器应用：接近度、运动和缺陷检测；

④ 线路损耗/衰减；

⑤ 测试与医疗设备；

⑥ 扫描/时钟发生器；

⑦ 时域反射（TDR）应用。

## 9.3.2　硬件设计

### 1. 原理图设计

图 9-6 为 AD9833 引脚配置图，表 9-5 为各引脚具体使用说明。

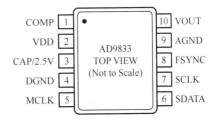

图 9-6　AD9833 引脚配置

表 9-5　AD9833 各引脚使用说明

| 引 脚 编 号 | 引 脚 名 称 | 功 能 描 述 |
| --- | --- | --- |
| 1 | COMP | DAC 偏置引脚。此引脚用于对 DAC 偏置电压进行去耦 |
| 2 | VDD | 模拟和数字接口部分的正电源。片内 2.5V 稳压器也采用 VDD 供电。VDD 的值范围为 2.3～5.5V。VDD 和 AGND 之间应连接一个 0.1μF、一个 10μF 的去耦电容 |

续表

| 引脚编号 | 引脚名称 | 功 能 描 述 |
|---|---|---|
| 3 | CAP/2.5V | 数字电路采用 2.5V 电源供电。当 VDD 超过 2.7V 时，此 2.5V 利用片内稳压器从 VDD 产生。该稳压器需要在 CAP/2.5V 至 DGND 之间连接一个典型值为 100nF 的去耦电容。如果 VDD 小于或等于 2.7V，则 CAP/2.5V 应与 VDD 直接相连 |
| 4 | DGND | 数字地 |
| 5 | MCLK | 数字时钟输入。DDS 输出频率是 MCLK 频率的一个分数，分数的分子是二进制数。输出频率精度和相位噪声均由此时钟决定 |
| 6 | SDATA | 串行数据输入。16 位串行数据字施加于此输入 |
| 7 | SCLK | 串行时钟输入。数据在 SCLK 的各下降沿逐个输入 AD9833 |
| 8 | FSYNC | 低电平有效控制输入。FSYNC 是输入数据的帧同步信号。当 FSYNC 变为低电平时，即告知内部逻辑，正在向器件中载入新数据字 |
| 9 | AGND | 模拟地 |
| 10 | VOUT | 电压输出。AD9833 的模拟和数字输出均通过此引脚提供。由于该器件片内有一个 200Ω 电阻，因此无须连接外部负载电阻 |

由图 9-7 为参考原理图可知，模块采用 5V 供电，C2、C3、L2、C6 构成电源 π 型 LC 滤波电路；J3、J4 为模块插针接口，包含数字接口 FSYNCS、CLK、SDATA 三个控制脚，以及电源脚 VDD、GND，FOUT 为频率输出口；C8、L1、C5、L3、C9 构成一个 5 阶低通滤波器，截止频率为 5MHz；CR2 为一个 25MHz 的有源晶振，为 AD9833 芯片提供本振信号。

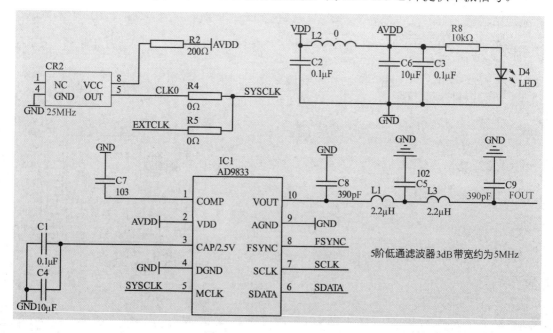

图 9-7　AD9833 设计原理图

## 2. PCB 版图设计

根据 AD9833 电路图制作电路板，元器件的 PCB 布局如图 9-8 所示。

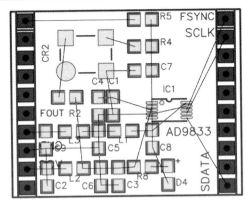

图 9-8　AD9833 元器件的 PCB 布局

## 9.3.3　软件设计

### 1．AD9833 程序编写 SPI 时序

由图 9-9 可以看出，16 位数据依次写入 AD9833。其中 FSYNC 为低电平有效控制输入，它是输入数据的帧同步信号，当 FSYNC 为低电平时，即告知内部逻辑 MCU 正在向 AD9833 载入新数据字。而每一位串行数据，在 SCLK 的各下降沿逐个载入 AD9833。

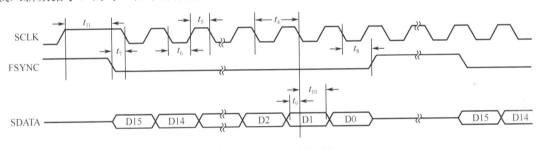

图 9-9　AD9833 时序图

### 2．寄存器功能说明

AD9833 寄存器功能说明如表 9-6 所示。

表 9-6　AD9833 寄存器功能说明

| 位 | 名　　称 | 功　能　描　述 |
| --- | --- | --- |
| D13 | B28 | 需要两次写操作，才能将一个完整字载入任意一个频率寄存器。B28 = 1 可将一个完整字通过两次连续写入载入频率寄存器。第一次写入包含频率字的 14 个 LSB，下一次写入则包含 14 个 MSB。每个 16 位字的前两位用于定义将载入该字的频率寄存器，因此对于两次连续写入是完全相同的。对于相应的地址，当 B28 = 0 时，28 位频率寄存器用作 2 个 14 位寄存器，其中一个包含 14 个 MSB；另一个则包含 14 个 LSB。这意味着，可单独更新频率字的 14 个 MSB 而不影响 14 个 LSB，反之亦然。要更新 14 个 MSB 或 14 个 LSB，只需向相应的频率地址执行一次写入即可。控制位 D12(HLB)告知 AD9833 要更新的位是 14 个 MSB 还是 14 个 LSB |
| D12 | HLB | HLB 应与 D13(B28)一起使用。此控制位指示载入的 14 位是传输至所寻址频率寄存器的 14 个 MSB 还是 14 个 LSB。当 D13(B28) = 1 时，此控制位被忽略。HLB = 1 允许写入所寻址频率寄存器的 14 个 MSB；HLB = 0 允许写入所寻址频率寄存器的 14 个 LSB |

续表

| 位 | 名　称 | 功　能　描　述 |
|---|---|---|
| D11 | FSELECT | FSELECT bit 定义相位累加器中使用的是 FREQ0 寄存器还是 FREQ1 寄存器 |
| D10 | PSELECT | PSELECT bit 定义是将 PHASE0 寄存器还是 PHASE1 寄存器的数据增加到相位累加器的输出 |
| D9 | Reserved | 此位置 0 |
| D8 | Reset | Reset = 1 时可将内部寄存器复位至 0，对应于中间电平的模拟输出。Reset = 0 时禁用复位 |
| D7 | SLEEP1 | 当 SLEEP1 = 1 时，内部 MCLK 时钟被禁用，DAC 输出仍保持其预设值，因为 NCO 不再执行累加。当 SLEEP1 = 0 时，MCLK 使能 |
| D6 | SLEEP12 | SLEEP12 = 1 关断片内 DAC。当 AD9833 用于输出 DAC 数据的 MSB 时，这一功能很有用。SLEEP12 = 0 表示 DAC 处于活动状态 |
| D5 | OPBITEN | 此位应与 D1(Mode) 一起使用，用于控制 VOUT 引脚的输出。当 OPBITEN = 1 时，VOUT 引脚不再提供 DAC 的输出。相反，DAC 数据的 MSB（或 MSB/2）与 VOUT 引脚相连。D3（DIV2）bit 控制输出的是 MSB 还是 MSB/2。当 OPBITEN = 0 时，DAC 与 VOUT 相连。D1（Mode）bit 确定提供的是正弦还是斜坡输出 |
| D4 | Reserved | 此位置 0 |
| D3 | DIV2 | DIV2 与 D5（OPBITEN）一起使用。当 DIV2 = 1 时，DAC 的 MSB 被直接送至 VOUT 引脚。当 DIV2 = 0 时，VOUT 引脚处输出 DAC 的 MSB/2 |
| D2 | Reserved | 此位置 0 |
| D1 | Mode | 此位与 D5（OPBITEN）一起使用。此位的功能是控制片内 DAC 与 VOUT 相连时 VOUT 引脚的输出。如果 OPBITEN = 1，此位应置 0。当 Mode = 1 时，SIN ROM 被旁路，因而得到来自 DAC 的三角波输出。当 Mode = 0 时，SIN ROM 将相位信息转换成幅度信息，进而在输出端提供正弦信号 |
| D0 | Reserved | 此位置 0 |

注意，当要写入数据至控制寄存器时，位 D15 与为 D14 应同时为 0。

表 9-7 给出了 AD9833 频率寄存器位说明。

表 9-7　AD9833 频率寄存器位说明

| D15 | D14 | D13(MSB)~D0(LSB) |
|---|---|---|
| 0 | 1 | 14 个 FREQ0 寄存器位 |
| 1 | 0 | 14 个 FREQ1 寄存器位 |

AD9833 的输出频率（$f_{OUT}$）由系统参考时钟（$f_{SYSCLK}$）、28 位频率调节字（FTW）共同控制。$f_{OUT}$、FTW 与 $f_{SYSCLK}$ 之间的关系可由式（9-16）表示，$f_{SYSCLK} \leqslant 25\text{MHz}$。

$$f_{OUT} = \left(\frac{FTW}{2^{28}}\right) f_{SYSCLK} \tag{9-16}$$

所以，在给定的输出频率之后，FTW 可以通过下式计算：

$$FTW = 2^{28} \left(\frac{f_{OUT}}{f_{SYSCLK}}\right) \tag{9-17}$$

AD9833 的内部相位寄存器如表 9-8 所示，共包含 24 位相位控制字。AD9833 的相对相位偏移是通过 12 位的相位偏移字（POW）来控制的。相对相位偏移（$\Delta\theta$）与相位偏移字（POW）的关系可表示为

$$\Delta\theta = \begin{cases} 2\pi\left(\dfrac{\text{POW}}{2^{12}}\right) \\ 360\left(\dfrac{\text{POW}}{2^{12}}\right) \end{cases} \tag{9-18}$$

由式（9-18）便可算出 POW，其计算方法与 FTW 类似。

表 9-8　AD9833 相位寄存器位说明

| D15 | D14 | D13 | D12 | D11(MSB)～D0(LSB) |
| --- | --- | --- | --- | --- |
| 1 | 1 | 0 | X | 12 位 PHASE0 寄存器位 |
| 1 | 1 | 1 | X | 12 位 PHASE1 寄存器位 |

### 3．AD9833 核心参考函数

```
/*AD9833 串行控制模式，采用 25MHz 有源晶振，*/
void Load_wave(unsigned int Contr_Reg_data,unsigned long int Freq_data,
unsigned int Phs_data);//写入寄存器
/*函数描述：AD9833 加载波形
/*写入参数：控制字、32bit（28bit 有效）的频率数据，16bit（12bit 有效）的相位数据
/*返回参数：无
/*作者：Liutao
/*日期：2016-08-09
/*描述：根据不同的控制字完成不同的功能，建议使用 28bit 连续写模式
void Load_wave(unsigned int Contr_Reg_data,unsigned long int Freq_data,
unsigned int Phs_data)
{unsigned long int Freq_temp = 0;
 unsigned int Fre_MSBdata,Fre_LSBdata;
 Freq_temp = (unsigned long int)(10.738*Freq_data);
          //SYSCLK=25MHz 2^28/25000000=10.7374
 Fre_LSBdata=Freq_temp&0x3fff;
 Fre_LSBdata=Fre_LSBdata|0x4000;
 Fre_MSBdata=(Freq_temp>>14)&0x3fff;
 Fre_MSBdata=Fre_MSBdata|0x4000;
 AD9833_writedata(Contr_Reg_data);
 AD9833_writedata(Fre_LSBdata);
 AD9833_writedata(Fre_MSBdata);
 AD9833_writedata(Phs_data);
}
void main() //主函数
 { DDSinit();
Load_wave(0x2000,0x4020,0x7020,0xD000);//50kHz 正弦信号 VPP=600mV
//Load_wave(0x2002,0x4020,0x7020,0xD000);//50kHz 三角波信号 VPP=600mV
//Load_wave(0x2028,0x4020,0x7020,0xD000);//50kHz 方波信号 0～5V 50%占空比
//Load_wave(0x2020,0x4020,0x7020,0xD000);//25kHz 方波信号 0～5V 50%占空比
 while(1)
  { ;}
  }
```

## 9.3.4　测试结果分析

### 1. 实测波形——正弦波

实测正弦波波形如表 9-9 及图 9-10 所示。

表 9-9　AD9833 实测正弦波波形对应表

| 设 置 频 率 | 输 出 幅 度 | 实 测 波 形 | 设 置 频 率 | 输 出 幅 度 | 实 测 波 形 |
| --- | --- | --- | --- | --- | --- |
| 1Hz | 492mV | 图 9-10(a) | 10kHz | 588mV | 图 9-10(d) |
| 100Hz | 616mV | 图 9-10(b) | 100kHz | 536mV | 图 9-10(e) |
| 1kHz | 612mV | 图 9-10(c) | 1MHz | 186mV | 图 9-10(f) |

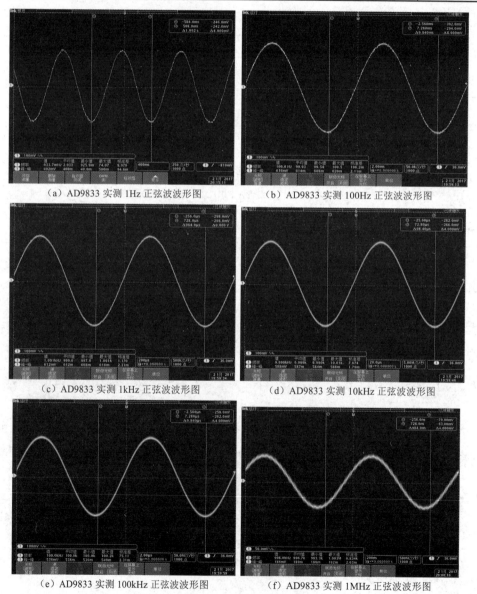

（a）AD9833 实测 1Hz 正弦波波形图　　　（b）AD9833 实测 100Hz 正弦波波形图

（c）AD9833 实测 1kHz 正弦波波形图　　　（d）AD9833 实测 10kHz 正弦波波形图

（e）AD9833 实测 100kHz 正弦波波形图　　　（f）AD9833 实测 1MHz 正弦波波形图

图 9-10　AD9833 实测正弦波波形图

## 2. 实测波形——三角波

实测三角波波形如表9-10及图9-11所示。

表9-10 AD9833实测三角波波形对应表

| 设置频率 | 输出幅度 | 实测波形 | 设置频率 | 输出幅度 | 实测波形 |
|---|---|---|---|---|---|
| 100Hz | 612mV | 图9-11(a) | 10kHz | 564mV | 图9-11(c) |
| 1kHz | 608mV | 图9-11(b) | 100kHz | 488mV | 图9-11(d) |

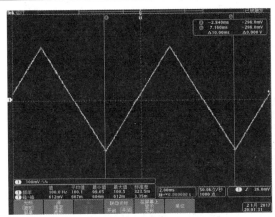

（a）AD9833实测100Hz三角波波形图

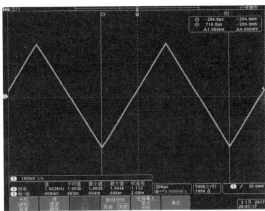

（b）AD9833实测1kHz三角波波形图

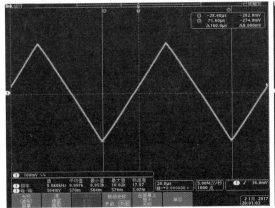

（c）AD9833实测10kHz三角波波形图

（d）AD9833实测100kHz三角波波形图

图9-11 AD9833实测三角波波形图

## 3. 实测波形——方波

实测方波波形如表9-11及图9-12所示。

表9-11 AD9833实测方波波形对应表

| 设置频率 | 输出幅度 | 实测波形 | 设置频率 | 输出幅度 | 实测波形 |
|---|---|---|---|---|---|
| 1Hz | 5.16V | 图9-12（a） | 10kHz | 5.2V | 图9-12（d） |
| 100Hz | 5.28V | 图9-12（b） | 100kHz | 5.6V | 图9-12（e） |
| 1kHz | 5.28V | 图9-12（c） | 500kHz | 5.68V | 图9-12（f） |

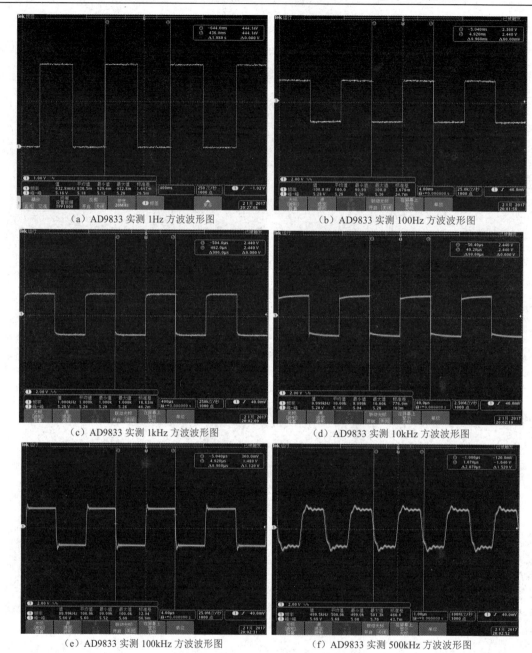

（a）AD9833 实测 1Hz 方波波形图　　　　　　　（b）AD9833 实测 100Hz 方波波形图

（c）AD9833 实测 1kHz 方波波形图　　　　　　　（d）AD9833 实测 10kHz 方波波形图

（e）AD9833 实测 100kHz 方波波形图　　　　　　（f）AD9833 实测 500kHz 方波波形图

图 9-12　AD9833 实测方波波形图

## 9.4　AD9854 DDS 设计实例

### 9.4.1　AD9854 性能指标

AD9854 数字频率合成器是一款高度集成的器件，采用先进的 DDS 技术，内置两个高速、高性能正交 DAC，共同构成一个数字可编程 I/Q 频率合成器。以精密时钟源作为基准时，

AD9854 能产生高度稳定的频率-相位、振幅可编程正弦和余弦输出，可用作通信、雷达和其他许多应用中的捷变 LO。创新型高速 DDS 内核可提供 48 位频率分辨率（使用 300MHz SYSCLK 时，调谐分辨率为 1.06μHz）。保持 17 位则可确保该器件具有出色的无杂散动态范围（SFDR）。

AD9854 的电路架构允许产生频率最高达 150MHz 的同步正交输出信号，该输出信号能以最高每秒 1 亿个新频率的速率进行数字式调谐。内部比较器可以将（经过外部滤波的）正弦波输出转换为方波，用于捷变时钟发生器。该器件提供 2 个 14 位相位寄存器和 1 个单引脚用于 BPSK 操作。

针对更高阶 PSK 操作，利用 I/O 接口可以实现相位变化。12 位 I/Q DAC 与创新的 DDS 架构配合，可提供出色的宽带和窄带输出无杂散动态范围（SFDR）。如果不需要正交功能，也可以将 Q DAC 配置为用户可编程控制 DAC。配置比较器时，12 位控制 DAC 还有助于在高速时钟发生器应用中控制静态占空比。

两个 12 位数字乘法器可以对正交输出进行可编程振幅调制、开关输出波形键控和精密振幅控制。该器件还具有线性调频（chirp）功能，便于宽带宽扫频应用。AD9854 具有可编程 4× 至 20×REFCLK 乘法器电路，可以利用频率较低的外部基准时钟在内部产生 300MHz 系统时钟，这样用户在实现 300MHz 系统时钟源时，既节省了费用，又解决了难题。

单端或差分输入也能直接处理 300MHz 时钟速率。该器件支持单引脚、传统 FSK 和频谱质量增强的频率渐变 FSK。AD9854 利用先进的 0.35μm CMOS 技术实现这一高级功能，同时采用 3.3V 单电源供电。

（1）优势及特点

① 输出频率范围：1～150MHz；

② 48 位频率分辨率：1.06μHz（300MHz 参考时钟）；

③ 正弦波/方波输出；

④ ASK、FSK、PSK 调制功能；

⑤ DAC 分辨率：12 位；

⑥ DAC 采样率：300Msps；

⑦ 宽带 SFDR（奈奎斯特带宽）
- 1～20MHz 模拟输出：−58dBc（典型值）；
- 20～40MHz 模拟输出：−56dBc（典型值）；
- 40～60MHz 模拟输出：−52dBc（典型值）；
- 60～80MHz 模拟输出：−48dBc（典型值）；
- 80～100MHz 模拟输出：−48dBc（典型值）；
- 100～120MHz 模拟输出：−48dBc（典型值）；

⑧ 窄带 SFDR
- 10MHz±50kHz：−91dBc（典型值）；
- 10MHz±250kHz：−83dBc（典型值）；
- 10MHz±1MHz：−83dBc（典型值）；
- 41MHz±50kHz：−89dBc（典型值）；
- 41MHz±250kHz：−84dBc（典型值）；
- 41MHz±1MHz：−82dBc（典型值）；

- 119MHz ± 50kHz： −83dBc（典型值）；
- 119MHz ± 250kHz： −77dBc（典型值）；
- 119MHz ± 1MHz： −71dBc（典型值）；

⑨ 残留相位噪声：−142dBc/Hz（5MHz 模拟输出，相对载波 1kHz 频偏，禁用倍频器）。

（2）应用

① 正交 LO 捷变频；

② 可编程时钟发生器；

③ 雷达和扫描系统的 FM 线性调频源；

④ 测试与测量设备；

⑤ 商用与业余 RF 激励器。

## 9.4.2　硬件设计

### 1. 原理图设计

AD9854 引脚图如图 9-13 所示，具体的引脚功能如表 9-12 所示。

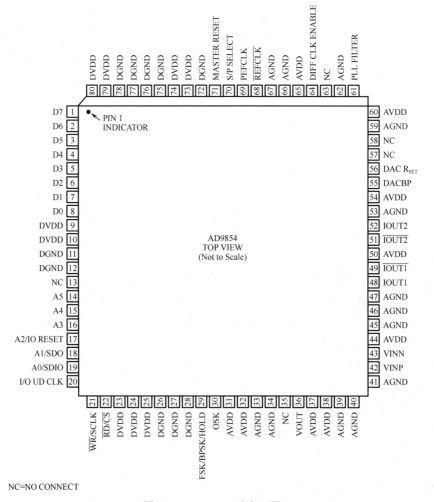

图 9-13　AD9854 引脚配置

表 9-12　AD9854 引脚功能

| 引 脚 编 号 | 引 脚 名 称 | 功 能 描 述 |
|---|---|---|
| 1～8 | D7～D0 | 8 位双向并行数据输入，只在并行编程模式下使用 |
| 9，10，23，24，25，73，74，79，80 | DVDD | 数字电路部分供电引脚 |
| 11，12，26，27，28，72，75，76，77，78 | DGND | 数字地 |
| 13，35，57，58，63 | NC | 无须外部连接 |
| 14～16 | A5～A3 | 用于编程寄存器的并行地址输入，只在并行编程模式下使用 |
| 17 | A2/IO RESET | 用于编程寄存器的并行地址输入，A2 只在并行编程模式下使用，I/O RESET 在串行编程模式下使用，能对由于不正确的编程协议变得无响应的串行通信总线进行复位，该端口高电平有效 |
| 18 | A1/SDO | 用于编程寄存器的并行地址输入/单向串行数据输出，A1 只在并行编程模式下使用，而 SDO 在 3 线串行通信模式下使用 |
| 19 | A0/SDIO | 用于编程寄存器的并行地址输入/双向串行数据 I/O，A0 只在并行编程模式下使用，而 SDIO 在 2 线串行通信模式下使用 |
| 20 | I/O UD CLK | 双向 I/O 更新时钟。方向由控制寄存器决定。如果该引脚作为输入引脚，在上升沿时将 I/O 端口缓冲器中的内容传至寄存器；如果作为输出引脚（默认），一个持续时间为 8 个系统时钟周期的输出脉冲表明外部频率更新已完成 |
| 21 | $\overline{WR}$/SCLK | 写并口数据至 I/O 端口缓冲区。与 SCLK 共用引脚，串行时钟信号与串行编程总线有关，数据在上升沿写入寄存器 |
| 22 | $\overline{RD}$/$\overline{CS}$ | 从编程寄存器中读取并行数据。与 $\overline{CS}$ 共用引脚，片选信号与串行编程总线有关，低电平有效 |
| 29 | FSK/BPSK/HOLD | 该引脚的功能根据控制寄存器所选的操作模式的不同而不同。在 FSK 模式下，低电平选择 F1，高电平选择 F2。在 BPSK 模式下，低电平选择 Phase1，高电平选择 Phase2。在线性调频模式下，高电平启用保持功能，使得频率累加器保持目前的状态。施加低电平可从保持功能中恢复 |
| 30 | OSK | 输出波形键控。首先需在控制寄存器中启用该功能。高电平使得 I 路与 Q 路 DAC 的输出幅度以某一预先设定的速度从零值按斜坡状增大至最大值；低电平则相反 |
| 31，32，37，38，44，50，54，60，65 | AVDD | 模拟电路部分供电引脚 |
| 33，34，39，40，41，45，46，47，53，59，62，66，67 | AGND | 模拟地 |
| 36 | VOUT | 内部高速比较器的反相输出 |
| 42 | VINP | 正电压输入 |
| 43 | VINN | 负电压输入 |
| 48 | IOUT1 | I 路或余弦 DAC 的单极性电流输出 |
| 49 | $\overline{IOUT1}$ | I 路或余弦 DAC 的单极性互补电流输出 |
| 51 | $\overline{IOUT2}$ | Q 路或正弦 DAC 的单极性互补电流输出 |
| 52 | IOUT2 | Q 路或正弦 DAC 的单极性电流输出 |

续表

| 引脚编号 | 引脚名称 | 功能描述 |
|---|---|---|
| 55 | DACBP | I 路和 Q 路 DAC 的旁路电容公共连接引脚。在该引脚与 AVDD 之间连接一个 0.01μF 的贴片电容能略微改善谐波失真与 SFDR。也可以不外接电容，但 SFDR 性能会略微下降 |
| 56 | DAC R$_{SET}$ | I 路和 Q 路 DAC 的公共连接引脚。用于设置 DAC 最大输出电流 |
| 61 | PLL FILTER | 外部零补偿网络的连接引脚。零补偿网络用于参考时钟倍频器环路滤波。该网络由 1.3kΩ 电阻与 0.01μF 电容串联组成。网络的另一端应尽可能近地连接至 60 引脚（AVDD）。可以通过设置控制寄存器来旁路参考时钟倍频器以获得最优相位噪声性能 |
| 64 | DIFF CLK ENABLE | 差分参考时钟使能。施加高电平使能差分时钟输入 |
| 68 | $\overline{\text{REFCLK}}$ | 互补（180° 相差）差分时钟信号。在单端时钟模式下，用户应将该引脚置高或置低 |
| 69 | REFCLK | 单端参考时钟输入或两个差分时钟信号之一 |
| 70 | S/P SELECT | 低电平选择串行编程模式，高电平选择并行编程模式 |
| 71 | MASTER RESET | 初始化串行/并行编程总线以为用户编程做准备。把寄存器设置为默认值。高电平有效 |

图 9-14 为 AD9854 参考原理图设计，AD9854 芯片共包含 2 个通道差分输出，引脚 48、49 为 I 路差分信号输出，引脚 51、52 为 Q 路差分信号输出，I 路和 Q 路输出为正交信号；I 路和 Q 路信号输出采用独立的 4 个椭圆低通滤波器进行滤波设计，其截止频率为 120MHz；Y1 为 30MHz 有源晶振参考时钟输入，通过 AD9854 芯片内部 10 倍频器得到 300MHz 主时钟；JP1 为电源输入及数字接口。

## 2．PCB 版图设计

根据 AD9859 电路图制作电路板，元器件的 PCB 布局如图 9-15 所示。

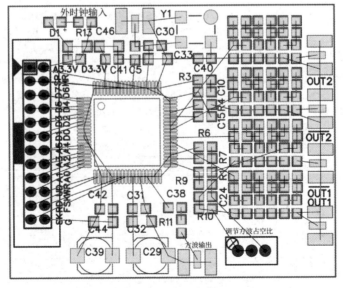

图 9-15　AD9854 元器件的 PCB 布局

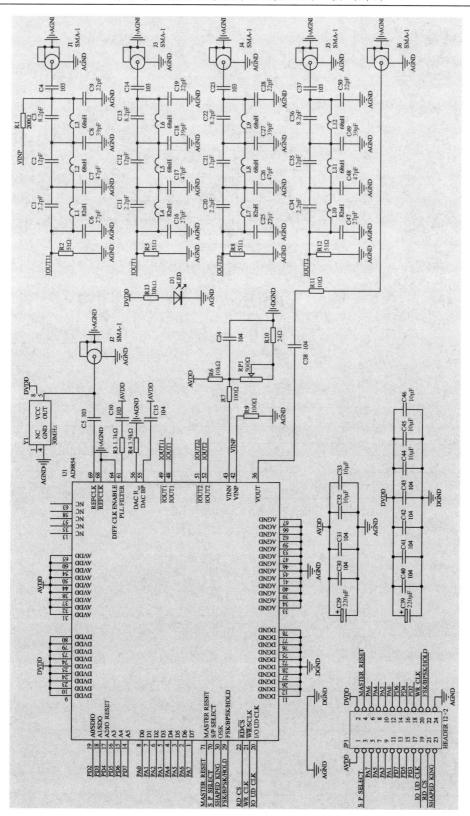

图9-14　AD9854原理图设计

### 9.4.3 软件设计

#### 1. AD9854 时序

图 9-16 所示为 AD9854 串行模式写时序图。

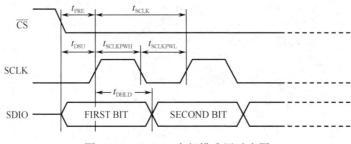

图 9-16　AD9854 串行模式写时序图

由图 9-16 可知，串行模式时，若要开始数据传输，需先把 CS 引脚拉低。而数据（每一位）在每一个 SCLK 的上升沿被传送至 I/O 缓冲区。存在缓冲区中的数据是无效的，只有被传送至寄存器后才生效。I/O_UPDATE 引脚用于将 I/O 缓冲区中写入的数据传输到器件寄存器中。

图 9-17 所示为 AD9854 并行模式写时序图。

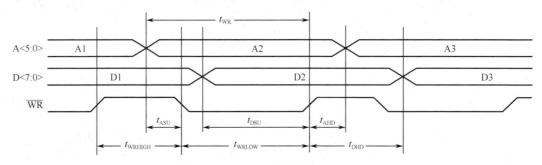

图 9-17　AD9854 并行模式写时序图

由图 9-17 可知，并行模式时，$\overline{WR}$ 为写入使能，当拉低 $\overline{WR}$ 时，将 8 位并行数据写入 I/O 缓冲区。存在缓冲区中的数据是无效的，只有被传送至寄存器后才生效。I/O_UPDATE 引脚用于将 I/O 缓冲区中写入的数据传输到器件寄存器中。

#### 2. AD9854 寄存器描述

AD9854 寄存器各个位的功能描述如表 9-13 所示。频率调节字寄存器如表 9-14 所示。

表 9-13　AD9854 寄存器描述

| 位 | 功 能 描 述 |
|---|---|
| CR [31:29] | 无关位 |
| CR [28] | 比较器省电位。当此位置 1 时，开启比较器省电模式 |
| CR [27] | 此位通常总是置 0。将此位置 1，直到主机复位之前 AD9854 都会停止工作 |
| CR [26] | 控制 DAC 省电位。当此位置 1 时，开启控制 DAC 省电模式 |

续表

| 位 | 功　能　描　述 |
|---|---|
| CR [25] | 全部 DAC 省电位。当此位置 1 时，开启余弦与控制 DAC，参考时钟的省电模式 |
| CR [24] | 数字电路省电位。当此位置 1 时，开启数字电路部分省电模式 |
| CR [23] | 保留，置 0 |
| CR [22] | PLL 范围位。该位控制 VCO 的增益。上电时该位的状态为逻辑 1。当频率超过 200MHz 时，VCO 需要更高的增益 |
| CR [21] | PLL 旁路位。当该位置 1 时，PLL 被旁路。上电时该位的状态为逻辑 1，PLL 被旁路 |
| CR [20:16] | PLL 倍频因子。这些位决定了 REFCLK 的倍频因子，范围从 4 到 20（含） |
| CR [15] | 累加器 1 清零位。该位的功能是一次性的。当该位置高时，DDS 逻辑收到清除累加器 1 的信号，将累加器 1 清零。然后该位自动复位，但缓冲区没有复位。该位使得用户能够以最少的操作轻松实现锯齿波频率扫描。该位是面向线性调频的，但该位在其他模式也能使用 |
| CR [14] | 累加器清零位。当该位置高时，累加器 1 与累加器 2 的值都会被清零。该功能使得 DDS 的相位能够通过 I/O 接口实现初始化 |
| CR [13] | Triangle 位。当该位置高时，AD9854 会自动地在频率 F1～F2 之间来回地执行连续的频率扫描，其效果就像三角波频率扫描一样。若该位置高，操作模式必须设置为斜坡 FSK |
| CR [12] | 无关位 |
| CR [11:9] | 这 3 个位决定了 AD9854 的操作模式：<br>0x0=单音模式；<br>0x1=FSK 模式；<br>0x2=斜坡 FSK 模式；<br>0x3=线性调频模式；<br>0x4=BPSK 模式 |
| CR [8] | 内部更新方式激活位。当该位置 1 时，I/O UD CLK 引脚配置为输出，AD9854 自身产生 I/O UD CLK 信号。当该位置 0 时，更新方式为外部更新，且 I/O UD CLK 引脚配置为输入 |
| CR [7] | 保留，置 0 |
| CR [6] | 该位为反 sinc 滤波器旁路位。该位置 1 时，从 DDS 模块来的数据直接送去输出波形键控逻辑电路，停止提供反 sinc 滤波器的时钟。默认该位置 0 启用反 sinc 滤波器 |
| CR [5] | 输出波形键控使能位。该位置 1，启用输出斜波功能，其行为由 CR [4]位决定 |
| CR [4] | 内部/外部输出波形键控控制位。该位置 1，输出波形键控因子由内部产生并应用至余弦 DAC 通路。该位置 0（默认值），输出波形键控功能由用户控制，且输出波形键控因子的值就是输出波形键控倍频寄存器的值。两个倍频寄存器默认值为 0，使得器件在上电时，知道用户编程前输出为 0 |
| CR [3:2] | 保留，置 0 |
| CR [1] | 该位决定在串口模式下，是最高有效位在最前还是最低有效位在最前。默认值为 0，最高有效位在最前 |
| CR [0] | 串行模式 SDO 有效位。默认值为 0，禁用 SDO |

表 9-14　频率调节字寄存器

| 位 | 名　　称 | 描　　述 |
|---|---|---|
| 47:0 | 频率调节字（FTW） | 48 位频率调节字 |

AD9854 的输出频率($f_{\text{OUT}}$)由系统参考时钟($f_{\text{SYSCLK}}$)，48 位频率调节字（FTW）共同控制。$f_{\text{OUT}}$、FTW 与 $f_{\text{SYSCLK}}$ 之间的关系可由式（9-19）表示，$f_{\text{SYSCLK}} \leqslant 180\text{MHz}$。

$$f_{\text{OUT}} = \left(\frac{\text{FTW}}{2^{48}}\right) f_{\text{SYSCLK}} \qquad (9\text{-}19)$$

所以，在给定输出频率之后，FTW 可以通过下式计算出：

$$\text{FTW} = 2^{48}\left(\frac{f_{\text{OUT}}}{f_{\text{SYSCLK}}}\right) \qquad (9\text{-}20)$$

相位偏移字寄存器如表 9-15 所示。

表 9-15　相位偏移字寄存器

| 位 | 名　称 | 描　述 |
|---|---|---|
| 13:0 | 相位偏移字（POW） | 14 位相位偏移字 |

AD9854 的相对相位偏移是通过 14 位的相位偏移字（POW）来控制。相对相位偏移($\Delta\theta$)与相位偏移字（POW）的关系可表示为

$$\Delta\theta = \begin{cases} 2\pi\left(\dfrac{\text{POW}}{2^{14}}\right) \\[3mm] 360\left(\dfrac{\text{POW}}{2^{14}}\right) \end{cases} \qquad (9\text{-}21)$$

由式（9-21）便可算出相位偏移字（POW），其计算方法与 FTW 类似。

### 3. AD9854 核心参考函数

```
/* 名称：AD9854 初始化函数，频率变量：Frequence，幅度变量 Amplitude  */
void Init_9854(void)  //INIT 9854
{   WRB = 0;
    UDCLK = 0;
//  FSK_D = 0;
    RESET = 1;
    RESET = 0;
    //1.先写控制字
    /*Bit5-Bit7 为任意；Bit4 为比较器 PD；Bit3 保留，一般为低；
     Bit2 为 QDAC 的 PD(Power-down)；Bit1 为 DAC 的 PD；Bit0 为 DIG PD*/
    Write_9854(0x1d,0x00);
    /*Bit7 为任意；Bit6 为 PLL range；Bit5 为旁路 PLL；bit9-bit0 为倍频数
    30MHz 晶振*10＝300MHz 系统*/
    Write_9854(0x1e,0x4a);
    /*bit7 为清零 ACC1；bit6 为清零 ACC2（一般必须为低）；bit5 为三角扫频；bit4 为外用
QDAC；bit3-bit1 为模式选择；bit0 为使用内/外更新时钟*/
    Write_9854(0x1f,0x00);
    /*Bit7 为任意；bit6 为旁路反正弦；bit5 为 OSK 使能（默认为 1，单频模式下无输出）；bit4
为 OSK INT；bit3-2 为任意；bit1 为设置串行模式下低位先传；bit0 为设置串行模式下 SDO 可用*/
    Write_9854(0x20,0x60);//0x20,0x00    //2.写频率
    Write_frequence(Frequence);            //3.写幅度
    Write_Amplitude(0,Amplitude[0]);
    Write_Amplitude(1,Amplitude[1]);
    }
```

## 9.4.4 实测数据

测量仪器设备如表 9-16 所示。

表 9-16 测量仪器仪表

| 测量仪器设备 | 型 号 |
|---|---|
| 稳压直流电源 | 固纬 GPD-3303S |
| 示波器 | 泰克 MDO4104C（1GHz/5Gsps） |

通过控制板对 AD9854 模块进行程序控制，将输出 SMA 接口接至示波器，示波器探头设置成 50Ω 负载进行匹配，输出波形对应关系如表 9-17 所示，实测波形如图 9-18 所示。

表 9-17 AD9854 输出波形

| 设 置 频 点 | 波 形 图 | 幅 度 | 设 置 频 点 | 波 形 图 | 幅 度 |
|---|---|---|---|---|---|
| I/Q 路正交 10kHz | 图 9-18（a） | 528mV | I/Q 路正交 50MHz | 图 9-18（e） | 520mV |
| I/Q 路正交 100kHz | 图 9-18（b） | 528mV | I/Q 路正交 100MHz | 图 9-18（f） | 280mV |
| I/Q 路正交 1MHz | 图 9-18（c） | 536mV | 比较器输出 10MHz | 图 9-18（g） | 4.12V |
| I/Q 路正交 10MHz | 图 9-18（d） | 464mV | 比较器输出 20MHz | 图 9-18（h） | 4.08V |

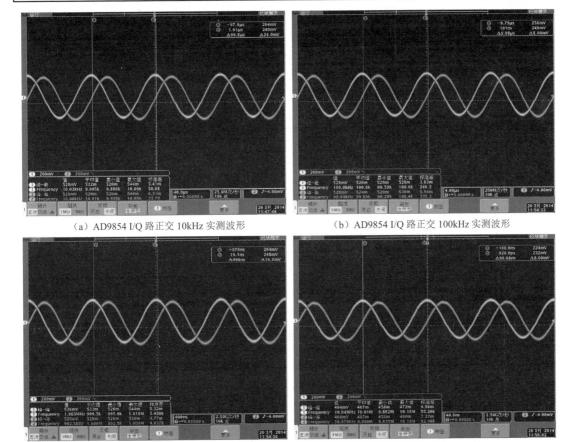

（a）AD9854 I/Q 路正交 10kHz 实测波形　　　　（b）AD9854 I/Q 路正交 100kHz 实测波形

（c）AD9854 I/Q 路正交 1MHz 实测波形　　　　（d）AD9854 I/Q 路正交 10MHz 实测波形

图 9-18　实测波形

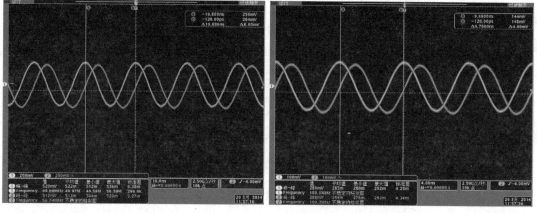

（e）AD9854 I/Q 路正交 50MHz 实测波形　　　　　（f）AD9854 I/Q 路正交 100MHz 实测波形

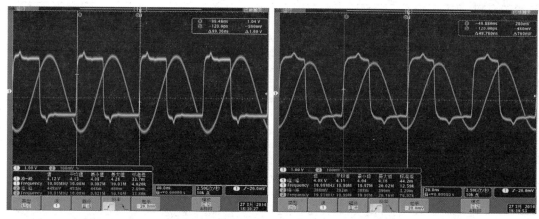

（g）比较器输出 10MHz 实测波形　　　　　（h）比较器输出 20MHz 实测波形

图 9-18　实测波形（续）

# 第 10 章　锁相环设计及实例解析

## 10.1　锁相环设计基础

### 10.1.1　锁相环基本组成及工作原理

锁相环电路是一种使输出反馈信号在频率和相位上均与输入信号同步的反馈闭环系统，被广泛地应用在现代通信系统中，经常为无线接收或发送系统提供本地振荡信号。其基本结构主要包括鉴频鉴相器、环路滤波器、电荷泵、压控振荡器及分频器。一个基本的锁相环结构模型如图 10-1 所示。

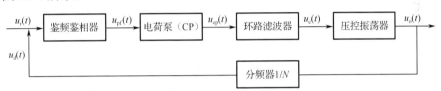

图 10-1　锁相环结构模型

锁相环的工作原理可简述如下：首先鉴频鉴相器把输出信号 $u_o(t)$ 和输入信号（或称参考信号）$u_r(t)$ 的相位频率进行比较，产生一个反映两信号相频差的脉冲信号 $u_{pf}(t)$，该信号对电荷泵电容进行充放电，环路滤波器限制电容上的电荷变化以此来稳定锁相环，经过环路滤波器的过滤得到控制电压 $u_c(t)$。$u_c(t)$ 调整压控振荡器（VCO）的频率向参考信号的频率靠拢，直至最后反馈信号 $u_d(t)$ 与参考信号 $u_r(t)$ 的频率相等且相位同步，即实现锁定后，两信号之间的相位差表现为一固定的稳态值。

### 10.1.2　锁相环各模块设计理论

#### 1. 鉴相器

1）模拟鉴相器

鉴相器种类繁多，既有数字电路也有模拟电路，首先采用正弦特性来分析模拟鉴相器是如何鉴别频率相位差的。输入信号 $u_r(t)$ 和反馈信号 $u_d(t)$ 分别加在此模块的输入两端，设输入信号为

$$u_r(t) = U_r \sin[\omega_r t + \theta_r(t)] \tag{10-1}$$

其中，$U_r$ 是输入信号振幅，$\omega_r$ 为输入信号的角频率，$\theta_r(t)$ 为输入信号的瞬时相位。同理，反馈信号表示为

$$u_d(t) = U_d \sin[\omega_d t + \theta_d(t)] \tag{10-2}$$

一般情况下，两信号的频率不同，为简化，重新定义输入信号的瞬时相位，可以写成

$$\omega_r t + \theta_r(t) = \omega_d t + (\omega_r - \omega_d)t + \theta_r(t) = \omega_d t + \theta_1(t) \tag{10-3}$$

$$\theta_1(t) = (\omega_r - \omega_d)t + \theta_r(t) = \Delta\omega_d t + \theta_r(t) \tag{10-4}$$

反馈信号的相位可以写为

$$\omega_d t + \theta_d(t) = \omega_d t + \theta_2(t) \tag{10-5}$$

其中，$\theta_2(t) = \theta_d(t)$。那么两路信号分别可以写成

$$u_r(t) = U_r \sin[\omega_r t + \theta_r(t)] \tag{10-6}$$

$$u_d(t) = U_d \cos[\omega_d t + \theta_2(t)] \tag{10-7}$$

模拟鉴相器的主要结构是乘法器，经过了模拟乘法器之后，输出电压为

$$u_{pf}(t) = k_m u_r(t) u_d(t) = k_m U_r U_d \sin[\omega_d t + \theta_1(t)]\cos[\omega_d t + \theta_2(t)]$$

$$= \frac{1}{2} k_m U_r U_d \sin[2\omega_d t + \theta_1(t) + \theta_2(t)] + \frac{1}{2} k_m U_r U_d \sin[\theta_1(t) - \theta_2(t)] \tag{10-8}$$

其中，$k_m$ 为鉴相器的增益系数。上式中，$2\omega_d$ 为高频项，通常会被环路滤波器滤掉，因此，鉴相器的输出可以表示为

$$u_{pf}(t) = \frac{1}{2} k_m U_r U_d \sin[\theta_1(t) - \theta_2(t)] \tag{10-9}$$

令 $U_{pf} = \frac{1}{2} k_m U_r U_d$ 为鉴相器的输出电压振幅，令 $\theta_e(t) = \theta_1(t) - \theta_2(t) = \Delta\omega_d t + \theta_r(t) - \theta_d(t)$ 则鉴相器的输出可以写成

$$u_{pf}(t) = U_{pf} \sin\theta_e(t) \tag{10-10}$$

因此，鉴相器的输出信号中就包含了有关输入的两路信号的频率和相位的差值的信息，因此模拟鉴相器相当于一个乘法器。

2）数字鉴相器

下面具体分析数字鉴相器的电路结构及工作原理。首先介绍数字鉴相器，以异或门鉴相器为例，其工作时序如图 10-2 所示。

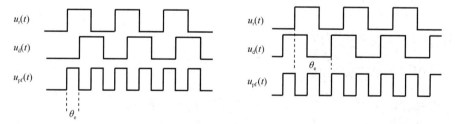

图 10-2　异或门鉴相器输入、输出波形

图 10-2 中两路输入信号的周期均为 $T$，当两路信号电压相等时，鉴相器的输出为低电平；反之，当两路信号电压相反时，鉴相器输出为高电平。由图 10-2 可以看出，鉴相器的输出信号周期为 $T/2$，$\theta_e$ 为两路输入信号间的相位误差，可以将鉴相器的输出平均电压表示为

$$u_{pf}(t) = \frac{1}{\pi} \int_0^{\theta_e} V_{pf} d\omega t = \frac{V_{pf}}{\pi} \theta_e, \quad 0 < \theta_e < \pi$$

$$u_{pf}(t) = \frac{1}{\pi} \int_0^{2\pi-\theta_e} V_{pf} d\omega t = V_{pf}\left(2 - \frac{\theta_e}{\pi}\right), \quad \pi < \theta_e < 2\pi \tag{10-11}$$

其中，$V_{pf}$ 为输出信号高电平的大小，若以相位误差 $\theta_e$ 为横坐标，平均电压 $u_{pf}(t)$ 为纵坐标，

则异或门鉴相器的特性如图 10-3 所示。

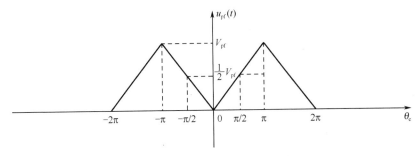

图 10-3 异或门鉴相器特性图

可以看出，两路信号相位误差 $\theta_e$ 越接近 180°，输出平均电压越大，当相位误差接近 0 或 360° 时，输出平均电压接近 0。鉴相器的鉴相灵敏度表示为鉴相器特性图中的直线斜率 $K_d = \pm \dfrac{V_{pf}}{\pi}$。从上述分析可以看出，鉴相器的输出平均电压与相位误差成比例，其相关系数就是鉴相器的鉴相灵敏度，并且此类鉴相器要求两路输入信号的占空比是 1:1，只能鉴别相位差，不能鉴别频率差，因此其鉴相范围受频率限制将会比较窄。鉴频鉴相器由于改善了上述鉴相器的缺点，因而得到了广泛的讨论和应用。

3）鉴频鉴相器

鉴频鉴相器是一种比较相位和频率的模块，由鉴相器衍生而来，用来比较输入的两路信号的相位和频率，并且输出一个与两路信号相位频率差相关的信号。

鉴频鉴相器具有以下特点：

① 环路的相位锁定性能具有理想二阶环的特性；

② 输出纹波小；

③ 具有鉴频鉴相的功能，鉴相范围宽，捕捉带等于同步带；

④ 便于集成，调整方便，性能可靠。

一个基本的鉴频鉴相器结构如图 10-4 所示，由两个带复位端的 D 触发器、一个与门和延时单元构成，输入两路，输出两路，对输入的两路信号的占空比不做要求。

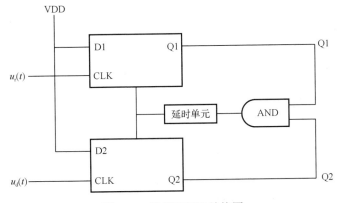

图 10-4 鉴频鉴相器结构图

图 10-4 中，将两个 D 触发器的输入端都接高电位，把整个锁相环的输入参考信号接入

其中一个 D 触发器的时钟端，锁相环的输出反馈信号接到另一个 D 触发器的时钟端。当输入参考信号的上升沿来临时，触发器 D1 将输入的高电平信号传给输出端 $Q1$；同样，当输出信号的上升沿来临时，触发器 D2 也将其输入端的高电平信号传给输出端 $Q2$。当 $Q1$ 和 $Q2$ 同时为高电位时，对两个 D 触发器同时进行复位，使得两个 D 触发器的输出端都变为低电位，同时等待下一个时钟上升沿的到来，两个输出信号 $Q1$ 和 $Q2$ 的电压平均值之差就是与锁相环输入与输出反馈信号的频率及相位之差成正比的电压分量，它们将控制下一级的电荷泵电路。假设触发器上升沿有效触发，则鉴频鉴相器的工作时序如图 10-5 所示。

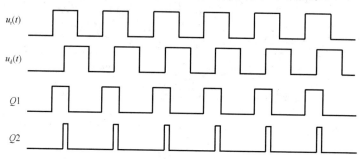

图 10-5　鉴频鉴相器工作时序

若输入信号超前于反馈信号，即如图 10-5 所示，则 $Q1$ 和 $Q2$ 分别控制电荷泵进行充放电，调整提高输出及反馈信号的频率，使得反馈信号逐步逼近输入信号；反之，若输入信号落后于反馈信号，那么 $Q2$ 将提前于 $Q1$ 先变化，同时控制电荷泵进行充放电，调整降低输出及反馈信号的频率，以减小反馈信号与输入参考信号之间的差距。图 10-5 所示的鉴频鉴相器工作时序是理想状态下没有延时效应的时序图，然而在实际中，D 触发器及门电路均是带有一定延时的电路，实际的时序如图 10-6 所示。

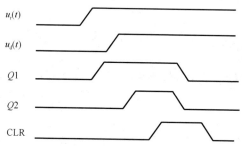

图 10-6　鉴频鉴相器实际工作时序（含传播延时）

从图 10-6 中可以看出，$Q1$ 和 $Q2$ 分别落后于 $u_r(t)$ 和 $u_d(t)$，CLR 是 $Q1$ 和 $Q2$ 经过相与之后的结果，由于门电路的延时，复位信号 CLR 也产生了延时，从而对触发器的输出 $Q1$ 和 $Q2$ 的复位也产生了一定的延时。由于实际电路中的延时和不理想因素，当两路输入信号 $u_r(t)$ 和 $u_d(t)$ 的跳变沿接近却不完全相等或者两路信号频率都较高时，$Q1$ 和 $Q2$ 的上升沿和下降沿均离得较近，导致复位信号 CLR 的脉冲宽度减小，若 $Q1$ 和 $Q2$ 的脉冲宽度过小以致无法控制电荷泵的开关时间，那么将导致电荷泵无法正常工作，系统进入死区。为了尽量消除死区，鉴频鉴相器电路中一般会在复位信号进入触发器复位端之前加入延时单元，用来增大 $Q1$ 和 $Q2$ 的脉冲宽度。

## 2．电荷泵

电荷泵在整个锁相环中的作用是将鉴频鉴相器的输出信号 $Q1$ 和 $Q2$ 这样的数字信号转换为模拟电压信号，从而控制压控振荡器（VCO）。电荷泵电路主要由电流源和开关组成，其基本原理是给电容充电，把电容从充电电路中取下以隔离充进的电荷，然后连接到另一个电路上，传递刚才隔离的电荷。可以形象地把这个传递电荷的电容看成"装了电子的水桶"。从一个大水箱把这个水桶接满，关闭水龙头，然后把水桶里的水倒进另一个大水箱[8]。电荷泵也称为开关电容式电压变换器，是一种利用所谓的"快速"或"泵送"电容，而非电感或变压器来储能的 DC-DC 变换器（直流变换器）。它能使输入电压升高或降低，也可以用于产生负电压。其内部的 MOSFET 开关阵列以一定的方式控制快速电容器的充电和放电，从而使输入电压以一定因数（1/2、2 或 3）倍增或降低，从而得到所需要的输出电压。

## 3．环路滤波器

鉴频鉴相器的输出包含直流分量和高频分量，为了得到直流分量，也即稳定的压控振荡器输入控制电压，需要一个低通滤波器对其滤波。该低通滤波器改变了锁相环传递函数的带宽、衰减因子等参数，对环路性能有极大的影响。因为它除了有低通滤波作用，还可以校正环路的动态性能，与环路的捕捉、稳定、环路带宽和对噪声抑制都有关系，在设计中是一个最为灵活的部件，同时也是一个很关键的部件。低通滤波器的设计决定了整个锁相环的工作特性，不同形式滤波器的锁相环有着不同的跟踪特性。

环路滤波器可分为有源滤波器和无源滤波器，根据其线性模型中所提供的极点个数，又分为一阶或多阶。各种滤波器具有不同的优缺点，有源滤波器的增益可以有效控制，且精度高，但是成本高，功耗大，不适用于高频滤波。而对于无源滤波器，因为是分立元件电路，所以电阻和电容值不能较精确地控制，误差很大，且放大倍数小，不容易调节前向传递函数的增益，而增益是锁相环的重要参数（其他参数有稳定性、响应速度等），但无源滤波器具有结构简单、所占的硅片面积小、成本低的优势。通常电路在满足要求的情况下，一般使用结构简单的无源滤波器。由锁相环的线性模型可知，鉴频鉴相器不提供极点而压控振荡器有一个极点，所以锁相环的阶数比低通滤波器的阶数多一阶。当滤波器的阶数高于 3 阶时，锁相环电路的稳定性将是一个需要考虑的问题，所以若整个环路选择 2 阶特性，环路滤波器就要选择 1 阶的 RC 滤波器。但在实际的电路中，为了滤除相位锁定状态时的尖脉冲，往往有一个电容直接接在电流输出和地之间。这样就增加了 1 阶，从而形成一个 2 阶滤波器，整个环路也变为 3 阶锁相环电路。

锁相环电路使用的滤波器主要有以下 3 种。

（1）RC 积分滤波器

如图 10-7 所示，RC 积分滤波器是最简单的低通滤波器，其传输函数是 $F(s) = \dfrac{1}{1+s\tau}$，其中 $\tau = RC$ 是时间常数。

（2）2 阶无源滤波器

图 10-8 所示是最简单的 2 阶无源低通滤波器，其传输函数是 $F(s) = \dfrac{s\tau_2 + 1}{1 + s(\tau_1 + \tau_2)}$，其中 $\tau_1 = R_1 C$，$\tau_2 = R_2 C$。

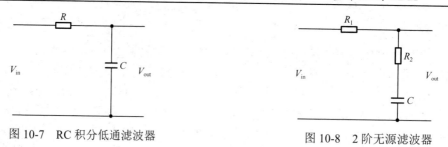

图 10-7 RC 积分低通滤波器

图 10-8 2 阶无源滤波器

（3）有源滤波器

图 10-9 所示的有源滤波器的传输函数是 $F(s) = \dfrac{1 + s\tau_2}{s\tau_1}$，其中 $\tau_1 = R_1 C$，$\tau_2 = R_2 C$。

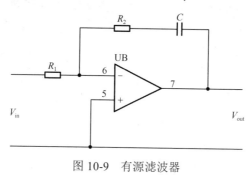

图 10-9 有源滤波器

### 4. 压控振荡器

压控振荡器（VCO）是锁相环中一个重要的模块，是一种由电压控制的频率可调的振荡器，图 10-10（a）所示为压控振荡器模型，图 10-10（b）所示为压控振荡器控制特性。模块输出的频率是输入电压的线性函数，其表达式为

$$\omega_v = \omega_0 + K_{vco} U_c \tag{10-12}$$

其中，$\omega_v$ 为 VCO 的瞬时角频率；$U_c$ 为 VCO 的输入电压；$K_{vco}$ 为线性特性斜率，表示压控增益，因此又称为 VCO 的控制灵敏度或增益系数，单位为 rad/(s·V)或 Hz/V。

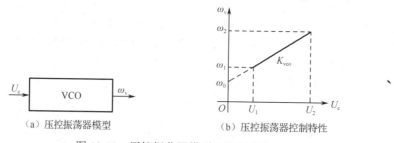

（a）压控振荡器模型

（b）压控振荡器控制特性

图 10-10 压控振荡器模型及控制特性

对于一个正弦 VCO，其数学表达式可以表示成

$$u(t) = A\cos\left(\omega_0 t + K_{vco}\int U_c \mathrm{d}t\right) \tag{10-13}$$

在实际电路中，$K_{vco}$ 受控制电压 $U_c$ 的影响，且随着 $K_{vco}$ 绝对值的增大最终减小到零。若 $U_c(t) = U_m \cos\omega_m t$，则有 $u(t) = A\cos\left(\omega_0 t + \dfrac{K_{vco}}{\omega_m} U_m \sin\omega_m t\right)$，随着 $\omega_m$ 增加，$\dfrac{K_{vco}}{\omega_m}$ 减小，使得

VCO 自然地抑制输入控制电压中的高频成分。

在锁相环的分析中，把 VCO 看作输入和输出分别为控制电压和剩余相位的系统，即 $\phi_{ex}=K_{vco}\int U_c dt$，VCO 的工作就像一个理想的积分器，给出的传输函数为

$$\frac{\phi_{ex}}{U_c}(s) = \frac{K_{vco}}{s} \tag{10-14}$$

压控振荡器主要分为两种：环形压控振荡器和 LC 压控振荡器。环形压控振荡器是现在使用非常普遍的一种结构，其调节范围较大，面积较小，结构简单，但是相位噪声不好。而 LC 压控振荡器的相位噪声好，振荡频率非常高，可以达到几吉赫兹，因此在射频集成电路中应用广泛。LC 压控振荡器最大的优点之一就是可以获得非常好的相位噪声特性，然而目前主流的 CMOS 工艺对制造高 $Q$ 值的电感比较困难，而且往往不能提供精确的电感模型，因此使得芯片面积较大。

在实际电路中往往会出现各种各样的问题，压控振荡器也存在噪声方面的问题。

压控振荡器的噪声主要来源有两个方面：外界的环境噪声和器件内部的电子噪声。环境噪声包括电源噪声和衬底噪声。器件内部的电子噪声包括热噪声和闪烁噪声，由于热噪声和闪烁噪声来源于电子器件，因此通过减少元件数目，简化电路结构，可抑制热噪声和闪烁噪声。电源噪声和衬底噪声属于相关噪声源，利用这种相关性，通过电路和版图的规则性、对称性及相同的负载等措施，可抑制电源噪声和衬底噪声。

环形压控振荡器主要有两种类型：由差分延时单元组成的差分环形 VCO 和由单端反相器延时单元组成的单端环形 VCO。差分环形 VCO 由于采用了差分结构，具有对称性，对环境噪声有较强的抑制能力，但和单端环形 VCO 相比，差分结构的延时单元电路复杂，元器件多，这样会导致热噪声和闪烁噪声。而单端环形 VCO 的电路结构简单，内部元器件少，因此，对元器件内部热噪声和闪烁噪声的抑制能力较强；但是因其不存在对称的差分结构，易受环境噪声的干扰。

### 5. 分频器

在锁相环电路中，分频器的主要工作是将输出信号的频率分到参考信号的频率，是整个锁相环中工作频率最高的模块，在小数分频锁相环中也扮演了重要的角色。分频器可以分为模拟分频器和数字分频器，模拟分频器工作频率很高，但是其结构复杂、成本较高。数字分频器由触发器构成，在整数分频锁相环电路中，分频器结构较为单一，频率分辨率较低；而在小数分频锁相环电路中，运用到双模分频器，可编程计数分频器等数字元件。根据分频需要采用不同的分频器。

## 10.2　锁相环设计中的关键技术参数

在设计频率合成器的过程中，对频率合成器的成本、尺寸、功耗等起决定作用的主要是以下五大参数：①频率合成器的输出频率范围；②频率间隔；③锁定时间；④频率合成器的相位噪声；⑤输出杂散。其中最重要的两个参数为相位噪声和输出杂散，相位噪声将影响电路输出信号精确度及电路工作稳定度，杂散则决定频率合成器输出信号纯度。

### 10.2.1　频率范围

频率范围是指频率合成器输出最低频率和输出最高频率之间的变化范围，包括中心频率和带宽两个方面的含义。锁相环频率合成器的频率范围由压控振荡器的控制电压的范围决定。

### 10.2.2　频率稳定度及精确度

频率合成器输出频率的稳定度及精确度是非常重要的两个性能指标。频率合成器的输出频率稳定度将决定通信系统的频率稳定度，其精确度将决定通信系统调制解调后的输出频率的精确度。这两个性能也是衡量频率合成器稳定性的主要指标。设 $f_r$ 为频率合成器的实际输出频率，$f_o$ 为标称输出频率，可以得到频率合成器输出频率精确度表达式

绝对精度：
$$\Delta f = f_r - f_o \tag{10-15}$$

相对精度：
$$\frac{\Delta f}{f_o} = \frac{f_r - f_o}{f_o} \tag{10-16}$$

### 10.2.3　频率间隔

频率合成器输出的频率是一系列离散频率。频率间隔是指两个输出频率的最小间隔，也称频率分辨率。因为在锁定条件下，压控振荡器的输出频率 $f_{vco} = (N/M)f_{ref}$，其中 $f_{ref}$ 为输入参考频率，$N/M$ 为分频比，所以频率间隔为参考频率最小分频比的倍数。这意味着给定频率间隔的情况下，分频比越小，需要更高频的输入参考频率。为了获得更大的环路带宽、较快的捕获时间和良好的相位噪声性能，输入参考频率越高越好，因此，较小的分频比被广泛应用。

### 10.2.4　锁定时间

PLL 频率合成器的锁定时间是指上电到环路锁定或从一个频率点锁定到另一个频率点所需要的时间。环路带宽直接决定了锁定时间。环路带宽越大，锁定时间越短；反之，锁定时间越长。然而，环路带宽不能无限增大，原因如下：首先，为了保证环路稳定性，环路带宽应为鉴频鉴相器输入参考信号的 1/10；其次，在有些应用场合，为了保证低噪声输出，环路带宽应尽量小。减小锁定时间的方法有以下几种。

（1）增大鉴相频率。鉴相频率决定了反馈分频和参考频率的比较速度，从而加快了电荷泵对环路滤波器的充放电，以快速到达预定的控制电压，有效减小锁定时间。需要注意的是，鉴相频率的增大，往往意味着需要增加环路带宽。

（2）采用两个锁相环，乒乓式工作。两个频率之间采用高速开关进行切换。

（3）采用具有快速锁定功能的锁相环产品。

（4）环路滤波器的电容应选用低介电吸收（DA）的电容，如介质为聚丙烯材料的电容，其 DA 典型值为 0.001%～0.02%。

（5）避免控制电压工作在地和电荷泵电压 $V_p$ 附近。相应地，输出频率的控制电压最好在 $V_p/2$ 附近。

### 10.2.5　频谱纯度

当环路锁定时，频率合成器应该输出严格稳定的周期波形，但实际电路中存在各种非理

想因素，导致输出波形存在相位噪声和幅度噪声。相位噪声在时域中称为抖动，是指波形的过零点围绕理想值随机波动，即相位的随机变化；在频域中则表现为频率的变化。如图 10-11（a）和 10-11（b）所示。相位噪声或抖动是一个描述锁相环频率合成器频谱纯度的重要参数。

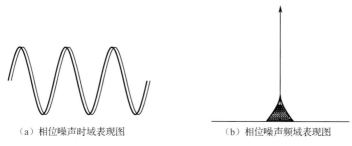

（a）相位噪声时域表现图　　　　　　　（b）相位噪声频域表现图

图 10-11　相位噪声在时域和频域中的表现图

　　另一个影响频谱纯度的参数是幅度噪声，它在频域和时域中的噪声表现如图 10-12（a）和图 10-12（b）所示。显然，在频谱图中，中心频率两边产生了大量的旁频。导致这些干扰信号的主要原因是控制电压中的纹波，许多电路中的非理想因素会引起控制电压的纹波，如鉴频鉴相器的死区、电荷泵电流的不匹配和滤波器与电荷泵间的电荷分配等。通过减小环路滤波器的截止频率可抑制这些干扰和噪声，这将导致环路带宽减小，锁定时间增大。当然，减小带宽也能抑制相位噪声。

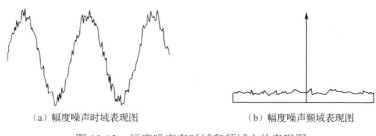

（a）幅度噪声时域表现图　　　　　　　（b）幅度噪声频域表现图

图 10-12　幅度噪声在时域和频域中的表现图

## 10.2.6　相位噪声

　　在锁相环频率合成器中，相位噪声是影响接收机电路灵敏度的最主要的因素。当电路中相位噪声较大时，会造成电路中信号阻塞，降低信道的信噪比。根据噪声的来源，电路中的噪声可以分为两类：一类是来自输入参考频率 $f_{\text{ref}}$ 的噪声；另一类来自电路内部元器件，如电阻、电容和二极管等，主要包括热噪声和散粒噪声。

　　热噪声是由半导体中自由电子的随机热运动，在导体上产生的交流电压而导致的。热噪声的幅度呈高斯分布，其噪声频谱与频率无关。在元器件中还存在散粒噪声，它是由自由电子以带电粒子的形式流动而形成随时间波动的电流而产生的。与热噪声相似，散粒噪声是由一个大数量的独立成分组成的，它的幅度呈高斯分布。

　　在频率合成器电路中，噪声主要来源于压控振荡器和混频器电路。同时电路输出负载也会导致输出信号产生相位噪声。通常情况下有两种方式表示相位噪声。在理想情况下，频率合成器产生的输出为一个正弦波信号，表示如下：

$$V_{\text{o}}(t) = V_{\text{om}} \sin(2\pi f_0 t) \tag{10-17}$$

由于电路中有幅度和相位的抖动，其中幅度抖动和相位抖动分别用 $v(t)$ 和 $\varphi(t)$ 表示，因此频率合成器实际输出函数为

$$V_o(t) = [V_{om} + v(t)]\sin[2\pi f_0 t + \varphi(t)] \tag{10-18}$$

幅度抖动可以通过电路的非线性来降低，因此这里仅考虑输出信号中的相位抖动，在实际电路中存在周期性相位抖动和随机相位抖动两种类型的相位抖动，所以 $\varphi(t)$ 可以表示为

$$\varphi(t) = \Delta\varphi\sin(2\pi f_p t) + \varphi(t) \tag{10-19}$$

等式右边第一项为周期性相位抖动。通常情况下 $v(t) \ll 1$，将周期性相位抖动代入式（10-17）可以得到

$$V_o(t) = V_{om}\sin[2\pi f_0 t + \Delta\varphi\sin(2\pi f_p t)]$$
$$= V_{om}\{\sin[2\pi f_0 t]\cos(\Delta\varphi\sin(2\pi f_p t)) + \cos(2\pi f_0 t)\sin[\Delta\varphi\sin(2\pi f_p t)]\} \tag{10-20}$$

因为 $\Delta\varphi \ll \dfrac{\pi}{2}$，所以

$$V_o(t) \approx V_{om}[\sin(2\pi f_0 t) + \Delta\varphi\cos(2\pi f_0 t)\sin(2\pi f_p t)]$$
$$= V_{om}\{\sin(2\pi f_0 t) + \frac{\Delta\varphi}{2}\sin[2\pi(f_0 - f_p)] + \frac{\Delta\varphi}{2}\sin[2\pi(f_0 + f_p)]\} \tag{10-21}$$

通过式（10-20）可以得到，周期性相位抖动在距离载波 $f_p$ 处的谐波幅度，即在 $f_0 + f_p$ 及 $f_0 - f_p$ 处的幅度。图 10-13 为其频谱图。

由于电路中相位噪声的存在，输出信号的功率谱密度不是一条直线，而是以载波频率为中心向两边扩展的形式，如图 10-14 所示。

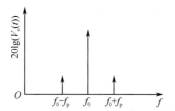

图 10-13　周期性相位抖动频谱图

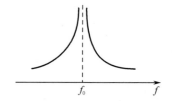

图 10-14　信号输出功率谱密度

常用的相位噪声定义是：在频率合成器输出信号的频谱上，偏离载波频率 $\Delta f$ 处，1MHz 带宽内单边带噪声功率和载波功率的比值，以分贝表示，其单位为 dBc/Hz。表达式如下：

$$L\Delta f = 10 \cdot \lg\left(\frac{\text{偏离载波频率}\Delta f\text{处的单位带宽内的噪声功率}}{\text{载波功率}}\right) \tag{10-22}$$

在电路设计中主要通过对系统中最能产生相位噪声的单元进行优化设计来降低噪声，如压控振荡器、限幅器等。此外还可使用晶体滤波器或锁相环电路来减少电路中的相位噪声。

## 10.2.7　输出杂散

频率合成器的输出杂散参数可用来评判多种频率合成技术的优点和不足。它主要表示在频率合成器系统中产生的不需要的频率成分。在频谱上表现为，系统带宽内除载波频率以外的信号。根据来源可以将杂散信号分为两种：一种是由外部辐射进入系统中的信号成分；另一种由系统内部产生，主要包括因电路的非线性等特性而产生不需要的信号成分。

在电路设计中，抑制杂散的方法是利用有源滤波器或无源滤波器。该种方法要求设计高

性能的带通滤波器。减少杂散的常用方法还有将锁相环当作倍频器，或将数字分频器当作带宽滤波器，以及将数字锁相环当作混频器来使用。

# 10.3　MB1504 调频发射机设计实例

## 10.3.1　MB1504 性能指标

MB1504 为日本富士通公司开发的大规模集成数字锁相环频率合成器。MB1504 采用 Bi-CMOS 工艺，是一种具有吞除脉冲功能的单片串行集成锁相频率合成器芯片。MB1504 系列芯片包含内部振荡器、参考分频器、可编程分频器、鉴相器、锁存器、移位寄存器、双模高速前置分频器和移位控制锁存器等主要部件。只需外接环路滤波器、压控振荡器、单片微处理器等电路即可构成一个完整的频率合成器。

MB1504 性能指标如下。

① 频率范围：最高可达 520MHz；

② 高灵敏度：最小输入峰-峰值电压仅 200mV；

③ 宽工作电压：2.7～5.5V；

④ 低功耗： 30mW@3.0V，520MHz；

⑤ 芯片内集成双模高速前置分频器，可选择 32/33 或 64/65 两种分频比。

## 10.3.2　硬件设计

### 1. 原理图设计

MB1504 引脚说明如表 10-1 所示。

表 10-1　MB1504 引脚说明

| 引　　脚 | 名　　称 | 功　　能 | 引　　脚 | 名　　称 | 功　　能 |
|---|---|---|---|---|---|
| 1 | OSCIN | 振荡器 OSC 输入端 | 9 | CLK | 时钟输入端 |
| 2 | OSCOUT | 振荡器 OSC 输出端 | 10 | DATA | 串行编程数据入口 |
| 3 | VP | 电荷泵电源输入端 | 11 | LE | 使能输入端 |
| 4 | VCC | 芯片工作电源端 | 12 | FC | 电荷泵特性设置端 |
| 5 | DO | 充电泵源输出端 | 13 | FR | 基准频率 |
| 6 | GND | 芯片地 | 14 | FP | 可编程分频器输出端 |
| 7 | LD | 锁定指示端 | 15 | $\phi$P | 鉴相器输出端 |
| 8 | FIN | 前置分频器输入端 | 16 | $\phi$R | 鉴相器输出端 |

图 10-15 所示为 MB1504 调频发射机设计原理图，主要包含锁相环部分、环路滤波器部分、克拉泼振荡器部分、音频电路输入部分、电源部分及电压跟随器电路。JP2 为 MB1504 数据接口，包含 LE、DATA、CLK 数据通信接口；CRY1 为锁相环本振输入晶振，采用 8MHz 无源晶振；R8、R11、C19、R9、C16、R10、C17 构成环路滤波器；D4、D5、L2、C10、C9、C18、T1、R7 构成克拉泼振荡电路；J1 为电源输入接口，采用+9V 供电，经过 U1 稳压芯片后得到+5V 电压；SMA1 为信号输出端，信号经过由三极管 T2 构成的电压跟随器后输出；J6 为音频信号输入端。

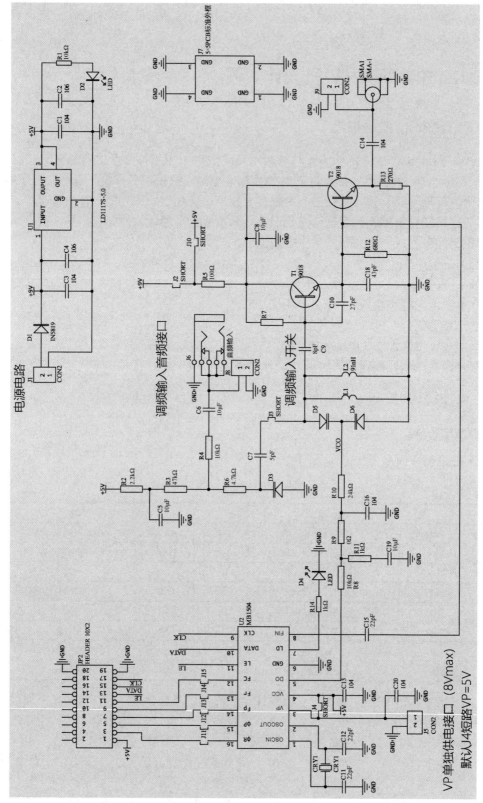

图10-15　MB1504调频发射机设计原理图

## 2．环路滤波器设计

环路滤波器的主要指标是带宽、直流增益和高频增益，它由滤波器的时间常数和滤波器的类型决定。简单 RC 滤波器的高频增益为零。比例积分滤波器在高频时有一定的增益，这对锁相环的捕捉特性有利。

为了满足锁相调频的要求，环路仅对 VCO 中的频率不稳定所引起的缓变分量有所反映，因此环路滤波器的通频带很窄，保证调制信号的频谱分量处于低通滤波器频带之外而不能形成交流反馈，这是一种载波跟踪环。

采用简单的无源比例积分滤波器和简单 RC 滤波器串联作为环路滤波器。通过滤波器仿真软件得到的模型及仿真结果如图 10-16 所示。

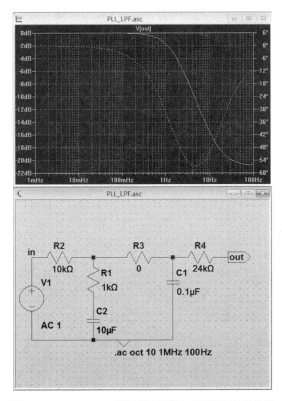

图 10-16　MB1504 环路滤波器设计模型及仿真结果

## 3．压控振荡器电路设计

压控振荡器（VCO）也是利用变容二极管作为可控电抗管接入振荡回路来实现可控振荡频率的。

该设计由 D4、D5、L2、C10、C9、C18、T1、R7 构成克拉泼振荡电路。

振荡频率计算公式如下：

$$F_{vco} = \frac{1}{2\pi\sqrt{L\left(C_d + \dfrac{1}{C_9} + \dfrac{1}{C_{10}} + \dfrac{1}{C_{13}}\right)}} \tag{10-23}$$

三极管接入系数计算公式如下：

$$P_{ce} = C_\Sigma / C_{13} \tag{10-24}$$

所以，$C_{13}$ 越大，三极管接入系数越小，等效负载电阻越小，电压增益越小。

**4. PCB 版图设计**

根据 MB1504 电路原理图制作电路板，元器件的 PCB 布局如图 10-17 所示。

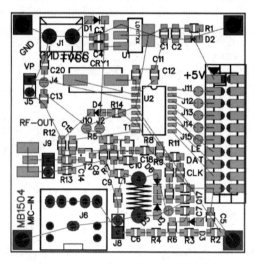

图 10-17　MB1504 元器件 PCB 布局

## 10.3.3　软件设计

### 1. 锁相环频率计算

当锁相环锁定时，输出频率为

$$f = M \times f_R \tag{10-25}$$

其中，$f$ 为输出频率；$f_R$ 为参考频率；$M$ 为程序分频器总分频比，$M = N_P \times P + A$；$N_P$ 为程序分频比；$P$ 为前置分频比；$A$ 为吞吐计数器预置数。

设计采用高精度晶体振荡器，频率为 8MHz，设基准频率为 $f_R$，则基准分频比 $N_P = \dfrac{8\text{MHz}}{2\text{kHz}} = 4000$。前置分频器采用 64/65 分频比，频率范围为 85～110MHz，则 $M = \dfrac{f}{f_R}$，$N_P = \left[ \dfrac{M}{64} \right]$，$A = M - 64 \times N_P$，经计算 $M$ 的范围为 42500～55000，$N_P$ 为 664～859，$A$ 为 4～63，满足 MB1504 中 $A = 0 \sim 127$，$N_P = 16 \sim 2047$ 的预置数范围。因此，在上述范围内，改变 $N_P$ 和 $A$ 的预置数值，即可获得频率为 $f$ 的正弦信号。

### 2. MB1504 控制字及时序说明

MB1504 芯片内含一个 14 位可编程参考频率分频器、一个输入频率最高为 520MHz 且分频比可选择（$P = 32$ 或 64）的双模前置分频器和一个 18 位的可变分频器（由 7 位的吞脉冲计数器和 11 位的可编程计数器组成），另外还包含一个鉴相器、一个电荷泵和两个移位寄存器和锁存器。控制数据由两组串行数据构成，分别为 16 位的参考频率分频器控制数据（见图 10-18）和 14 位的可编程分频器控制数据（见图 10-19）。

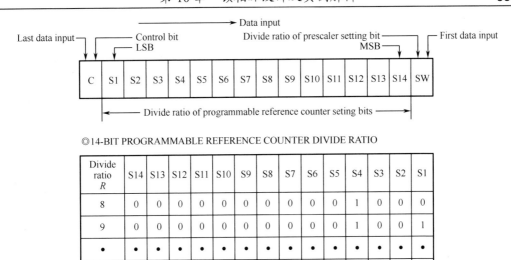

图 10-18 参考频率分频器控制数据

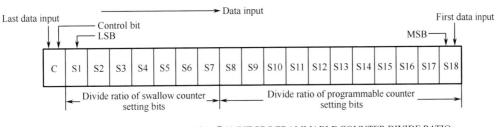

图 10-19 可编程分频器控制数据

图 10-18 中，SW 为双模前置分频器的分频比控制位。SW=1 时，分频比为 32/33。SW=0 时，分频比为 64/65。S1～S14 为参考频率分频器的分频比（$R$）的二进制值，该值的范围为 8～16383（$R$ 小于 8，分频器将出现错误），S1 对应 14 位数据的最低位，S14 对应 14 位数据的最高位。C 位为串行数据控制位，当输入参考频率分频器控制数据时，C=1。数据输入时由 SW 位开始输入，结束于 C 位。

图 10-19 中，S1～S7 为 A 计数器的数据位，该值的范围为 0～63，S1 对应 A 计数器数据的最低位，S7 对应 A 计数器数据的最高位，S8～S18 为 N 计数器的数据位，该值的范围为 16～2047（若小于 16，分频器将出现错误），S8 对应 N 计数器数据的最低位，S18 对应 N

计数器数据的最高位。在进行分频比的设定值中，A 计数器的值只能小于 N 计数器的值，否则电路不能正常工作，C 位为串行数据控制位，当输入可编程分频器控制数据时，C=0。数据由 S18 位开始输入，结束于 C 位。

### 3．程序源码

MB1504 与单片机 I/O 口连接的引脚包含 CLK、DATA、LE，基准频率选用 8MHz，通过芯片的初始化函数及频率输出函数，最后频率合成输出为 100MHz。核心程序代码如下：

```
//写频率控制字值
void FrequenceToSend( unsigned int FrequenceD )
{
    unsigned char AD = 0, i = 0;
    unsigned int ND = 0, MiddleF = 2000;
        MiddleF = FrequenceD + ERROR;  //加上晶振误差
        ND = ( unsigned int ) ( MiddleF / 32 );
        AD = ( unsigned char ) ( MiddleF % 32 );
        ND = ND << 5;
        AD = AD << 1;
        AD = AD & 0xef;
        Send11Bit( ND );
        Send8Bit( AD );
}
u16 FreqSet=10000;  //设定频率值（单位 10kHz），默认为 100MHz，
FrequenceToSend( FreqSet );//送初始频率
```

## 10.3.4  测试结果分析

测量仪器设备如表 10-2 所示。

表 10-2　测量仪器设备

| 测量仪器设备 | 型　　号 |
|---|---|
| 稳压直流电源 | 固纬 GPD-3303S |
| 示波器 | 泰克 MDO3022（带 200MHz 频谱仪） |

最终的合成信号采用混合域示波器测量，实测数据如表 10-3 所示。将 MB1504 调频发射模块的输出接入混频域示波器，当没有调制信号输入时，输出载波波形如图 10-20 所示，频谱如图 10-21 所示；当加入 10kHz 正弦波调制信号后，输出调频信号的频谱如图 10-22 所示。

表 10-3　MB1504 实测数据

| 设置的频点 | 载波波形 | 载波频谱 | 加入 10kHz 正弦波调制信号后调频输出频谱 |
|---|---|---|---|
| 85MHz | 图 10-20（a） | 图 10-21（a） | 图 10-22（a） |
| 95MHz | 图 10-20（b） | 图 10-21（b） | 图 10-22（b） |
| 100MHz | 图 10-20（c） | 图 10-21（c） | 图 10-22（c） |
| 110MHz | 图 10-20（d） | 图 10-21（d） | 图 10-22（d） |

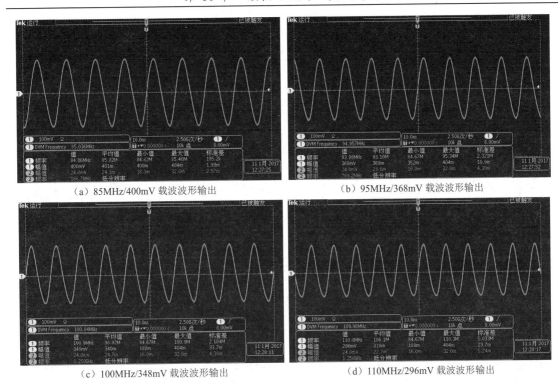

(a) 85MHz/400mV 载波波形输出　　　　　　　(b) 95MHz/368mV 载波波形输出

(c) 100MHz/348mV 载波波形输出　　　　　　　(d) 110MHz/296mV 载波波形输出

图 10-20　载波波形输出

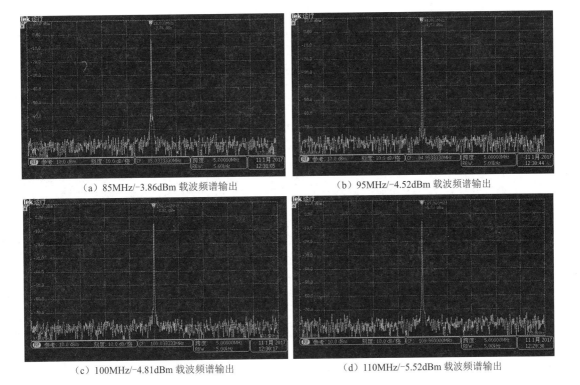

(a) 85MHz/-3.86dBm 载波频谱输出　　　　　　(b) 95MHz/-4.52dBm 载波频谱输出

(c) 100MHz/-4.81dBm 载波频谱输出　　　　　　(d) 110MHz/-5.52dBm 载波频谱输出

图 10-21　载波频谱输出

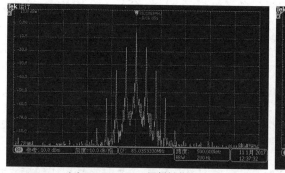

（a）85MHz/10kHz 调频频谱输出

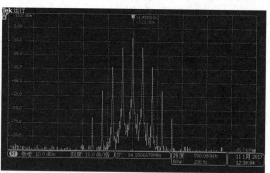

（b）95MHz/10kHz 调频频谱输出

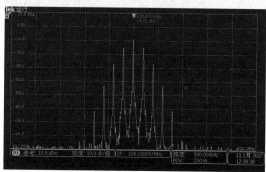

（c）100MHz/10kHz 调频频谱输出

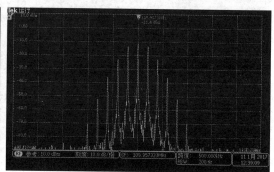

（d）110MHz/10kHz 调频频谱输出

图 10-22　调频频谱输出

# 10.4　ADF4350 锁相环设计实例

## 10.4.1　ADF4350 性能指标

ADF4350 结合外部环路滤波器和外部基准频率使用时，可实现小数 $N$ 分频或整数 $N$ 分频的锁相环（PLL）频率合成器。

ADF4350 是一款内置片上低噪声压控振荡器（VCO）的锁相环频率合成器。这款完整的频率合成器支持 137.5～4400MHz 范围内的连续调谐。片上 VCO 在 2.1GHz 工作频率、1MHz 偏移处的相位噪声为-137dBc/Hz，在 137.5MHz 工作频率、1MHz 偏移处的相位噪声为-155dBc/Hz，这相当于 2.1GHz 频率下的综合均方根（RMS）相位误差为 0.36°，137.5MHz 频率下的综合均方根相位误差为 0.02°。ADF4350 内置的 VCO 可以覆 2200～4400MHz 的频率范围。另外，ADF4350 提供两个射频输出端口，使用户可对输出功率进行数字编程。与其他同类产品不同，ADF4350 支持整数 $N$ 分频与小数 $N$ 分频工作模式，允许用户通过软件控制方法确定最佳杂散与相位噪声性能，从而实现最佳的性能。此外，片上 1/2/4/8/16 分频电路使用户能够生成低至 137.5MHz 的射频输出频率。

（1）性能指标

① 输出频率范围：137.5～4400MHz；

② 小数 $N$ 分频频率合成器和整数 $N$ 分频频率合成器；

③ 具有低相位噪声的 VCO；

④ 可编程 1/2/4/8/16 分频输出；

⑤ 均方根（RMS）抖动：小于 0.4ps/rms（典型值）；

⑥ 电源电压：3.0～3.6V；逻辑兼容性：1.8V；

⑦ RF 输出静音功能，模拟和数字锁定检测；

⑧ 可编程双模预分频器：4/5 或 8/9，可编程的输出功率；

⑨ 三线式串行接口，在带宽内快速锁定模式。

（2）应用

① 无线基础设施（WCDMA、TD-SCDMA、WiMAX、GSM、PCS、DCS、DECT）；

② 测试设备；

③ 无线局域网（LAN），有线电视设备；

④ 时钟产生。

## 10.4.2　硬件设计

ADF4350 引脚功能说明如表 10-4 所示。

表 10-4　ADF4350 的引脚功能说明

| 引脚 | 名称 | 功　　能 | 引脚 | 名称 | 功　　能 |
|---|---|---|---|---|---|
| 1 | CLK | 串行时钟输入端。高阻 CMOS 输入，数据在时钟上升沿锁存在 32 位移位寄存器中 | 11 | AGNDvco_1 | VCO 模拟地 |
| 2 | DATA | 串行数据输入端。高阻 CMOS 输入，串行数据首先加载 MSB，第三位 LSB 为控制位 | 12 | RFOUTA+ | VCO 输出 |
| 3 | LE | 加载使能端。CMOS 输入，当 LE 为高电平时数据存入移位寄存器 | 13 | RFOUTA- | 互补 VCO 输出 |
| 4 | CE | 芯片使能端。该引脚为逻辑低电平时，关闭装置，使电荷泵处于三态模式；为逻辑高电平时，由电源关闭位的状态启动装置 | 14 | RFOUTB+ | 辅助 VCO 输出 |
| 5 | SW | 快锁开关。环路滤波器与该引脚相连即可使用快锁模式 | 15 | RFOUTB- | 互补辅助 VCO 输出 |
| 6 | VP | 电荷泵电源。该引脚相当于 AVDD，去耦电容尽可能放置在靠近该引脚的位置 | 16 | Vvco | VCO 电源 |
| 7 | CPOUT | 电荷泵输出端。启动时，提供 ICP 给外部环路滤波器，连接环路滤波器至 VTUNE 以驱动内部 VCO | 17 | Vvco_1 | VCO 电源 |
| 8 | CPGND | 电荷泵地，CPOUT 返回引脚 | 18 | AGNDvco | VCO 模拟地 |
| 9 | AGND | 模拟地，AVDD 的地返回引脚 | 19 | TEMP | 温度补偿输出 |
| 10 | AVDD | 模拟电源。电源范围 3.0～3.6V。去耦电容到地尽可能放置在靠近该引脚的位置，AVDD 必须和 DVDD 的值相同 | 20 | VTUNE | 控制 VCO 的输入。该电压由滤波 CPOUT 输出电压得到，它决定输出频率 |

续表

| 引脚 | 名称 | 功　能 | 引脚 | 名称 | 功　能 |
|---|---|---|---|---|---|
| 21 | AGNDvco | VCO 模拟地 | 27 | DGND | 数字地 |
| 22 | RESET | 在该端与地之间连接一个电阻,设置电荷泵输出电流,在 RESET 端标称偏置电压为 0.55V,ICP 和 RESET 的关系式为 ICP= 25.5/RESET | 28 | DVDD | 数字电源 |
| 23 | VCOM | 在一半调谐范围内,内部补偿其偏差 | 29 | REFIN | 参考输入。这是一个以 VDD/2 为标称起点的 CMOS 输入,相当于 100kΩ 输入电阻的 DC。该输入电压能够驱动一个 TTL 或 CMOS 晶体振荡器,也可以进行交流耦合 |
| 24 | VREF | 参考电压 | 30 | MUXOUT | 多路复用器输出 |
| 25 | LD | 锁定检测输出引脚 | 31 | SDGND | 数字调制器接地 |
| 26 | PDRF | RF 关断 | 32 | SDVDD | 数字调制器电源 |

图 10-23 所示为 ADF4350 原理图,CR1 为 25MHz 本振信号,J1 和 J4 的通断可以选择是通过外时钟输入还是有源晶振输入;JP1 为数字接口,包含 CLK、LE、CE、DATA、MUXOUT、LD、PFRF 等信号;环路滤波器由 R4、R1、C2、C5、C1 构成;SMA2 和 SMA3 为差分信号输出端,分别对应 RFOUTA+和 RFOUTA-信号。

完成 ADF4350 电路板制作,元器件的 PCB 布局如图 10-24 所示。

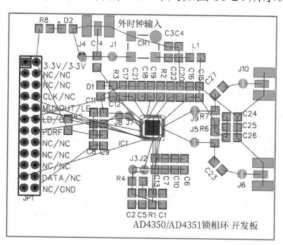

图 10-24　ADF4350 元器件的 PCB 布局

### 10.4.3　软件设计

#### 1.ADF4350 时序说明

在 ADF4350 中有一个 SPI 兼容的串行接口,CLK、DATA 和 LE 控制数据传输。当 LE 为高电平时,将已锁入寄存器的 32 位数据在时钟 CLK 的上升沿移到相应的锁存器中,图 10-25 为芯片 SPI 读写时序。DB31～DB3 为寄存器 R0、R1、R2、R3、R4、R5 的值,DB2、DB1、DB0 对应控制寄存器地址值 C3、C2、C1 的值。

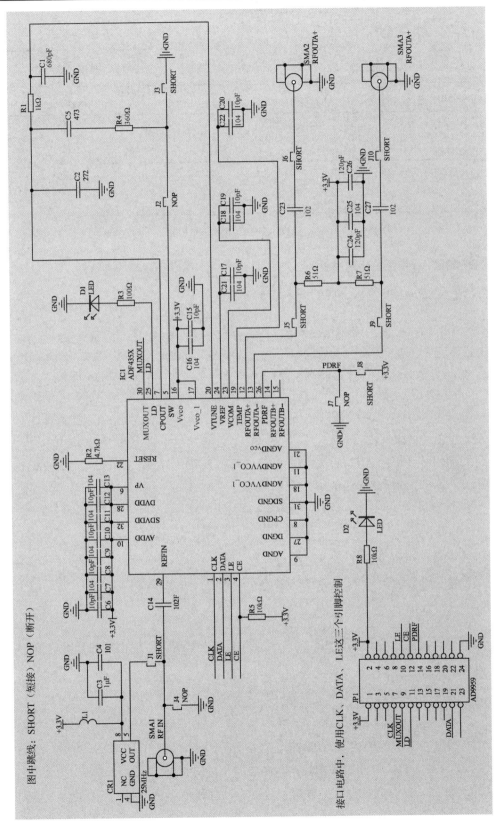

图10-23　ADF4350原理图设计

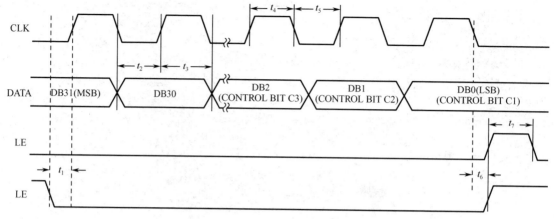

图 10-25 ADF4350 SPI 读写时序图

### 2. ADF4350 频率合成计算举例

下面是一个 ADF4350 频率合成的一个例子。

$$f_{out} = [N + (k/M)] \times f_{PFD}/2 \qquad (10\text{-}26)$$

其中，$f_{out}$ 是射频输出频率，$N$ 是整数分频因子，$k$ 是小数分频因子，$M$ 是模。

$$f_{PFD} = f_{REF} \times (1+D)/[R \times (1+T)] \qquad (10\text{-}27)$$

其中，$f_{REF}$ 是输入参考频率，$D$ 是射频倍频因子，$T$ 是参考值（0 或 1），$R$ 是射频参考分频因子。

例如，要求产生 2112.6MHz 的射频输出频率（$f_{out}$），在 10MHz 的输入参考频率（$f_{REF}$）下，在分频器输出端要求分辨率（$\Delta f_{out}$）为 200kHz。注意，ADF4350 的工作频率范围为 2.2～4.4GHz。因此，输出分频因子取 2（VCO 频率 $\Delta f_{REF}$=4225.2MHz，$f_{out} = \Delta f_{REF}/2 = 4225.2\text{MHz}/2 = 2112.6\text{MHz}$）。各参数配置如图 10-26 所示。

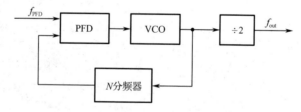

图 10-26 举例 2112.6MHz 参数配置框图

在分频器输出端要求分辨率是 200kHz，因此在 VCO（$\Delta f_{REF}$）输出端的分辨率是 $\Delta f_{out}$ 的 2 倍，即 400kHz。

$$M = f_{REF}/\Delta f_{out} \qquad (10\text{-}28)$$
$$M = 10\text{MHz}/400\text{kHz} = 25$$

由式（10-27）得到

$$f_{PFD} = 10\text{MHz} \times (1+0)/1 = 10\text{MHz} \qquad (10\text{-}29)$$
$$2112.6\text{MHz} = 10\text{MHz} \times (N + k/25)/2$$

其中，$N = 422$，$k = 13$。模的选择主要取决于参考输入和输出分辨率。

### 3．ADF4350 程序举例

在实际应用中可以采取 ADI 官网提供的 Analog Devices ADF435x Software 上位机软件，进行寄存器的灵活配置。结合 ADF4350 模块，采用 25MHz 本振，通道分辨率为 200kHz，通过对寄存器的配置输出点频 150MHz 的点频信号，生成如图 10-27 所示的配置，得到 R0～R5 的值。

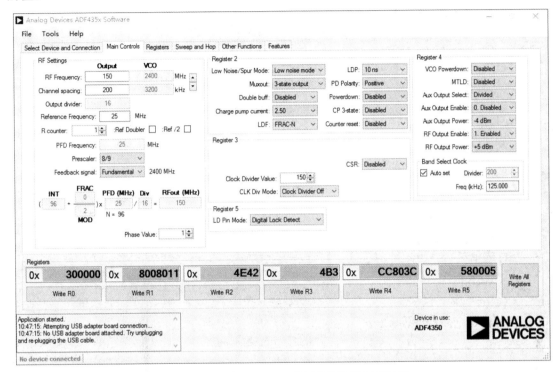

图 10-27　通过 ADF4350 官网软件计算寄存器值

采用 STC 单片机，通信口为 CLK、LE、DATA 三个引脚，外部源采用 25MHz 有源晶振，鉴相器频率为 25MHz，通过配置 R0、R1、R2、R3、R4、R5，输出频率为 150MHz。

具体程序代码如下：

```
#include <STC15Fxxxx.H>
sbit CLK=P2^5;
sbit LE=P2^2;
sbit DATA=P1^2;
//固定输出150MHz的寄存器配置
#define R0 0X300000
#define R1 0X8008011
#define R2 0X4E42
#define R3 0X4B3
#define R4 0XCC803C
#define R5 0X580005
//Function that writes to the ADF435x via the SPI port.写数据
void WriteToADF435X(unsigned long BUF)
```

```
{unsigned char i = 0,  j = 0;
  unsigned long ValueToWrite = 0;
  ValueToWrite =BUF;
  CLK=0;LE=0;
  for(j=0; j<32; j++)
    {if(0x80000000 == (ValueToWrite & 0x80000000))
     {DATA=1;}   //Send one to SDO pin
     else{DATA=0;}  //Send zero to SDO pin
     CLK=1;
     ValueToWrite <<= 1; //Rotate data
     CLK=0;
     }
  DATA=0;LE=1;CLK=0;
}
void main(void)//主函数
{WriteToADF435X(R0);
 WriteToADF435X(R1);
 WriteToADF435X(R2);
 WriteToADF435X(R3);
 WriteToADF435X(R4);
 WriteToADF435X(R5);
 while(1);}
```

## 10.4.4　测试结果分析

测量仪器设备如表 10-5 所示。

表 10-5　测量仪器设备

| 测量仪器设备 | 型　　号 |
| --- | --- |
| 稳压直流电源 | 固纬 GPD-3303S |
| 频谱仪 | 泰克 MDO4014-3（带 3G 频谱仪） |
| 示波器 | 泰克 MDO4104C（1GHz 5Gsps） |

在 500MHz 以下采用示波器测量，将 ADF4350 模块的差分口分别接入示波器的 1、2 通道，由于锁相环低频是 VCO 分频的结果，因此波形为差分方波输出；在 500MHz 以上信号，将 ADF4350 模块的 RFOUTA+端口接入频谱仪，输出结果如表 10-6 和图 10-28 所示。

表 10-6　ADF4350 实测数据

| 设置的频点 | 输出幅度 | 输出波形/频谱 | 设置的频点 | 输出幅度 | 输出频谱 |
| --- | --- | --- | --- | --- | --- |
| 138MHz | $1V_{PP}$ | 图 10-28（a） | 1.5GHz | 2.65dBm | 图 10-28（d） |
| 250MHz | $0.86V_{PP}$ | 图 10-28（b） | 2GHz | 2.98dBm | 图 10-28（e） |
| 1GHz | 1.45dBm | 图 10-28（c） | 2.8GHz | −2.3dBm | 图 10-28（f） |

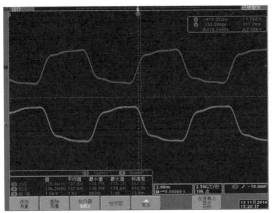

（a）ADF4350 实测 138MHz 波形图

（b）ADF4350 实测 250MHz 波形图

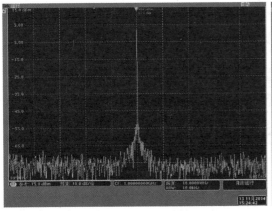

（c）ADF4350 实测 1GHz 频谱图

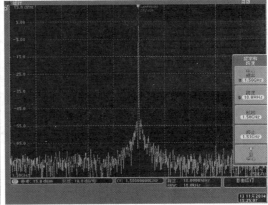

（d）ADF4350 实测 1.5GHz 频谱图

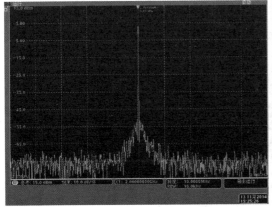

（e）ADF4350 实测 2GHz 频谱图

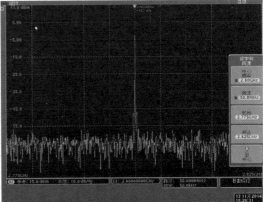

（f）ADF4350 实测 2.8GHz 频谱图

图 10-28　ADF4350 实测图

# 第 11 章　立创 EDA 应用设计

## 11.1　立创 EDA 功能介绍

### 11.1.1　立创 EDA 简介

立创 EDA 是一款基于浏览器的、友好易用的、强大的 EDA（Electronics Design Automation，电子设计自动化）工具，从 2009 年 6 月敲下第一行代码开始到现在，历时十余年，完全由中国的工程师独立开发，拥有独立自主知识产权。立创 EDA 服务于广大电子工程师、教育者、学生、电子制造商和爱好者。立创 EDA 的愿景和使命分别是：

- 愿景——成为全球工程师的首选 EDA 工具。
- 使命——利用一个简约、高效的国产 EDA 工具，让工程师更加专注创造与创新。

立创 EDA 不需要安装任何软件或插件，可以在任意支持 HTML5 标准兼容的 Web 浏览器打开立创 EDA。无论使用的是 Linux、macOS 还是 Windows 操作系统，都可以运行立创 EDA，打开浏览器即可使用，十分快捷和方便。其工作界面如图 11-1 所示。

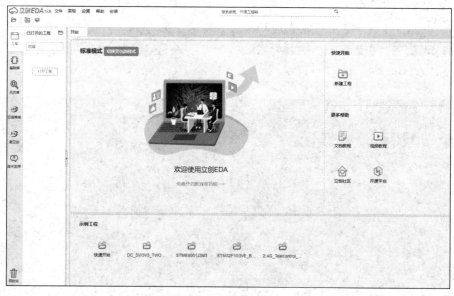

图 11-1　立创 EDA 工作界面

立创 EDA 有浏览器在线版本和客户端版本。其中，浏览器版本直接在浏览器上就可以进行设计，相比于客户端版本，浏览器版本功能更新、更快，客户端版本迭代会慢一些。但是客户端版本可以切换到工程离线版本将工程保存到本地而不是云端服务器上，这是浏览器版本所没有的功能。

- 浏览器版本：在浏览器的地址栏中输入网址"lceda.cn"，或者通过搜索"立创 EDA"

进入立创 EDA 的主页（见图 11-2）。浏览器推荐使用最新版的谷歌或火狐浏览器。然后选择"立创 EDA 编辑器"即可进入设计界面，注册账号后即可开始使用立创 EDA。

图 11-2　立创 EDA 主页

● 客户端版本：客户端版本安装需要先下载安装包，在浏览器的地址栏输入网址"lceda.cn"，单击"立即下载"，选择计算机所对应的操作系统下载，然后安装即可，如图 11-3 所示。

图 11-3　立创 EDA 客户端下载页面

## 11.1.2　立创 EDA 功能

立创 EDA 具有简单、易用、友好的功能，可在任意地点、任意时间、任意设备上工作并实现实时团队协作。其版本持续更新，功能越来越强大和完善，截至目前，其具有的主要功能如下。

### 1. 团队管理与工程管理

可实现多人协作，创建团队、班级功能，设置成员权限，实现多种不同应用开发场景。个人工程也可以添加工程成员的方式协作设计，实现多元化的开发需求。团队成员权限与工程成员权限如下。

| 团队成员权限（包括所有者、管理员和成员） | |
| --- | --- |
| 所有者 | 团队的创建者，拥有团队管理权限，可以设置团队成员权限，管理工程所有权限 |
| 管理员 | 管理权限仅次于所有者，可以添加团队成员，对工程有编辑、保存权限 |
| 成员 | 普通成员身份，只可以自行创建工程和库文件，看不到其他成员未共享的工程 |
| 工程成员权限（超级管理员、管理员、开发者和观察者） | |
| 超级管理员 | 工程的创建者，可添加成员到工程里并设置权限，拥有工程的编辑和开发权限 |
| 管理员 | 有团队成员的添加、删除和设置成员角色的权限，对工程文件能进行编辑修改 |
| 开发者 | 开发者只能对工程文件进行操作，即拥有工程文件的编辑和设计权限 |
| 观察者 | 观察者只能够查看工程文件，不能进行编辑修改 |

### 2．百万库文件在线使用

立创 EDA 提供了超过 400 万个的库文件，其中包括元件符号库、封装库和 3D 模型库。有专门的工程师负责库文件的新增与维护，保证库的准确性。立创 EDA 提供多种搜索方式，直接在画原理图的同时查看元器件封装、实物图片、价格、厂商信息等相关属性，培养用户产品设计意识。完成 PCB 设计后还能进行 2D 平面预览及立体的 3D 模型预览，如图 11-4 所示，其 3D 模型还支持导出，便于结构工程师进行外壳设计。

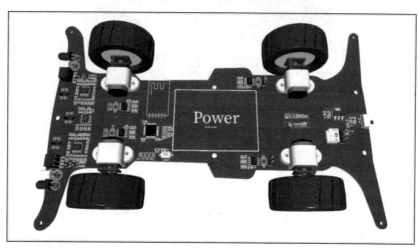

图 11-4　立创 EDA 3D 模型预览

### 3．仿真设计

立创 EDA 支持 Spice 模型在线仿真、波形分析导出、模型添加修改功能。完成电路仿真后可以直接转到 PCB 设计页面进行布局布线，打通了从理论仿真到实物验证的环节。图 11-5 所示为立创 EDA 仿真界面。

### 4．原理图及 PCB 设计

立创 EDA 提供简洁高效的原理图及 PCB 设计环境，能够实现轻松上手，快速布局，一键导出物料清单（BOM 表）、制造文件（Gerber 文件）及坐标文件等。

同时，立创 EDA 的兼容性也比较好，支持 Altium Design、Kicad、Eagle 等相关设计软件的导入功能，在导入时也可以将库文件一起导入，便于用户进行个人库文件管理。

### 5．生态链整合

立创 EDA 与嘉立创、立创商城实现了电路 PCB 设计、元器件购买、PCB 制造、SMT 贴片、面板设计和 3D 打印电子产业链一条龙服务；以便利的、优质的产品服务于广大电子工程师及爱好者。

立创 EDA 在 2019 年 11 月成立了立创 EDA 开源硬件平台（oshwhub.com）（见图 11-6），涌现了大量优秀的开源项目，提供经典案例和应用参考。此外，平台还有多种多样不定期的活动，让大家在分享中学习，在学习中分享。立创 EDA 立志打造一个国内良好的开源环境，给广大电子工程师及爱好者提供一个相互交流、相互学习的环境。

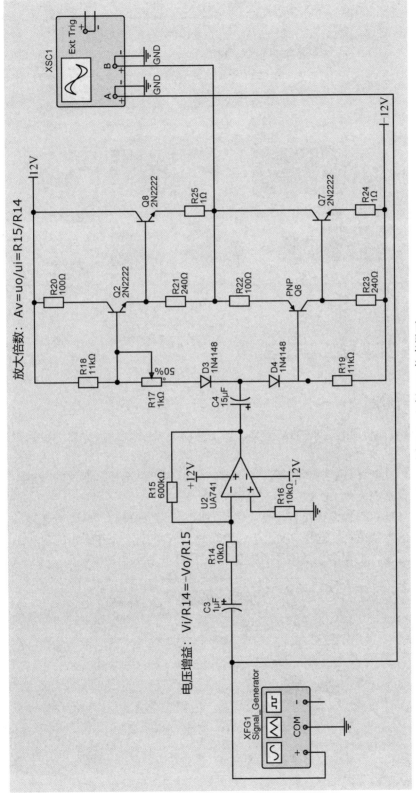

图11-5　立创EDA仿真界面

图 11-6    立创 EDA 开源硬件平台页面

# 11.2    工程创建与工程管理

## 11.2.1    工程创建

从本节开始，将使用立创 EDA 工具，以 LM1875 音频功率放大器项目为例，进行原理图、PCB 绘制与仿真。

前面提到，立创 EDA 有浏览器版本和客户端版本可供选择，两者的基本功能一样。为方便使用，建议下载立创 EDA 的客户端版本进行安装。

依据立创 EDA 工程设计流程，首先需要进行项目工程设计。具体步骤为：登录账号，在编辑器页面的主菜单栏，选择"文件"→"新建"→"工程"，在弹出的新建工程栏里选择工程所有者、标题、工程描述及路径的设置，如图 11-7 所示。

图 11-7    立创 EDA 创建工程示意图

完成设置后系统自动弹出原理图图纸界面，选择"文件"→"保存"或按 Ctrl+S 快捷键可将该原理图添加到工程当中，如图 11-8 所示。

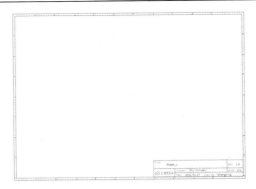

图 11-8 立创 EDA 创建工程原理图图纸界面

图 11-9 所示为立创 EDA 的工程创建界面，在该界面填写项目详细信息，如项目标题、工程路径、项目描述等。

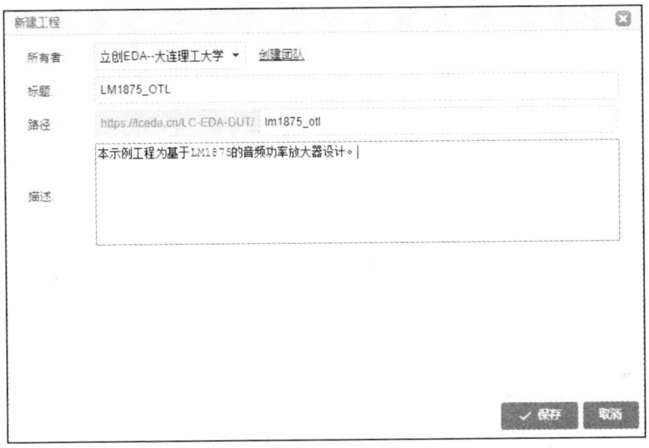

图 11-9 立创 EDA 创建工程界面

在图 11-9 中，将示例工程的标题设置为 LM1875_OTL，然后可以设定工程的相对路径并添加简要的描述。

如果在创建工程时，文档信息的名称有误，还可以右键单击文档，选择"修改"，从而对文档信息进行修改，如图 11-10 所示。

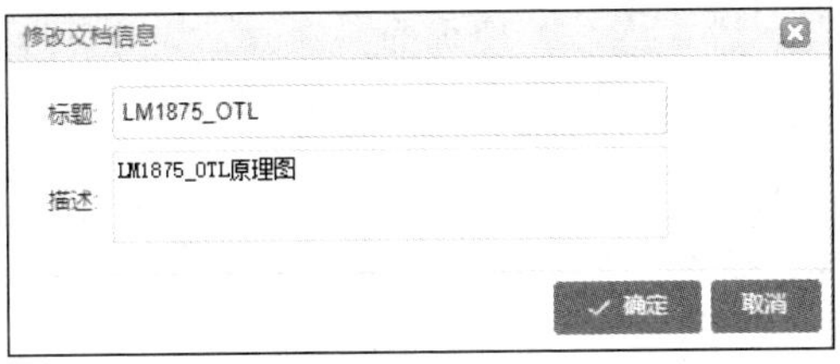

图 11-10 立创 EDA 修改文档信息界面

在工程和原理图建立完成之后，需要在工程中创建 PCB 文件，图 11-11 所示为在立创 EDA 软件中创建 PCB 文件的界面。在创建 PCB 文件时，可以设置文件的所属关系及描述等。

这里将 PCB 文件保存至前文所建工程中。单击"保存"后，弹出 PCB 文件设置界面，可以对 PCB 中的长度单位进行设定，例如，这里选择 mm；同时需要设定 PCB 文件的布线层数及边框外观和尺寸等信息（见图 11-12）。

图 11-11 立创 EDA 创建 PCB 文件  图 11-12 PCB 文件参数设置界面

## 11.2.2 工程管理

右键单击工程文件即可弹出工程管理子菜单，包括关闭工程、查看主页、编辑、版本、新建原理图、新建 PCB 等，如图 11-13 所示。

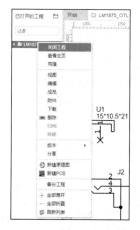

图 11-13 立创 EDA 工程管理子菜单界面

### 1. 成员管理

这里对成员管理与版本这两个常见功能进行介绍。

单击子菜单的"成员"后进入成员管理页面，在这里可以添加工程成员和设置权限。添加多个成员可实现对工程的协调管理，如图 11-14 和图 11-15 所示。

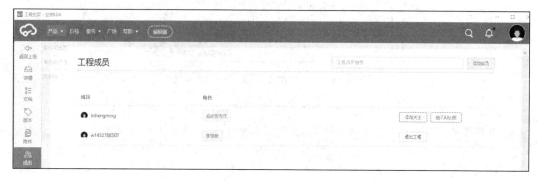

图 11-14 立创 EDA 工程成员管理界面

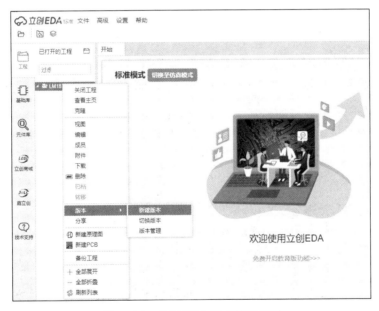

图 11-15　立创 EDA 工程管理添加成员界面

## 2. 版本管理

当遇到实际工程中需要设计不同版本，或者团队当中对同一工程操作时，不同的人有不同的设计方案和需求，那么可以使用版本管理的功能。

使用版本管理功能，用户可以在同一工程下新建多个版本，单击"切换版本"后可以切换到不同的版本进行设计。通过版本管理，解决了工程文件在团队管理中被修改的问题。如图 11-16～图 11-18 所示。

图 11-16　立创 EDA 版本管理界面

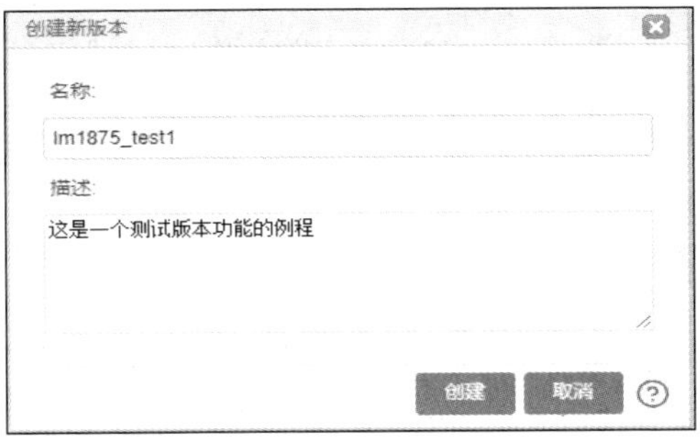

图 11-17　工程创建新版本界面

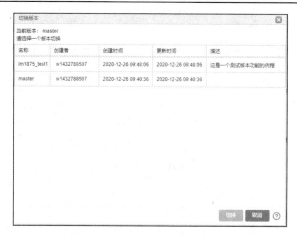

图 11-18　工程版本切换界面

需要注意的是，在进行版本切换时，应先把当前工程文件关闭。

# 11.3　原理图设计

工程创建好之后，即可开始原理图的设计介绍。这里主要介绍如何使用立创 EDA 进行原理图库及原理图设计。

## 11.3.1　原理图库

原理图库是创建一个原理图最基本的元件储备，立创 EDA 的元件库中有上百万的元件，基本可以满足我们的日常设计需求。立创 EDA 提供两个库选取路径，分别是基础元件库和扩展元件库。

### 1. 基础元件库

基础元件库主要包括电容、电阻、接插件等常用元件，在选择元件时，页面右下角会出现一个倒三角形，展开可以看到该原理图对应的一些常用封装，可以在这里直接选取所需要的封装。

选中元件后，单击所选元件即可将其放置在右边的原理图图纸上。每按一次左键就会放置一个，可以连续放置多个元件。单击鼠标右键取消放置，同一元件的标号会自动叠加，使得命名不重复（见图 11-19）。

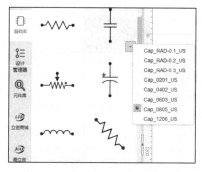

图 11-19　立创 EDA 基础元件库

### 2．扩展元件库

除基础元件库外，立创 EDA 充分发挥云端优势，提供在线元件库查找功能，可将立创商城在售的所有元件的原理图和封装库提供给用户使用。此外，因为库共享，所以用户也可使用其他用户所创建的原理图和封装库。

单击"元件库"即可弹出搜索框，在框内搜索需要的元件；选择一个类型，包括原理图库、PCB 库、原理图模块和 PCB 模块等；在库别里面可以选择个人库、商城库、嘉立创支持 SMT 贴片的库、系统库、团队、关注或用户贡献的库。

用户可根据实际需求选择合适的库。下面以搜索 LM1875 为例展示扩展元件库的使用方法，如图 11-20 所示。

图 11-20　立创 EDA 元件库搜索界面

在元件库搜索界面，为方便用户识别该元件，当选中一个原理图库后会在右边看到对应的原理图、封装及实物预览窗口。

## 11.3.2　封装管理

封装对应元件的具体实物，因此原理图画完之后，生成 PCB 之前，需要检查封装是否对应正确。

### 1．封装管理器

立创 EDA 提供方便的封装管理器，只需在原理图中选中任意一个元件，右侧即会弹出该元件的属性面板。通过属性面板可以看到该元件的基本信息，单击自定义属性中的"封装"即可进入封装管理器，从而可查看原理图和相对应的封装，如图 11-21 所示。

如果需要更改封装，首先在左边的元件列表中选中元件（若需更改多个，可按住键盘上的 Ctrl 键逐一选中）。然后在右边的搜索框搜索需要的封装，再选择库别，选择所需封装，最后单击右下角的"更新"，更新后即可实现封装的更改，如图 11-22 和图 11-23 所示。

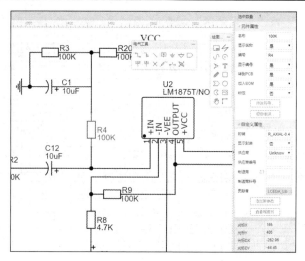

图 11-21　立创 EDA 元件属性面板

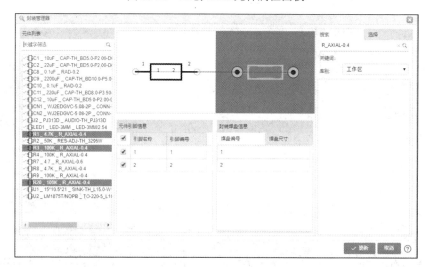

图 11-22　封装管理器界面

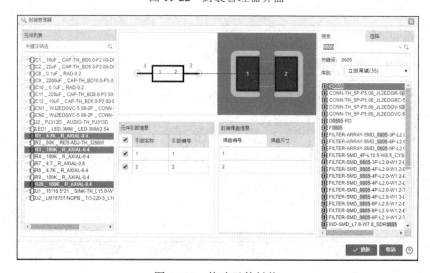

图 11-23　修改元件封装

#### 2. 自建封装库

当基础元件库和扩展元件库中没有所需原理图和封装时，则需要自己绘制一个原理图库或封装库。下面介绍新建原理图库的步骤。

第一步：新建原理图库

在主菜单栏中选择"文件"→"新建"子菜单下的"符号"后，就可以生成一个原理图库的图纸页面，如图 11-24 所示。

图 11-24　新建原理图库

生成好原理图库文件之后需要进行保存，这里以画 NE555D 的元件库为例。保存的元件库文件名称为 NE555D。在保存时，库的所有者可以选择个人或团队，如图 11-25 所示。

图 11-25　新建元件库保存界面

第二步：原理图库设计

保存好元件库文件后，可根据所画元件的数据手册来绘制元件的原理图库文件，如该元件一共有多少个引脚，每个引脚的标号说明是什么，都应严格依照元件数据手册上的说明，并适当做好注释，养成良好的工程管理习惯。

立创 EDA 提供两种画原理图元件库的方法。

方法（1）：使用图纸页面中的绘图工具（见图 11-26）。利用绘图工具上的图形工具，如线条、外框等，用户可进行原理

图 11-26　绘图工具界面

图元件库的绘制。

　　方法（2）：使用原理图库向导的功能，单击主菜单栏中的"工具"→"符号向导"（ ☆ 图标），进入原理图库向导页面（见图 11-27），填写元件的编号、名称、封装，并选择样式，输入引脚编号和对应名称后，单击"确定"即可自动生成图 11-28 所示的符号。

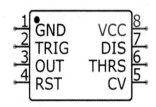

图 11-27　立创 EDA 的原理图库向导　　　　　图 11-28　向导生成的原理图库元件符号

　　第三步：对应封装

　　设计好原理图库之后，需要将其与相应封装对应起来。通过选择右边元件属性面板，单击自定义封装下的"封装选项"，进入封装管理器，根据元件数据手册搜索一致的封装，然后选中更新。图 11-29 中的例子中选用了 SOIC-8 封装。

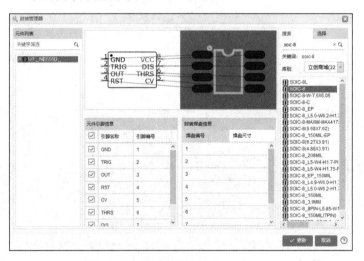

图 11-29　原理图库文件与封装对应

　　当系统库里搜索不到所需要的封装时，需要自己画封装库。

　　画封装库的过程与画原理图元件库的过程类似，需要先新建一个 PCB 库，然后根据元件数据手册上的规则将封装画好后保存，再与之前所画的原理图元件库对应起来，如图 11-30 所示。

　　值得指出的是，立创 EDA 具有强大而灵活的原理图库文件与封装库文件的编辑功能，用户可在原理图库中选中该元件，然后在右侧弹出的元件属性面板中进行各项属性的修改。

图 11-30　立创 EDA 新建 PCB 库

### 11.3.3　原理图绘制

具有原理图库文件与对应的封装之后，即可放置元件，对原理图元件进行合理布局，并连线，完成原理图的绘制。

元件的布局主要依靠对元件位置与方向的调整。立创 EDA 主要支持如下方式对元件位置进行调整：

① 选中元件后用鼠标拖曳移动元件；

② 选中元件后用键盘的方向键移动；

③ 选中元件后按空格键旋转元件，不支持 45°旋转；

④ 按 Ctrl 键选中多个元件后使用格式工具调整位置。

其中，用鼠标拖动元件时，元件的导线连接关系会跟随变化；若用方向键移动元件，则导线不跟随变化。

关于连线，这里简要介绍立创 EDA 原理图绘制中电气工具的导线与网络标签，更具体的介绍请参阅官方网站教程。

（1）导线

导线的绘制是原理图连接的基本功能。有三种模式进入绘制导线模式：

① 在"电气工具"中单击"导线"图标；

② 按快捷键 W；

③ 直接单击元件的引脚端点，然后移动鼠标，编辑器会自动进入绘制导线模式。

在用鼠标移动一个元件时，它所连接的导线会相应地垂直/水平跟随移动。而用方向键移动元件时，导线不会跟随移动。

当放置一个电阻或电容在导线上时，导线会自动连接其引脚两端，并去除中间的线段。

单击导线时可以看见导线上的节点，其中白色的是虚拟节点，红色的是真实节点，拖动虚拟节点可以生成真实节点，右键删除线段时是删除真实节点之间的线段。

当绘制原理图需要很多网络时，对每个网络分别绘制导线将非常困难和耗费时间，此时可以使用"总线"功能。总线必须和总线分支共同使用。目前立创 EDA 上的"总线"只做视图识别，如信号束的走向，未应用到 PCB 上。绘制了总线之后，需要在总线上放置总线分支，并连接所需的网络连线或放置网络标签。

（2）网络标签

网络标签可用来标识导线网络名，或者标识两条导线间的连接关系。使用快捷键 N 可以快速放置网络标签。

　　立创 EDA 上的网络标签只支持输入英文字母和英文字符，不支持中文，也不支持换行。单击网络标签，可以在右边的属性面板中修改其属性，或者双击该网络标签与导线的连接处，在弹出的属性对话框中修改其属性。

　　如果只想更改网络标签的名称，直接双击即可。编辑器会记住上一次使用的网络标签名称，并在下一次继续使用该名称，若修改的网络名称以数字结尾，那么下一次放置时网络标签的名称将自动加 1。例如，此次放置了 VCC1，那么下一次自动为 VCC2。

　　立创 EDA 原理图中允许多个不同网络名称同时存在于同一条导线上。当进行电路仿真、转换为 PCB 时，仅选择第一放置的网络标签作为网络名，例如在导线 1 上放置了网络标签 A、B、C，在导线 2 上放置了名称为 A 的网络标签，那么导线 1 和导线 2 属于同一个网络。

　　需要注意的是，如果原理图中放置了一个元件 P1，P1 有两个引脚，当它连接导线后可能会产生网络名 P1_1 和 P1_2；此时若在其他没有连接 P1 的导线上放置了一个名称为 P1_1 的网络标签，那么后者会自动变更为 P1_1(1)，以便与 P1_1 区分。

　　原理图的绘制应遵从正确连接、摆放规整、简洁明了的规范。必要时添加相应的注释、标注等信息。绘制完的原理图如图 11-31 所示。

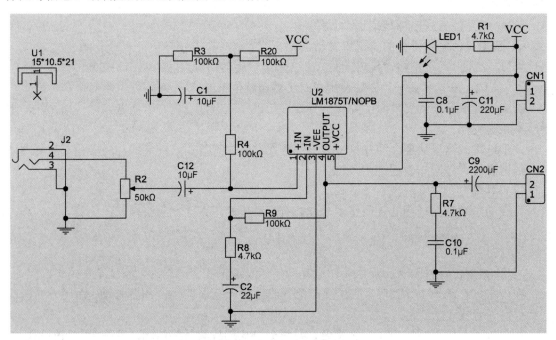

图 11-31　立创 EDA 绘制原理图

# 11.4　PCB 设计

## 11.4.1　原理图转 PCB

　　原理图设计完成之后，即可进行 PCB 设计。如果新建工程时没有创建一个 PCB 工程，可选择主菜单栏中的"设计"→"原理图转 PCB"，即可生成一个 PCB 文件；但如果事先已经建好 PCB 文件，在画图过程中对原理图进行修改，则选择"设计"→"更新 PCB"即可，如图 11-32 所示。

图 11-32 立创 EDA 原理图转 PCB 界面

如果同一工程存在多个原理图或 PCB，可以在转成 PCB 或更新 PCB 时选择相应的 PCB。生成 PCB 文件后会出现一个 PCB 绘图区，背景和网格都可以在右侧属性面板中修改。相关参考边框等内容，用户可以自行修改或删除。

### 11.4.2 PCB 布局布线

在绘制 PCB 前，需要先设置 PCB 板子边框和设计规则。对于立创 EDA 而言，PCB 中的大部分对象在被选中后，基本都可以在右边的属性面板中查看和修改其属性。

PCB 布局与布线是 PCB 设计的关键内容，这里对其进行简要说明。更具体的介绍请参阅官方网站教程。

#### 1．PCB 布局

立创 EDA 在 PCB 的布局上支持 3 种方式。

① 直接根据原理图的元件编号在 PCB 图上自由选择元件进行布局。

② 在原理图页面中，先框选某一模块的电路，再选择主菜单栏上的"工具"→"交叉选择"，这时会直接跳转到 PCB 设计页面，原理图中被选中的元件会在 PCB 图上以高亮的形式显示，这时可用鼠标将这些元件拉到一旁进行布局。

③ 布局传递，它可以根据原理图上的布局转到 PCB 图上面，从而缩短 PCB 布局的时间。选择主菜单栏上的"工具"→"布局传递"，跳转到 PCB 设计页面，同时 PCB 设计页面上会根据原理图所选择的元件排布方式在 PCB 图上排列一致。

PCB 中各元件封装的布局通过移动封装来实现，功能与原理图工具的移动几乎一致。单选一个封装，当用鼠标移动时，布线会拉伸跟随，不会分离；当用方向键移动时，布线会与封装分离，仅移动封装。

PCB 的布局需要充分考虑结构性、功能性、可制造性、可测试性等要求，在具体布局上按照结构、信号流向、功能划分、关键元件等依次进行。这里布局完的 PCB 如图 11-33 所示。

#### 2．PCB 布线

对于 PCB 布线，立创 EDA 目前最多支持 34 层布线。可在"层与元素"悬浮框中选择所要连接线的层，选中顶层时，会看到顶层红色方框内有一支笔指示，需要隐藏哪一层，只需要单击对应层右边的"眼睛"图标将其隐藏即可。

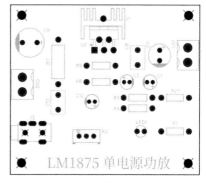

图 11-33 PCB 合理布局效果

在 PCB 图纸页面中还有一个"PCB 工具"的悬浮窗，在该窗口中可以选择导线、焊盘、过孔、覆铜等基本功能。如果将其最小化，可单击右上角的"-"。连接导线可以使用快捷键 W。

在布线的过程中，可以随时在页面右边的属性面板内对画布进行设置，例如，导线宽度可以在绘制时按住键盘上的 Tab 键进行修改，也可在右边的属性面板中修改相应的属性。

PCB 布线的相关技巧总结如下。

- 单击左键开始绘制导线；再次单击左键确认布线；单击右键取消布线；再次单击右键退出绘制导线模式。
- 单击导线选择时，单击选择整条导线，再次单击则选中单一线段。
- 在顶层绘制导线的同时，使用切换至底层的快捷键 B，可自动添加设置的过孔，布线并自动切换至底层继续布线。在底层则使用快捷键 T 切换至顶层继续布线。当在一个层无法顺利布线连接时，需要考虑调整元件布局，添加过孔换层绘制。
- 在布线过程中使用键盘字母区的"+""-"键可以很方便地调节当前布线的大小。按 Tab 键修改线宽参数。
- 布线时，如果想布完一条线段后，增大下一段线的线宽，可以按快捷键 Shift+W 快速切换导线宽度。
- 在布线过程中使用快捷键 Delete 和 Backspace 可以很方便地撤销当前布线线段。
- 当单击一条导线后，再次单击可以选中单一线段，此时双击导线线段会增加一个节点，选择节点并拖动可以调节布线角度，也可以通过拖动导线的末端端点将导线拉长或缩短。单击右键可删除节点。
- 单击选择一条线段，可以拖动调整其位置。
- 当导线的拐角是直角，并且布线拐角为 45°时，可以拖动直角节点的旁边进行拖动导线成为斜角。不能直接拖动节点，否则将拖动整条导线。
- 选中导线时，可以单击右键删除节点。
- 在布线过程中可以使用快捷键 L 进行布线角度切换。
- 使用空格键可改变当前布线的方向。
- 单击线段时可对线段进行平移，如果需要移动线段整体，可以按住 Shift 键再用鼠标移动导线。
- 在导线的属性面板中，单击"创建开窗区"可以进行一键创建阻焊（开窗），阻焊区的宽度默认比导线宽度大 4mil。
- 如果想画槽孔，可以绘制一条导线，然后右键单击它，在右键快捷菜单中选择"转为槽孔"。它将转为相同形状的实心填充，并且属性为槽孔。
- 在"顶部菜单"→"工具"→"设计规则"里面开启"布线跟随规则"选项，可以使导线的线宽跟随设计规则。
- 右键单击导线可以选择导线连接和整个网络的导线，方便同时修改导线属性，如批量修改线宽。
- 布线时，有一圈 DRC 间距外圈，根据 DRC 的间距大小变化，可以在"顶部菜单"→"工具"→"设计规则"里面将其关闭。
- 在"顶部菜单"→"设置"→"PCB 设置"里可以设置是否在连接导线到焊盘后自动结束布线，或者继续当前网络布线。
- 在画布右边的属性面板中可以设置是否移除导线回路，对信号层导线有效。
- 在绘制封装的丝印层导线时，可以在画布右边的属性面板中设置是否自动裁剪丝印，避免丝印堆叠到焊盘上面。

● 布线冲突使用"环绕"可以快速完成布线。

值得注意的是，布线时线宽会优先取被连接的导线的线宽，再取设计规则里的线宽，最后才取右侧属性面板中设置的线宽。

如果要删除线段，可通过如下方式。

● 在布线过程中，想撤销上一段布线，可以通过 Delete 或 Backspace 键撤销。

● 按住 Shift 键并双击，可以删除导线的线段。

● 单击右键可以选择要删除的导线节点。

● 单击线段，右键删除线段，可以将两个节点间的线段删除。也可以直接按 Delete 键删除。

PCB 的布线需要充分考虑信号流向、长度与方式、宽度与间距等要求，在具体连线上按照功能划分、信号重要程度等依次进行。布线完成的 PCB 如图 11-34 所示。

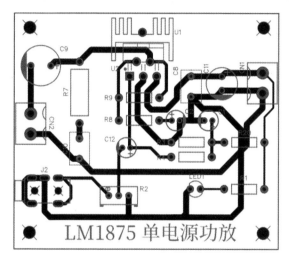

图 11-34  PCB 合理布线

更多关于立创 EDA 的布线功能与技巧请参阅官方网站教程。

### 11.4.3  覆铜和预览

#### 1．覆铜

在 PCB 设计过程中，可以在"PCB 工具"悬浮窗中选择"覆铜"（ 图标），选择该方式时只需要使其边线包含需要覆铜的范围即可，覆铜工具会自动识别边框，按照提示选择对应覆铜连接的网络之后即可实现覆铜。

除了用覆铜工具进行覆铜，还可以通过"PCB 工具"悬浮窗中的"实心填充"工具，可以在这里绘制一个多边形，然后选择绘制的图形，在右侧的属性面板中添加网络即可实现覆铜的效果。图 11-35 所示为立创 EDA 中的覆铜效果。

#### 2．预览

立创 EDA 可以进行 2D 的照片预览和立体的 3D 预览功能，选择"视图"→"2D 预览"或"3D 预览"。通过预览功能可以很直观地看到 PCB 实际生产出来会呈现什么样的效果，也可以通过预览找到一些错误加以修改。可以在右侧的属性面板中修改预览的板子和焊盘的颜色。图 11-36 为使用立创 EDA 设计的 3D 预览效果图。

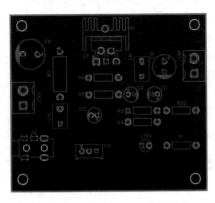

图 11-35　立创 EDA 中覆铜效果

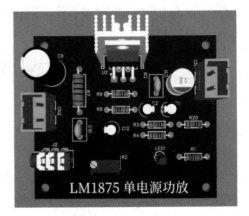

图 11-36　立创 EDA 3D 预览效果

完成 PCB 的布线并检查无误后，即可导出加工文件（如 gerber）交付给工厂加工。立创 EDA 除了可完成原理图与 PCB 的设计，还可以实现 PCB 下单。读者可查阅网站说明，这里不再赘述。

## 11.5　立创 EDA 仿真

立创 EDA 除可进行库文件设计、原理图设计及 PCB 设计外，还可进行仿真设计，方便用户对实验电路的验证和调试。在原理图仿真界面可对电路进行仿真，调整参数，从而在得到理论数据和波形后指导将原理图转成 PCB 进行 Layout 设计。本节将对立创 EDA 的仿真基本功能和操作进行简单介绍，使读者能够快速地熟悉立创 EDA 仿真功能的使用方法。

### 11.5.1　仿真模式介绍

立创 EDA 所使用的仿真程序是免费且强大的 LTSpice，并在此基础上简化了许多操作，结合立创 EDA 在线仿真库和操作简洁的优势，可帮助用户快速上手。

（1）仿真工具适用范围

① 立创 EDA 中的仿真工具主要用于模拟电路及数字电路的仿真；

② 不适用于模拟器件与微处理器、微控制器、DSP 及 FPGA 等通信系统；

③ 不支持 IBIS 模型的仿真（除非通过某些工具把器件仿真数据转为 Spice 模型数据）；

④ 不支持任何形式的代码开发工具。

立创 EDA 中的仿真工具不支持以上芯片及系统仿真的原因有以下三个：

① 它们通常需要大量的时钟周期来仿真其内部状态，占用大量服务器内存；

② 在对晶体管和门电路与控制器进行仿真时，对 CPU 和存储资源提出了巨大的要求；

③ 更为主要的是 Spice 仿真不是一个需要代码驱动设备的复杂状态和过程的工具。

（2）仿真模式切换

打开立创 EDA 的编辑器后，可在页面左上角切换标准和仿真版本（也可通过在标准版中选择"工具"→"仿真"）。在仿真模式下进行电路的仿真验证后，切换到标准模式下进行原理图封装的修改和 PCB 设计，即可完成整个工程的设计。图 11-37 所示为立创 EDA 仿真和标准模式切换界面。

图 11-37　立创 EDA 仿真和标准模式切换

注意，在进行版本切换前，应将当前工程文件保存并关闭后再进行切换。

## 11.5.2　仿真基础库说明

使用立创 EDA 仿真时，所需元件模型需要在仿真模式下的基础库和仿真库中调用，为避免模型错误或缺失等问题，注意不要将标准模式下的元件在仿真模式下进行仿真！

仿真基础库包含常用的电源标识符、电阻、电容、电感、仪表、二极管、晶体管及逻辑门等常规符号，部分仿真符号可以在下拉框中选择不同的样式（欧标、美标、3D），该元件参数值可以在图中直接双击修改文本名称即可。

基础库中只是列出了一些常用仿真模型，其他仿真模型可以单击仿真库或用快捷键 Shift+F，在弹出的搜索库页面进行查找，如图 11-38 所示。

图 11-38　立创 EDA 基础库与仿真库

查找时可以直接输入需要的元件进行搜索，在搜索结果中优先选择系统库中的元件，关注用户或用户共享的库可能存在模型错误或模型数据未匹配的情况，请慎重选择。

下面对基础库中常用的功能进行介绍。

### 1. 电气标识符

电气标识符里面包含了 GND 和 VCC，每个模型的右下角都有一个下拉选项，选择合适的标识符使用。其中标识符的名称还支持自定义修改，双击需要修改的字符进行修改，或单击字符后在右侧的属性面板中修改即可。图 11-39 所示为立创 EDA 仿真电气标识符。

图 11-39　立创 EDA 仿真电气标识符

（1）地的选择包括如下 4 种。

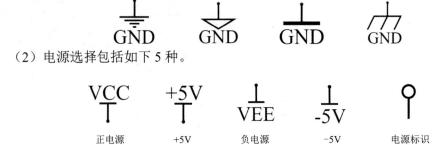

（2）电源选择包括如下 5 种。

### 2. 通用器件

通用器件中包含了常用的无源器件，如电阻、电容和电感。每个模型除了有一个对应的美标样式和欧标样式，还具有美观的 3D 实物样式，通过单击模型右下角的下拉选项选择自己喜欢的样式使用。表 11-1 给出了通用元件列表。

表 11-1　通用元件列表

| 元 件 名 称 | 美　标 | 欧　标 | 3D 样式 |
|---|---|---|---|
| 电阻（直） | | | |
| 电阻（斜） | | | |
| 可变电阻 | | | |
| 无极性电容 | | | |
| 有极性电容 | | | |
| 电感 | | | |

### 3. 仪器仪表

立创 EDA 目前支持的仿真仪表有万用表、函数发生器和示波器、瓦特计和逻辑分析仪，符号如图 11-40 所示。

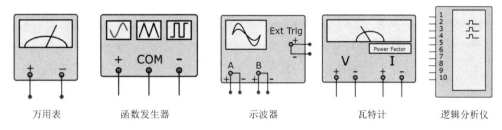

万用表　　函数发生器　　　示波器　　　瓦特计　　逻辑分析仪

图 11-40　立创 EDA 仿真中的基本仪表符号

对各仪表的功能简要描述如下。

1）万用表

单击万用表，在右侧属性面板的"万用表类型"中选择伏特计或安培计，分别用于测量电路中的电压和电流，如图 11-41 所示。测量电压时，将万用表并联接到所测元件两端；测量电流时，将万用表串联在电路中，如图 11-42 所示。

图 11-41　万用表功能选择

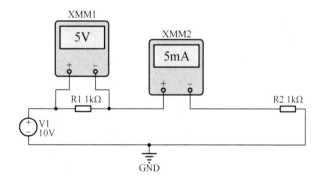

图 11-42　万用表使用电路图解

2）函数发生器

函数发生器用于给电路提供信号源。单击选中图纸上的函数发生器，在右侧的属性面板中选择正弦波、三角波或矩形波作为输入方式，设置测试的频率、占空比、振幅、偏置和上升/下降时间，如图 11-43 所示。

图 11-43　函数发生器
参数设置界面

在使用过程中，函数发生器的 COM 端与 GND 相连，正向输入和反向输入根据实际需求选择连接到电路当中。

几个重要参数说明如下。

① 频率：即输入波形的频率大小，默认单位为赫兹。根据设置的频率大小和公式周期（$T=1/f$）可以计算得出周期的值；

② 占空比：指在一个循环周期内，高电平持续时间占周期的比例大小；

③ 振幅：指输入波形的幅值大小；

④ 偏置：即设置信号中直流成分的大小，偏离零点电位，可以设置正负。

3）示波器

立创 EDA 支持一个双通道的示波器，用于测量电路中所测信号与时间关系的波形变化。仿真运行后会弹出所有测试点的波形变化图。单击电路中的示波器，可以在右侧的属性面板中选择"查看仪表"，专门查看该示波器所测波形图，通过修改横、纵坐标刻度，可以使波形显示更加直观。下面介绍两个波形显示页面的区别和使用方式。

（1）所有波形显示页面

仿真成功后将自动弹出总体波形显示页面（见图 11-44），由于最初的波形比较密集，可以通过鼠标左键框选部分波形后进行放大。坐标系的横坐标代表时间，左侧纵坐标代表电压值，右侧纵坐标代表电流值，通过顶部的波形名称对应各种不同颜色的波形图查看仿真结果。将光标移至波形图上，会自动显示该位置的横坐标时间值和纵坐标的电压值/电流值，非常清晰和直观。

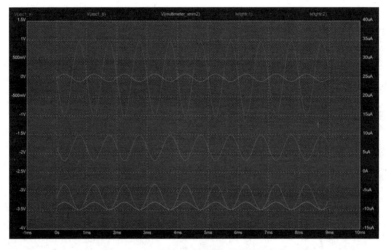

图 11-44　示波器所有波形显示页面

在对应菜单栏的右侧还可以进行波形的自定义配置，如分栏展示、修改背景和任意波形的颜色；也支持直接导出 CSV 文件及复制该图片或将图片保存在本地。

（2）示波器波形显示页面

单击电路中的示波器，在右侧属性面板中选择"查看仪表"进入示波器波形页面，如图 11-45 所示。刚进入时如果波形显示在图中不够直观，不能很好地看出波形变化，那么可以通过修改下面的时基刻度和两个通道的幅值刻度使波形显示得更清晰。时基刻度用于修改 X 轴上每一格代表的时间；A、B 通道上的刻度用于修改 Y 轴上每一格代表的幅值大小，两个通道还支持设置 Y 轴的位移量，即将该通道的波形向上或向下垂直移动。

4）瓦特计

瓦特计是用于测量交、直流电路功率的仪器。瓦特计有两组测试接口，左边的为电压输入端，与被测电路并联使用；右侧的为电流输入端，与电流串联使用。显示面板屏幕显示为测得的平均功率值，下面的 Power Factor 屏幕显示所测得的功率因数，数值在 0～1 之间。瓦特计的使用示例如图 11-46 所示。

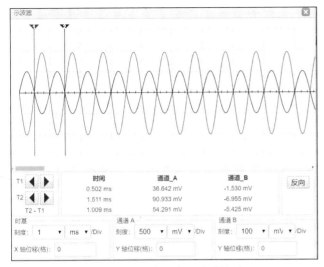

图 11-45　示波器波形显示界面

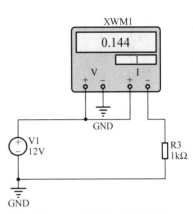

图 11-46　瓦特计使用示例

5）逻辑分析仪

立创 EDA 提供了一个精简的逻辑分析仪（见图 11-47），外接 10 路信号输入。单击逻辑分析仪，在右侧属性面板中进行设置（见图 11-48），主要包括阈值电压和系统时钟频率的设置，当外界信号高于阈值电压时显示为高电平，低于阈值电压时显示为低电平。经过仿真后单击仪表，在右侧属性面板中选择"查看仪表"查看逻辑电平信号，如图 11-49 所示。

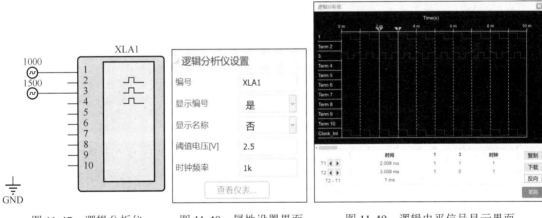

图 11-47　逻辑分析仪　　图 11-48　属性设置界面　　图 11-49　逻辑电平信号显示界面

### 4. 电源

1）电压源和电流源

电压源和电流源都是理想化的电路模型，常用于电路原理的论证。通过各自下拉框选择合适的电压源或电流源给电路供能，如图 11-50 和图 11-51 所示。这类电压源和电流源也称为"独立电源"。

理想电流源是指，输出的电流恒定不变，直流等效电阻无穷大，交流等效电阻无穷大。

理想电压源是指，其两端总能保持一定的电压而不论流过的电流为多少（电压恒定不变）通过的电流取决于它所连接的外电路。

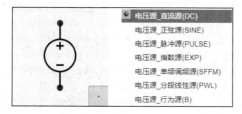

图 11-50　电压源及下拉选项

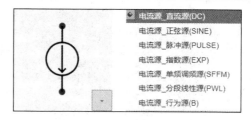

图 11-51　电流源及下拉选项

**2）受控源**

立创 EDA 提供 4 种理想的受控源可供仿真验证实验。受控源的特点是其输出端为电压源或电流源的特性，而输出电压或电流受到输入端的电压或电流控制。根据控制支路的控制量不同，受控源分为 4 类：电压控制电压源（VCVS）、电压控制电流源（VCCS）、电流控制电流源（CCCS）和电流控制电压源（CCVS），如图 11-52 所示。

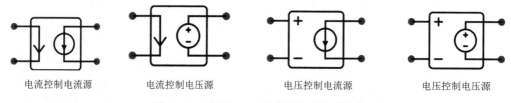

图 11-52　立创 EDA 仿真设计中的受控源

**3）三相电源**

为适应电子设计实验，立创 EDA 添加了三相电源的模型仿真，包括三相电源 Y 型和三角形两种不同样式的模型，如图 11-53 所示。用户可以直接将电源放置在画布中，单击电源，在右侧属性面板中设置其电压与频率值即可使用。

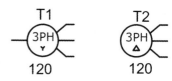

图 11-53　立创 EDA 仿真设计中的三相电源

**5. 二极管**

基础库中包含的二极管模型有普通二极管、稳压二极管、发光二极管和由二极管组成的整流桥，如图 11-54 所示。其中发光二极管可以实现动态的仿真，当 LED 点亮时为高亮显示，可单击元件，在右侧属性面板中选择不同的颜色。

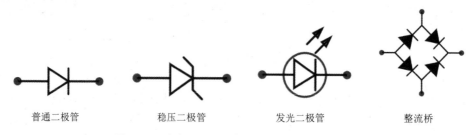

普通二极管　　　　稳压二极管　　　　发光二极管　　　　整流桥

图 11-54　立创 EDA 仿真设计中的二极管模型图

**6. 晶体管**

基础库中包含三极管、场效应管和 MOS 管。图 11-55 给出了几种晶体管仿真模型图。

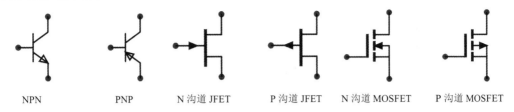

NPN PNP N 沟道 JFET P 沟道 JFET N 沟道 MOSFET P 沟道 MOSFET

图 11-55 立创 EDA 仿真设计中的晶体管仿真模型图

### 7. 稳压器件

稳压器件包含 4 个常用的稳压芯片模型：LM78XX、LM79XX 两个正负稳压芯片和 LM317、LM337 两个可调电压的稳压芯片，配合其他器件使用可以仿真多种简单的电源实验。上述器件都可以通过下拉框选择喜欢的 3D 样式进行仿真，如图 11-56 所示。

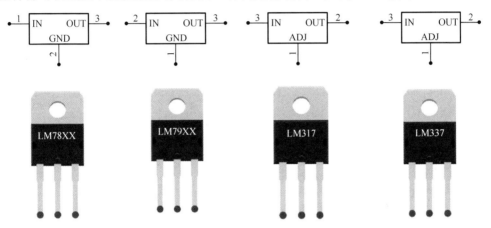

图 11-56 立创 EDA 仿真设计中的稳压器件仿真模型及 3D 样式

### 8. 变压器

除了稳压器件，基础库中还包含两种变压器和两种互感器的仿真模型（见图 11-57），通过各自的下拉框选择美标或欧标样式，模型参数可以在器件的属性面板中进行设置。

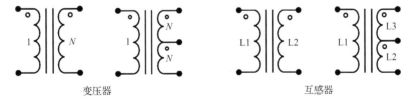

变压器 互感器

图 11-57 立创 EDA 仿真设计中的变压器和互感器

### 9. 数字电路

除了以上介绍的模拟器件，基础库中还包含大量的数字器件，如与门、或门、非门等逻辑门电路及组成电路、555 定时器、D 触发器、T 触发器、JK 触发器、RS 触发器、数字钟、逻辑输入、逻辑探针、驱动器、缓冲器等多种常用的数字仿真器件，可以通过下拉框选择美标或国标样式。表 11-2 列出了基本逻辑门器件及其符号，表 11-3 列出了其他常用数字器件及其符号。

表 11-2　基本逻辑门器件及其符号

| 器件名称 | 国　标 | 美　标 | 器件名称 | 国　标 | 美　标 |
|---|---|---|---|---|---|
| 与门 | 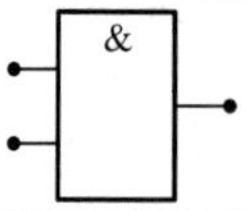 & | 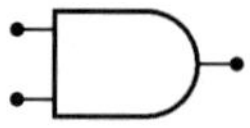 | 与非门 | 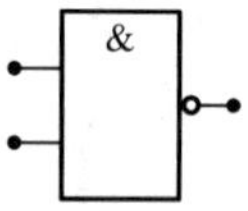 & | 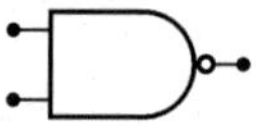 |
| 或门 | 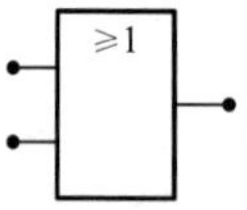 ≥1 | 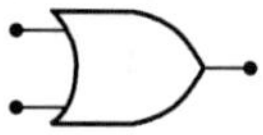 | 或非门 | 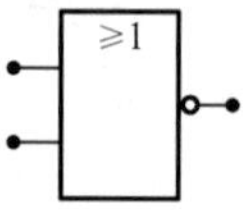 ≥1 | 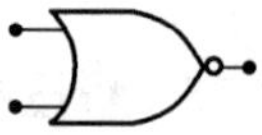 |
| 取反指令 | 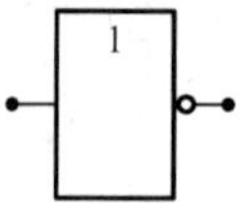 1 | 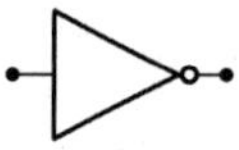 | 同或门 | 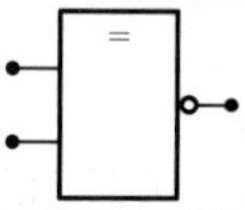 = | 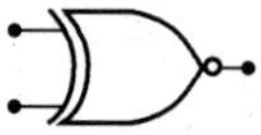 |
| 异或门 | 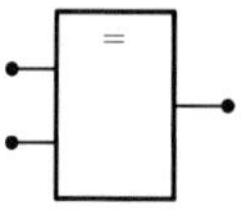 = | 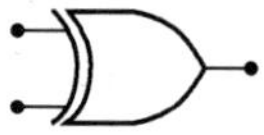 | | | |

表 11-3　其他常用数字器件及其符号

| 器件名称 | 符　号 | 器件名称 | 符　号 | 器件名称 | 符　号 |
|---|---|---|---|---|---|
| 555 芯片 | 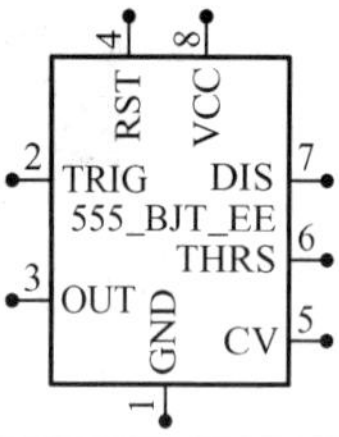 4 8 RST VCC 2 TRIG DIS 7 555_BJT_EE THRS 6 3 OUT GND CV 5 1 | JK 触发器 | 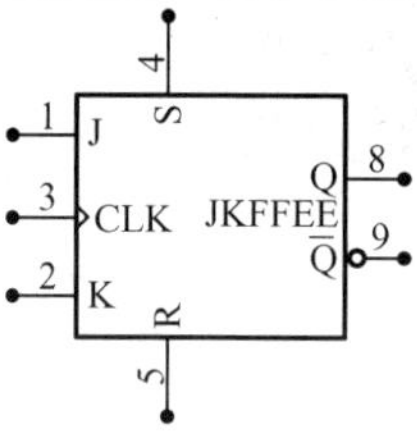 4 S 1 J Q 8 3 CLK JKFFEE Q̄ 9 2 K R 5 | 数字钟 | 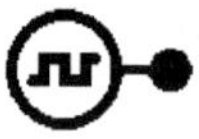 |
| D 触发器 | 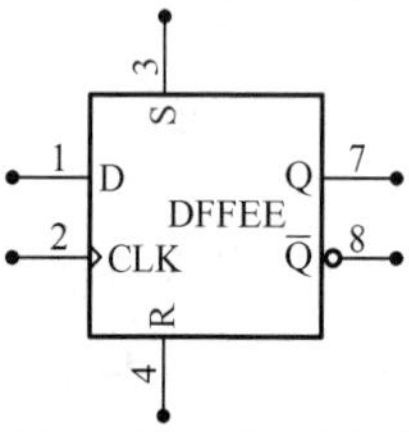 3 S 1 D Q 7 DFFEE 2 CLK Q̄ 8 R 4 | RS 锁存器 | 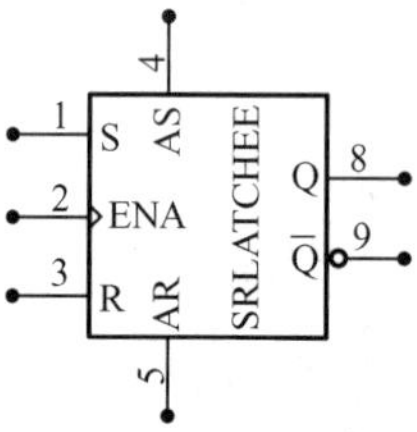 4 1 S AS Q 8 2 ENA SRLATCHEE Q̄ 9 3 R AR 5 | 逻辑状态_0 | 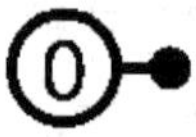 0 |
| T 触发器 | 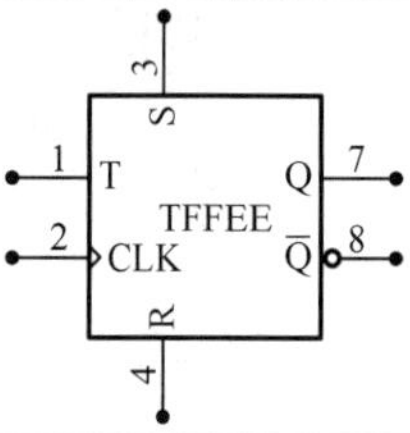 3 S 1 T Q 7 TFFEE 2 CLK Q̄ 8 R 4 | 与非 RS 触发器 | 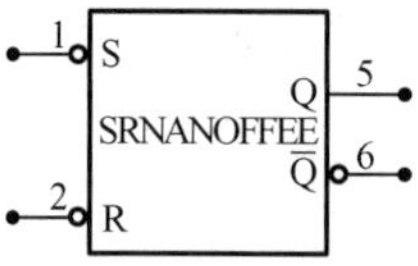 1 S Q 5 SRNANOFFEE Q̄ 6 2 R | 逻辑探针 | 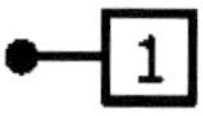 1 |
| RS 触发器 | 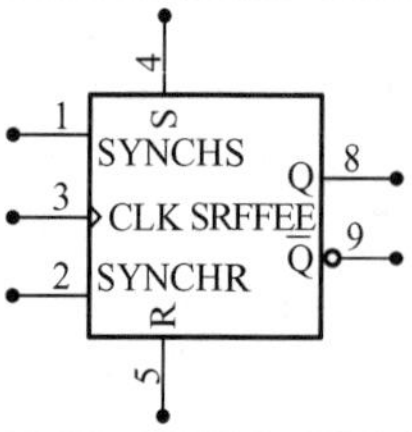 4 S 1 SYNCHS Q 8 3 CLK SRFFEE Q̄ 9 2 SYNCHR R 5 | 或非 RS 触发器 | 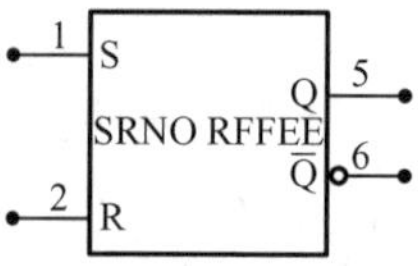 1 S Q 5 SRNO RFFEE Q̄ 6 2 R | 斯密特反相器 | 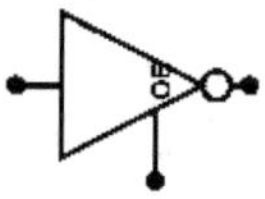 |

| 器 件 名 称 | 符　　号 | 器 件 名 称 | 符　　号 | 器 件 名 称 | 符　　号 |
|---|---|---|---|---|---|
| 集电极开路反相器 | | 施密特驱动门 | | 缓冲器 | |
| 驱动门 | | | | | |

### 10．运算放大器

立创 EDA 提供多种样式的运算放大器模型（见图 11-58），除具体运放型号的名称外，还有运放模型的仿真，可以自定义该运放的模型参数，根据实际电路需要选择合适的模型进行仿真。

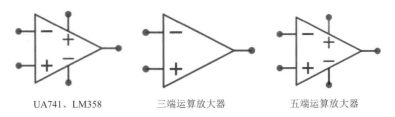

UA741、LM358　　　　三端运算放大器　　　　五端运算放大器

图 11-58　立创 EDA 仿真设计中的运算放大器

### 11．其他模型

立创 EDA 还提供一些动态显示器件的模型，包含灯泡、交通灯、4 线数码管、七段数码管、开关、熔断器和晶振的仿真。使用规则都是在原理图中单击所选择的器件，在右侧属性面板中进行参数调整，如图 11-59 所示。

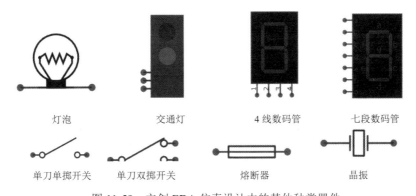

灯泡　　　　　交通灯　　　　4 线数码管　　　　七段数码管

单刀单掷开关　　单刀双掷开关　　　熔断器　　　　　晶振

图 11-59　立创 EDA 仿真设计中的其他种类器件

## 11.5.3　放大器仿真实例

在前面的章节中，已经基于立创 EDA 进行了电路板的原理图和 PCB 设计，为了验证电路原理的正确性，可以借助立创 EDA 中的仿真功能。本节将主要以一个基于 LM1875 的音频功率放大电路实例（其中 LM1875 采用常规放大器来代替）来介绍立创 EDA 仿真功能的使用。

首先单击立创 EDA 软件窗口的左上角，将当前工作模式切换至仿真模式，如图 11-60 所示。

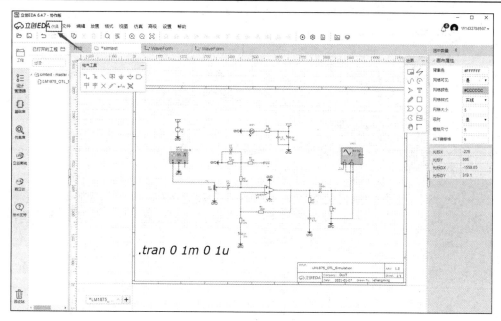

图 11-60　立创 EDA 仿真设计页面——切换为仿真模式

接下来需要对立创 EDA 的仿真进行相关设置。在菜单栏中选择"仿真"→"仿真设置"，弹出图 11-61 所示的仿真设置界面。

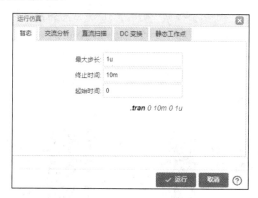

图 11-61　立创 EDA 仿真设置界面

在仿真之前，需要根据电路中实际的性能参数对仿真参数进行设置，如图 11-61 所示，需要设定仿真的最大步长，仿真步长的选择一般根据电路中实际的最高频率来选择，例如在高速电路中需要使用很小的步长以保证仿真结果的正确性；而在低速电路中，可以适当增大仿真步长从而加快仿真的速度。在本实例中，设置最大的仿真步长时间为 1μs 可以满足音频功率放大器的仿真需求。对于仿真终止时间的设置，也是根据不同的电路来选取，因为本实例中输入信号的频率为 1kHz，所以将终止时间设置为 10ms 即可得到需要的仿真波形。对于起始时间的设置，一般仿真设置为 0 即可。

在对上述的仿真参数设置之后，在电路原理图界面便会自动生成对应的 spice 语句，例如本实例中的仿真语句为.tran 0 10m 0 1u，即对应上述设置的仿真参数。

之后还需要对标准模式下绘制的原理图进行一些适当修改，才能对电路进行正常的仿真。第一步，需要将标准模式下绘制的原理图中的输入、输出端子去除，因为这些元件没有对应的仿真模型。

第二步，需要加入一个 12V 的直流电源为整个系统供电。

第三步，需要将标准模式下的输出端口使用一个 8Ω 的电阻进行替代，作为功率放大器的负载。

最后一步便是加入信号发生器和示波器来为功放电路提供一个合适的信号激励，并且可以通过示波器对输入和输出信号进行仿真观察。

在完成上述的仿真设置之后，最终的仿真电路图如图 11-62 所示。

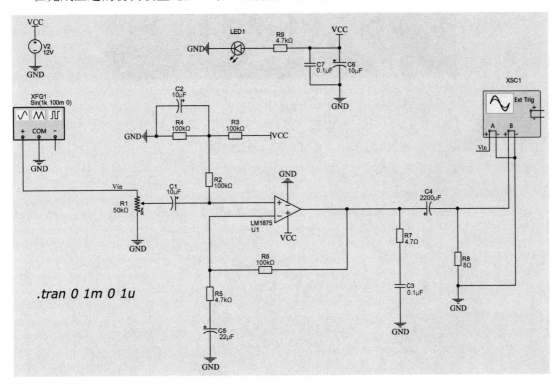

图 11-62　立创 EDA 最终仿真电路图

单击信号发生器图标，对信号发生器 XFG1 的参数进行设置，如图 11-63 所示。

图 11-63 中，设置信号源输出一个 1kHz 的正弦波，振幅为 100mV，偏置电压为 0V。

在完成上述所有设置之后便可以正式开始电路仿真。依次单击菜单栏中的"仿真"→"运行仿真"，当进度条完成之后，会弹出如图 11-64 所示的仿真结果界面。

图 11-64 中，黄色波形为输入信号，可以看到其偏置电压为 0V，频率为 1kHz，幅度为 100mV，与前面对信号源设置的参数一致。输出信号为蓝色波形，该波形与输入信号同频、同相位，幅度约为 1V，相当于把输入信号放大了 10 倍，刚好对应于原理图中对输入信号衰减 50% 之后放大 22 倍，虽然放大倍数有略微误差，可能是由于电路中的电容、功放等元件衰减导致的，但是增益误差在正常范围内。

图 11-63　立创 EDA 仿真的信号源参数设置界面

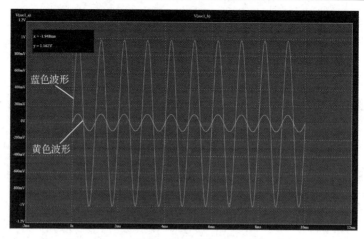

图 11-64　立创 EDA 仿真的仿真结果波形界面

另外，除了使用图 11-64 所示的仿真结果对波形进行分析，还可以打开仿真界面中的示波器界面对波形进行更深层次的观察，如图 11-65 所示。

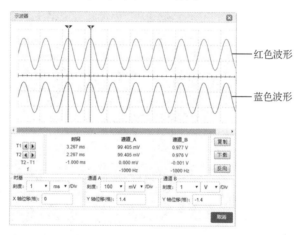

图 11-65　立创 EDA 仿真的仿真结果示波器显示波形界面

图 11-65 中，使用示波器可以对波形进行更加详细的测量。其中红色波形为输入信号，其垂直刻度每一格代表 100mV；蓝色波形为输出信号，其垂直刻度每一格代表 1V。例如，测量得到输入和输出信号的频率均为 1kHz，输入信号的峰值电压为 99.405mV，这与前面的设置相对应。测量得到输出信号的幅度为 0.977V，其幅度放大倍数与理论计算基本相符。

由上述仿真结果可以验证电路的工作原理的正确性及电路性能，便于电路设计人员对电路进行验证和改进。因此，通过立创 EDA 可将电路原理图设计、PCB 设计和电路仿真设计集合成一体，使用起来具有设计的完整性和连贯性，推荐读者进行尝试。

# 第 12 章　简易电路特性测试仪系统
## ——2019 年全国大学生电子设计竞赛最高奖（TI 杯）

## 12.1　赛题要求

### 简易电路特性测试仪（D 题）

#### 一、任务

设计并制作一个简易电路特性测试仪。用来测量特定放大器电路的特性，进而判断该放大器由于元器件变化而引起故障或变化的原因。该测试仪仅有一个输入端口和一个输出端口，与特定放大器电路连接，如图 12-1 所示。

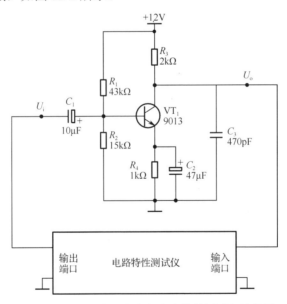

图 12-1　特定放大器电路与电路特性测试仪连接图

制作图 12-1 中被测放大器电路，该电路板上的元件按图 12-1 所示电路图布局，保留元件引脚，尽量采用可靠的插接方式接入电路，确保每个元件可以容易替换。电路中采用的电阻相对误差的绝对值不超过 5%，电容相对误差的绝对值不超过 20%。晶体管型号为 9013，其 $\beta$ 值在 60～300 范围内即可。电路特性测试仪的输出端口接放大器的输入端 $U_i$，电路特性测试仪的输入端口接放大器的输出端 $U_o$。

### 二、要求

#### 1．基本要求

（1）电路特性测试仪输出 1kHz 正弦波信号，自动测量并显示该放大器的输入电阻。输入电阻测量范围 1～50kΩ，相对误差的绝对值不超过 10%。

（2）电路特性测试仪输出 1kHz 正弦波信号，自动测量并显示该放大器的输出电阻。输出电阻测量范围 500Ω～5kΩ，相对误差的绝对值不超过 10%。

（3）自动测量并显示该放大器在输入 1kHz 频率时的增益。相对误差的绝对值不超过 10%。

（4）自动测量并显示该放大器的频幅特性曲线。显示上限频率值，相对误差的绝对值不超过 25%。

#### 2．发挥部分

（1）该电路特性测试仪能判断放大器电路元器件变化而引起故障或变化的原因。任意开路或短路 $R_1$～$R_4$ 中的一个电阻，电路特性测试仪能够判断并显示故障原因。

（2）任意开路 $C_1$～$C_3$ 中的一个电容，电路特性测试仪能够判断并显示故障原因。

（3）任意增大 $C_1$～$C_3$ 中的一个电容的容量，使其达到原来值的两倍。电路特性测试仪能够判断并显示该变化的原因。

（4）在判断准确的前提下，提高判断速度，每项判断时间不超过 2s。

（5）其他。

### 三、说明

（1）不得采用成品仪器搭建电路特性测试仪。电路特性测试仪输入、输出端口必须有明确标识，不得增加除此之外的输入、输出端口。

（2）测试发挥部分（1）～（4）的过程中，电路特性测试仪能全程自动完成，中途不得人工介入设置测试仪。

## 12.2　方案比较与选择

本系统主要由单片机模块、显示模块、DDS 模块、放大器模块、检波模块、电阻衰减网络和跟随器模块等组成。单片机模块作为整个系统的核心处理器，控制 DDS 产生激励信号，使用跟随器进行输入/输出的阻抗变换，提高带负载能力。跟随器输出后连接采样电阻，将采样电阻两端信号经过放大器进行放大，然后使用单片机 ADC 采集信号。采样电阻后连接待测放大器输入端，放大电路输出端连接 MOS 开关电路，使用单片机控制 MOS 开关电路控制是否接入负载。随后信号经过电阻网络衰减，衰减后的信号经过跟随器驱动单片机 ADC 进行采样。同时，另一路信号经过跟随器隔离后输入检波器进行检波。检波器输出端经过单片机 ADC 采集。该方案一共需要单片机采集 4 路模拟信号，经过单片机分析计算后，可以分别求出单管放大器的输入阻抗、输出阻抗、交流特性和直流特性，根据这些特性和特定的算法即可判断出电路中电阻和电容的通断、短路以及电容加倍的情况。

本系统结构框图如图 12-2 所示。

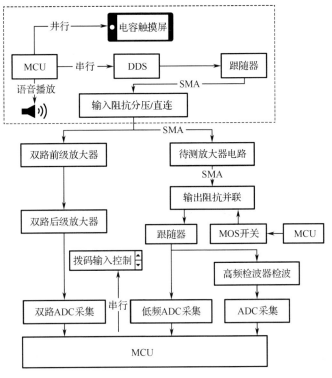

图 12-2　系统结构框图

对系统中主要部分的方案进行讨论如下。

### 1．单片机模块的论证与选择

方案一：选择传统 MCS-51 系列单片机作为主控芯片。MCS-51 单片机体系成熟，资料丰富，但是调试较困难，且时钟频率较低，无法满足较大规模的运算功能。

方案二：选择 MSP430F5529 作为主控芯片。MSP430F5529 单片机具备非常成熟的在线调试系统和硬件模块，主时钟频率可以达到 25MHz。但是经过调试发现 MSP430F5529 控制 DDS 点频和 ADC 采样处理过程中会出现 CPU 处理能力饱和的现象，对于 FFT 等运算使用压力较大。

方案三：选择 MSP432E401Y 作为主控芯片。总线频率可以达到 120MHz 以上，处理能力较强，反应速度快，2 个基于 12 位 SAR 的 ADC 模块，每个模块支持高达 200 万次/秒的采样率（2Msps），具备高效率的 FFT 运算库，完全可以满足本题目要求的分析和运算。

综合以上三种方案，选择方案三。

### 2．信号发生器模块的论证与选择

方案一：使用单片机外接 DAC8571 输出。DAC8571 是 TI 公司推出的 16 位高精度 DAC，其通信协议简洁，可以使用速率高达 3.4MHz 的 IIC 接口进行通信。但题目中要求的幅频特性需要较高的扫频频率，经测试 DAC 至少要产生 300kHz 的正弦信号，综合以上分析，DAC8571 无法满足要求。

方案二：使用直接数字式频率合成器（DDS）产生正弦信号。直接数字合成技术的集成芯片可产生高达数百兆的正弦信号，且频率分辨率可以小于 0.1Hz，输出电压幅值分辨率可达 12 位，经过高阶滤波器后可产生失真度较低的正弦信号。通过单片机控制 DDS 产生信号，可以满足测试系统的扫频频率需求。

综合以上两种方案，选择方案二。

### 3．信号调理电路论证与选择

方案一：使用压控放大器对输入信号进行放大和衰减。VCA810 压控放大器增益为 35MHz，可以实现±40dB 的增益，完全可以满足题目要求。但是由于经过放大器后的输出信号非常小，放大器输出端易受噪声干扰，此外 VCA810 还需加入一路电压控制，硬件成本较高。

方案二：使用 DDS 直接控制信号幅值，使用运算放大器作跟随器，驱动能力增强，要求使用的运算放大器具有较高的带宽增益积与电流输出能力，从而用作跟随器可以提高驱动能力，降低噪声影响，且符合系统的频率要求。

综合以上两种方案，选择方案二。

### 4．信号处理方案论证与选择

方案一：直接检测 ADC 采样检波。软件通过阈值方式获得信号的最大值和最小值，从而求得正弦信号的峰-峰值，实现增益的测量。该测量方法硬件成本低，但运算量较大，测量精度较低。

方案二：使用专用检波器集成芯片，将正弦信号幅值变为直流电平，然后使用 ADC 采集，获得信号的幅值。该测量方法软件成本低，但检波器芯片精度较低，适用于对高频信号的处理，对低频信号来说频率特性较难保证。

方案三：对 ADC 采样值进行傅里叶变换，在频域里寻找 1kHz 信号对应的峰值。该方法硬件成本低，但对处理器的性能有较高要求，对低频信号的分析精度可以很高。可使用 ARM 的运算库实现快速傅里叶变换，从而解析出该频点对应的电压峰值的大小，实现电压峰值信号的测量。

综合以上三种方案，选择方案二与方案三结合使用。

## 12.3　理论分析与计算

### 1．输入/输出阻抗分析计算

题目中的三极管放大电路为共射级放大电路，其电路图如图 12-3 所示。其等效电路图如图 12-4 所示，其输入电阻几乎不受负载的影响，主要取决于 $R_1$、$R_2$ 和 $r_{be}$。其中 $R_1$ 和 $R_2$ 的阻值为 43kΩ 和 15kΩ，电路正常工作时，$r_{be}$ 的阻值在 kΩ 数量级。输入电阻约为三个电阻并联的结果。

电阻等效测量电路如图 12-5 所示，$u_s$ 信号源产生正弦波信号。$T_1$、$T_2$ 为两个测试点，虚线框内是待测放大电路，$R$ 和 $R_L$ 是采样电阻。对放大电路供电后，测量 $T_1$、$T_2$ 两个测试点的电压，$R$ 一般需要接近实际输入电阻才会得到最高的测量精度。经测试，该三极管放大电路的输入电阻约为 2kΩ，根据题目要求的 1～50kΩ 的测量精度，最终选取采样电阻为 7.5kΩ，来保证最大的测量范围，且精度依然可以满足要求。

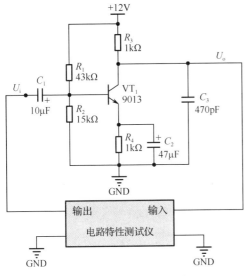

图 12-3　共射极放大电路

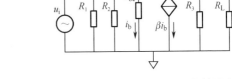

图 12-4　共射极放大电路微变等效电路

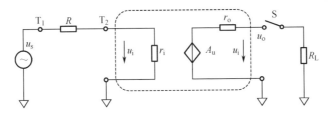

图 12-5　输入/输出电阻等效测量电路

$U_1$、$U_2$ 分别为 $T_1$、$T_2$ 两点测得的电压值，$R$ 为采样电阻的阻值（7.5kΩ）。实际测试过程中，可以通过测量 $T_1$、$T_2$ 两点的电压，已知采样电阻值，即可求出放大电路的输入阻抗。通过基尔霍夫定律可以简单计算得到

$$R_{\mathrm{IN}} = \frac{U_2}{U_1 - U_2} R \tag{12-1}$$

输出电阻等效测量电路如图 12-6 所示，$r_{\mathrm{o}}$ 为输出电阻。$r_{\mathrm{o}}$ 可通过电路接入负载与不接入负载时，放大器的输出电压峰-峰值与负载电阻阻值的关系求得。设接入负载时，电压为 $U_{\mathrm{on}}$，不接入负载时电压为 $U_{\mathrm{off}}$。已知负载电阻阻值为 $R_{\mathrm{L}}$，根据基尔霍夫定律可以得到

$$r_{\mathrm{o}} = \frac{U_{\mathrm{off}} - U_{\mathrm{on}}}{U_{\mathrm{on}}} R_{\mathrm{L}} \tag{12-2}$$

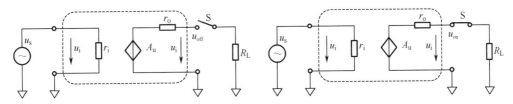

图 12-6　输出电阻等效测量电路

按照题目要求，输出电阻测量范围时 500Ω～5kΩ，为了保证测量的精度，选择 $R_{\mathrm{L}}$ 的阻值为 1.6kΩ。

### 2．增益和幅频特性分析计算

三极管放大电路的增益等于输入信号的峰-峰值与输出信号的峰-峰值的比值。因为测量过程在 1kHz 的激励信号下进行，故通过 ADC 采样和 FFT 变换即可实现增益的高精度测量。电压增益的单位换算关系为

$$dB = 20lg\frac{V_{IN}}{V_{OUT}} \tag{12-3}$$

进行幅频特性测量时，由于需要扫频至高频，因为 ADC 的采样频率有限，频率较高会导致直接采样结果失真，使用 ADC 直接采样得到的数据不稳定，因此通过检波器进行幅值检测。根据检波器输出电压幅值与输入的信号功率增益（单位：dBm）呈线性关系，其中

$$dBm=10lg\left(\frac{W_a}{1mW}\right) \tag{12-4}$$

而功率与信号的有效值和波形系数有关，正弦信号的有效值与峰-峰值之间呈线性关系，故可采用这些换算关系实现幅频特性的测试。

### 3．故障测试分析计算

故障分析通过电路仿真得到，为方便设计与汇总，电路原理图元件编号与题目一致。经过电路仿真，得到参数如表 12-1 所示（输入信号为 20mV$_{pp}$、1kHz 的正弦信号，放大器供电电压 12V）。

表 12-1　仿真结果汇总表

| 故 障 情 况 | Vout (DC) | Vout (AC) | 输入电阻/Ω |
|---|---|---|---|
| 正常情况 | 7.35V | 5.99V$_{pp}$ | 2098.21 |
| $R_1$ 断路 | 12V | 0 | 14952.28 |
| $R_2$ 断路 | 4.16V | 287mV$_{pp}$ | 124.56 |
| $R_3$ 断路 | 204mV | 0 | 194.483 |
| $R_4$ 断路 | 12V | 0 | 111102.36 |
| $R_1$ 短路 | 10.6V | 0 | 15.67 |
| $R_2$ 短路 | 12V | 0 | 15.67 |
| $R_3$ 短路 | 12V | 0 | 2234.55 |
| $R_4$ 短路 | 53.6mV | 97mV$_{pp}$ | 104.44 |
| $C_1$ 断路 | 7.35 | 0 | — |
| $C_2$ 断路 | 7.35 | 78.2mV$_{pp}$ | 10522.39 |
| $C_3$ 断路 | 7.35 | 6.02V$_{pp}$ | 2098.21 |
| $C_1$ 加倍 | 7.35 | 6.02V$_{pp}$ | 2098.21 |
| $C_2$ 加倍 | 7.35 | 6.18V$_{pp}$ | 2046.44 |
| $C_3$ 加倍 | 7.35 | 5.97V$_{pp}$ | 2098.21 |

通过分析放大器的直流偏置电路和交流微变等效电路可以得到如下结果：

当三极管放大器的偏置电阻、反馈电阻发生故障时，会导致电路的输入阻抗、输出直流电平发生变化，通过这些变化可判断出电路中电阻的故障原因。

电容的作用主要是影响交流信号的传输特性。

① $C_1$ 的作用是"隔直通交"，耦合交流信号，当 $C_1$ 断路时，三极管失去输入信号，从而输出直流电平，且输入阻抗改变。当 $C_1$ 加倍时，输入信号与输出信号的相位差发生改变，且频率越低，这种相位滞后现象越明显。

② $C_2$ 的作用是形成放大器的交流通路，提供反馈。当 $C_2$ 断路时，电路的交流通路发生改变，输入阻抗和输出交流信号的幅值也发生变化。当 $C_2$ 加倍时，输入阻抗和电容输出信号幅值发生变化。

③ $C_3$ 主要影响高频信号，$C_3$ 越大，对高频信号的吸收能力越强，三极管放大器的幅频特性曲线下降越快。$C_3$ 断路时，高频信号的幅值会升高，而 $C_3$ 加倍则会导致高频信号的放大倍数降低，系统频带变窄。

通过上述仿真值和理论分析，可以得到检测思路如下：

电阻的断路和短路会导致输入电阻和输出的直流电平变化。输出峰值电压与放大电路中电容的通断有关。电容断路会导致其对交流信号的导通作用减小，从而影响输出电压。$C_1$ 断路会直接导致输入阻抗趋近于无穷大，$C_1$ 加倍将导致低频信号相位滞后增加。$C_2$ 断路或加倍会导致交流阻抗变化，从而反映到测量的输入阻抗上。$C_3$ 断路会导致高频放大倍数提高，$C_3$ 加倍会导致高频放大倍数降低。通过以上分析，即可较为清晰地设计出硬件电路和软件算法。

# 12.4　系统具体设计

## 12.4.1　硬件电路设计

硬件电路设计内容包括信号源模块设计、待测放大器电路设计、输入端测量模块设计和输出端测量模块设计，在信号源模块和输出端测量模块中，又包含跟随器电路设计等。输入端测量模块包含放大器电路设计等，输出端测量模块包含 MOS 开关电路设计等。图 12-7 是系统的硬件总体框图。

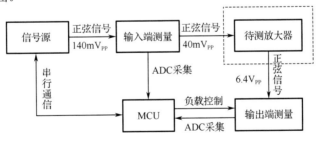

图 12-7　系统硬件总体框图

### 1. 信号源电路设计

信号源采用直接数字式频率合成器（DDS）作为信号发生器，通过 7 阶无源低通椭圆滤波器进行重构滤波，之后采用跟随器进行阻抗变换，提高信号源驱动能力。其中 DDS 使用 AD9954 芯片，其频率分辨率可达 0.01Hz，可以产生 0～180MHz 的正弦信号，具备 14 位幅值分辨率和 8 位相位分辨率，DDS 输出端需要添加高阶滤波器来提高输出信号的完整性。根据数据手册原理电路即可进行设计，图 12-8 为信号源模块的总体框图。

图 12-8 信号源模块总体框图

跟随器电路通过负反馈回路实现对同相输入端的输入电压进行跟随，同时提高输入阻抗，降低输出阻抗，在电路的隔离应用中起到重要作用。图 12-9 为跟随器电路原理图。其中 $R_{23}$ 焊接 0Ω 电阻，芯片采用单运放 OPA211（$1.1\,\text{nV}/\sqrt{\text{Hz}}$ 噪声、低功耗、精密运算放大器）。

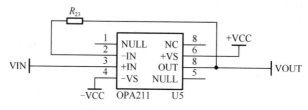

图 12-9 跟随器电路原理图

### 2. 输入端测量模块电路设计

输入端通过串联一个采样电阻来测量待测放大电路的输入电阻。通过放大器对信号进行放大，然后使用单片机的 ADC 进行采集。放大电路采用双路低噪声运算放大器，将采样电阻的高侧和低侧电压经过两级运算放大器进行放大，放大器输入/输出接口采用 SMA 接头进行连接，运算放大器选用低噪声运算放大器，设置放大倍数为 20 倍，放大后可产生大于 2V 的无失真电压信号，完全可以满足单片机采集需要。放大电路的基本电路如图 12-10 所示。

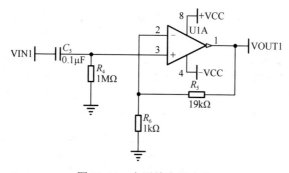

图 12-10 电压放大器电路

### 3. 输出端测量模块电路设计

输出端测量模块需要对待测放大电路的输出信号进行调理。通过单片机控制负载电阻的接入和断开，实现待测放大电路输出电阻的测量。一路通过分压和跟随器阻抗变换后，使用 ADC 采集，另一路通过检波器将信号的幅值变为直流电平输出，使用 ADC 进行采集。输出端测量模块的硬件框图如图 12-11 所示。

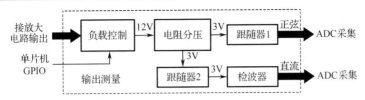

图 12-11　输出端测量模块硬件框图

负载控制开关使用 N 沟道场效晶体管（NMOS）。MOS 开关电路设计原理图如图 12-12 所示，其中通过向控制接口输入高低电平即可实现控制 MOS 的导通与截止，从而控制负载电阻的接入与否，实现放大电路输出电阻的测量。同时，信号经 MOS 开关电路输出后，再经过衰减和跟随器，输入到单片机的 ADC 进行采样。

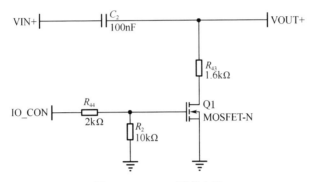

图 12-12　MOS 开关电路

### 12.4.2　软件程序设计

程序设计采用主函数轮寻调度功能函数的结构框架。通过分配每个函数的处理时间来实现程序的有序进行，通过拨码切换每一种工作状态。程序的核心算法是快速傅里叶变换（FFT），可以较高精度来测量低频正弦信号的幅值。

主函数经过初始化之后，显示人机交互显示界面，通过拨码实现模式的选择。程序的总体结构如图 12-13 所示。

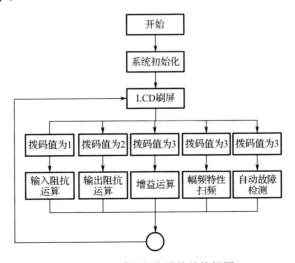

图 12-13　系统程序总体结构框图

### 1. 基础项程序方案

基础项的测量方案中，ADC 的采样频率设置为 20kHz，每一路 ADC 获取 4000 个采样值，使用快速傅里叶变换实现幅值的测量，然后根据原理公式计算得出输入电阻、输出电阻和增益。测量幅频特性时，不使用快速傅里叶变换，而使用 ADC 采集检波器的输出，通过相应运算，实现增益测量。单片机控制 DDS 产生不同的频点，同时 ADC 同步采集检波器输出，并在 LCD 上绘图，从而完成频率特性的测量。基础项程序方案流程如图 12-14 所示。

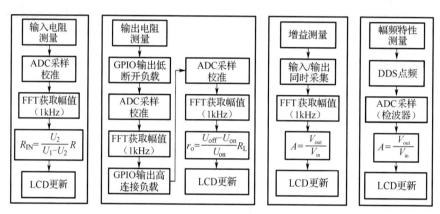

图 12-14　基础项程序流程图

### 2. 发挥项程序方案

为了能够迅速对故障进行反应，采用故障排除的思想对故障进行测量。信号源默认产生 1kHz 的正弦信号，单片机分析输出直流电压，若输出直流电压偏离正常范围，则认定为电阻故障，进而采集和分析输入/输出信号，通过模式识别算法，将所有电阻故障计算出来。若输出直流电压在正常范围内，则排除电阻故障，进而分析输入电阻是否正常，根据输入电阻的变化，分析 $C_1$ 断路、$C_2$ 断路及 $C_2$ 容值增加的故障。若输入电阻正常，则单片机控制 DDS 产生 1MHz 正弦信号，ADC 采集检波器输出，并进行分析，得出 $C_3$ 的故障信息。$C_3$ 影响到待测电路的频带，在 1MHz 下所采集的幅值有较大差别。若检波器输出也正常，则单片机控制 DDS 产生 30Hz 正弦信号，单片机的两个 ADC 同步采集输入/输出信号，使用快速傅里叶变换分析其相位差变化。至此即可分析出所有故障信息，发挥项程序流程图如图 12-15 所示。

输入电阻运算部分通过 ADC 采集两路电压信号，经过 FFT 运算得到 1kHz 下的峰-峰值，经过式（12-1）运算并矫正后，得到实际的输入电阻值。输出电阻部分的思路与输入电阻相同，通过控制 MOS 管的导通和断开来控制负载电阻的接入。增益运算功能的完成则通过测量三极管放大器输入和输出电压的峰-峰值实现。幅频特性测试通过 DDS 点频方式实现，通过使用有效值检波电路对信号有效值进行检测，并使用 ADC 采集信息，同步在 LCD 上绘图。自动故障检测模块要求所有任务自动完成，故设计为一个功能模块运行，可以满足所有故障的检测和辨认。

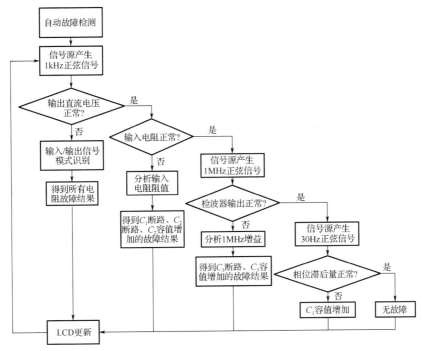

图 12-15　发挥项程序流程图

# 12.5　系统调试与测试结果

### 1．测试方案

输入和输出电阻通过间隔标定的方法测试，将测量值汇总和拟合，降低非线性因素从而提高测量精度。增益测量同时采用示波器校准，输入信号与输出信号直接通过示波器显示并统计，通过更换三极管和电阻元件，切换不同增益，从而精确地获知增益计算参数。幅频特性测试通过信号源、示波器比较校准，观察输出信号的包络值与测试仪显示屏的显示是否一致。发挥部分通过拨码切换模式后直接进行断路和短路，以及电容容值翻倍的检测。逐个短路和断路电阻，逐个断路电容，翻倍电容容值。观察测试仪的显示信息是否与实际现象一致。

测试仪器包括 RIGOL DS4054 四通道数字型示波器（500MHz 带宽）、TFG3605 数字信号发生器（500MHz 带宽）、MPS-3003L-3 直流稳压电源、DM3058 数字万用表。

### 2．测试结果

输入信号频率为 1kHz，电压峰-峰值为 20mV，测试其各项输入/输出指标，如表 12-2 所示。

表 12-2　基础部分测试结果汇总

|  | 输入阻抗/kΩ | 输出阻抗/kΩ | 输出电压有效值/V | 增益/dB | 截止频率/kHz |
| --- | --- | --- | --- | --- | --- |
| 理论值 | 2 | 2.869 | 7.43 | 43 | 164 |
| 测试值 | 1.836 | 2 | 7.35 | 35 | 159 |

发挥部分测试结果如表 12-3 所示。

表 12-3　发挥部分测试结果汇总

| 故 障 条 件 | 检 测 结 果 | 故 障 条 件 | 检 测 结 果 |
|---|---|---|---|
| 正常情况 | 显示正常 | $R_4$ 短路 | $R_4$ 短路 |
| $R_1$ 断路 | $R_1$ 断路 | $C_1$ 断路 | $C_1$ 断路 |
| $R_2$ 断路 | $R_2$ 断路 | $C_2$ 断路 | $C_2$ 断路 |
| $R_3$ 断路 | $R_3$ 断路 | $C_3$ 断路 | $C_3$ 断路 |
| $R_4$ 断路 | $R_4$ 断路 | $C_1$ 加倍 | $C_1$ 加倍 |
| $R_1$ 短路 | $R_1$ 短路 | $C_2$ 加倍 | $C_2$ 加倍 |
| $R_2$ 短路 | $R_2$ 短路 | $C_3$ 加倍 | $C_3$ 加倍 |
| $R_3$ 短路 | $R_3$ 短路 | | |

每项故障条件的测量过程均小于 2s,性能稳定可靠,符合题目要求。此外系统还具有 LCD 同步波形显示、语音播报故障等发挥功能。

## 12.6　小结与思考

根据上述设计方案,简易电路特性测试仪系统能满足题目所有功能指标(发挥要求的测量过程小于 50ms),但还有可以改进的空间。

(1)采用 FPGA 进行信号的采集与处理,可实现更快的速度和并行处理。

(2)不采用人工特征的方案(幅值、相位等),而直接采用神经网络的方式进行各故障的学习训练,可适应更广泛的场景。

(3)系统的功耗与成本。依题目要求,可进行低功耗设计(如非处理时刻进入低功耗模式、采用静态电流小的芯片与电路等),从而对系统进一步完善。

总而言之,不同的方案具有各自的优缺点,在竞赛时需要根据自身技术及掌握的情况与相关材料来选择。